Autodesk Inventor 2019 快速入门、进阶与精通

（升级版）

北京兆迪科技有限公司　编著

电子工业出版社

Publishing House of Electronics Industry

北京·BEIJING

内 容 简 介

本书是一本阐述 Autodesk Inventor 2019 软件从快速入门到精通的书籍，内容丰富，包括 Autodesk Inventor 2019 安装、软件配置、二维草图的设计、零件与装配设计、模型的测量与分析、工程图、曲面造型、钣金设计、结构件生成器、渲染、运动仿真与分析、有限元分析等模块，书中还配有大量的实际综合应用案例。

在内容安排上，书中结合大量的实例对 Autodesk Inventor 2019 软件各个模块中一些抽象的概念、命令、功能和应用技巧进行讲解，通俗易懂，化深奥为简易；另外，本书所举范例均为一线实际产品，这样的安排能使读者较快地进入实战状态。在写作方式上，本书紧贴软件的真实界面进行讲解，使读者能够直观地操作软件，提高学习效率。

本书可作为工程技术人员的 Inventor 完全自学教程和参考书，也可供大专院校机械专业师生教学参考。

未经许可，不得以任何方式复制或抄袭本书之部分或全部内容。
版权所有，侵权必究。

图书在版编目（CIP）数据

Autodesk Inventor 2019 快速入门、进阶与精通：升级版 / 北京兆迪科技有限公司编著. —北京：电子工业出版社，2020.6

ISBN 978-7-121-39119-4

Ⅰ.①A… Ⅱ.①北… Ⅲ.①机械设计－计算机辅助设计－应用软件 Ⅳ.①TH122

中国版本图书馆 CIP 数据核字（2020）第 100874 号

责任编辑：管晓伟　　特约编辑：李兴　等
印　　刷：涿州市京南印刷厂
装　　订：涿州市京南印刷厂
出版发行：电子工业出版社
　　　　　北京市海淀区万寿路 173 信箱　邮编：100036
开　　本：787×1092　1/16　印张：31　字数：794 千字
版　　次：2020 年 6 月第 1 版
印　　次：2020 年 6 月第 1 次印刷
定　　价：98.00 元

凡买电子工业出版社图书有缺损问题，请向购买书店调换。若书店售缺，请与本社发行部联系，联系及邮购电话：（010）88254888，88258888。
质量投诉请发邮件至 zlts@phei.com.cn，盗版侵权举报请发邮件至 dbqq@phei.com.cn。
本书咨询联系方式：（010）88254460；guanphei@163.com；197238283@qq.com。

前　言

Inventor 是美国 Autodesk 公司的一款三维 CAD 应用软件，是基于 Windows 平台、功能强大且易用的三维 CAD 软件，已经成功应用于机械、电子、航空航天、汽车、仪器仪表、模具、造船、消费品等行业。该软件还提供了从二维视图到三维实体的转换工具，无须摒弃多年来二维制图的成果，借助 Inventor 就能迅速跃升到三维设计。本书是 Autodesk Inventor 2019 快速入门、进阶与精通的书籍，其特色如下。

- ◆ **内容全面**。涵盖了产品设计的零件创建（含钣金、曲面设计）、产品装配、工程图制作、运动仿真与动画和有限元结构分析的全过程。
- ◆ **前呼后应，浑然一体**。书中后面的产品装配、运动仿真和零部件的有限元结构分析等章节中的实例或案例，都在前面的零件设计、曲面设计、钣金设计等章节中详细讲述了它们的三维建模的方法和过程，这样的安排有利于迅速提升读者的软件综合应用能力，使读者能更快地进入实战状态，将学到的 Inventor 技能较快地应用到自己的实际工作中去，极大地提升读者的职业竞争力。
- ◆ **讲解详细，条理清晰**。保证自学的读者能独立学习和实际运用 Inventor 软件。
- ◆ **写法独特**。采用 Inventor（2017 版）中真实的对话框、操控板和按钮等。
- ◆ **附加值高**。本书随书资源中包含大量 Inventor 应用技巧和具有针对性的实例，以及教学视频。

读者朋友可以通过微信扫描图书封面的二维码下载本书视频教程，也可以联系本书编辑 QQ 197238283，获取下载链接。

本书由北京兆迪科技有限公司编著，参加编写的人员还有詹路、龙宇、冯元超、侯俊飞等。本书已经过多次校对，如有疏漏之处，恳请广大读者予以指正。

本书"随书资源"中含有该"读者意见反馈卡"的电子文档，请认真填写本反馈卡，并 E-mail 给我们。E-mail：兆迪科技 zhanygjames@163.com，管晓伟 guanphei@163.com

电子邮箱：bookwellok @163.com　　咨询电话：010-82176248，010-82176249。

编　者

读者回馈活动：

为了感谢广大读者对兆迪科技图书的信任与支持，兆迪科技面向读者推出"免费送课"活动，即日起，读者凭有效购书证明，可领取价值 100 元的在线课程代金券 1 张，此券可在兆迪科技网校（http://www.zalldy.com/）免费换购在线课程 1 门。活动详情可以登录兆迪网校或者关注兆迪公众号查看。

兆迪网校　　兆迪公众号　　云盘下载二维码

本 书 导 读

为了能更好地学习本书的知识，请您仔细阅读下面的内容。

【写作软件蓝本】

本书采用的软件蓝本是 Inventor 2019 版。

【写作计算机操作系统】

本书使用的操作系统为 Windows 7 专业版，系统主题采用 Windows 经典主题。

【随书资源使用说明】

为方便读者练习，特将本书所有素材文件、已完成的范例文件、配置文件和视频语音讲解文件等放入随书资源中，读者在学习过程中可以打开相应素材文件进行操作和练习。

本书附赠随书资源可通过云盘下载，建议读者在学习本书前，先将随书资源中的所有文件复制到计算机硬盘的 D 盘中。

在随书资源中的 inv19 目录下共有 2 个子目录，分述如下。

（1）work 子目录：包含本书讲解中所有的教案文件、范例文件和练习素材文件。

（2）video 子目录：包含本书讲解中全部操作的视频录像文件（含语音讲解）。

随书资源中带有"ok"扩展名的文件或文件夹表示是已完成的范例。

与老版本的软件相比，Inventor 2019 版在功能、界面和操作上变化极小，经过简单的设置后，几乎与老版本完全一样（书中已介绍设置方法）。因此，对于软件新老版本操作完全相同的内容部分，随书资源中仍然使用老版本的视频讲解，对于绝大部分读者而言，并不影响软件的学习。

【本书约定】

- ◆ 本书中有关鼠标操作的简略表述说明如下。
  - 单击：将鼠标指针光标移至某位置处，然后按一下鼠标的左键，书中有时也用点击表示单击。
  - 双击：将鼠标指针光标移至某位置处，然后连续快速地按两次鼠标的左键。
  - 右击：将鼠标指针光标移至某位置处，然后按一下鼠标的右键。

- 单击中键：将鼠标指针光标移至某位置处，然后按一下鼠标的中键。
- 滚动中键：只是滚动鼠标的中键，而不是按中键。
- 选择（选取）某对象：将鼠标指针光标移至某对象上，单击以选取该对象。
- 拖移某对象：将鼠标指针光标移至某对象上，然后按下鼠标的左键不放，同时移动鼠标，将该对象移动到指定的位置后再松开鼠标的左键。
- 本书所有涉及的参数符号，限于软件的特殊性，一律与对应图一致，作为正体表述。

◆ 本书中的操作步骤分为"任务"和"步骤"两个级别，说明如下。

- 对于一般的软件操作，每个操作步骤以 步骤01 开始。例如，下面是草绘环境中绘制矩形操作步骤的表述：

  ☑ 步骤01 选择命令。选择下拉菜单 工具(T) → 草图绘制实体(K) → □ 边角矩形(R) 命令。

  ☑ 步骤02 定义矩形的第一个对角点。在图形区某位置单击，放置矩形的一个对角点，然后将该矩形拖至所需大小。

  ☑ 步骤03 定义矩形的第二个对角点。再次单击，放置矩形的另一个对角点。此时，系统即在两个角点间绘制一个矩形。

  ☑ 步骤04 在键盘上按一次 Esc 键，结束矩形的绘制。

- 每个"步骤"操作视其复杂程度，其下面可含有多级子操作。例如，步骤01 下可能包含（1）、（2）、（3）等子操作，（1）子操作下可能包含①、②、③等子操作，①子操作下可能包含 a）、b）、c）等子操作。

- 对于多个任务的操作，则每个"任务"冠以 任务01、任务02、任务03 等，每个"任务"操作下则包含"步骤"级别的操作。

- 已建议读者将网盘中的所有文件复制到计算机硬盘的 D 盘中，所以书中在要求设置工作目录时，所述的路径均以 "D:" 开始。

- 书中配图的编号例如：图 3.1.2 表示的是第 3 章第 1 节中的第 2 个图，图 3.1.2 可能含有 a）、b）、c）等分图，在文中表述图 3.1.2 中某个分图时用图 3.1.2a、图 3.1.2b、图 3.1.2c 来表示。

- 由于软件中坐标系用的是正体字母（见软件截图），本书为了表达一致，在文中仍用正体字母表示坐标。

【技术支持】

本书是根据北京兆迪科技有限公司给国内外一些著名公司（含国外独资和合资公司）编写的培训教案整理而成的，具有很强的实用性，其主编和参编人员均来自北京兆迪科技有限公司。该公司专门从事 CAD/CAM/CAE 技术的研究、开发、咨询及产品设计与制造服务，并提供 Inventor、Ansys、Adams 等软件的专业培训及技术咨询，读者在学习本书的过程中如果遇到问题，可通过访问该公司的网校 http://www.zalldy.com/ 来获得技术支持。

为了感谢广大读者对兆迪科技图书的信任与厚爱，兆迪科技面向读者推出免费送课、资源下载、最新图书信息咨询、与主编在线直播互动交流等服务。

- 免费送课。读者凭有效购书证明，可领取价值 100 元的在线课程代金券 1 张，此券可在兆迪科技网校（http://www.zalldy.com/）免费换购在线课程 1 门，活动详情可以登录兆迪网校查看。

咨询电话：010-82176248，010-82176249。

目 录

第一篇　Inventor 2019 快速入门

第 1 章　Inventor 2019 基础概述 1
- 1.1　Inventor 各模块简介 1
- 1.2　Inventor 2019 软件的新功能 3
- 1.3　Inventor 2019 的安装 3
  - 1.3.1　安装要求 3
  - 1.3.2　安装过程 4
- 1.4　创建用户文件夹 6
- 1.5　启动 Inventor 软件 6
- 1.6　Inventor 2019 用户界面 6
- 1.7　Inventor 2019 用户界面的定制 11
  - 1.7.1　功能区的自定义 12
  - 1.7.2　键盘的自定义 12
  - 1.7.3　标记菜单的自定义 12
- 1.8　模型显示的设置 13
  - 1.8.1　模型显示的方式 13
  - 1.8.2　工作环境的设置 14
- 1.9　Inventor 鼠标的操作方法和技巧 15
  - 1.9.1　鼠标的操作 16
  - 1.9.2　对象的选择 16
- 1.10　在 Inventor 中操作文件 16
  - 1.10.1　打开文件 16
  - 1.10.2　保存文件 17
  - 1.10.3　关闭文件 17

第 2 章　二维草图设计 19
- 2.1　进入/退出草图设计环境的操作 19
- 2.2　草图设计环境中的工具按钮 20
- 2.3　对草图进行环境设置 20
- 2.4　绘制二维草图 21
  - 2.4.1　直线 21
  - 2.4.2　矩形 22
  - 2.4.3　绘制圆 24
  - 2.4.4　绘制椭圆 24
  - 2.4.5　绘制圆弧 25
  - 2.4.6　倒角 25
  - 2.4.7　圆角 26
  - 2.4.8　样条曲线 27
  - 2.4.9　多边形 28

		2.4.10	绘制文本轮廓	29
		2.4.11	点的创建	30
	2.5	编辑二维草图		31
		2.5.1	删除草图图元	31
		2.5.2	操纵草图图元	31
		2.5.3	剪裁草图图元	32
		2.5.4	延伸草图图元	33
		2.5.5	拉伸草图图元	34
		2.5.6	分割草图图元	34
		2.5.7	变换草图图元	35
		2.5.8	投影	38
		2.5.9	偏移草图图元	39
		2.5.10	将一般元素转换为构造元素	39
	2.6	二维草图约束		40
		2.6.1	几何约束	40
		2.6.2	尺寸约束	47
	2.7	完全约束		50
	2.8	对尺寸标注进行更改		50
		2.8.1	尺寸的移动	50
		2.8.2	尺寸值修改的步骤	50
		2.8.3	删除尺寸	51
		2.8.4	对尺寸精度进行修改	51
第3章	零件设计			52
	3.1	Inventor 零件设计的一般方法		52
		3.1.1	零件文件的新建步骤	53
		3.1.2	创建一个拉伸特征作为零件的基础特征	53
		3.1.3	创建其他特征	61
	3.2	模型的显示与控制		64
		3.2.1	模型的移动、旋转与缩放	64
		3.2.2	模型的视图定向	66
		3.2.3	模型的剖切	67
	3.3	旋转特征		68
		3.3.1	旋转特征概述	68
		3.3.2	旋转切削特征	70
	3.4	Inventor 的浏览器		71
		3.4.1	浏览器界面简介	71
		3.4.2	浏览器的作用与一般操作	71
	3.5	对特征进行编辑		72
		3.5.1	编辑特征的操作	72
		3.5.2	三维夹点的编辑	73
		3.5.3	编辑特征的显示与隐藏	74
		3.5.4	特征的抑制	75
		3.5.5	删除特征	76
		3.5.6	编辑特征的名称	77
		3.5.7	编辑特征尺寸	77
	3.6	特征的多级撤销/重做功能		78
	3.7	孔特征		78

	3.7.1 简单直孔	78
	3.7.2 标准孔	80
3.8	修饰特征	81
	3.8.1 螺纹特征	81
	3.8.2 倒角特征	82
	3.8.3 圆角特征	84
	3.8.4 抽壳特征	90
	3.8.5 拔模特征	92
3.9	特征的重新排序及插入操作	94
	3.9.1 概述	94
	3.9.2 重新排序的操作方法	95
	3.9.3 特征的插入操作	95
3.10	参考几何体	96
	3.10.1 工作平面	96
	3.10.2 工作轴	99
	3.10.3 工作点	101
	3.10.4 用户坐标系	103
3.11	加强筋（肋板）特征	103
3.12	特征生成失败及其解决方法	106
	3.12.1 特征生成失败的出现	106
	3.12.2 特征生成失败的解决方法	107
3.13	特征变换的几种方式	109
	3.13.1 特征的镜像复制	109
	3.13.2 特征的一般复制	110
	3.13.3 矩形阵列	111
	3.13.4 环形阵列	113
	3.13.5 删除阵列	114
3.14	扫掠特征	115
	3.14.1 创建扫掠特征的一般过程	115
	3.14.2 创建扫掠切削特征的一般过程	117
3.15	螺旋扫掠特征	117
3.16	放样特征	119
	3.16.1 创建放样特征的一般过程	120
	3.16.2 创建放样切削特征的一般过程	122
3.17	凸雕特征	122
3.18	零件模型属性的设置	124
	3.18.1 零件模型材料的设置	124
	3.18.2 零件模型单位的设置	125
3.19	模型的测量	127
	3.19.1 测量距离	127
	3.19.2 测量角度	128
	3.19.3 测量面积及周长	129
	3.19.4 测量曲线长度	130
	3.19.5 模型的质量属性分析	131

第4章 装配设计 **132**

4.1	概述	132
4.2	装配约束	132

        4.2.1 "配合/齐平"约束 133
        4.2.2 "角度"约束 134
        4.2.3 "相切"约束 134
        4.2.4 "插入"约束 134
    4.3 装配的过程和方法 135
        4.3.1 新建装配文件 135
        4.3.2 装配第一个零件 135
        4.3.3 装配其余零件 136
    4.4 零部件的复制 139
        4.4.1 镜像 139
        4.4.2 矩形阵列 141
        4.4.3 环形阵列 143
        4.4.4 关联阵列 144
    4.5 在装配体中修改零部件 145
        4.5.1 更改浏览器中零部件的名称 145
        4.5.2 修改零部件的尺寸 146
    4.6 装配体爆炸视图 146
    4.7 简化表示 149
        4.7.1 切换零部件的显示状态 149
        4.7.2 抑制零部件 150
    4.8 装配干涉分析 150

第5章 工程图设计 152
    5.1 工程图的组成 152
    5.2 工程图设计环境中的功能选项卡 153
    5.3 工程图设计环境的设置 155
    5.4 新建工程图 157
    5.5 工程图视图 157
        5.5.1 基本视图 157
        5.5.2 视图基本操作 159
        5.5.3 视图的显示方式 160
        5.5.4 斜视图 161
        5.5.5 创建全剖视图 162
        5.5.6 创建半剖视图 163
        5.5.7 创建阶梯剖视图 163
        5.5.8 创建旋转剖视图 164
        5.5.9 创建局部剖视图 165
        5.5.10 创建局部放大图 165
        5.5.11 断裂视图 166
        5.5.12 断面图 168
    5.6 工程图标注 168
        5.6.1 尺寸标注 168
        5.6.2 尺寸标注基本操作 171
        5.6.3 尺寸公差标注 174
        5.6.4 基准符号标注 175
        5.6.5 形位公差标注 176
        5.6.6 表面粗糙度标注 177
        5.6.7 焊接标注 178

5.6.8 注释文本标注 ... 179
5.7 Inventor 软件的打印出图 ... 181

第二篇 Inventor 2019 进阶

第6章 曲面设计 ... 183
6.1 概述 ... 183
6.2 创建曲线 ... 183
6.2.1 通过参考点的曲线 ... 183
6.2.2 投影曲线 ... 184
6.2.3 分割曲线 ... 185
6.2.4 相交曲线 ... 186
6.2.5 螺旋线 ... 187
6.3 创建基本曲面 ... 188
6.3.1 拉伸曲面 ... 188
6.3.2 旋转曲面 ... 189
6.3.3 偏移曲面 ... 190
6.3.4 边界嵌片 ... 191
6.3.5 扫掠曲面 ... 192
6.3.6 放样曲面 ... 192
6.4 曲线与曲面的曲率分析 ... 193
6.4.1 曲线曲率的显示 ... 193
6.4.2 曲面曲率的显示 ... 194
6.4.3 曲面斑马条纹的显示 ... 194
6.5 对曲面进行编辑 ... 195
6.5.1 曲面的延伸 ... 195
6.5.2 曲面的剪裁 ... 196
6.5.3 曲面的缝合 ... 197
6.5.4 删除面 ... 198
6.6 曲面的圆角 ... 198
6.6.1 等半径圆角 ... 198
6.6.2 变半径圆角 ... 199
6.6.3 面圆角 ... 200
6.6.4 完整圆角 ... 201
6.7 曲面实体化操作 ... 202
6.7.1 封闭曲面 ... 202
6.7.2 加厚曲面 ... 203
6.7.3 替换面 ... 204

第7章 钣金设计 ... 205
7.1 钣金设计入门 ... 205
7.1.1 钣金设计概述 ... 205
7.1.2 钣金设计环境中的功能选项卡 ... 206
7.2 创建钣金基础特征 ... 206
7.2.1 平板 ... 206
7.2.2 凸缘 ... 211
7.2.3 异形板 ... 216
7.2.4 卷边 ... 219

		7.2.5 钣金放样 221
	7.3	折弯钣金体 222
		7.3.1 折叠 222
		7.3.2 展开 224
		7.3.3 重新折叠 224
	7.4	钣金的其他处理方法 225
		7.4.1 剪切 225
		7.4.2 孔 226
		7.4.3 拐角圆角 226
		7.4.4 拐角倒角 227
		7.4.5 拐角接缝 228
	7.5	钣金冲压 231
		7.5.1 冲压工具 231
		7.5.2 创建冲压特征的一般过程 234
	7.6	创建钣金工程图的方法 235

第8章 结构件生成器 242

- 8.1 概述 242
  - 8.1.1 结构件生成器环境 242
  - 8.1.2 利用结构件生成器进行结构设计的一般过程 243
- 8.2 结构框架 243
  - 8.2.1 3D 草图的创建 243
  - 8.2.2 布局结构框架草图 244
- 8.3 插入结构件 247
  - 8.3.1 在 2D 结构框架中插入结构件 247
  - 8.3.2 在 3D 结构框架中插入结构件 252
- 8.4 结构件的末端处理方式 256
  - 8.4.1 斜接 256
  - 8.4.2 修剪到结构件 258
  - 8.4.3 修剪/延伸 260
  - 8.4.4 延长/缩短 262
  - 8.4.5 删除末端处理方式 264
- 8.5 梁、柱、板计算器 264
  - 8.5.1 梁/柱计算器 264
  - 8.5.2 板计算器 265

第三篇　Inventor 2019 精通

第9章 模型的外观处理与渲染 267

- 9.1 模型的外观处理 267
  - 9.1.1 颜色 267
  - 9.1.2 外观 268
- 9.2 光源样式 270

第10章 动画设计 272

- 10.1 Inventor 动画导入 272
  - 10.1.1 进入与退出 Inventor 动画环境 272
  - 10.1.2 动画模块界面 272
- 10.2 动画时间轴 273

10.3	零部件动画	274
10.4	渐入动画	276
10.5	约束动画	277
10.6	参数动画	279
10.7	相机动画	281

第 11 章 机构运动仿真与分析 283

11.1	机构运动仿真基础	283
11.2	机构运动仿真环境	283
	11.2.1 进入/退出 Inventor 运动仿真环境	283
	11.2.2 运动仿真环境基础参数设置	284
11.3	基本运动类型	285
	11.3.1 空间自由运动	286
	11.3.2 铰链（旋转）运动	288
	11.3.3 平移运动	289
	11.3.4 柱面运动	291
	11.3.5 球面运动	292
	11.3.6 平面运动	293
	11.3.7 球面圆槽运动	295
	11.3.8 线面运动	296
	11.3.9 点面运动	297
	11.3.10 焊接连接	298
11.4	机构运动类型	300
	11.4.1 齿轮齿条运动	300
	11.4.2 外齿轮啮合运动	301
	11.4.3 内齿轮啮合运动	301
	11.4.4 皮带运动	302
	11.4.5 螺旋运动	303
11.5	受力类型	304
	11.5.1 弹簧/阻尼器/千斤顶	304
	11.5.2 3D Contact（接触）	306
11.6	添加驱动	307
11.7	添加外部载荷	311
	11.7.1 重力	312
	11.7.2 力	313
	11.7.3 转矩	314
11.8	输出图示器	315

第 12 章 有限元结构分析 317

12.1	概述	317
12.2	有限元分析环境	318
	12.2.1 进入/退出有限元分析环境	318
	12.2.2 有限元分析的工作界面	318
	12.2.3 有限元分析选项设置	319
	12.2.4 有限元分析一般过程	319
12.3	Inventor 零件有限元分析的一般过程	321
	12.3.1 打开模型文件并进入分析环境	321
	12.3.2 指定材料	323
	12.3.3 添加约束	325

	12.3.4	添加外部载荷	327
	12.3.5	划分网格	329
	12.3.6	求解分析	330
	12.3.7	结果查看与评估	331
	12.3.8	其他结果显示工具及报告文件	334

第四篇　Inventor 2019 实际综合应用案例

第 13 章　Inventor 零件设计实际综合应用 339
13.1　零件设计案例 1——儿童玩具勺 339
13.2　零件设计案例 2——操作杆 344
13.3　零件设计案例 3——支架 353
13.4　零件设计案例 4——塑料框 365
13.5　零件设计案例 5——排气管 375
13.6　零件设计案例 6——削笔器 375

第 14 章　Inventor 工程图设计实际综合应用 376
14.1　案例概述 376
14.2　新建工程图 376
14.3　创建视图 377
14.4　为视图添加中心线 379
14.5　创建尺寸标注 380
14.6　添加基准特征符号 383
14.7　标注形位公差 384
14.8　添加注释文本 1 384
14.9　添加注释文本 2 385
14.10　标注表面粗糙度 386

第 15 章　Inventor 曲面设计实际综合应用 387
15.1　曲面设计案例 1——连接臂 387
15.2　曲面设计案例 2——门把手 394
15.3　曲面设计案例 3——休闲座椅 406
15.4　曲面设计案例 4——微波炉面板 411
15.5　曲面设计案例 5——瓶子 423

第 16 章　Inventor 钣金设计实际综合应用 425
16.1　钣金零件设计案例 1——卷尺头 425
16.2　钣金零件设计案例 2——钣金支架 429
16.3　钣金零件设计案例 3——手机 SIM 卡固定架 439

第 17 章　Inventor 动画设计实际综合应用 453

第 18 章　Inventor 机构运动仿真实际综合应用 459

第 19 章　Inventor 装配体有限元分析实际综合应用 470

第一篇

Inventor 2019 快速入门

第 1 章 Inventor 2019 基础概述

1.1 Inventor 各模块简介

Inventor 是美国 Autodesk 公司推出的一款三维可视化实体建模软件，Autodesk Inventor 产品系列正在改变传统的 CAD 工作流程：它简化了复杂三维模型的创建，这样工程师就可专注于设计的功能，通过快速创建数字样机，并利用数字样机来验证设计的功能，可在投产前更容易发现设计中的错误，及时进行更改，以更快的速度把新的产品推向市场。

Inventor 的主要应用模块简介如下。

◆ 零件设计

Inventor 可以帮助设计人员更为轻松地重复利用已有的设计数据,生动地表现设计意图。借助其中全面关联的模型，零件设计中的任何变化都可以反映到装配模型和工程图文件中。由此，设计人员的工作效率将得到显著提高。Inventor 还可以把经常使用的自定义特征和零件的设计进行标准化和系列化，从而提高客户的生产效率。利用 Inventor 中的 iPart 技术，设计公司可以轻松设置智能零件库，以确保始终以同种方式创建常用零件。

◆ 装配设计

Inventor 将设计加速器与易于使用的装配工具相结合，使用户可以确保装配设计中每一个零部件的安装正确。精确地验证干涉情况和各种属性，以便快速创建高质量的产品。Inventor 提供的强大工具可有效控制和管理大型装配设计中创建的数据，因此用户只需专心工作在所关心的部分零部件上。

◆ 钣金设计

Autodesk Inventor 能够帮助用户简化复杂钣金零件的设计。Inventor 中的数字样机结合了加工信息（如冲压工具参数和自定义的折弯表）、精确的钣金折弯模型以及展开模型编辑环境。在展开模型编辑环境中，工程师可以对钣金展开模型进行细微的改动。因此能够帮助用户提高设计钣金零件的效率。

◆ 电缆线束设计

从电路设计软件导出的导线表，可以接续进行电缆和线束设计，将电缆与线束（包括软质排线）集成到数字样机中，用户可以准确计算路径长度，避免过小的弯曲半径，并确保电气零部件与机械零部件匹配，从而节约大量时间和成本。

◆ 管线设计

用户可以按照最小或最大长度标准以及折弯半径等布管规则选择不同的布管方式。此外，用户也可以通过创建三维几何草图手动定义管线，或利用管线编辑工具交互式创建管线。自动布好的管段可以与用户定义的管段结合在一起，让用户实现最大限度的控制。

◆ 工程制图

Autodesk Inventor 中包含从数字样机中生成工程设计和制造文档的全套工具。这些工具可减少设计错误，缩短设计交付时间。Inventor 还支持所有主流的绘图标准，与三维模型的完全关联（在出现设计变更时，工程图将同步更新），以及 DWG 输出格式，因此是创建和共享 DWG 工程图的理想选择。

◆ 工程师手册

设计加速器中的工程师手册提供了丰富的工程理论、公式和算法参考资料，以及一个可在 Inventor 中任意位置访问的设计知识库。

◆ 内置的零部件数据库资源库

LinkAble PARTcommunity 旨在为基于 Inventor 环境的设计者提供完善而有效的零部件三维数据资源，用于本地产品的开发和配置。LinkAble PARTcommunity 除包含完整的 ISO/EN/DIN 标准件模型数据资源外，更囊括数百家国内外厂商的零部件产品模型，涉及气动、液压、FA 自动化、五金、管路、操作件、阀门、紧固件等多个门类，能够满足机电产品及装备制造业企业的产品研发人员日常所需。

PARTsolutions 是翎瑞鸿翔与德国 CADENAS 共同面向中国市场推出的 Inventor 离线版零部件数据资源库解决方案，其不仅可提供比 PARTcommunity 更为丰富的零部件数据资源，而且采取局域网服务器-客户端安装方式，大大提高了 Inventor 终端对模型数据的搜索和调用效率。此外，PARTsolutions 可与 Inventor 及其 PLM 环境实现紧密集成，实现企业内部物料信息息与模型信息的对接，从而在源头上避免和减少了一物多码现象。同时，为了满足制造业行业的需求，该模型库提供企业自有数据资源的配置模块，可为企业本地服务器提供兼容多 CAD 环境的企标件和特定供应商产品数据的配置任务。

◆ 运动仿真模块

借助 Autodesk Inventor Professional 的运动仿真功能，用户能了解机器在真实条件下如何运转，从而节省花费在构建物理样机上的成本、时间和高额的咨询费用。用户可以据实际工况添加载荷、摩擦特性和运动约束，然后通过运行仿真功能验证设计。借助与应力分析模块的无缝集成，可将工况传递到某一个零件上，来优化零部件设计。

1.2 Inventor 2019 软件的新功能

Inventor 2019 是目前市场上最新版本的 Inventor 系列软件之一，继续保持了行业领先的地位，帮助机械设计师更快地开发更优秀的产品。与早期版本相比，Inventor 2019 做出了如下改进。

- 常规功能方面：ilogic 及颜色方案功能增强；具有了移植自定义设置功能。
- 零件模块方面："孔"命令可根据交互推断孔的放置位置，更快速、更智能；具有反转圆角的选项；螺旋曲线功能增强。
- 装配模块方面：装配约束功能增强，浏览器中的图标进行了更新。
- 其他模块方面：三维布管中增加了锁定软管长度功能；焊件中切割明细表功能也得到了增强。

以上有关 Inventor 2019 的功能模块的介绍仅供参考，如有变动应以 Autodesk 公司的最新相关正式资料为准，特此说明。

1.3 Inventor 2019 的安装

1.3.1 安装要求

1. 硬件要求

Inventor 2019 软件系统可在工作站（Work station）或个人计算机（PC）上运行。如果在个人计算机上安装，为了保证软件安全和正常使用，计算机硬件要求如下。

- CPU 芯片：Intel 或 AMD，支持 SSE2，建议使用 64 位 CPU。
- 内存：一般要求 2GB 以上。如果要装配大型部件或产品，进行结构、运动仿真分析或产生数控加工程序，则建议使用 8GB 以上的内存。

- 显卡：一般要求支持 Open_GL 的 3D 显卡，分辨率为 1024×768 像素以上，推荐至少使用 64 位独立显卡，显存 512MB 以上。如果显卡性能太低，打开软件后，会自动退出。
- 硬盘：安装 Inventor 2019 软件系统的基本模块，需要 12GB 左右的硬盘空间，考虑到软件启动后虚拟内存及获取联机帮助的需要，建议在硬盘上准备 15GB 以上的空间。
- 鼠标：强烈建议使用三键（带滚轮）鼠标，如果使用二键鼠标或不带滚轮的三键鼠标，会极大地影响工作效率。
- 显示器：一般要求使用 15 英寸以上显示器。
- 键盘：标准键盘。

2. 系统要求

Inventor 2019 不能在 Windows XP 系统上安装，推荐使用 Windows 7 系统；Internet Explorer 要求是 IE 8 或 IE 9；Excel 和 Word 版本要求 2007 版或 2010 版。

1.3.2 安装过程

安装 Inventor 2019 的操作步骤如下。

步骤01 将 Inventor 2019 的安装光盘放入光驱内（如果已将系统安装文件复制到硬盘上，可双击系统安装目录下的 Setup.exe 文件）。

步骤02 系统显示"设置初始化"界面。等待数秒后，在弹出图 2.3.1 所示的"Autodesk Inventor 2019"界面（一）中单击 Install 按钮。

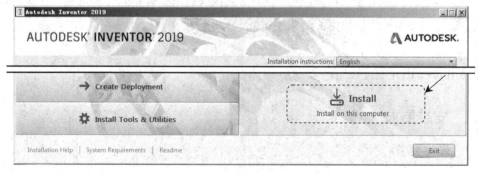

图 1.3.1 "Autodesk Inventor 2019" 界面（一）

步骤03 系统弹出"Autodesk Inventor 2019"界面（二），在 Country or Region: 下拉列表中选择 China 选项，选中 I Accept 复选框，单击对话框中的 Next 按钮。

步骤04 系统弹出"Autodesk Inventor 2019"界面（三），选择相应的产品类型，单击对话框中的 Next 按钮。

第 1 章 Inventor 2019 基础概述

步骤05 系统弹出"Autodesk Inventor 2019"界面（四），采用系统默认的安装配置，单击对话框中的 Install 按钮，此时系统显示"安装进度"界面。

步骤06 系统继续安装 Inventor 2019 软件，经过几分钟后，Inventor 2019 软件安装完成，系统弹出"安装完成"界面，单击该对话框中的 Finish 按钮。

步骤07 启动中文版 Inventor 2019。在 Inventor 安装完成后，系统将在 Windows 的"开始"菜单中创建一个菜单项，并在桌面上创建一个快捷图标。当第一次启动 Inventor 2019 时，系统要求进行初始设置，具体操作如下。

双击 Windows 桌面上的 Inventor 2019 软件快捷图标来启动；或者从 开始 菜单依次选择

命令来启动软件。

步骤08 在系统弹出的"Autodesk"界面中单击 enter a serial number 类型，然后在弹出的"Autodesk Licensing"界面中单击 Activate 按钮，此时系统弹出"Autodesk Licensing – Activation Options"界面（一）。

步骤09 在系统弹出的"Autodesk Licensing – Activation Options"界面（一）中将序列号和产品密钥输入对应的文本框中，然后单击 Next 按钮，此时系统弹出"Autodesk Licensing – Activation Options"界面（二）。

步骤10 激活中文版 Inventor 2019。

（1）在图 1.3.2 所示的"Autodesk Licensing – Activation Options"界面（二）中选中 I have an activation code from Autodesk 单选项，在其下方的文本框中输入软件激活码并单击 Next 按钮。

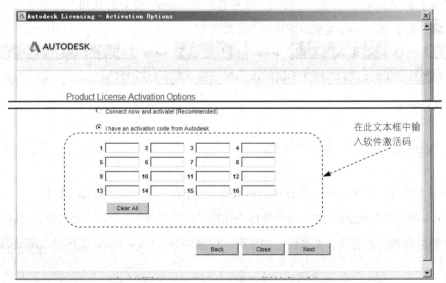

图 1.3.2 "Autodesk Licensing – Activation Options"界面（二）

（2）系统弹出"Autodesk Licensing – Activation Options"界面，表明 Inventor 2019 软件已被激活，单击该界面中的 Finish 按钮。至此便完成了 Inventor 2019 的激活，以后启动 Inventor 2019 时无须再激活。

1.4 创建用户文件夹

使用 Inventor 软件时，应该注意文件的目录管理。如果文件管理混乱，会造成系统找不到正确的相关文件，从而严重影响 Inventor 软件的安全相关性，同时也会使文件的保存、删除等操作产生混乱，因此应按照操作者的姓名、产品名称（或型号）建立用户文件目录，如本书要求在 D 盘上创建一个名为 Inventor-course 的文件夹作为用户目录。

1.5 启动 Inventor 软件

一般来说，有两种方法可启动并进入 Inventor 软件环境。

方法一：双击 Windows 桌面上的 Autodesk Inventor 软件快捷图标（图 1.5.1）。

图 1.5.1 Inventor 快捷图标

只要是正常安装，Windows 桌面上均会显示 Autodesk Inventor 软件快捷图标。快捷图标的名称，可根据需要进行修改。

方法二：从 Windows 系统的"开始"菜单进入 Inventor，操作方法如下。

步骤01 单击 Windows 桌面左下角的 开始 按钮。

步骤02 选择 ▶ 所有程序 ➡ Autodesk ➡ Autodesk Inventor 2019
➡ Autodesk Inventor Professional 2019 - 简体中文 (Simplified Chinese) 命令，系统便进入 Inventor 软件环境。

1.6 Inventor 2019 用户界面

在学习本节时，请先打开目录 D:\inv19\work\ch01.06 下的 link-base.par 文件。

图 1.6.1 所示的 Inventor 2019 用户界面中包括"文件菜单"按钮、快速访问工具栏、标题栏、功能区面板、浏览器、图形区、消息区、信息中心、View Cube 工具，以及动态观察导航区。

1. 文件菜单按钮

单击"文件菜单"按钮 文件 可以弹出下拉菜单，该菜单用于新建、打开和保存文件，并能设置系统的配置选项。

2. 快速访问工具栏

快速访问工具栏中包含用于新建、保存、修改模型和设置 Inventor 模型的材料和外观等命令。快速访问工具栏为快速进入命令及设置工作环境提供了极大的方便，用户可以根据具体情况定制快速访问工具栏。

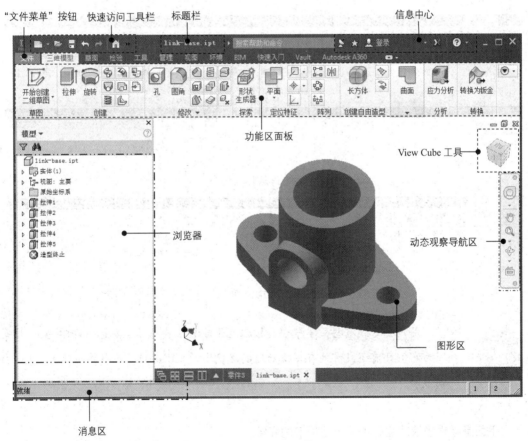

图 1.6.1　Inventor 2019 界面

3. 标题栏

标题栏显示了当前活动的模型文件的名称。

4. 信息中心

信息中心是 Autodesk 产品独有的界面，使用该功能可以搜索信息、显示关注的网址、帮助用户实时获得网络支持和服务等。

5. 功能区面板

功能区面板显示了 Inventor 建模中的所有功能按钮，并以选项卡的形式进行分类；有的面板中没有足够的空间显示所有的按钮，用户在使用时可以单击下方带三角的按钮，以展开折叠区域，显示其他相关的命令按钮；如果在 Inventor 中分别打开零件、装配和工程图文件，则功能区变化分别如图 1.6.2a、图 1.6.2b、图 1.6.2c 所示。

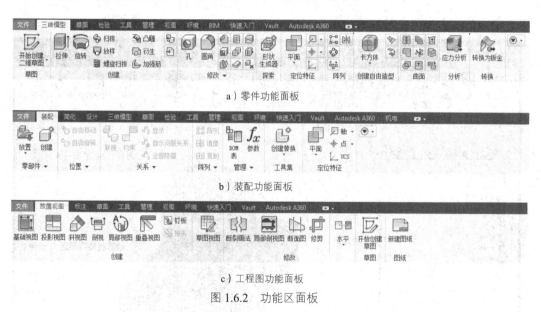

a）零件功能面板

b）装配功能面板

c）工程图功能面板

图 1.6.2　功能区面板

 用户会看到有些菜单命令和按钮处于非激活状态（呈灰色，即暗色），这是因为它们目前还没有处在发挥功能的环境中，一旦它们进入有关的环境，便会自动激活。

下面是零件模块功能区中部分选项卡的介绍。

◆ 图 1.6.3 所示的"三维模型"选项卡包含 Inventor 中所有的零件建模工具，主要有实体建模工具、平面工具、草图工具、阵列工具及特征编辑工具等。

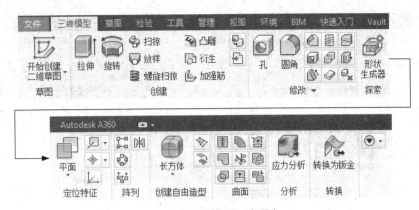

图 1.6.3 "三维模型"选项卡

◆ 图 1.6.4 所示的"检验"选项卡用于测量零件中的物理属性,并能检测曲线和曲面的光顺程度。

图 1.6.4 "检验"选项卡

◆ 图 1.6.5 所示的"工具"选项卡用于特征模型外观的设置、物理属性的测量、系统选项的设置以及零部件的查找等。

图 1.6.5 "工具"选项卡

◆ 图 1.6.6 所示的"管理"选项卡用于更新模型文件、修改模型参数、生成零部件和创建钣金冲压工具等。

图 1.6.6 "管理"选项卡

- 图 1.6.7 所示的"视图"选项卡主要用于设置管理模型的视图,可以调整模型的显示效果,设置显示样式,控制基准特征的显示与隐藏,文件窗口管理等。
- 图 1.6.8 所示的"环境"选项卡用于将当前实体建模环境转换到钣金建模环境。

图 1.6.7 "视图"选项卡

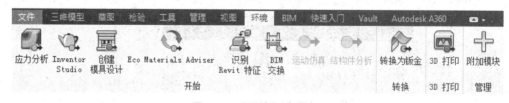

图 1.6.8 "环境"选项卡

6. 浏览器

浏览器中列出了活动文件中的所有零件、特征以及基准和坐标系等,并以树的形式显示模型结构。通过"浏览器"可以很方便地查看及修改模型。

通过"浏览器"可以使以下操作更为简洁快速:

- 通过右击某特征,然后选择 特性(P) 命令修改特征的显示名称。

- 通过右击某特征，然后选择 显示尺寸(M) 命令来显示特征的尺寸。
- 通过右击某特征，然后选择 编辑特征 命令来修改特征参数。
- 重排序特征，在浏览器中通过拖动及放置来重新调整特征的创建顺序。

7. 图形区

Inventor 各种模型图像的显示区。

8. 信息区

在用户操作软件的过程中，信息会实时地显示与当前操作相关的提示信息等，以引导用户的操作。

9. ViewCube 工具

ViewCube 工具直观地反映了图形在三维空间内的方向，是模型在二维模型空间或三维视觉样式中处理图形时的一种导航工具。使用 ViewCube 工具，可以方便地调整模型的视点，可使模型在标准视图和等轴测视图间切换。

10. 导航栏

导航栏包含通用导航工具和特定于产品的导航工具。

1.7 Inventor 2019 用户界面的定制

本节主要介绍 Inventor 中的自定义功能，让读者对软件工作界面的自定义了然于胸，从而合理地设置工作环境。

进入 Inventor 系统后，在建模环境下单击 工具 功能选项卡 选项▼ 区域中的 自定义 按钮，系统弹出图 1.7.1 所示的"自定义"对话框，利用此对话框可对工作界面进行自定义。

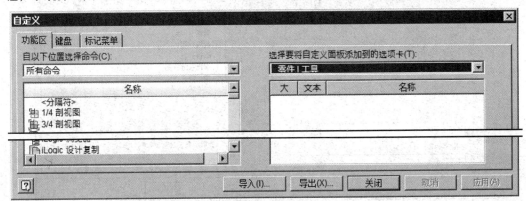

图 1.7.1 "自定义"对话框（功能区选项卡）

1.7.1 功能区的自定义

在图 1.7.1 所示的"自定义"对话框中单击 功能区 选项卡，即可进行功能区面板的自定义。通过此选项卡，用户可以控制工具栏在工作界面中的显示。在"自定义"对话框左侧的列表框中选择某命令，单击 >> 按钮，单击 应用(A) 按钮，此时选择的命令工具栏将在工具栏中显示。

1.7.2 键盘的自定义

在"自定义"对话框中单击 键盘 选项卡，即可设置执行命令的快捷键，这样能快速方便地执行命令，提高效率。

1.7.3 标记菜单的自定义

在"自定义"对话框中单击 标记菜单 选项卡，即可设置标记菜单中的各个命令的自定义。

在图形区右击，即可弹出标记菜单，图 1.7.2 所示是在零件环境下的标记菜单。用户可根据自己的操作习惯，来对标记菜单中的命令及其位置进行自定义。

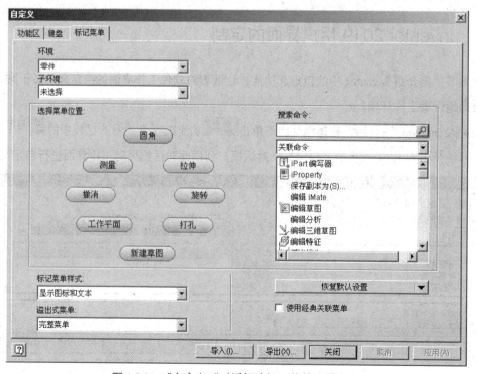

图 1.7.2 "自定义"对话框（标记菜单选项卡）

下面以图 1.7.4 所示的标记菜单来说明标记菜单自定义的一般操作过程。

图 1.7.4 标记菜单自定义

步骤01 在图 1.7.3 所示"自定义"对话框的 环境 下拉列表中选择 零件 选项。

步骤02 单击 圆角 按钮，在 搜索命令 下拉列表中选择 所有命令 选项，并在其下方的下拉列表中选择 扫掠 选项。

步骤03 单击 确定 按钮，完成标记菜单的自定义。

1.8 模型显示的设置

1.8.1 模型显示的方式

在 Inventor 软件中，模型有十种显示方式，如图 1.8.1 所示，单击 视图 功能选项卡 外观 区域中的"视觉样式"按钮 ，在弹出的菜单中选择相应的显示样式，可以切换模型的显示方式。

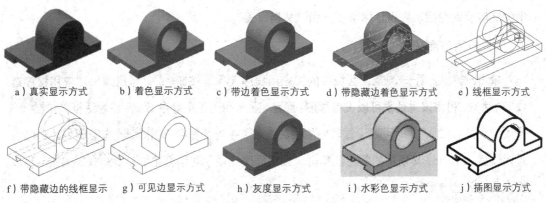

图 1.8.1 模型的十种显示方式

◆ 显示方式（真实）：使用真实外观显示零部件的材料、颜色和纹理，如图 1.8.1a 所示。

- ◆ 显示方式（着色）：将可见零部件显示为着色对象，模型边为不可见，如图 1.8.1b 所示。
- ◆ 显示方式（带边着色）：使用标准外观显示零部件，且外部模型边为可见，如图 1.8.1c 所示。
- ◆ 显示方式（带隐藏边着色）：使用标准外观显示零部件，且隐藏模型边可见，如图 1.8.1d 所示。
- ◆ 显示方式（线框）：模型以线框形式显示，模型所有的边线显示为深颜色的实线，如图 1.8.1e 所示。
- ◆ 显示方式（带隐藏边的线框）：模型以线框形式显示，可见的边线显示为深颜色的实线，不可见的边线显示为虚线，如图 1.8.1f 所示。
- ◆ 显示方式（仅带可见边的线框）：模型以线框形式显示，可见的边线显示为深颜色的实线，不可见的边线被隐藏起来（不显示），如图 1.8.1g 所示。
- ◆ 显示方式（灰度）：使用灰度的简化外观显示可见的零部件，如图 1.8.1h 所示。
- ◆ 显示方式（水彩色）：使用手绘水彩色外观可见的零部件，如图 1.8.1i 所示。
- ◆ 显示方式（插图）：使用手绘外观显示可见的零部件，如图 1.8.1j 所示。

1.8.2 工作环境的设置

设置 Inventor 的工作环境是用户学习和使用 Inventor 应该掌握的基本技能，合理设置 Inventor 的工作环境，对于提高工作效率、使用个性化环境具有极其重要的意义。Inventor 中的环境设置包括"应用程序选项"和"文档设置"。

1. 应用程序选项的设置

单击 工具 选项卡 选项 ▼ 区域中的"应用程序选项"按钮 ，系统弹出"应用程序选项"对话框，利用该对话框可以设置草图、颜色、显示和工程图等参数。在该对话框单击 草图 选项卡（图 1.8.2），此时可以设置草图的相关选项。在对话框中单击 颜色 选项卡（图 1.8.3），可以设置 Inventor 环境中的颜色。单击"应用程序选项"对话框中的 导出(X)... 按钮，可以将设置的颜色方案保存。

2. 文档设置

单击 工具 选项卡 选项 ▼ 区域中的"文档设置"按钮 ，系统弹出"文档设置"对话框（图 1.8.4），利用此对话框可以设置有关标注、单位、草图及造型的一些参数。

第 1 章 Inventor 2019 基础概述

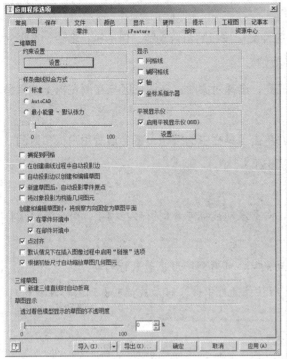

图 1.8.2 "应用程序选项"对话框草图选项卡　　　图 1.8.3 "应用程序选项"对话框颜色选项卡

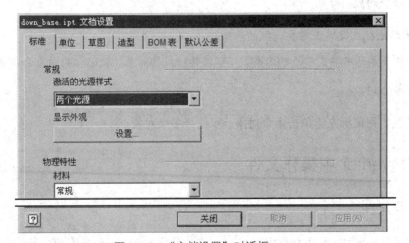

图 1.8.4 "文档设置"对话框

1.9 Inventor 鼠标的操作方法和技巧

　　Inventor 软件的使用以鼠标操作为主，用键盘输入数值。执行命令时，主要是用鼠标单击工具图标，也可以通过选择下拉菜单或用键盘输入来执行命令。

1.9.1 鼠标的操作

与其他 CAD 软件类似，Inventor 提供各种鼠标按钮的组合功能，包括执行命令、选择对象、编辑对象以及对视图的平移、旋转和缩放等。

在 Inventor 工作界面中选中的对象被加亮，选择对象时，在图形区与在浏览器上选择是相同的，并且是相互关联的。

移动视图是最常用的操作，如果每次都单击工具栏中的按钮，将会浪费用户很多时间。Inventor 中可以通过鼠标快速地完成视图的移动。

Inventor 中鼠标操作的说明如下。

- ◆ 缩放图形区：滚动鼠标中键滚轮，向前滚动鼠标可看到图形在缩小，向后滚动鼠标可看到图形在变大。
- ◆ 平移图形区：按住鼠标中键，移动鼠标，可看到图形跟着鼠标移动。
- ◆ 旋转图形区：先按住 Shift 键，然后按住鼠标中键，移动鼠标可看到图形在旋转。

1.9.2 对象的选择

下面介绍在 Inventor 中选择对象常用的几种方法。

1. 选取单个对象

- ◆ 直接用鼠标左键单击需要选取的对象。
- ◆ 在"浏览器"中单击对象的名称，即可选择对应的对象，被选取的对象会高亮显示。

2. 选取多个对象

按住 Ctrl 键，用鼠标左键单击多个对象，可选择多个对象。

1.10 在 Inventor 中操作文件

1.10.1 打开文件

进入 Inventor 软件后，假设要打开名称为 link-base 的文件，其操作过程如下。

步骤 01　选择下拉菜单 文件 ➡ 打开 命令（或单击快速访问区中的"打开"按钮，或单击 快速入门 选项卡 启动 区域中的 按钮），系统弹出图 1.10.1 所示的"打开"对话框。

步骤 02　在文件列表中选择要打开的文件名 link-base.ipt，然后单击 打开(O) 按钮，即可打开文件，或者双击文件名也可打开文件。

1.10.2 保存文件

步骤01 单击"快速访问工具栏"中的 按钮（或选择下拉菜单 文件 ➡ 保存 命令），系统弹出"另存为"对话框，文件名出现在 文件名(N): 文本框中。

步骤02 在"另存为"对话框的 保存在(I): 下拉列表中选择文件保存的路径，在 文件名(N): 文本框中输入可以识别的文件名，单击 保存 按钮，即可保存文件。如果不进行保存操作，单击 取消 按钮。

- 下拉菜单中还有一个 另存为 命令， 保存 与 另存为 命令的区别在于： 保存 命令是保存当前的文件， 另存为 命令是将当前的文件复制进行保存，并且保存时可以更改文件的名称，原文件不受影响。
- 如果打开多个文件，并对这些文件进行了编辑，可以选择下拉菜单 文件 ➡ 保存 ➡ 全部保存 保存所有打开的文件。 命令，将所有文件进行保存。

图 1.10.1 "打开"对话框

1.10.3 关闭文件

单击图形区中的 按钮（或选择下拉菜单 文件 ➡ 关闭 命令），关闭文件。

关闭文件操作执行后，系统只退出当前文件，并不退出 Inventor 系统。

Autodesk Inventor 2019 快速入门、进阶与精通（升级版）

说明：

为了回馈广大读者对本书的支持，除随书资源中的视频讲解之外，我们将免费为您提供更多的 Inventor 学习视频，内容包括各个软件模块的基本理论、背景知识、高级功能和命令的详解以及一些典型的实际应用案例等。

由于图书篇幅和随书资源的容量有限，我们将这些视频讲解制作成了在线学习视频，并在本书相关章节的最后对讲解的内容做了简要介绍，读者可以扫描二维码直达视频讲解页面，登录兆迪科技网站免费学习。

学习拓展：可以免费学习更多视频讲解。

讲解内容：主要包含软件安装，基本操作、二维草图，常用建模命令，零件设计案例等基础内容的讲解。内容安排循序渐进，清晰易懂，讲解非常详细，对每一个操作都做了深入的介绍和清楚的演示，十分适合没有软件基础的读者。

注意：

为了获得更好的学习效果，建议读者采用以下方法进行学习。

方法一：使用台式机或者笔记本电脑登录兆迪科技网校，开启高清视频模式学习。

方法二：下载兆迪网校 APP 并缓存课程视频至手机，可以免流量观看。

具体操作请打开兆迪网校帮助页面 http://www.zalldy.com/page/bangzhu 查看（手机可以扫描右侧二维码打开），或者在兆迪网校咨询窗口联系在线老师，也可以直接拨打技术支持电话 010-82176248，010-82176249。

第 2 章　二维草图设计

2.1 进入/退出草图设计环境的操作

1. 进入草图设计环境的操作方法

步骤01 新建零件模型。启动 Inventor 软件后，单击"文件菜单"按钮 文件 ，然后选择下拉菜单 新建 ➡ 零件 命令，新建一个零件模型，系统自动进入零件设计环境。

进入零件设计环境还有两种方法。
方法一：直接单击图 2.1.1 所示的"新建"按钮，系统弹出"新建文件"对话框，选择"Standard.ipt"模板，单击 创建 按钮。
方法二：在"快速访问"命令条中单击 后的 ，选择 零件 命令。

图 2.1.1　"创建"界面

步骤02 在 三维模型 选项卡 草图 区域单击 按钮，然后选择 XY 平面为草图平面，系统进入草图设计环境。

进入草图设计环境还有两种方法。
方法一：在 草图 选项卡 草图 区域单击 按钮。
方法二：在创建某些特征（例如，拉伸、旋转、扫掠等）时，以这些特征命令为入口，进入草图设计环境，详见第 5 章的有关内容。

2. 退出草图设计环境的操作方法

在草图设计环境中，在 草图 选项卡 退出 区域单击"完成草图"按钮 ，即可退出草图设计环境。

退出草图设计环境还有两种方法。
方法一：在 三维模型 选项卡 退出 区域单击 按钮。
方法二：在 三维模型 选项卡 草图 区域单击 按钮。

2.2 草图设计环境中的工具按钮

进入草图设计环境后，屏幕上方的 草图 选项卡中会出现草图设计时所需要的各种工具按钮，如图 2.2.1 所示。

图 2.2.1 "草图"选项卡

图 2.2.1 所示的 草图 选项卡中各区域的工具按钮的简介如下。

- 草图 区域：用于开始创建二维或三维草图命令。
- 创建 ▼ 区域：用于绘制直线、圆、圆弧、矩形和样条曲线等图元。
- 修改 区域：用于对图元进行移动、复制、旋转、修剪、缩放、拉伸和偏置等。
- 阵列 区域：用于对图元进行矩形阵列、环形阵列和镜像的操作。
- 约束 ▼ 区域：用于控制草图中的图元与图元之间的几何关系。
- 插入 区域：用于将外部图片、表格或者 Autocad 文件插入到草图中。
- 格式 ▼ 区域：用于调整图元或者尺寸的格式。
- 退出 区域：通过单击该区域中的 ✓ 按钮，可退出草图设计环境。

2.3 对草图进行环境设置

1. 设置栅格间距

根据模型的大小，可设置草图设计环境中的栅格大小。设置合适的栅格大小，可以保证所绘制的图形尺寸与最终尺寸不至于相差太大，以利于尺寸的修改。其操作步骤如下。

步骤 01 在 工具 选项卡 选项 ▼ 区域中单击"应用程序选项"按钮 ，此时系统弹出"应用程序选项"对话框。

步骤 02 在"应用程序选项"对话框中单击 草图 选项卡，在 显示 区域选中 ☑ 网格线 复选项，单击 确定 按钮。

第 2 章 二维草图设计

步骤03 在 工具 选项卡 选项 ▼ 区域中单击"文档设置"按钮，此时系统弹出"文档设置"对话框，在"文档设置"对话框中单击 草图 选项卡，在"捕捉间距"区域 X 文本框中输入 X 向间距值 10；在 Y 后的文本框中输入 Y 向间距值 10，在网格显示区域中设置数值 1，单击 确定 按钮，完成网格设置。

2. 草图设计环境中图形区的快速调整

当显示栅格时，如果看不到栅格，或者栅格太密，可以缩放图形区。如果想调整图形在草图设计环境上下、左右的位置，可以移动图形区。

鼠标操作方法说明如下。

- ◆ 缩放图形区：滚动鼠标中键滚轮，向前滚可看到图形以光标所在位置为基准在缩小，向后滚可看到图形以光标所在位置为基准在放大（或者按住 F3 键，按住鼠标左键移动鼠标，向前移动图形以光标所在位置为基准在缩小，向后移动可看到图形以光标所在位置为基准在放大）。

- ◆ 移动图形区：按住鼠标中键移动鼠标，可看到图形跟着鼠标移动（或者按住 F2 键，按住鼠标左键移动鼠标，可看到图形跟着鼠标移动）。

- ◆ 旋转图形区：按住 Shift 键，按住鼠标中键移动鼠标，可看到图形跟着鼠标旋转（或者按住 F4 键，同时按住鼠标左键移动鼠标，可看到图形跟着鼠标旋转），此时可通过 F5 键调整至上一视图状态，或者通过 ViewCube 工具调整至我们需要的平面上。

图形区这样的调整不会改变图形的实际大小和实际空间位置，它的作用是便于用户查看和操作图形。

2.4 绘制二维草图

2.4.1 直线

步骤01 新建零件文件后，在"三维模型"功能选项卡中单击 按钮，然后选取 XY 平面为草图平面。

步骤02 在 绘制 ▼ 区域中单击"直线"命令按钮 。

步骤03 指定第一点。将鼠标光标移至绘图区中的某点处，然后单击鼠标以指定第一点；此时如果移动鼠标，可看到当前鼠标光标的中心与第一点间有一条"连线"，这条线随着鼠标光标的移动可拉长或缩短，并可绕着第一点转动，一般形象地称这条"连线"为"橡皮筋"。

- 如果创建新草图，则在进入二维草绘环境之前，必须先选取草图平面，也就是要确定新草图在空间的哪个平面上绘制。
- 以后在创建新草图时，如果没有特别的说明，则草图平面为 XY 平面。
- 草图平面可以是原始坐标系中的面，也可以是已有特征上的平面，或者是新创建的工作平面。
- 在绘图区空白处按住鼠标右键，从系统弹出的图 2.4.1 所示的快捷菜单按钮界面中单击 创建直线 按钮。
- 进入草绘环境后，直接单击键盘上的 L 键即可执行直线命令。

图 2.4.1　快捷菜单按钮界面

步骤 04　指定第二点。将鼠标光标移至绘图区的另一点并单击，这样系统便绘制一条线段。此时如果移动鼠标，可看到在第二点与鼠标光标之间生成一条"橡皮筋"，移动鼠标光标可调整"橡皮筋"的长短及位置，以确定下一条线段。

步骤 05　重复步骤 4，可创建一系列连续的线段。

步骤 06　按 Esc 键，结束直线的绘制。

- 在草绘环境中，单击"撤销"按钮 可撤销上一个操作，单击"重做"按钮 可重新执行被撤销的操作。这两个按钮在草绘环境中十分有用。
- Inventor 具有尺寸驱动功能，即图形的大小随着图形尺寸的改变而改变。
- 用 Inventor 进行设计，一般是先绘制大致的草图，然后再修改尺寸。

2.4.2　矩形

矩形对于绘制拉伸、旋转的截面草图等十分有用，可省去绘制四条直线的麻烦。

方法一：创建两点矩形

步骤01 在 创建▼ 区域中单击 矩形▼ 按钮，然后单击 矩形两点 按钮（或在绘图区空白处按住鼠标右键，在弹出的快捷菜单中单击 两点矩形 按钮）。

步骤02 指定矩形的第一角点。在系统 选择第一个拐角 的提示下，将鼠标光标移至绘图区中的某一点处，并单击以指定矩形的第一个角点，此时移动鼠标，就会有一个临时矩形从该点延伸到光标所在处，并且矩形的大小随光标的移动而不断变化。

步骤03 指定矩形的第二角点。在系统 选择对角 的提示下，将鼠标光标移至绘图区中的另一点处并单击，以指定矩形的另一个角点，此时系统即在两个对角点间绘制一个矩形并结束命令。

步骤04 按 Esc 键，结束矩形的绘制。

方法二：创建三点矩形

步骤01 单击 矩形▼ 按钮，然后单击 矩形三点 按钮。

步骤02 指定矩形的第一角点。在图形区所需位置单击，放置矩形的第一个角点，然后拖至所需宽度。

步骤03 指定矩形的第二个角点。再次单击，放置矩形的第二个角点，此时，绘制出矩形的一条边线，向此边线的法线方向拖动鼠标至所需的大小。

步骤04 指定矩形的第三个角点。再次单击，放置矩形的第三个角点，此时，系统即在第一个角点、第二个角点和第三个角点间绘制一个矩形。

步骤05 按 Esc 键，结束矩形的绘制。

方法三：创建两点中心矩形

步骤01 单击 矩形▼ 按钮，然后单击 矩形两点中心 按钮。

步骤02 定义矩形的中心点。在图形区所需位置单击，放置矩形的中心点，然后将该矩形拖至所需大小。

步骤03 定义矩形的一个角点。再次单击，放置矩形的一个边角点。

步骤04 按 Esc 键，结束矩形的绘制。

方法四：创建三点中心矩形

步骤01 单击 矩形▼ 按钮，然后单击 矩形三点中心 按钮。

步骤02 定义矩形的中心点。在图形区所需位置单击，放置矩形的中心点，然后将该矩形拖至所需宽度。

步骤03 定义矩形的一边中点。再次单击，定义矩形一边的中点，然后将该矩形拖至所需长度。

步骤 04 定义矩形的一个角点。再次单击，放置矩形的一个角点。

步骤 05 按 Esc 键，结束矩形的绘制。

2.4.3 绘制圆

方法一：中心/点——通过选取中心点和圆上一点来创建圆

步骤 01 在 创建 区域中单击 圆 按钮，然后单击 圆心 按钮。

步骤 02 在某位置单击，放置圆的中心点，然后将该圆拖至所需大小并单击左键，完成该圆的创建。

步骤 03 按 Esc 键，结束圆的绘制。

方法二：相切圆——通过选取三条直线来创建圆

在确定要相切的三条直线后，可以绘出与三条直线相切的圆。下面以图 2.4.2 所示为例来进行说明。

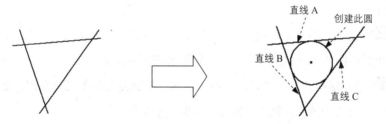

图 2.4.2　通过选取三条直线绘制圆

步骤 01 打开随书光盘中的文件 D:\inv19\work\ch02.04.03\circle.ipt。

 打开草图文件后，需将草图处于编辑轮廓状态，具体方法是通过在"浏览器"区域中右击对应的草图，在弹出的快捷菜单中选择 编辑草图 命令，类似操作下文将不再赘述。

步骤 02 在 创建 区域中单击 圆 按钮，然后单击 相切 按钮。

步骤 03 选取直线 A 为第一参考元素，选取直线 B 为第二参考元素，选取直线 C 为第三参考元素。

步骤 04 按 Esc 键，结束圆的绘制。

2.4.4 绘制椭圆

步骤 01 在 创建 区域中单击 圆 按钮，然后单击 椭圆 按钮。

步骤02 定义椭圆中心点。在图形区的某位置单击，放置椭圆的中心点。
步骤03 定义椭圆长轴。在图形区的某位置单击，定义椭圆的长轴和方向。
步骤04 确定椭圆短轴。移动鼠标指针，将椭圆拉至所需形状并单击，以定义椭圆的短轴。
步骤05 按 Esc 键，结束椭圆的绘制。

2.4.5 绘制圆弧

共有三种绘制圆弧的方法。

方法一：三点画圆弧——确定圆弧的两个端点和弧上的一个附加点来创建一个三点圆弧

步骤01 在 创建 区域中单击 圆弧 ，然后单击 三点 按钮。
步骤02 在绘图区某位置单击，放置圆弧一个端点；在另一位置单击，放置圆弧上另一端点。
步骤03 此时移动鼠标指针，圆弧呈"橡皮筋"样变化，单击确定圆弧上的一点。
步骤04 按 Esc 键，结束圆弧的绘制。

方法二：创建相切圆弧——确定圆弧的一个切点和弧上的一个附加点来创建圆弧

步骤01 在 创建 区域中单击 圆弧 ，然后单击 相切 按钮。
步骤02 选取一个图元，在图形区某位置单击作为圆弧的终点，系统便自动创建与这个图元相切的圆弧。
步骤03 按 Esc 键，结束圆弧的绘制。

在选取直线时，在不同的位置单击，则可创建不同的相切圆弧。

方法三：中心和点画圆弧——通过圆心、起点和终点绘制圆弧

步骤01 在 创建 区域中单击 圆弧 ，然后单击 圆心 按钮。
步骤02 在某位置单击，确定圆弧中心点，然后将圆拖动至所需大小，并在圆上单击两点以确定圆弧的两个端点。
步骤03 按 Esc 键，结束圆弧的绘制。

2.4.6 倒角

下面以图 2.4.3 为例，说明绘制倒角的一般操作过程。

步骤01 打开文件 D:\inv19\work\ch02.04.06\chamfer.ipt。

步骤 02 在 创建 区域中单击 圆角 中的 ，然后单击 倒角 按钮，系统弹出图 2.4.4 所示的"二维倒角"对话框。

图 2.4.3 倒角

步骤 03 定义倒角参数。在"二维倒角"对话框中单击 按钮，在"倒角边长 1"文本框中输入距离值 10，在"倒角边长 2"文本框中输入距离值 20；在绘图区域选取图 2.4.3 所示的边线 1 与边线 2，系统便在这两个图元间创建倒角，并将两个图元裁剪至交点。

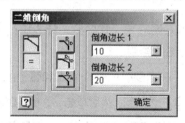

图 2.4.4 "二维倒角"对话框

步骤 04 在"二维倒角"对话框中单击 确定 按钮，完成倒角的创建。

图 2.4.4 所示的"二维倒角"对话框中的部分选项的说明如下。

- ◆ ：采用"相等距离"方式绘制倒角。
- ◆ ：按照"距离-距离"方式绘制倒角。
- ◆ ：按照"角度-距离"方式绘制倒角。
- ◆ 倒角边长 1 文本框：用于输入距离 1。
- ◆ 倒角边长 2 文本框：用于输入距离 2。

2.4.7 圆角

下面以图 2.4.5 为例，说明绘制圆角的一般操作过程。

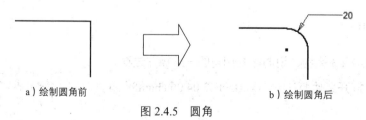

图 2.4.5 圆角

步骤01 打开文件 D:\inv19\work\ch02.04.07\fillet.ipt。

步骤02 在 创建 ▼ 区域中单击 圆角 ▼ 中的 ▼，然后单击 圆角 按钮，系统弹出图 2.4.6 所示的"二维圆角"对话框。

图 2.4.6　"二维圆角"对话框

步骤03 在"二维圆角"对话框"半径"文本框中输入数值 20，然后选取两个图元（两条边），系统便在这两个图元间创建圆角，并将两个图元裁剪至交点。

◆ 对于具有公共端点的图元，选定这个端点也可以创建圆角，对于没有公共端点的图元，必须选定两条线进行倒圆角。

◆ 如果两条线可以成功创建圆角，那么在选定第二条线时，两条线均呈高亮显示的状态，否则只有当前选定的线高亮显示。

◆ 当图 2.4.6 所示的 = 被按下时，此步操作的所有圆角都将被添加"相等"半径的约束，只有一个驱动尺寸，否则每个圆角是各自的驱动尺寸。

2.4.8　样条曲线

共有两种绘制样条曲线的方法，下面将分别介绍。

方法一：通过控制点来创建样条曲线

下面以图 2.4.7 为例，说明绘制样条曲线的一般操作过程。

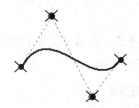

图 2.4.7　通过控制点来创建样条曲线

步骤01 在 创建 ▼ 区域中单击 线 ▼ 按钮，然后单击 样条曲线 控制顶点 按钮。

步骤02 定义样条曲线的控制顶点。单击一系列点，可观察到一条"橡皮筋"样的线附着在鼠标指针上。

步骤03 单击 ✓ 按钮，结束样条曲线的绘制。

方法二：通过选定的点来创建样条曲线

下面以图 2.4.8 为例，说明绘制样条曲线的一般操作过程。

图 2.4.8　通过选定的点来创建样条曲线

步骤01　在 创建▼ 区域中单击 线 按钮，然后单击 样条曲线插值 按钮。

步骤02　定义样条曲线的通过点。单击一系列点，可观察到一条"橡皮筋"样的线附着在鼠标指针上。

步骤03　单击 ✓ 按钮，结束样条曲线的绘制。

2.4.9　多边形

下面介绍多边形的创建方法。

方法一：绘制内接正多边形

步骤01　在 创建▼ 区域中单击 矩形▼ 按钮，系统弹出图 2.4.9 所示的"多边形"对话框。

步骤02　在"多边形"对话框中单击"内切"按钮 ⊙，然后在"边数量"文本框中输入边数值 6。

图 2.4.9　"多边形"对话框

　此处的"内切"按钮 ⊙，应为"内接"按钮 ⊙，软件翻译有误。

步骤03　在绘图区的某位置单击，放置多边形的中心点，然后拖动鼠标至多边形所需的大小，单击鼠标左键完成多边形的创建。

步骤04　按 Esc 键，结束多边形的绘制。

方法二：绘制外切正多边形

步骤01　在 创建▼ 区域中单击 多边形 按钮，系统弹出"多边形"对话框。

步骤02　在"多边形"命令条中单击"外切"按钮 ⊙，然后在"边数量"文本框中输入边数值 6。

步骤03　在绘图区的某位置单击，放置多边形的中心点，然后拖动鼠标至多边形所需的大小，单击鼠标左键完成多边形的创建。

步骤04 按 Esc 键，结束多边形的绘制。

- 这里绘制的多边形不是通常概念上的多边形，而是正多边形。
- 在 Inventor 中正多边形的边数最少为 3 条，最多可以是 120 条。
- 在多边形创建完毕后，多边形的边数无法进行编辑或控制。

2.4.10 绘制文本轮廓

文本轮廓可以作为草图元素创建，也可以在零件上构造代表文本的特征。共有两种绘制文本轮廓的方法，下面将分别介绍。

方法一：绘制普通文本轮廓

下面以图 2.4.10 为例，说明绘制普通文本轮廓的一般操作过程。

Autodesk Inventor

图 2.4.10　绘制文本轮廓

步骤01 进入草绘环境后，在 创建▼ 区域中单击 A 文本 ▼ 中的 ▼，然后单击 A 文本 按钮，在绘图区域合适的位置单击确定文本位置，此时系统弹出图 2.4.11 所示的"文本格式"对话框。

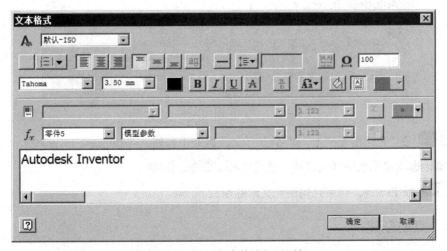

图 2.4.11　"文本格式"对话框

步骤02 在"文本格式"对话框"文本"区域下面输入"Autodesk Inventor",其他选项采用系统默认设置,然后单击 确定 按钮。

步骤03 按 Esc 键,结束文本轮廓的绘制。

方法二:绘制几何图元文本轮廓

下面以图 2.4.12 所示为例,说明绘制几何图元文本轮廓的一般操作过程。

步骤01 进入草绘环境后,绘制图 2.4.12 所示的圆弧。

步骤02 在 创建▼ 区域中单击 A 文本 ▼ 中的 ▼,然后单击 几何图元文本 按钮,在绘图区域选取绘制的圆弧以确定对齐文本,此时系统弹出图 2.4.13 所示的"几何图元文本"对话框。

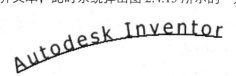

图 2.4.12 绘制几何图元文本轮廓

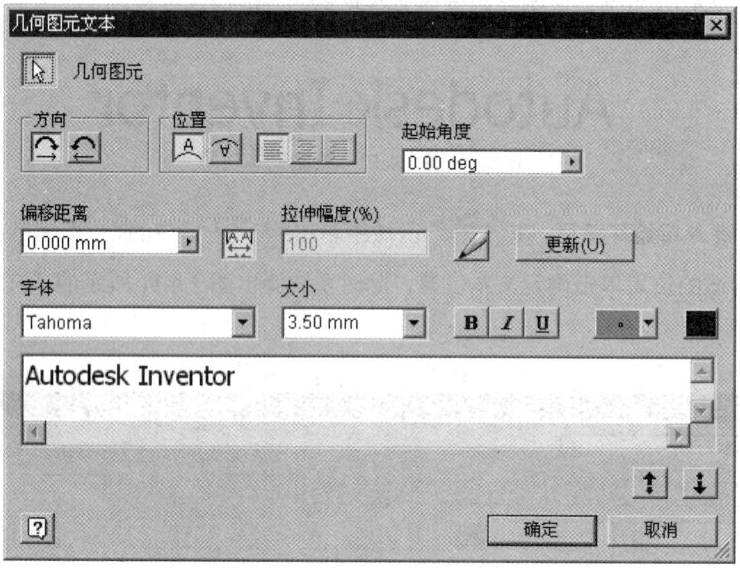

图 2.4.13 "几何图元文本"对话框

步骤03 在"几何图元文本"对话框"文本"区域下面输入"Autodesk Inventor",单击 按钮,其他选项采用系统默认设置,然后单击 确定 按钮。

步骤04 按 Esc 键,结束几何图元文本的绘制。

2.4.11 点的创建

点的创建很简单。在设计曲面时,点会起到很大的作用。

步骤01 在 创建▼ 区域中单击 ┼ 点 按钮。

步骤02 在图形区的某位置单击以放置该点。

2.5 编辑二维草图

2.5.1 删除草图图元

步骤01 在绘图区单击或框选（框选时要框住整个图元）要删除的图元（可看到被选中的图元颜色发生变化）。

步骤02 按 Delete 键，所选图元即被删除。

2.5.2 操纵草图图元

1. 操纵直线

Inventor 提供了图元操纵功能，可方便地旋转、拉伸和移动图元。

操纵 1 的操作流程：在绘图区，把鼠标指针移到直线上，按下左键不放，同时移动鼠标，此时直线随着鼠标指针一起移动（图 2.5.1），达到绘制意图后，松开鼠标左键。

操纵 2 的操作流程：在绘图区，把鼠标指针移到直线的某个端点上，按下左键不放，同时移动鼠标（鼠标指针变为），此时会看到直线以另一端点为固定点伸缩或转动，如图 2.5.2 所示，达到绘制意图后，松开鼠标左键，结果如图 2.5.3 所示。

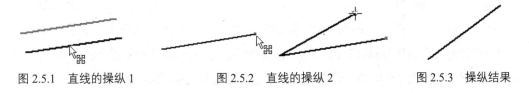

图 2.5.1 直线的操纵 1　　　　图 2.5.2 直线的操纵 2　　　　图 2.5.3 操纵结果

2. 操纵圆

操纵 1 的操作流程：把鼠标指针移到圆的边线上，按下左键不放，同时移动鼠标，此时会看到圆在变大或缩小，如图 2.5.4 所示，达到绘制意图后，松开鼠标左键。

操纵 2 的操作流程：把鼠标指针移到圆心上，按下左键不放，同时移动鼠标，此时会看到圆随着指针一起移动，如图 2.5.5 所示，达到绘制意图后，松开鼠标左键。

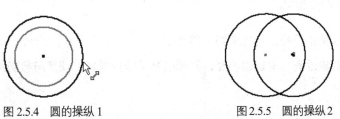

图 2.5.4 圆的操纵 1　　　　　　　　图 2.5.5 圆的操纵 2

3. 操纵圆弧

操纵 1 的操作流程：把鼠标指针移到圆弧上，按下左键不放，同时移动鼠标，此时圆弧以远离鼠标指针的端点为固定点旋转，并且圆弧的圆心角及半径也在变化，如图 2.5.6 所示，达到绘制意图后，松开鼠标左键。

操纵 2 的操作流程：把鼠标指针移到圆弧的端点上，按下左键不放，同时移动鼠标，此时会看到圆弧以另一端点为固定点旋转，并且圆弧的圆心角也在变化，如图 2.5.7 所示，达到绘制意图后，松开鼠标左键。

操纵 3 的操作流程：把鼠标指针移到圆弧的圆心点上，按下左键不放，此时圆弧随着指针一起移动，如图 2.5.8 所示，达到绘制意图后，松开鼠标左键。

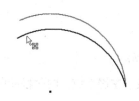 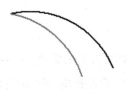 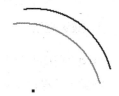

图 2.5.6　圆弧的操纵 1　　　图 2.5.7　圆弧的操纵 2　　　图 2.5.8　圆弧的操纵 3

4. 操纵样条曲线

操纵 1 的操作流程：把鼠标指针移到样条曲线上，按下左键不放，同时移动鼠标，此时会看到样条曲线随着指针一起移动如图 2.5.9 所示，达到绘制意图后，松开鼠标左键。

操纵 2 的操作流程：把鼠标指针移到样条曲线的中间点或者端点上，按下左键不放，同时移动鼠标（此时鼠标指针变为 ），此时样条曲线的另一端点和中间点固定不变，其曲率随着指针移动如图 2.5.10 所示而变化，达到绘制意图后，松开鼠标左键。

图 2.5.9　样条曲线的操纵 1　　　图 2.5.10　样条曲线的操纵 2

2.5.3　剪裁草图图元

修剪图形就是指沿着给定的剪切边界来断开对象，并删除该对象位于剪切边某一侧的部分。如果修剪对象没有与剪切边相交，则可以延伸修剪对象，使其与剪切边相交。

1. 修剪相交的图元

下面以图 2.5.11 为例，说明其一般操作步骤。

步骤01 打开文件 D:\inv19\work\ch02.05.03\trim1.ipt。

步骤02 在浏览器中右击草图，在弹出的快捷菜单中单击 编辑草图 按钮。

步骤03 单击 草图 功能选项卡 修改 区域中的 修剪 按钮。

步骤04 分别单击各相交图元上要去掉的部分，如图 2.5.11 所示。

 也可以通过拖动鼠标指针使其形成轨迹，让轨迹经过要修剪区域即可。

2. 修剪不相交的图元

下面以图 2.5.12 为例，说明其一般操作步骤。

步骤01 打开文件 D:\ inv19\work\ch02.05.03\trim2.ipt。

步骤02 在浏览器中右击草图，在弹出的快捷菜单中单击 编辑草图 按钮。

步骤03 单击 草图 功能选项卡 修改 区域中的 修剪 按钮。

步骤04 单击图元上要去掉的部分，如图 2.5.12 所示。

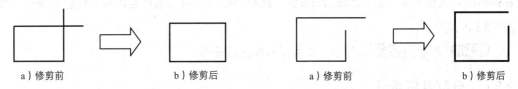

a）修剪前　　　　b）修剪后　　　　　　　a）修剪前　　　　b）修剪后

图 2.5.11 修剪相交图元　　　　　　　图 2.5.12 修剪不相交图元

2.5.4 延伸草图图元

下面以图 2.5.13 为例，说明延伸草图实体的一般操作过程。

步骤01 打开文件 D:\inv19\work\ch02.05.04\extend.ipt。

步骤02 在浏览器中右击草图，在弹出的快捷菜单中单击 编辑草图 按钮。

a）延伸前　　　　　　　　　　　　　　b）延伸后

图 2.5.13 延伸草图实体

步骤03 选择命令。单击 草图 选项卡 修改 区域的 延伸 按钮。

步骤 04 选取要延伸的草图实体。在系统 选择要延伸的曲线或按住控制键 的提示下，单击图 2.5.13a 所示的直线，系统自动将该直线延伸到最近的边界。

2.5.5 拉伸草图图元

下面以图 2.5.14 为例，说明其一般操作步骤。

图 2.5.14　拉伸草图图元

步骤 01 打开文件 D:\inv19\work\ch02.05.05\stretch.ipt。

步骤 02 在浏览器中右击草图，在弹出的快捷菜单中单击 编辑草图 按钮。

步骤 03 单击 草图 功能选项卡 修改 区域中的 拉伸 按钮，系统弹出"拉伸"对话框

步骤 04 在系统 选择要拉伸的几何图元 的提示下，选择 2.5.14a 所示的边为要拉伸的对象，单击"基准点"按钮 ，在系统 选择基准点 的提示下，选择图 2.5.14a 所示的点为基准点；在弹出的对话框中单击 是(Y) 按钮，然后移动鼠标将元素移至所需的位置后单击，如图 2.5.14b 所示。

步骤 05 单击 完毕 按钮，完成拉伸图元的操作。

2.5.6 分割草图图元

下面以图 2.5.15 为例，说明分割草图实体的一般操作过程。

图 2.5.15　分割草图实体

步骤 01 打开文件 D:\inv19\work\ch02.05.06\divide.ipt。

步骤 02 在浏览器中右击草图，在弹出的快捷菜单中单击 编辑草图 按钮。

步骤 03 选择命令。单击 草图 选项卡 修改 区域的 分割 按钮。

步骤 04 选取要分割的草图实体。在系统 选择要分割的曲线 的提示下，单击图 2.5.15a 所示的直线。

步骤 05 按 Esc 键退出，完成分割草图实体的创建，此时将鼠标移动至分割对象时会显示两段。

2.5.7 变换草图图元

1. 缩放草图图元

下面以图 2.5.16 为例，说明缩放草图实体的一般操作过程。

a) 缩放前　　　　　　　　　　　　　b) 缩放后

图 2.5.16 缩放草图实体

步骤 01 打开文件 D:\inv19\work\ch02.05.07\zoom.ipt。

步骤 02 在浏览器中右击草图 1，在弹出的快捷菜单中单击 编辑草图 按钮。

步骤 03 选择命令。单击 草图 选项卡 修改 区域的 缩放 按钮，系统弹出图 2.5.17 所示的"缩放"对话框，然后在图形区框选所有图元为缩放的对象。

图 2.5.17 "缩放"对话框

图 2.5.17 所示的"缩放"对话框中的选项说明如下。

- ◆ ：用于选择要缩放的图元元素，默认情况下，当选取"缩放"命令后，选择命令自动激活。
- ◆ ：用于设置图元元素缩放的中心点。读者也可以选中 精确输入 复选框输入基点的具体 x、y 坐标值。
- ◆ 比例系数 文本框：用于指定对象缩小或者放大的倍数，如果输入了具体数值，对象会及时地发生变化；读者也可以在鼠标的控制下进行缩放，此时该文本框中的数值将随着鼠标在图形窗口中的移动而更新。
- ◆ ☑ 优化单个选择：选中该复选框，读者只能选择单个图元元素；当清除该复选框后，读者可以在选择基点前选取多个几何图元。

步骤04 定义比例中心点。单击"选择基准点"按钮 ，然后选择草图的中心为缩放的中心点。

步骤05 在 比例系数 的文本框中输入数值 0.5，单击 应用 按钮，单击 完毕 按钮，完成草图图元缩放的操作。

2. 旋转草图图元

下面以图 2.5.18 所示的图形为例，说明旋转草图实体的一般操作过程。

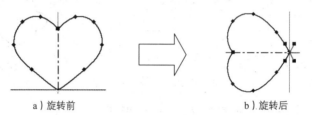

图 2.5.18　旋转草图实体

步骤01 打开文件 D:\inv19\work\ch02.05.07\circumgyrate.ipt。

步骤02 在浏览器中右击草图1，在弹出的快捷菜单中单击 编辑草图 按钮。

步骤03 选择命令。单击 草图 选项卡 修改 区域 旋转 按钮，系统弹出图 2.5.19 所示的"旋转"对话框。选择图形区的草图为要旋转的对象。

步骤04 定义旋转中心。单击"选择中心点"按钮，在图形区选择草图的下端点作为旋转中心。

步骤05 在 角度 的文本框中输入数值 90，单击 应用 按钮，单击 完毕 按钮，完成旋转的操作。

图 2.5.19　"旋转"对话框

3. 移动草图图元

下面以图 2.5.20 所示的图形为例，说明移动草图实体的一般操作过程。

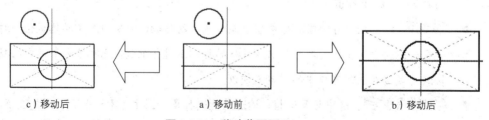

图 2.5.20　移动草图图元

步骤01 打开文件 D:\inv19\work\ch02.05.07\move.ipt。

步骤02 在浏览器中右击草图，在弹出的快捷菜单中单击 编辑草图 按钮。

步骤03 选择命令。单击 草图 选项卡 修改 区域的 移动 按钮，系统弹出图 2.5.21 所示的"移动"对话框。

图 2.5.21 "移动"对话框

步骤04 定义要移动的元素。在图形区选择图 2.5.20a 所示的圆。

步骤05 定义移动的点。单击"基准点"按钮，在图形区选择圆的圆心作为基准点。然后移动鼠标将元素移动至所需的位置单击。

步骤06 单击 完毕 按钮，完成草图图元的移动操作。

若在"移动"对话框中选中 复制 复选框，则结果如图 2.5.20c 所示。

4. 镜像草图图元

镜像操作就是围绕定义的直线或轴镜像所选的一个或多个元素，既可以执行不进行复制的镜像，也可以执行进行复制的镜像。下面以图 2.5.22 为例，说明镜像草图实体的一般操作过程。

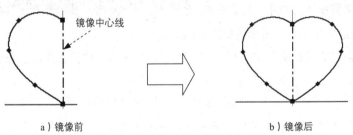

a) 镜像前　　　　　　　　　　b) 镜像后

图 2.5.22 镜像草图图元

步骤01 打开文件 D:\inv19\work\ch02.05.07\mirror.ipt。

步骤02 在浏览器中右击草图，在弹出的快捷菜单中单击 编辑草图 按钮。

步骤03 选择命令。单击 草图 选项卡 阵列 区域的"镜像"按钮，系统弹出"镜像"对话框。

步骤 04　选取要镜像的草图实体。根据系统 选择要镜像的几何图元 的提示，在图形区框选要镜像的草图实体。

步骤 05　定义镜像中心线。单击"镜像线"按钮，在系统 选择镜像线 的提示下，选择图 2.5.22a 所示的构造线为镜像中心线。

步骤 06　单击 应用 按钮，单击 完毕 按钮，完成镜像的操作。

2.5.8　投影

"投影"功能是将其他草图中的集合图形元素、特征或者草图几何图元投影到激活的草图平面上。投影过来的元素与之前的元素具有关联性，原来的元素做了修改，投影过来的元素也会相应地发生变化。由于关联性，这些包含的元素的位置都是相对固定的，这会给建模带来极大的方便。下面以图 2.5.23 为例，说明创建投影的一般过程。

步骤 01　打开文件 D:\inv19\work\ch02.05.08\projection.ipt。

步骤 02　选择命令。单击 三维模型 选项卡 草图 区域中的 按钮，然后在左侧浏览器中选取 XZ 平面为草图平面。

a）创建前　　　　　　　　　　　　　　b）创建后

图 2.5.23　投影草图图元

步骤 03　单击 创建 区域中的 下的 投影几何图元 按钮，然后单击 投影几何图元 按钮。

步骤 04　定义要投影的对象。根据系统 选择边、顶点、工作几何图元或草图几何图元来投影。 的提示，在图形区选取图 2.5.23 所示的矩形边线。

步骤 05　单击"完成草图"按钮，完成图 2.5.23b 所示的投影曲线的创建。

- 投影几何图元：将现有对象中的几何图元投影到当前平面上。
- 投影切割边：将与草图平面相交的模型边线投影到草图中。
- 投影到三维草图：将几何图元从激活的草图平面投影到选定的曲面上。
- 投影展开模式：将钣金中的折叠面投影到当前草图中。
- 投影 DWG 几何图元：将 DWG 中的图元投影到当前草图中。

2.5.9 偏移草图图元

偏移复制是对选定图元（如线、圆弧和圆等）进行同心复制。对于线而言，其圆心为无穷远，因此是平行复制。偏移曲线对象所生成的新对象将变大或变小，这取决于将其放置在源对象的哪一边。例如，将一个圆的偏移对象放置在圆的外面，将生成一个更大的同心圆；向圆的内部偏移，将生成一个小的同心圆。

偏移草图功能可以对现有的图元进行平行偏置，也可以提取已有的实体边在当前草图平面上的投影进行偏置。下面介绍偏移草图的一般操作过程。

步骤 01 打开文件 D:\inv19\work\ch02.05.09\offset.ipt，如图 2.5.24 所示。

步骤 02 在浏览器中右击草图 1，在弹出的快捷菜单中单击 编辑草图 按钮，在 修改 区域中单击 凸 偏移 按钮，在图形区中选取图 2.5.24 所示的图元。

步骤 03 在合适的位置单击确定偏移后的位置，如图 2.5.25 所示。

 读者也可参考状态栏中 偏移 = 3.300 mm 的数值大概放置偏移线。

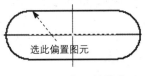

图 2.5.24 偏置前的草图

图 2.5.25 偏置后的草图

2.5.10 将一般元素转换为构造元素

Inventor 中构造图元（构造线）的作用是作为辅助线（参考线），构造图元以双点画线显示。草绘中的直线、圆弧和样条线等图元都可以转化为构造图元。下面以图 2.5.26 为例，说明其创建方法。

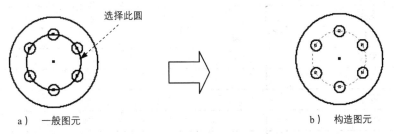

a) 一般图元   b) 构造图元

图 2.5.26 将一般元素转换为构造元素

步骤 01 打开文件 D:\inv19\work\ch02.05.10\construct.ipt。

步骤 02 在浏览器中右击草图 1，在弹出的快捷菜单中单击 编辑草图 按钮。

步骤03 选取图 2.5.26a 中的圆，在 区域中单击"构造"按钮，结果如图 2.5.26b 所示。

2.6 二维草图约束

按照工程技术人员的设计习惯，在草绘时或草绘后，希望对绘制的草图增加一些平行、相切、相等和共线等约束来帮助几何定位，Inventor 软件可以很容易地做到这一点。下面对约束进行详细介绍。

2.6.1 几何约束

1. 约束的屏幕显示控制

单击 草图 选项卡 约束▼ 区域中的 按钮，然后框选绘图区域的全部图元即可显示所有约束。

 读者也可以通过 F8 键与 F9 键来控制约束的显示与隐藏。F8 键用来显示所有约束，F9 键用来隐藏所有约束。

2. 各种约束符号列表

各种约束的显示符号见表 2.6.1。

表 2.6.1 约束符号列表

约束名称	约束显示符号
重合	
共线	
同心	
固定	
平行	
垂直	
水平	
竖直	
相切	
平滑	
对称	
等长	

3. Inventor 软件所支持的约束种类

Inventor 软件所支持的约束种类见表 2.6.2。

表 2.6.2 Inventor 所支持的约束种类

按 钮	约 束
⊥	使选取的点位于二维或者三维草图中的其他图元中
⋎	使两条直线重合
◎	使选取的两个圆的圆心位置重合
🔒	使选取的草图实体位置固定
∥	当两条直线被指定该约束后,这两条直线将自动处于平行状态
⊥	使两条直线垂直
▭	使直线或两点水平
∥	使直线或两点竖直
⌒	使选取的两个草图实体相切
⌢	使样条曲线和其他曲线之间建立曲率连接
[:]	使选取的草图实体对称于中心线
=	使选取的直线长度相等或圆弧的半径相等

4. 创建几何约束

下面以图 2.6.1 所示的水平竖直约束为例,说明创建约束的步骤。

(一) 水平竖直约束

步骤01 打开文件 D:\inv19\work\ch02.06.01\constrain01.ipt。

步骤02 在浏览器中右击草图,在弹出的快捷菜单中单击 编辑草图 按钮。

步骤03 选择命令。单击 草图 功能选项卡 约束▼ 区域中的"竖直约束"按钮 ∥ 。

步骤04 在系统信息区 选择直线、椭圆轴或第一点 提示下,选取图 2.6.1a 所示的直线 1,添加竖直约束。

步骤05 选择命令。单击 草图 功能选项卡 约束▼ 区域中的"水平约束"按钮 ▭ 。

步骤06 在系统信息区 选择直线、椭圆轴或第一点 提示下,选取图 2.6.1a 所示的直线 2,添加水平约束。

> 若约束符号不显示,可单击图 2.6.2 所示的"约束"区域中的 ⊡ ,然后选取图 2.6.1a 所示的直线,此时约束符号即可显示出来。

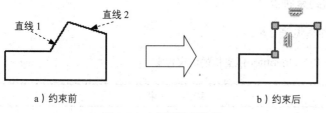
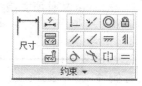

图 2.6.1 水平竖直约束　　　　　　　　　图 2.6.2 "约束"工具栏

水平或竖直约束也可以约束两点之间的位置关系，如选取图 2.6.3a 所示的点 1 与点 2 作为水平约束对象，则会得到图 2.6.3b 所示的结果。

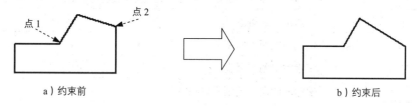

图 2.6.3 水平约束

（二）重合约束

步骤01 打开文件 D:\inv19\work\ch02.06.01\constrain02.ipt。

步骤02 在浏览器中右击草图，在弹出的快捷菜单中单击 编辑草图 按钮。

步骤03 选择命令。单击 草图 功能选项卡 约束▼ 区域中的"重合约束"按钮 。

步骤04 选取图 2.6.4a 所示的点 1 和点 2，则在这两条线的端点处添加了重合约束，结果如图 2.6.4b 所示。

图 2.6.4 重合约束

重合约束的两个约束对象必须至少有一个是点，本例中若选择圆心与直线作为约束对象，则会得到图 2.6.5b 所示的结果。

（三）相切约束

步骤01 打开文件 D:\inv19\work\ch02.06.01\constrain03.ipt。

步骤02 在浏览器中右击草图,在弹出的快捷菜单中单击 编辑草图 按钮。

步骤03 单击 草图 功能选项卡 约束▼ 区域中的"相切"按钮 ⌒。

步骤04 选取图 2.6.6a 所示的直线和圆弧,则在这两条线的连接处添加了相切约束,结果如图 2.6.6b 所示。

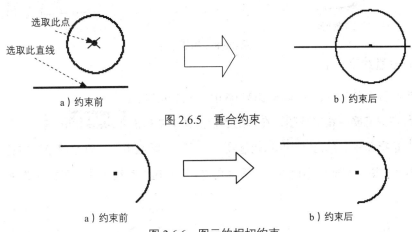

图 2.6.5 重合约束

图 2.6.6 图元的相切约束

(四) 平行约束

步骤01 打开文件 D:\inv19\work\ch02.06.01\constrain04.ipt。

步骤02 在浏览器中右击草图,在弹出的快捷菜单中单击 编辑草图 按钮。

步骤03 选择命令。单击 草图 功能选项卡 约束▼ 区域中的"平行约束"按钮 ∥。

步骤04 选取图 2.6.7a 所示的直线 1 和直线 2,则在这两条线上添加了平行约束,结果如图 2.6.7b 所示。

图 2.6.7 平行约束

(五) 相等约束

步骤01 打开文件 D:\inv19\work\ch02.06.01\constrain04.ipt。

步骤02 在浏览器中右击草图,在弹出的快捷菜单中单击 编辑草图 按钮。

步骤03 选择命令。单击 草图 功能选项卡 约束▼ 区域中的"等长约束"按钮 =。

步骤04 选取图2.6.8a所示的直线1和直线2，则在这两条线上添加了相等约束，结果如图2.6.8b所示。

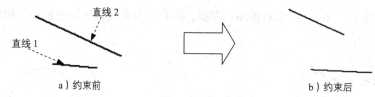

图 2.6.8 相等约束

（六）垂直约束

步骤01 打开文件 D:\inv19\work\ch02.06.01\constrain04.ipt。

步骤02 在浏览器中右击草图，在弹出的快捷菜单中单击 编辑草图 按钮。

步骤03 选择命令。单击 草图 功能选项卡 约束▼ 区域中的"垂直约束"按钮 。

步骤04 选取图2.6.9a所示的直线1和直线2，则在这两直线上添加了垂直约束，结果如图2.6.9b所示。

图 2.6.9 垂直约束

（七）共线约束

步骤01 打开文件 D:\inv19\work\ch02.06.01\constrain05.ipt。

步骤02 在浏览器中右击草图，在弹出的快捷菜单中单击 编辑草图 按钮。

步骤03 选择命令。单击 草图 功能选项卡 约束▼ 区域中的"共线约束"按钮 。

步骤04 选取图2.6.10a所示的直线1和直线2，则在这两直线上添加了共线约束，结果如图2.6.10b所示。

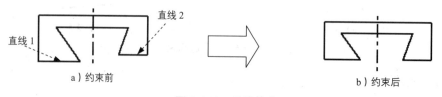

图 2.6.10 共线约束

（八）对称约束

步骤01 打开文件 D:\inv19\work\ch02.06.01\constrain05.ipt。

步骤02 在浏览器中右击草图,在弹出的快捷菜单中单击 编辑草图 按钮。
步骤03 选择命令。单击 草图 功能选项卡 约束▼ 区域中的"对称约束"按钮 。
步骤04 选取图 2.6.11a 所示的直线 1 和直线 2,然后选取竖直的中心线为对称中心线,,选取的两条线即关于中心线对称,结果如图 2.6.11b 所示。

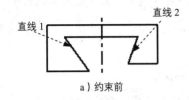   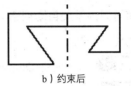

a)约束前　　　　　　　　　　　　　　　　　b)约束后

图 2.6.11　对称约束

　　线与线的对称只能保证两条线分别与对称线的夹角保持不变,不能保证线的端点与对称线对称,若需保证两端点关于对称线对称,可添加两点与线的对称约束。

(九)同心约束

步骤01 打开文件 D:\inv19\work\ch02.06.01\constrain06.ipt。
步骤02 在浏览器中右击草图,在弹出的快捷菜单中单击 编辑草图 按钮。
步骤03 选择命令。单击 草图 功能选项卡 约束▼ 区域中的"同心约束"按钮 。
步骤04 选取图 2.6.12a 所示的圆 1 和圆 2,在这两圆上添加同心约束,结果如图 2.6.12b 所示。

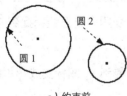　　　　

a)约束前　　　　　　　　　　　　　　　　　b)约束后

图 2.6.12　同心约束

5. 删除几何约束

方法一:

步骤01 单击要删除的约束的显示符号,如图 2.6.13 中所示的"◎",选中后,约束符号的颜色发生变化。
步骤02 按下 Delete 键,系统删除所选的约束。

方法二:

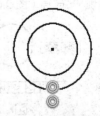

图 2.6.13　删除约束

在绘图区域选中要删除的约束符号,按住鼠标右键,在弹出的快捷菜单中选择 命令。

6. 使用约束捕捉设计意图

一般用户的习惯是在绘制完毕后,手动创建大量所需的约束,其实在绘制过程中,大量的约束可以由系统自动创建。下面举例说明这个操作技巧。如图 2.6.14 所示,要在圆和直线之间创建一个圆弧。

步骤01 打开文件 D:\inv19\work\ch02.06.01\constrain02.ipt。

步骤02 在浏览器中右击草图,在弹出的快捷菜单中单击 编辑草图 按钮。

步骤03 单击 圆弧 按钮,在弹出的快捷菜单中单击 三点 按钮,此时系统提示"选择圆弧起点"。

步骤04 当把鼠标指针移到圆上时,可看到圆上出现黄色的点且右下角出现 符号(图 2.6.15),表明系统已经捕捉到圆上一点作为圆弧的起点;然后单击,接受"点在圆上"这一约束,此时系统便将该点作为圆弧的起点,同时系统提示"选择圆弧终点"。

图 2.6.14 创建一个圆弧　　　　图 2.6.15 将鼠标指针移到圆上

步骤05 移动鼠标指针寻找圆弧的终点(设计意图是想把终点放在直线上),当鼠标指针移到直线上时,鼠标指针右下方出现 图标(图 2.6.16),表明系统已经捕捉到直线上的一点作为圆弧的终点。

步骤06 沿直线移动鼠标,当移到直线的中点位置时,可看到 图标变成 (图 2.6.17),表明系统已经捕捉到直线的中点。

步骤07 继续移动鼠标指针,当鼠标指针移到直线的某一端点处时,可看到端点右下角出现 符号(图 2.6.18),表明系统已捕捉到该端点。

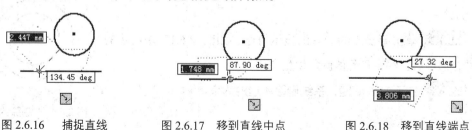

图 2.6.16 捕捉直线　　　图 2.6.17 移到直线中点　　　图 2.6.18 移到直线端点

以上步骤讲的是与直线有关的几种 Inventor 系统自动捕捉约束形式，下面以其中的一种形式——圆弧的终点在直线的中点上为例，说明系统是如何进一步帮助用户捕捉设计意图的。

步骤 08　在直线的中点位置单击，接受"终点与直线中点重合"这一约束，此时系统提示"选择圆弧上一点"。

步骤 09　随着鼠标指针的不断移动，系统继续自动捕捉许多约束或约束组合。

步骤 10　当以上某种约束（组合），如图 2.6.19 所示的相切约束，符合用户的设计要求时，单击鼠标左键，接受显示的约束，完成圆弧的创建。

图 2.6.19　圆弧与圆相切

2.6.2　尺寸约束

尺寸约束就是确定草图中的几何图形的尺寸，例如长度、角度、半径和直径等，它是一种以数值来确定草图实体精确尺寸的约束形式。一般情况下，在绘制草图之后，需要对图形进行尺寸定位，使尺寸满足预定的要求。在绘制过程中，应先将草图的几何关系处理完成后再标注尺寸，在标注尺寸时，最好将所需尺寸标注完成后，确定草图处于完全定义的状态下，再修改尺寸。

1. 标注长度

步骤 01　打开文件 D:\inv19\work\ch02.06.02\dimension.ipt。

步骤 02　在浏览器中右击草图，在弹出的快捷菜单中单击 编辑草图 按钮。

步骤 03　选择命令。选择 草图 选项卡 约束▼ 区域中的"尺寸"命令 。

步骤 04　在系统 选择要标注尺寸的几何图元 的提示下，单击位置 1 以选择直线（图 2.6.20）。

步骤 05　确定尺寸的放置位置。在位置 2 单击鼠标左键，系统弹出图 2.6.21 所示的"编辑尺寸"对话框。

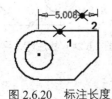
图 2.6.20　标注长度

图 2.6.21　"编辑尺寸"对话框

步骤 06　单击 ✓ 按钮，完成线段长度的标注。

2. 标注点和直线间的距离

步骤 01　打开文件 D:\inv19\work\ch02.06.02\ dimension.ipt。

步骤 02　在浏览器中右击草图，在弹出的快捷菜单中单击 编辑草图 按钮。

步骤 03　选择命令。选择 草图 选项卡 约束 ▼ 区域中的"尺寸"命令 。

步骤 04　单击位置 1 以选择点，单击位置 2 以选择直线，单击位置 3 放置尺寸，如图 2.6.22 所示。

步骤 05　单击 ✓ 按钮，完成一点和一条直线之间距离的标注。

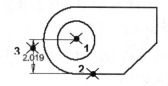

图 2.6.22　标注点和直线间的距离

3. 标注两点间的距离

步骤 01　打开文件 D:\inv19\work\ch02.06.02\ dimension.ipt。

步骤 02　在浏览器中右击草图，在弹出的快捷菜单中单击 编辑草图 按钮。

步骤 03　选择命令。选择 草图 选项卡 约束 ▼ 区域中的"尺寸"命令 。

步骤 04　分别单击位置 1 和位置 2 以选择两点，单击位置 3 确定尺寸类型为两点间的直线距离，单击位置 4 放置尺寸，如图 2.6.23 所示。

步骤 05　单击 ✓ 按钮，完成两点间距离的标注。

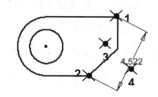

图 2.6.23　标注两点间的距离

4. 标注两条平行线间的距离

步骤 01　打开文件 D:\inv19\work\ch02.06.02\ dimension.ipt。

步骤 02　在浏览器中右击草图，在弹出的快捷菜单中单击 编辑草图 按钮。

步骤 03　选择命令。选择 草图 选项卡 约束 ▼ 区域中的"尺寸"命令 。

步骤 04　分别单击位置 1 和位置 2 以选择两条平行线，然后单击位置 3 以放置尺寸，结果如图 2.6.24 所示。

步骤 05　单击 ✓ 按钮，完成两条平行线间距离标注。

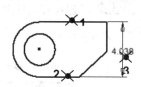

图 2.6.24　标注两条平行线间的距离

5. 标注直径

步骤 01　打开文件 D:\inv19\work\ch02.06.02\dimension.ipt。

步骤02 在浏览器中右击草图，在弹出的快捷菜单中单击 编辑草图 按钮。

步骤03 选择命令。选择 草图 选项卡 约束 ▼ 区域中的"尺寸"命令 。

步骤04 选取要标注的元素。单击位置1以选择圆，如图2.6.25所示。

步骤05 确定尺寸的放置位置。在位置2处单击以放置尺寸，如图2.6.25所示。

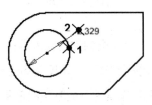

步骤06 单击 ✓ 按钮，完成直径的标注。

图 2.6.25 标注直径

6. 标注半径

步骤01 打开文件 D:\inv19\work\ch02.06.02\dimension.ipt。

步骤02 在浏览器中右击草图，在弹出的快捷菜单中单击 编辑草图 按钮。

步骤03 选择命令。选择 草图 选项卡 约束 ▼ 区域中的"尺寸"命令 。

步骤04 单击位置1选择圆上一点（图2.6.26），然后右击鼠标，在弹出图2.6.27所示的下拉式快捷菜单中将尺寸类型设置为半径，然后单击位置2以放置尺寸，如图2.6.26所示。

步骤05 单击 ✓ 按钮，完成半径的标注。

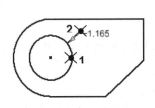

图 2.6.26 标注直径

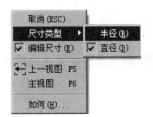

图 2.6.27 下拉式快捷菜单

7. 标注角度

步骤01 打开文件 D:\inv19\work\ch02.06.02\dimension.ipt。

步骤02 在浏览器中右击草图，在弹出的快捷菜单中单击 编辑草图 按钮。

步骤03 选择命令。选择 草图 选项卡 约束 ▼ 区域中的"尺寸"命令 。

步骤04 分别在两条直线上选择位置1和位置2；单击位置3以放置尺寸（钝角，图2.6.28所示），或单击位置4放置尺寸（锐角，图2.6.29所示）。

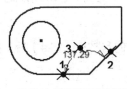

图 2.6.28 两条直线间角度的标注——钝角

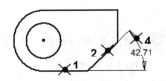

图 2.6.29 两条直线间角度的标注——锐角

步骤05 单击 ✓ 按钮，完成角度的标注。

2.7 完全约束

草图的完全约束是指草图的几何关系和尺寸均满足绘制的要求，并且草图的形状和位置完全确定。"草图关系检查"可以通过预定义颜色的显示检查草图是否已经完全约束。不同约束条件下的草图颜色是不同的，读者还可通过以下几种方法查看草图是否完全约束。

◆ 通过查看草图的自由度判断草图是否完全约束，操作方法如下：单击状态栏中的"显示所有自由度"按钮 ，若草图完全约束，则草图中不会有任何的自由度方向；若草图没有完全约束，则草图中会出现某点或者某线的移动或者旋转的箭头，以表示该草图在箭头方向上可以移动或者旋转。

◆ 通过查看状态栏右侧的约束提示区域中的约束提示来判断草图是否完全约束，若草图没有完全约束，提示栏如 需要 1 个尺寸 ；若草图已经完全约束，提示栏如 全约束 。

2.8 对尺寸标注进行更改

2.8.1 尺寸的移动

步骤01 把鼠标指针 移到尺寸数值上，此时可看到尺寸被预选中，并且鼠标指针变化为 。

 若鼠标指针并没有发生变化，可先在空白区域单击，然后再进行 步骤01 的操作。

步骤02 按下左键并移动鼠标，将尺寸文本拖至所需位置。

2.8.2 尺寸值修改的步骤

步骤01 打开文件 D:\inv19\work\ch02.08.02\dim-edit.ipt。

步骤02 在浏览器中右击草图，在弹出的快捷菜单中单击 编辑草图 按钮。

步骤03 在要修改的尺寸（图 2.8.1b）文本上双击，此时出现图 2.8.1b 所示的"编辑尺寸"对话框。

步骤04 在图 2.8.1b 所示的"编辑尺寸"对话框中输入新的尺寸值（如 4）后，按回车键完成修改，如图 2.8.1c 所示。

第 2 章 二维草图设计

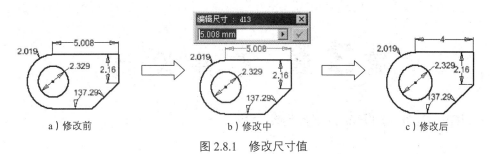

a）修改前　　　　　　　　　b）修改中　　　　　　　　c）修改后

图 2.8.1　修改尺寸值

2.8.3　删除尺寸

删除尺寸的操作方法如下。

步骤 01　单击需要删除的尺寸（按住 Ctrl 键可多选）。

步骤 02　按键盘中的 Delete 键（或右击在弹出的快捷菜单中选择 删除(D) 命令），选取的尺寸即被删除。

2.8.4　对尺寸精度进行修改

可以使用"文档设置"对话框来指定尺寸值的默认小数位数。

步骤 01　选择命令。单击 工具 选项卡 选项 区域中的"文档设置"按钮 。

步骤 02　在系统弹出的"文档设置"对话框中单击 单位 选项卡，此时"文档设置"对话框如图 2.8.2 所示。

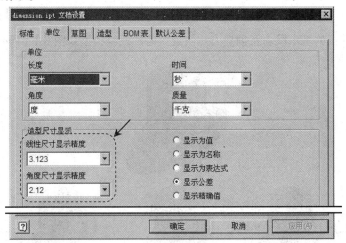

图 2.8.2　"文档设置"对话框

步骤 03　定义尺寸值的小数位数。在"文档设置"对话框的 造型尺寸显示 区域的 线性尺寸显示精度 与 角度尺寸显示精度 下拉列表中选择尺寸值的小数位数。

步骤 04　单击"文档设置"对话框中的 确定 按钮，完成尺寸值的小数位数的修改。

第 3 章 零件设计

3.1 Inventor 零件设计的一般方法

用 Inventor 系统创建零件模型,其方法十分灵活,分为以下几种:

1. "积木"式方法

这是大部分机械零件的实体三维模型的创建方法。这种方法是先创建一个反映零件主要形状的基础特征,然后在这个基础特征上添加其他特征,如伸出、切槽、倒角和圆角等。

2. 由曲面生成零件的实体三维模型的方法

这种方法是先创建零件的曲面特征,然后把曲面转换成实体模型。

3. 从装配中生成零件的实体三维模型的方法

这种方法是先创建装配体,然后在装配体中创建零件。

本章将主要介绍用第一种方法创建零件模型的一般过程,其他方法将在后面的章节中陆续介绍。

下面以一个零件为例,说明用 Inventor 软件创建零件三维模型的一般过程,同时介绍拉伸(Extrude)特征的基本概念及创建方法。连接座的三维模型如图 3.1.1 所示。

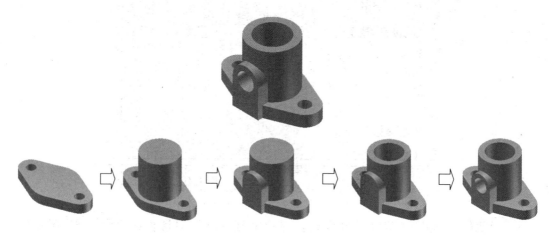

图 3.1.1 连接座三维模型创建过程

3.1.1 零件文件的新建步骤

新建一个零件模型文件的操作步骤如下：

选择下拉菜单 文件 → 新建 → 零件 命令。

每次新建一个文件时，Inventor 会显示一个默认名。如果要创建的是零件，默认名的格式是 .ipt 前跟一个序号（如零件 1.ipt），以后再新建一个零件，序号自动加 1。

3.1.2 创建一个拉伸特征作为零件的基础特征

基础特征是一个零件的主要轮廓特征，创建什么样的特征作为零件的基础特征比较重要，一般由设计者根据产品的设计意图和零件的特点灵活掌握。本小节中，零件的基础特征是一个拉伸特征 1（图 3.1.2）。拉伸特征是将截面草图沿着草图平面的垂直方向拉伸而形成的，它是最基本且经常使用的零件建模工具。

图 3.1.2 "拉伸特征 1" 示意图

1. 选取特征命令

进入 Inventor 零件设计环境后，在软件界面上方会显示图 3.1.3 所示的"三维模型"选项卡，该功能选项卡中包含 Inventor 中所有的零件建模工具，特征命令的选取方法一般是单击其中的命令按钮。

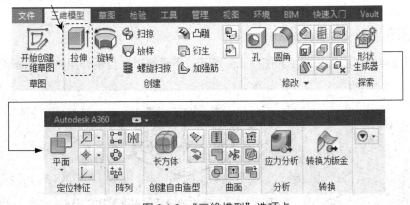

图 3.1.3 "三维模型"选项卡

在 创建 ▼ 区域中单击 按钮后,系统弹出图 3.1.4 所示的"创建拉伸"对话框。

2. 定义拉伸特征的截面草图

定义拉伸特征的截面草图的方法有两种:一是选择已有草图作为截面草图;二是创建新草图作为截面草图。本例中,介绍定义拉伸特征截面草图的第二种方法,具体定义过程如下。

步骤01 定义草图平面。

对草图平面的概念和有关选项介绍如下:

- ◆ 草图平面是特征截面草图或轨迹的绘制平面。
- ◆ 选择的草图平面可以是 XZ 平面、XY 平面和 YZ 平面中的一个,也可以是模型的某个平整的表面。

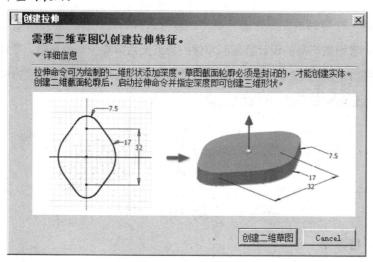

图 3.1.4 "创建拉伸"对话框

单击图 3.1.4 所示"创建拉伸"对话框中的 创建二维草图 按钮,完成本步操作后,在系统 选择平面以创建草图或选择现有草图以进行编辑 的提示下,选取 XY 平面作为草图平面,进入草图绘制环境。

步骤02 创建特征的截面草图。

基础拉伸特征的截面草图如图 3.1.5 所示。下面将以此为例介绍特征截面草图的一般创建步骤:

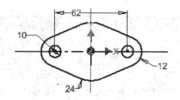

图 3.1.5 基础拉伸特征的截面草图

(1)设置草绘环境,调整草绘区。

操作提示与注意事项:

◆ 进入草绘环境后,如果草图视图与屏幕不平行,可通过 ViewCube 工具调整至我们需要的平面上。

◆ 除可以移动和缩放草绘区外,如果用户想在三维空间绘制草图或希望看到模型截面草图在三维空间的方位,可以旋转草绘区,方法是按住键盘上的 Shift 键和鼠标的中键并移动鼠标,此时可看到图形跟着鼠标旋转。

(2)创建截面草图。下面将介绍创建截面草图的一般过程,在以后的章节中,创建截面草图时,可参照这里的内容。

① 绘制截面几何图形的大体轮廓。

操作提示与注意事项:

◆ 绘制草图,开始时没有必要很精确地绘制截面的几何形状、位置和尺寸,只要大概的形状与图 3.1.6 相似即可。

② 建立几何约束。建立图 3.1.7 所示的水平、竖直、相切、对称和重合约束。

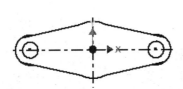 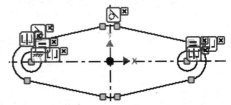

图 3.1.6　草绘横断面的初步图形　　　　图 3.1.7　建立几何约束

③ 建立尺寸约束。单击"草图"选项卡中的 按钮,标注图 3.1.8 所示的 4 个尺寸,建立尺寸约束。

每次标注尺寸时,系统都会弹出"编辑尺寸"对话框,此时可不作修改。若不想让系统弹出"编辑尺寸"对话框,可通过以下操作进行设置:单击 工具 选项卡 选项 ▼ 区域中的"应用程序选项"按钮 ,系统弹出"应用程序选项"对话框,单击该对话框中的"草图"选项卡,选择 二维草图 区域中 约束设置 中的 设置... 按钮,系统弹出"约束设置"对话框,取消选中 尺寸 区域中的 □ 在创建后编辑尺寸 选项。

④ 修改尺寸。将尺寸修改为设计要求的尺寸,如图 3.1.9 所示。

其操作提示与注意事项如下：

◆ 尺寸的修改应安排在建立完约束以后进行。

◆ 注意修改尺寸的顺序，先修改对截面外观影响不大的尺寸。

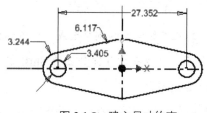　　　　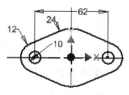

图 3.1.8　建立尺寸约束　　　　　图 3.1.9　修改尺寸

步骤03　完成草图绘制后，单击"三维建模"选项卡中的"完成草图"按钮，退出草绘环境。

　除**步骤03**中的叙述外，还有两种方法可以退出草绘环境。

● 在图形区单击鼠标右键，在系统弹出的图 3.1.10 所示的菜单按钮界面中单击 完成二维草图 按钮。

● 在浏览器中右击"草图1"，在弹出的快捷菜单中选择 完成二维草图 命令。

图 3.1.10　菜单按钮界面

　草图轮廓主要有两种类型：开放的和封闭的。封闭的轮廓多用于创建实体特征，开放的轮廓主要用于创建路径或者曲面。另外，草图轮廓也可以通过投影模型中的几何图元的方式来创建。

3. 定义拉伸深度属性

步骤01　再次单击 创建▼ 区域中 按钮，系统弹出图 3.1.11 所示的"拉伸"对话框（一）。

步骤02　在图形区选取图 3.1.12 所示的封闭轮廓。

步骤03　定义拉伸深度方向。采用系统默认的深度方向。

- 在完成草图后原则上可通过单击 草图 选项卡 返回到三维 中的 按钮，就可切换至三维环境，然后定义深度属性即可，无须再次单击 按钮。但由于此草图在进行编辑时， 草图 选项卡 返回到三维 区域处于隐藏状态，无法单击区域中的 按钮，因此才再次单击 创建 ▼ 区域中的 按钮。在后续特征创建时，若可以单击 草图 选项卡 返回到三维 中的 按钮，直接执行此命令即可。

- 如果草图中包含一个封闭的轮廓，则在使用拉伸命令时，草图轮廓会被自动选中，如果草图中包含两个或者多个轮廓，就需要在拉伸特征中手动选择我们需要的封闭轮廓。在本例中所绘制的草图只有三个封闭的轮廓，所以在选取拉伸命令后要自行选择所需的封闭轮廓来生成实体。

图 3.1.11　"拉伸"对话框（一）

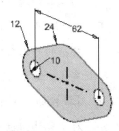

图 3.1.12　选取封闭轮廓

按住键盘上的 Shift 键和鼠标的中键并移动鼠标，可将草图旋转到便于观察的三维视图状态，若要改变拉伸深度的方向，可拖动图 3.1.13 所示的方向箭头使其处于草图法向的某一侧；也可以通过"拉伸"对话框中的方向箭头来调整拉伸深度方向。

步骤04　定义拉伸深度类型。

在"拉伸"对话框 范围 区域中的下拉列表中选择 距离 选项，将拉伸方向设置为"方向1"拉伸类型 。

读者不仅可以在"拉伸"对话框中设置各个参数，也可以在图 3.1.14 所示的小工具栏中设置各个参数。

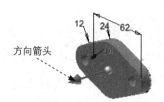

图 3.1.13 定义拉伸深度类型

图 3.1.14 小工具栏

图 3.1.11 所示的"拉伸"对话框的部分说明如下。

- 如图 3.1.11 所示,"拉伸"对话框中 形状 选项卡中的选项说明如下。

  - 按钮:单击此按钮用于选择要拉伸的面域或者截面轮廓。如果草图中有多个截面轮廓,并且没有选择其中的一个,可以单击此按钮,然后在绘图区域选取一个或多个封闭的截面轮廓;对于"实体"类型的输出结果,必须是封闭的草图,对于"曲面"类型的输出结果,截面可以开放。

  - 按钮:若模型中存在多个实体,单击此按钮可选择单个实体参与运算。

  - 按钮:用于从开放或闭合轮廓创建实体特征,对于基础特征不能选择开放的截面轮廓。

  - 按钮:用于从开放或闭合轮廓创建曲面特征,可以用来构造曲面作为其他特征的终止条件,也可以作为分割工具创建分割零件或将单个零件分割为多个实体;需要注意的是,此选项对部件拉伸或基本要素不可用。

  - 按钮:用于将拉伸特征产生的体积添加到另外一个特征或实体中,此选项对于部件的拉伸不可用,效果如图 3.1.15 所示。

  - 按钮:用于将拉伸特征产生的体积从另外一个特征或实体中移除,效果如图 3.1.16 所示。

  - 按钮:用于将拉伸特征产生的体积与其他特征的公共体积作为新特征,未包含在公共体积内的材料将被移除,此选项对部件拉伸不可用,效果如图 3.1.17 所示。

图 3.1.15 求并操作

图 3.1.16 求差操作

图 3.1.17 求交操作

  - 按钮:用于创建新实体,如果拉伸的是零件文件中的第一个实体,那么此选项就是默认的选项；选择该选项可在包含实体的零件文件中创建新实体；每个实体都与其他的实体相互分离，成为独立的特征集合，此时在浏览器中会出现一个实体如图 3.1.18 所示。

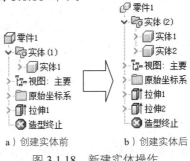

图 3.1.18 新建实体操作

◆ 如图 3.1.11 所示，打开"拉伸"对话框中 范围 区域的下拉列表，特征的各拉伸深度类型选项说明如下。

- 距离 按钮：可以创建确定深度尺寸类型的特征，此时特征将从草图平面开始，按照所输入的数值（拉伸深度值）向特征创建的方向一侧进行拉伸，效果如图 3.1.19 所示。
- 到表面或平面 按钮：用于创建按箭头方向拉伸到第一个有意义的接触面而进行的拉伸，效果如图 3.1.19 所示。
- 到 按钮：用于创建按箭头方向拉伸到选定的终点、顶点、面或者平面。对于点或者顶点相当于在选定的点或者顶点上创建一个平行于草图平面的基准面，以此面作为拉伸的终止条件；对于面或者平面，将以我们选定的面作为拉伸的终止面；效果如图 3.1.19 所示。
- 介于两面之间 按钮：用于创建在指定的起始面和终止面之间进行拉伸，效果如图 3.1.19 所示。
- 贯通 按钮：用于创建在指定的方向上拉伸至与所有的面相交，选择此选项后并集操作将不可用，效果如图 3.1.19 所示。

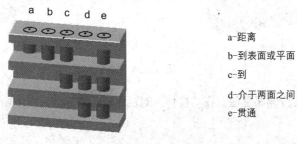

图 3.1.19 拉伸深度选项示意图

- 选项：表示特征从草图基准面的法向方向进行拉伸，效果如图 3.1.20 所示。
- 选项：表示特征从草图基准面的另外一个法向方向进行拉伸，效果如图 3.1.21 所示。

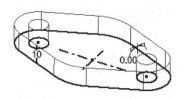
图 3.1.20 方向 1

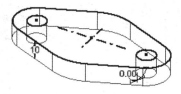
图 3.1.21 方向 2

- 选项：表示特征从草图基准面的两个方向同时进行拉伸，并且两侧拉伸的值均为输入值的一半，效果如图 3.1.22 所示。
- 选项：表示特征从草图基准面的两个方向同时进行拉伸，且两侧拉伸可以随意指定，效果如图 3.1.23 所示。

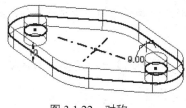
图 3.1.22 对称

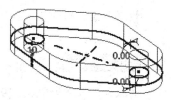
图 3.1.23 不对称

◆ 如图 3.1.11 所示，打开"拉伸"对话框中 更多 选项卡中的部分选项说明如下。

- 锥度 下拉列表：用于在创建拉伸特征的同时，对实体进行拔模操作，如果输入的值为正值，则特征将沿矢量方向增大截面面积，如果输入的数值为负值，则特征将沿矢量方向减小截面面积，效果如图 3.1.24 所示。

a）正锥度

b）负锥度

图 3.1.24 锥度选项

步骤 05 定义拉伸深度值。在"拉伸"对话框 距离 下拉列表中输入数值 10.0，完成拉伸深度值的定义。

4. 完成凸台特征的定义

步骤01 特征的所有要素被定义完毕后，预览所创建的特征，以检查各要素的定义是否正确。

　　预览时，可按住键盘上的 Shift 键加鼠标中键进行旋转查看，如果所创建的特征不符合设计意图，可选择对话框中的相关选项重新定义。

步骤02 预览完成后，单击"拉伸"对话框中的 确定 按钮，完成特征的创建。

3.1.3 创建其他特征

1. 创建拉伸特征 2

在创建零件的基本特征后，可以增加其他特征。现在要创建图 3.1.25 所示的拉伸特征 2，操作步骤如下。

图 3.1.25　拉伸特征 2

步骤01 选择命令。在 创建▼ 区域中单击 按钮后，系统弹出"创建拉伸"对话框。

步骤02 创建截面草图。

（1）选取草图平面。单击"创建拉伸"对话框中的 创建二维草图 按钮，选取图 3.1.26 所示的模型表面作为草图平面，进入草图绘制环境。

　　如果读者在选取图 3.1.26 所示的平面进入草绘环境后，系统自动投影了模型边线，而这些边线并不是我们需要的，可进行如下操作：单击 工具 选项卡 选项▼ 区域中的"应用程序选项"按钮 ，系统弹出"应用程序选项"对话框，单击 草图 选项卡，取消选中 □ 自动投影边以创建和编辑草图 选项。

（2）绘制图 3.1.27 所示截面草图（注意圆心与原点重合）。完成草图绘制后，单击 草图 选项卡 返回到三维 区域中的 按钮，然后单击草图的封闭区域，退出草图绘制环境。

图 3.1.26 添加切削特征

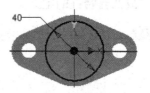

图 3.1.27 截面草图

步骤03 选择拉伸类型。在"拉伸"对话框 范围 区域中的下拉列表中选择 距离 选项,将拉伸方向设置为方向 1 的拉伸类型 ；在"拉伸"对话框 距离 下拉列表中输入数值 40.0,完成拉伸深度值的定义。

步骤04 完成特征的创建。

（1）特征的所有要素被定义完毕后,预览所创建的特征,以检查各要素的定义是否正确。如果所创建的特征不符合设计意图,可选择操控板中的相关项,重新定义。

（2）在对话框中单击 确定 按钮,完成特征的创建。

2. 创建图 3.1.28 所示的拉伸特征 3

步骤01 选择命令。在 创建 ▼ 区域中单击 按钮,系统弹出"创建拉伸"对话框。

步骤02 创建特征的截面草图。

（1）选取草图平面。单击"创建拉伸"对话框中的 创建二维草图 按钮,选取 XZ 平面作为草图平面。

图 3.1.28 拉伸特征 3

（2）绘制截面草图。

① 绘制图 3.1.29 所示的截面草图的大体轮廓。

② 建立几何约束。建立图 3.1.30 所示的相切、竖直和重合约束。

③ 建立尺寸约束。标注两个尺寸并修改至图 3.1.31 所示的大小。

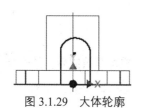

图 3.1.29 大体轮廓

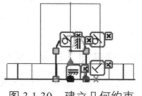

图 3.1.30 建立几何约束

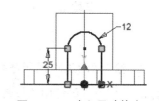

图 3.1.31 建立尺寸约束

（3）完成草图绘制后，单击"三维建模"选项卡中的"完成草图"按钮✓，退出草绘环境。

步骤03 选择拉伸类型。在 创建▼ 区域中单击 按钮，在"拉伸"对话框 距离 下拉列表中输入数值25.0，将拉伸方向设置为"方向2"类型 。

步骤04 单击对话框中的 确定 按钮，完成特征的创建。

3. 创建图3.1.32所示的拉伸特征4（切削特征）

步骤01 选择命令。在 创建▼ 区域中单击 按钮，系统弹出"创建拉伸"对话框。

步骤02 创建特征的截面草图。

（1）选取草图平面。单击"创建拉伸"对话框中的 创建二维草图 按钮，选取图3.1.33所示的模型表面作为草图平面。

（2）绘制截面草图。在草绘环境中创建图3.1.34所示的截面草图。

（3）完成草图绘制后，单击"三维建模"选项卡中的"完成草图"按钮✓，退出草绘环境。

步骤03 选择拉伸类型。在 创建▼ 区域中单击 按钮，在"拉伸"对话框中单击 按钮，然后在 范围 下拉列表中选择 贯通 选项。

步骤04 单击对话框中的 确定 按钮，完成特征的创建。

图3.1.32 拉伸特征4

图3.1.33 大体轮廓

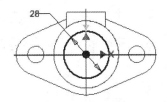
图3.1.34 截面草图

4. 创建图3.1.35所示的拉伸特征5（切削特征）

步骤01 选择命令。在 创建▼ 区域中单击 按钮，系统弹出"创建拉伸"对话框。

步骤02 创建特征的截面草图。

（1）选取草图平面。单击"创建拉伸"对话框中的 创建二维草图 按钮，选取图3.1.36所示的模型表面作为草图平面。

（2）绘制截面草图。在草绘环境中创建图3.1.37所示的截面草图。

（3）完成草图绘制后，单击"三维建模"选项卡中的"完成草图"按钮✓，退出草绘环境。

  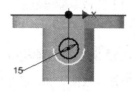

图 3.1.35　拉伸特征 5　　　　图 3.1.36　大体轮廓　　　　图 3.1.37　截面草图

步骤 03　选择拉伸类型。在 创建 区域中单击 按钮，在"拉伸"对话框中单击 按钮，然后在 范围 下拉列表中选择 到表面或平面 选项。

步骤 04　单击对话框中的 确定 按钮，完成特征的创建。

3.2　模型的显示与控制

学习本节时，请先打开模型文件 D:\inv19\work\ch03.02\link-base.ipt。

在 Inventor 中单击 视图 功能选项卡，将进入图 3.2.1 所示的界面，该选项卡用于控制模型视图和管理文件窗口。

对图 3.2.1 所示的"视图"选项卡中各个区域的功能按钮进行简要说明。

◆ 可见性 区域：用于控制特征、用户特征、二维草图、三维草图、UCS 特征、重心空间坐标系、分析结果、iMate 图示符的显示与隐藏。

◆ 外观▼ 区域：用于设置模型的外观以及视图样式等。

◆ 窗口 区域：用于定制工作界面以及切换文件窗口等。

◆ 导航 区域：用于调整模型在图形区中的显示大小，控制模型的显示方位。

图 3.2.1　"视图"选项卡

3.2.1　模型的移动、旋转与缩放

视图的平移、旋转与缩放是零部件设计中常用的操作，这些操作只改变模型的视图方位

而不改变模型的实际大小和空间位置,下面叙述其操作方法。

1. 平移的操作方法

(1)单击 视图 功能选项卡 导航 区域中的"平移"按钮 ,然后在图形区按住左键并移动鼠标,此时模型会随着鼠标的移动而平移。

(2)在绘图区域单击"导航栏"中的"平移"按钮 ,然后在图形区按住左键并移动鼠标,此时模型会随着鼠标的移动而平移。

(3)按住鼠标中键不放并移动鼠标,模型将随着鼠标的移动而平移。

2. 旋转的操作方法

(1)单击 视图 功能选项卡 导航 区域中 下的"动态观察"按钮 动态观察,然后在图形区按住左键并移动鼠标,此时模型会随着鼠标的移动而旋转(此命令的快捷键为 F4 加鼠标左键)。

(2)单击 视图 功能选项卡 导航 区域中 下的"受约束的动态观察"按钮 受约束的动态观察,然后在图形区按住左键并移动鼠标,此时模型也会随着鼠标的移动而旋转。

(3)在绘图区域单击"导航栏"中的"自由动态观察"按钮 ,然后在图形区按住左键并移动鼠标,此时模型会随着鼠标的移动而旋转。

(4)按住键盘上的 Shift 键加鼠标中键并移动鼠标,模型将随着鼠标的移动而旋转。

3. 缩放的操作方法

(1)使用智能鼠标滚轮放大和缩小。

向后滚动鼠标滚轮以在当前光标位置放大,向前滚动鼠标滚轮缩小。

(2)使用全部缩放命令缩小或放大。

单击 视图 功能选项卡 导航 区域中 下的"全部缩放"按钮 全部缩放,此时绘图区域的所有元素都显示在图形窗口中。

(3)使用缩放命令缩小或放大。

单击 视图 功能选项卡 导航 区域中 下的"缩放"按钮 缩放,然后在图形区按住左键并移动鼠标,向下移动时放大,向上移动时缩小。

(4)使用缩放窗口命令缩小或放大。

单击 视图 功能选项卡 导航 区域中 下的"缩放窗口"按钮 缩放窗口,然后在图形区合适的位置按住左键并移动鼠标绘制出一个矩形轮廓,松开鼠标左键,此时矩形区域内的元素都会显示在图形窗口中。

（5）使用缩放选定实体命令缩小或放大。

单击 视图 功能选项卡 导航 区域中 下的"缩放选定实体"按钮，然后在图形区选取边、特征或其他元素，此时选定的元素都会显示在图形窗口中。

（6）读者也可以在"导航栏"中找到对应的命令进行缩放操作。

 采用以上方法对模型进行缩放和移动操作时，只是改变模型的显示状态，而不能改变模型的真实大小和位置。

3.2.2 模型的视图定向

在设计零部件时，经常需要改变模型的视图方向，利用模型的"定向"功能可以将绘图区中的模型精确定向到某个视图方位（图 3.2.2）。通过 ViewCube 工具调整至我们所需要的视图方位。

◆ （前视）：沿着 Z 轴正向的平面视图，如图 3.2.3 所示。

 将视图调整至前视图后还可以通过图 3.2.4 所示的旋转箭头对视图进行旋转，单击图 3.2.5 所示的箭头后，视图将调整为图 3.2.5 所示的位置。

  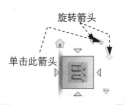 

图 3.2.2 原始视图方位　　图 3.2.3 前视图 1　　图 3.2.4 ViewCube 工具　　图 3.2.5 前视图 2

◆ （后视）：沿着 Z 轴负向的平面视图，如图 3.2.6 所示。
◆ （左视）：沿着 X 轴正向的平面视图，如图 3.2.7 所示。
◆ （右视）：沿着 X 轴负向的平面视图，如图 3.2.8 所示。

图 3.2.6 后视图　　　　图 3.2.7 左视图　　　　图 3.2.8 右视图

◆ （下视）：沿着 Y 轴负向的平面视图，如图 3.2.9 所示。
◆ （上视）：沿着 Y 轴正向的平面视图，如图 3.2.10 所示。

图 3.2.9 下视图

图 3.2.10 上视图

若读者在创建好一个视图后又想返回到主视图的状态，可单击 ViewCube 工具中的"主视图"按钮 或者使用键盘上的快捷键 F6 快速地将视图调回至主视图状态。

3.2.3 模型的剖切

下面说明模型的剖切的一般操作过程。

步骤01 打开模型文件 D:\inv19\work\ch03.02\link-base.ipt。

步骤02 选择命令。单击 检验 功能选项卡 分析 区域中的"剖视"按钮 ，系统弹出"截面分析"对话框。

步骤03 设置平面。在浏览器中选取 YZ 平面为参考面。

步骤04 设置方向。将方向箭头调整至图 3.2.11 所示的方向。

步骤05 单击 确定 按钮，完成模型剖切的创建，如图 3.2.12 所示。

图 3.2.11 调整方向箭头

图 3.2.12 模型的剖切

在浏览器中右击 分析: 剖视1 (开)，在弹出的快捷菜单中选中 分析可见性 选项，则剖视图显示，若取消选中 分析可见性 选项，则剖视图隐藏。

"截面分析"对话框各选项说明如下。

◆ 选项：表示分析类型按照单一剖切平面提供零件的剖视图，与二维草图中的切片类似。

◆ 平面 选项：用于选取剖切平面，此剖切面可以是模型的表面，也可以是系统提供的

- 选项：用于设置剖切的方向。
- 剖视偏移 选项：用于设置相对于选定平面的偏移值，读者可以在文本框中输入一个具体数值，也可以在绘图区域拖动平面动态设置该值。
- 选项：此选项提供了有关任意数量的剖切平面的更详细的信息，其中包括壁厚分析和面积物理特性的计算。

3.3 旋转特征

3.3.1 旋转特征概述

如图 3.3.1 所示，旋转（Revolve）特征是将截面绕着一条中心轴线旋转而形成的形状特征。注意旋转特征必须有一条绕其旋转的中心线。

要创建或重新定义一个旋转特征，可按下列操作顺序给定特征要素。

定义特征属性包括：草图平面→绘制旋转中心线→绘制特征截面→确定旋转方向→输入旋转角。

 旋转体特征分为旋转特征和旋转切削特征（图 3.3.1 所示为旋转特征），这两种旋转特征的截面草图都必须是封闭的。

下面以图 3.3.1 所示的零件——短轴（pin）为例，说明在新建一个以旋转特征为基础特征的零件模型时，创建旋转特征的详细过程。

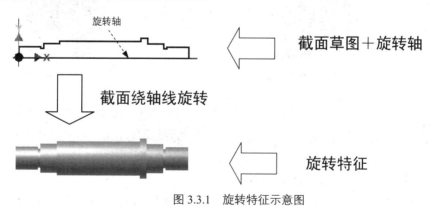

图 3.3.1 旋转特征示意图

1. 新建文件

选择下拉菜单 文件 → 新建 → 零件 命令。

2. 创建图 3.3.1 所示的实体旋转特征

步骤01 在 创建▼ 区域中选择 命令后，系统弹出图 3.3.2 所示的"创建旋转"对话框。

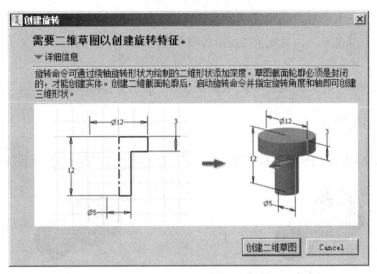

图 3.3.2 "创建旋转"对话框

步骤02 定义特征的截面草图。

（1）选择草图平面。单击 创建二维草图 按钮，在系统 选择平面以创建草图或选择现有草图以进行编辑 的提示下，选取 XZ 平面作为草图平面，进入草图绘制环境。

（2）绘制图 3.3.3 所示的截面草图（包括旋转中心线）。

① 绘制草图的大致轮廓。

② 建立图 3.3.3 所示的几何约束和尺寸约束，修改并整理尺寸。

（3）单击 草图 功能选项卡 退出 区域的"完成草图"按钮 ✓，退出草图绘制环境。

步骤03 定义旋转属性。单击 草图 选项卡 返回到三维 区域中的 按钮，系统弹出"旋转"对话框。在"旋转"对话框 范围 区域的下拉列表中选中 全部 选项。

步骤04 单击对话框中的 确定 按钮，完成旋转的创建。

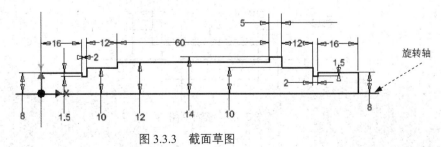

图 3.3.3 截面草图

◆ 旋转特征必须有一条旋转轴线，围绕轴线旋转的草图只能在该轴线的一侧。
◆ 实体特征的截面必须是封闭的，而曲面特征的截面则可以不封闭。
◆ 旋转轴线一般是用 命令绘制的一条中心线，也可以是用 命令绘制的一条直线，或者是草图轮廓的一条直线边。

步骤05 选择下拉菜单 文件 ➡ 保存 命令，命名为 revolve01.ipt，保存零件模型。

3.3.2 旋转切削特征

下面以图 3.3.4 所示的一个简单模型为例，说明创建旋转切削特征的一般过程。

a) 旋转前　　　　　　　　　　　b) 旋转后

图 3.3.4　旋转切削特征

步骤01 打开文件 D:\inv19\work\ch03.03\revolve02.ipt。

步骤02 选择命令。在 创建 区域中选择 命令后，系统弹出图 3.3.2 所示的"创建旋转"对话框。

步骤03 定义特征的截面草图。

（1）选择草图平面。单击 创建二维草图 按钮，在系统 选择平面以创建草图或选择现有草图以进行编辑 的提示下，选取 XZ 平面作为草图平面，进入草图绘制环境。

（2）绘制图 3.3.5 所示的截面草图（包括旋转中心线）。

① 绘制草图的大致轮廓。

② 建立图 3.3.5 所示的几何约束和尺寸约束，修改并整理尺寸。

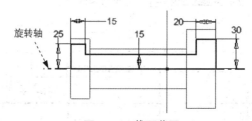

图 3.3.5　截面草图

步骤 04 定义旋转属性。单击 草图 选项卡 返回到三维 区域中的 按钮,系统弹出"旋转"对话框,在"旋转"对话框 范围 区域的下拉列表中选中 全部 选项,将布尔运算类型设置为"求差"类型 。

步骤 05 单击窗口中的 确定 按钮,完成旋转切除的定义。

步骤 06 选择下拉菜单 文件 ➡ 另存为 命令,命名为 revolve02-ok.ipt,保存零件模型。

3.4 Inventor 的浏览器

3.4.1 浏览器界面简介

在学习本节时,请先打开模型文件 D:\inv19\work\ch03.04\link-base.ipt,Inventor 的浏览器操作界面如图 3.4.1 所示。

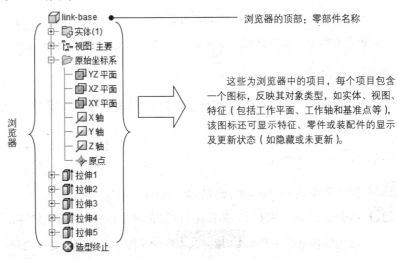

图 3.4.1 浏览器操作界面

3.4.2 浏览器的作用与一般操作

(1)在浏览器中选取对象。可以从浏览器中选取要编辑的特征或零件对象。当要选取的特征或零件在图形区的模型中不可见时,此方法尤为有用。当要选取的特征和零件在模型中禁用选取时,仍可在浏览器中进行选取操作。

(2)更改项目的名称。在浏览器的项目名称上右击,选择 特性... 命令,然后在 名称(N) 对话框中输入新名称,即可更改所选项目的名称。

(3)在设计树中使用快捷命令。单击或右击浏览器中的特征名或零件名,可弹出一个快捷菜单,从中可选择相对于选定对象的特定操作命令。

(4)确认和更改特征的生成顺序。浏览器中有一个"造型终止"选项,作用是指明在创建特征时特征的插入位置。在默认情况下,它的位置总是在浏览器列出的所有项目的最后。可以在浏览器中将其上下拖动,将特征插入到浏览器中的其他特征之间。将"造型终止"选项移动到新位置时,"造型终止"后面的项目将被隐含,这些项目将不在图形区的模型上显示。

可在"造型终止"位于任何地方时保存模型;当再次打开文档时,可直接拖动"造型终止"选项至所需位置。

3.5 对特征进行编辑

3.5.1 编辑特征的操作

特征的编辑是指修改特征尺寸,编辑草图轮廓,改变特征的深度变化方式,隐藏以及删除特征。在学习本节前,请打开模型文件 D:\inv19\work\ch03.05\link-base.ipt。

1. 编辑特征尺寸

特征尺寸的编辑是指对特征的尺寸和相关修饰元素进行修改,以下将举例说明其操作方法。

(一)显示特征尺寸值

步骤01 打开文件 D:\inv19\work\ch03.05\link-base.ipt。

步骤02 在图 3.5.1 所示模型(link-base)的浏览器中,右击切削拉伸特征(特征名为"拉伸4"),在弹出的快捷菜单中选择 命令(图 3.5.2),此时该特征的所有尺寸都显示出来,如图 3.5.3 所示,以便进行编辑。

(二)修改特征尺寸值

通过上述方法进入尺寸的编辑状态后,如果要修改特征的某个尺寸值,方法如下。

步骤01 在模型中双击要修改的某个尺寸,系统弹出图 3.5.4 所示的"编辑尺寸"对话框。

步骤02 在"修改"对话框的文本框中输入新的尺寸(如23),并单击对话框中的 按钮。

步骤03 编辑特征的尺寸后,选择 管理 选项卡 更新 区域中的"更新"按钮 ,这样修改后的尺寸才会重新驱动模型。

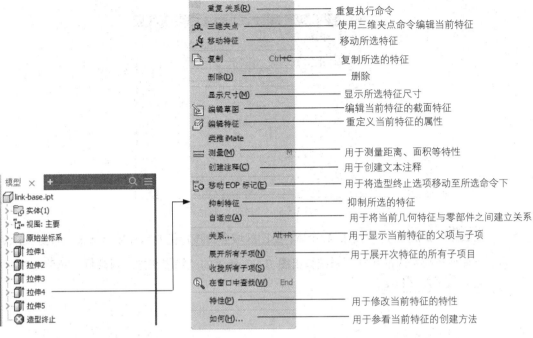

图 3.5.1　浏览器　　　　　图 3.5.2　快捷菜单

图 3.5.3　显示尺寸　　　　　图 3.5.4　"编辑尺寸"对话框

2. 编辑特征属性

当特征创建完毕后，如果需要重新定义特征的属性或特征的深度选项，就必须对特征进行"编辑定义"，也叫"编辑特征"。下面以滑块（link-base）模型为例，说明其操作方法。

在图 3.5.1 所示的滑块（link-base）浏览器中，右击实体拉伸特征（特征名为"拉伸 1"），在弹出的快捷菜单中选择  命令（图 3.5.2），此时系统弹出图 3.5.5 所示的"拉伸"对话框，即可重新定义该特征的属性。

3.5.2　三维夹点的编辑

三维夹点编辑特征的一般操作步骤如下。

步骤 01　选择命令。在浏览器中右击某一特征，然后在图 3.5.2 所示的快捷菜单中，选择  命令。

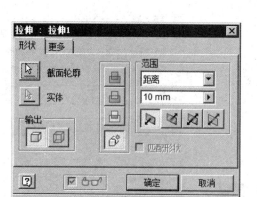

图 3.5.5 "拉伸"对话框

步骤02 编辑尺寸。选取此命令后,绘图区域会将该特征的尺寸显示出来,如图 3.5.6 所示,此时双击要修改的尺寸,系统弹出图 3.5.7 所示的"编辑尺寸"对话框,然后输入尺寸值,单击 确定 按钮。

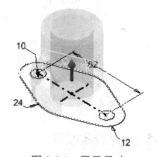

图 3.5.6 显示尺寸

图 3.5.7 "编辑尺寸"对话框

步骤03 在绘图区域空白处右击,选择 ✓ 完毕 命令,完成编辑特征的操作。

◆ 此方法在修改尺寸后,特征也会随尺寸改变而变化,无须再进行更新。
◆ 除 **步骤02** 中修改尺寸的方法外,还有另外一种方法修改尺寸值。将鼠标移动至草图的边线上,此时会出现一个与此线段垂直的箭头,我们可以通过拖动此箭头来更改整体尺寸的大小。

3.5.3 编辑特征的显示与隐藏

在滑块零件模型(link-base)的浏览器中,右击某些基准特征名(如 XY 平面),从弹出的图 3.5.8 所示的快捷菜单中选择 可见性(V) 命令,即可"显示"该基准特征,也就是在零件模型上能看见此特征。

如果想要隐藏基准特征，可在浏览器中右击隐藏特征名，再在弹出的快捷菜单中选择 ✓可见性(V) 命令，如图 3.5.9 所示，即可"隐藏"该基准特征，也就是在零件模型上看不见此特征。

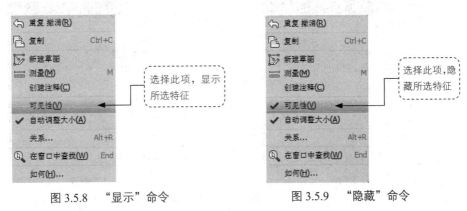

图 3.5.8　"显示"命令　　　　　　图 3.5.9　"隐藏"命令

3.5.4　特征的抑制

在滑块零件模型（link-base）的浏览器中，右击某些零件特征（如拉伸 3），在弹出的图 3.5.10 所示的快捷菜单中选择 抑制特征 命令，即可"抑制"该零件特征，在零件模型上即看不见此特征。浏览器中的符号也会更改，以反映抑制了该特征，如图 3.5.11 所示。

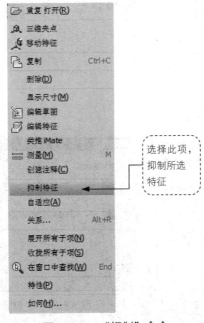

图 3.5.10　"抑制"命令

如果想要取消被抑制的特征，可在浏览器中右击被抑制的特征，再在弹出的快捷菜单中选择  命令，如图 3.5.12 所示。

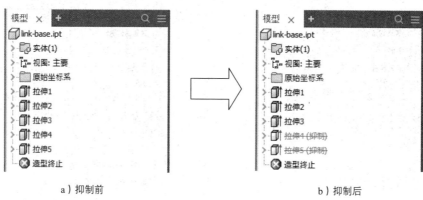

a）抑制前　　　　　　　　　　　　b）抑制后

图 3.5.11　浏览器

3.5.5　删除特征

删除特征的一般操作步骤如下。

（1）选择命令。在浏览器中右击图 3.5.11 所示的 拉伸3，然后在图 3.5.2 所示的快捷菜单中，选择 删除(D) 命令，系统弹出图 3.5.13 所示的"删除特征"对话框。

（2）定义是否删除已使用的草图和特征。在"删除特征"对话框中选中 ☑ 已使用的草图和特征。 对话框。

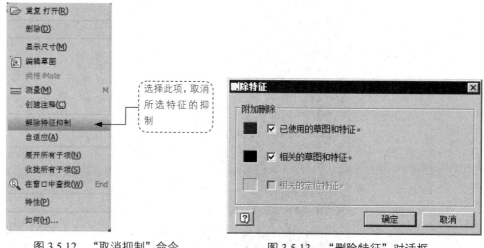

图 3.5.12　"取消抑制"命令　　　　图 3.5.13　"删除特征"对话框

已使用的草图和特征即所选特征的子代特征，如本例中所选特征的已使用的草图和特征即为"草图 3（草图）"，若取消选中 ☐ 已使用的草图和特征 复选框，则系统执行删除命令时，只删除特征，而不删除草图。

（3）单击对话框中的 确定 按钮，完成特征的删除。

　如果要删除的特征是零部件的基础特征（如模型 slide 中的拉伸特征"拉伸 1"），也选中 ☑ 已使用的草图和特征 复选框和 ☑ 相关的草图和特征 复选框，所有特征将均被删除。

3.5.6　编辑特征的名称

在浏览器中，可以修改各特征的名称，以便于识别特征。

操作说明如下：

在浏览器中右击图 3.5.14 所示的 ▢ 拉伸4，在弹出的快捷菜单中选择 特性(P) 命令，系统弹出"特征特性"对话框，然后在"名称"文本框中输入切削拉伸4，并按回车键确认。

a）修改名称前　　　　　　　　　　　　　　b）修改名称后

图 3.5.14　修改特征的名称

3.5.7　编辑特征尺寸

在图 3.5.1 所示的滑块（link-base）的浏览器中，右击"实体拉伸特征"（特征名为"拉伸 1"），在弹出的快捷菜单中选择 编辑草图 命令（图 3.5.2），系统再次进入草绘环境，可以在草绘环境中修改特征草绘截面的尺寸、约束关系和形状等；修改完成后，单击"完成草图"按钮 。

3.6 特征的多级撤销/重做功能

多级撤销/重做（Undo/Redo）功能，意味着在所有对特征、组件和制图的操作中，如果错误地删除、重定义或修改了某些内容，只需一个简单的"撤销"操作就能恢复原状。下面以一个例子进行说明。

步骤01 打开文件 D:\inv19\work\ch03.06\lundo-operation.ipt。

步骤02 创建图 3.6.1 所示的拉伸切削特征。

步骤03 删除上步创建的拉伸切削特征，然后单击快速访问工具栏中的 ◁（撤销）按钮，则刚刚被删除的拉伸切削特征又恢复回来；如果再单击快速访问工具栏中的 ▷（重做）按钮，恢复的拉伸切削特征又被删除了。

图 3.6.1　拉伸切削特征

3.7 孔特征

Inventor 中提供了专门的孔特征（Hole）命令，用户可以方便而快速地创建各种要求的孔。

3.7.1 简单直孔

下面以图 3.7.1 所示的简单模型为例，说明在模型上创建孔特征（简单直孔）的一般操作步骤。

步骤01 打开文件 D:\inv19\work\ch03.07\hole-01.ipt，如图 3.7.1 所示。

a）钻孔前　　　　　　　　　　　　b）钻孔后

图 3.7.1　孔特征

步骤02 选择命令。在 修改▼ 区域中单击 按钮，系统弹出图 3.7.2 所示的"孔"对话框。

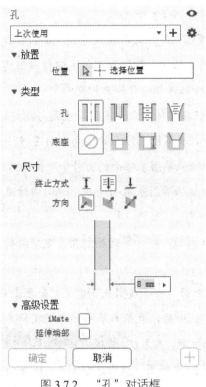

图 3.7.2 "孔"对话框

图 3.7.2 所示的"孔"对话框中各选项的说明如下。

- ◆ 图 3.7.2 所示"孔"对话框的 ▼放置 选项组用于定义孔中心的放置方式，可通过选择面和位置、草图点或工作点来进行放置。
- ◆ 图 3.7.2 所示"孔"对话框的 ▼类型 选项组用于定义孔的类型及样式，各按钮的说明如下。
  - （简单孔）选项：表示创建孔的类型为不带螺纹的简单孔。
  - （配合孔）选项：表示创建孔的类型为与选定的紧固件配合的孔。
  - （螺纹孔）选项：表示创建孔的类型为带螺纹的孔。
  - （锥螺纹孔）选项：选项：表示创建孔的类型为带螺纹的锥度孔。
  - （无）选项：表示创建孔的样式为直孔。
  - （沉头孔）选项：表示创建孔的样式为沉头孔。
  - （沉头平面孔）选项：表示创建孔的样式为沉头平面孔。

- ■（倒角孔）选项：表示创建孔的样式为倒角孔（或者称为埋头孔）。

◆ 图 3.7.2 所示 "孔" 对话框的 ▼尺寸 选项组用于定义孔的终止方式及方向，部分按钮的说明如下。

- ■（距离）选项：可以创建确定深度尺寸类型的特征，此时特征将从草绘平面开始，按照所输入的数值（即拉伸深度值）向特征创建的方向一侧生成。
- ■（贯通）选项：特征将与所有曲面相交。
- ■（到）选项：特征在拉伸方向上延伸，直到与指定的平面相交。
- ■ 选项：表示孔特征从草图基准面的法向方向进行拉伸。
- ■ 选项：表示孔特征从草图基准面的另外一个法向方向进行拉伸。
- ■ 选项：表示孔特征从草图基准面的两个方向同时进行拉伸，并且两侧拉伸的值均为输入值的一半。

◆ 图 3.7.2 所示 "孔" 对话框的 ▼高级设置 选项组用于定义孔的高级参数设置，各按钮的说明如下。

- iMate ☑复选框：选中后，可生成用来预定义装配要素的条件。
- 延伸端部 ☑复选框：选中后，表示与草图相邻的孔的另一端也会延伸。

步骤03 定义孔的放置方式及参考。在系统 添加孔点或选择线性或环形边以添加约束 的提示下，选取图 3.7.1a 所示的模型表面为孔的放置面，然后选取图 3.7.1a 所示的边线为同心参考。

步骤04 定义孔的样式及类型。在 "孔" 对话框 ▼类型 选项组中确认 "简单孔" 按钮■与 "无" 按钮◎被选中。

步骤05 定义孔的参数。

（1）定义孔的深度。在 "孔" 对话框 ▼尺寸 选项组 终止方式 区域中选择 "贯通" 选项■。

（2）定义孔的直径。在 "孔" 对话框预览图像区域输入孔的直径值为 60.0。

步骤06 单击 "孔" 对话框中的 确定 按钮，完成孔的创建。

3.7.2 标准孔

下面以图 3.7.3 所示的简单模型为例，说明在模型上创建孔特征（标准孔）的一般操作步骤。

步骤01 打开文件 D:\inv19\work\ch03.07\hole-02.ipt，如图 3.7.1 所示。

步骤02 选择命令。在 修改 ▼ 区域中单击 ■ 按钮，系统弹出 "孔" 对话框。

步骤03 定义孔的放置方式及参考。在系统 添加孔点或选择线性或环形边以添加约束 的提示下，选取图 3.7.4 所示的模型表面为孔的放置面，然后选取图 3.7.5 所示的边线为同心参考。

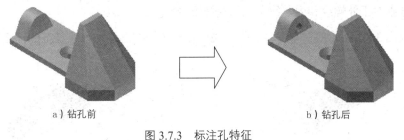

a) 钻孔前　　　　　　　　　　　　　　b) 钻孔后

图 3.7.3　标注孔特征

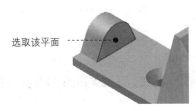

图 3.7.4　定义孔的放置面

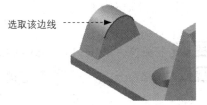

图 3.7.5　定义同心参考

步骤 04　定义孔的样式及类型，在"孔"对话框 类型 选项组中确认"螺纹孔"按钮 与"无"按钮 被选中，在 螺纹 选项组 类型 的下拉列表中选择 GB Metric profile 选项，选中在 尺寸 下拉列表中选择 4 ，在 规格 下拉列表中选择 M4 ，其余参数接受系统默认。

步骤 05　定义孔的参数。

（1）定义孔的深度。在"孔"对话框 尺寸 选项组 终止方式 区域中选择"贯通"选项 。

（2）定义孔的直径。在"孔"对话框孔预览图像区域输入图 3.7.6 所示的参数。

步骤 06　单击"孔"对话框中的 确定 按钮，完成孔的创建。

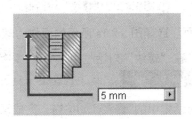

图 3.7.6　定义孔参数

3.8　修饰特征

3.8.1　螺纹特征

螺纹特征（Thread）是在其他特征上创建，螺纹特征在零件建模时并不能完整反映螺纹，只是以贴图的形式显示出螺纹效果，但其在工程图中可以清晰地显示出来。

螺纹特征可以表示外螺纹或内螺纹，可以是不通的或贯通的，可通过指定螺纹内径或螺纹外径（分别对于外螺纹和内螺纹）来创建螺纹特征。

下面以图 3.8.1 所示的简单零件为例，说明在一个模型上添加螺纹特征的详细过程。

图 3.8.1 螺纹特征

步骤01 打开文件 D:\inv19\work\ch03.08.01\thread.ipt。

步骤02 选择命令，在 修改 区域中单击 按钮，系统弹出图 3.8.2 所示的"螺纹"对话框。

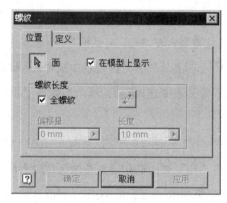

图 3.8.2 "螺纹"对话框

步骤03 定义螺纹放置面。选择图 3.8.1a 所示的面作为螺纹放置面。

步骤04 定义螺纹参数。在"螺纹"对话框中选中 全螺纹 复选框；单击 定义 选项卡，在 螺纹类型 下拉列表中选择 GB Metric profile 选项，在 规格 下拉列表中选择 M16x1.5 选项。

步骤05 单击"螺纹"对话框中的 确定 按钮，完成螺纹特征的创建。

3.8.2 倒角特征

倒角（chamfer）特征实际上是一个在两个相交面的交线上建立斜面的特征。倒角特征属于构建特征。构建特征不能单独生成，而只能在其他特征之上生成。构建特征包括倒角特征、圆角特征、孔特征和修饰特征等。

下面以图 3.8.3 所示的简单零件为例，说明在一个模型上添加倒角特征的详细过程。

图 3.8.3 倒角特征

步骤 01 打开文件 D:\inv19\work\ch03.08.02\chamfer.ipt。

步骤 02 选择命令,在 修改 ▼ 区域中单击 按钮,系统弹出图 3.8.4 所示的"倒角"对话框。

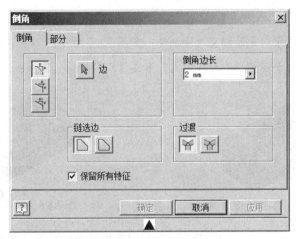

图 3.8.4 "倒角"对话框

图 3.8.4 所示的"倒角"对话框的说明如下。

- ◆ 选项:创建的倒角沿两个邻接曲面距选定边的距离相等,需输入倒角的值。
- ◆ 选项:创建的倒角沿一邻接曲面距选定边的距离为倒角值,并且与该面成一指定夹角;只能在两个平面之间使用该命令,需输入角度和倒角边长的值,如图 3.8.5 所示。
- ◆ 选项:创建的倒角沿第一个曲面距选定边的距离为倒角边长 1,沿第二个曲面距选定边的距离为倒角边长 2,需输入倒角边长 1 和倒角边长 2 的值,如图 3.8.6 所示。
- ◆ 选项:用于定义要倒角的各条边。
- ◆ 选项:用于定义由距离和角度定义的倒角边。
- ◆ 选项:对于由两个距离定义的倒角,使倒角距离的方向相反。

图 3.8.5 应用"倒角边长和角度"的倒角　　　图 3.8.6 应用"两个倒角边长"的倒角

- ◆ 倒角边长 文本框：用于指定倒角的距离。
- ◆ 角度 文本框：用于由距离和角度选项定义倒角时倒角的角度。
- ◆ 选项：用于选择所有相连相切边。
- ◆ 选项：用于选择独立的边。
- ◆ 选项：用于在平面相交处连倒角，如图 3.8.7 所示。
- ◆ 选项：用于在相交处形成角点，如图 3.8.8 所示。

图 3.8.7 应用"过渡"的倒角　　　图 3.8.8 无过渡的倒角

步骤 03 定义倒角类型。在"倒角"对话框中定义倒角类型为"倒角边长"选项。

步骤 04 选取模型中要倒角的边线，如图 3.8.3a 所示。

步骤 05 定义倒角参数。在"倒角"对话框 倒角边长 文本框中输入数值 5。

步骤 06 单击"倒角"对话框中的 确定 按钮，完成倒角特征的定义。

步骤 07 选择下拉菜单 文件 → 另存为 命令，命名为 chamfer_ok，保存零件模型。

3.8.3 圆角特征

圆角（Round）特征可创建曲面间的圆角或中间曲面位置的圆角。曲面可以是实体模型的曲面，也可以是曲面特征。在 Inventor 中提供了三种圆角的方法，用户可以根据不同情况进行圆角操作。这里将其中的两种圆角方法介绍如下。

1. 创建等半径圆角

下面以图 3.8.9 所示的一个简单模型为例，说明创建等半径圆角特征的一般操作步骤。

步骤 01 打开文件 D:\inv19\work\ch03.08.03\round-01.ipt。

步骤 02 选择命令。在 修改 ▼ 区域中单击 按钮，系统弹出图 3.8.10 所示的"圆角"对话框（一）。

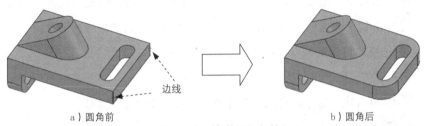

a）圆角前　　　　　　　　　　b）圆角后

图 3.8.9　等半径圆角特征

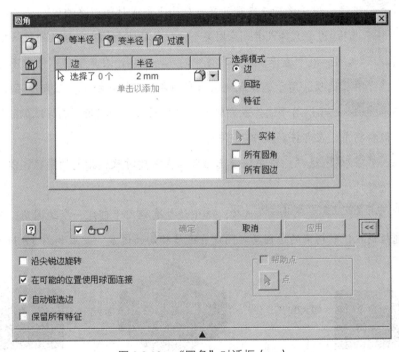

图 3.8.10　"圆角"对话框（一）

步骤 03 定义圆角类型。在"圆角"对话框（一）中单击"边圆角"按钮 ，并确认 等半径 选项卡被激活。

步骤 04 选取要圆角的对象。在系统 选择一条边进行圆角 的提示下，选取图 3.8.9 所示的模型边线为要圆角的对象。

步骤 05 定义倒圆参数。在"倒圆角"小工具栏"半径 R"文本框中输入数值 10。

步骤 06 单击"圆角"对话框中的 确定 按钮，完成等半径圆角特征的创建，如图 3.8.9

所示。

图 3.8.10 所示的"圆角"对话框（一）的说明如下。

- ◆ （边圆角）选项：用于在零件的一条或者多条边线上添加圆角。
- ◆ （面圆角）选项：用于在不需要共享边的两个选定的面集之间添加圆角。
- ◆ （全圆角）选项：用于添加与三个相邻面相切的变半径的圆角。
- ◆ 边 选项：用于显示当前所选边的数目。
- ◆ 半径 选项：用于指定所选边线倒圆的半径值。
- ◆ 选择模式 区域：用于改变在一组边中添加或者删除边的方法。
- ◆ 边 选项：用于选择或者删除单条边线。
- ◆ 回路 选项：用于选择或者删除在一个面上形成封闭回路的边。
- ◆ 特征 选项：用于选择或者删除因某个特征与其他面相交所导致的边以外的所有边。
- ◆ 实体 选项：用于选择多实体零件中的参与实体，在单实体零件中不可用。
- ◆ 所有圆角 选项：用于选择或删除所有剩余的凹边和拐角，在部件环境中不可用。
- ◆ 所有圆边 选项：用于选择或删除所有剩余的凸边和拐角，选择或删除所有剩余的凸边和拐角。在部件环境中不可用。
- ◆ 沿尖锐边旋转 选项：选中该复选框可以在需要时改变指定的半径，以保证相邻面的边壁延伸。
- ◆ 在可能的位置使用球面连接 选项：选中该复选框用于创建一个边圆角，若清除该复选框则在锐利拐角的边圆角之间建立连续相切的过渡，效果如图 3.8.11 所示。

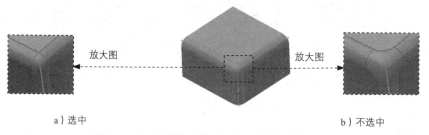

a) 选中　　　　　　　　　　　　　　b) 不选中

图 3.8.11　在可能位置使用球面连接选项

- ◆ 自动链选边 选项：选中该复选框可以在选择一条圆角边时自动选取所有与其相切的边。
- ◆ 保留所有特征 选项：选中该复选框，所有与圆角相交的特征都会被选中，并且在进行圆角操作时计算它们的交线。如果清除了该复选框，则在圆角操作中只计算参与操作的边。

◆ ☑ 👓 选项：用于提供当前选择的圆角预览。

2. 创建变半径圆角

下面以图 3.8.12 所示的一个简单模型为例，说明创建变半径圆角特征的一般过程。

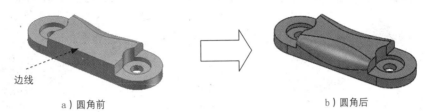

a）圆角前   b）圆角后

图 3.8.12 变半径圆角特征

步骤01 打开文件 D:\inv19\work\ch03.08.03\round-02.ipt。

步骤02 选择命令。在 修改▼ 区域中单击 按钮，系统弹出如图 3.8.10 所示的"圆角"对话框（一）。

步骤03 定义圆角类型。在"圆角"对话框(一)中单击"边圆角"按钮，并单击 变半径 选项卡，如图 3.8.10 所示"圆角"对话框（二）。

步骤04 选取要圆角的对象。在系统 选择一条边进行圆角 的提示下，选取图 3.8.12a 所示的模型边线为要圆角的对象。

步骤05 定义倒圆参数。在选中的倒圆边线上单击，此时在"圆角"对话框"点"区域会添加除了开始点与结束点之外的另外一个点，然后在"圆角"对话框 半径 文本框中修改控制点的半径值，并修改点 1 的位置（具体数值可参考图 3.8.13 所示）。

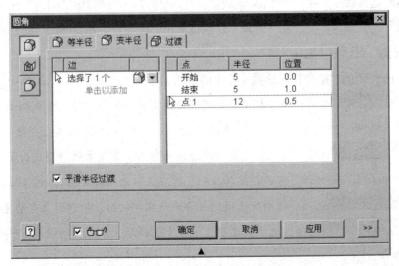

图 3.8.13 "圆角"对话框（二）

步骤06 单击"圆角"对话框中的 按钮,完成变半径圆角特征的定义。

图 3.8.13 所示的"圆角"对话框(二)的说明如下。

- ☑ 平滑半径过渡 选项:选中该复选框可以使圆角在控制点之间逐渐过渡,若清除该复选框则在控制点之间用线性过渡来创建圆角,效果如图 3.8.14 所示。

a)不选中

b)选中

图 3.8.14 平滑半径过渡选项

3. 创建面圆角

下面以图 3.8.15 所示的一个简单模型为例,说明创建面圆角特征的一般过程。

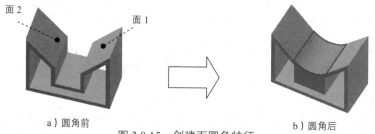

a)圆角前　　　　　　　　　　　　　　b)圆角后

图 3.8.15 创建面圆角特征

步骤01 打开文件 D:\inv19\work\ch03.08.03\round-03.ipt。

步骤02 选择命令。在 修改 ▼ 区域中单击 按钮,系统弹出"圆角"对话框(一)。

步骤03 定义圆角类型。在"圆角"对话框单击"面圆角"按钮 ,系统弹出图 3.8.16 所示的"圆角"对话框(三)。

图 3.8.16 所示的"圆角"对话框(三)的说明如下。

- 面集1选项:用于指定要创建圆角的第一个面集中的模型或曲面的一个或多个相切面、连续面,可通过反转按钮反转在选取曲面时要在其上创建圆角的侧面。
- 面集2选项:用于指定要创建圆角的第二个面集中的模型或曲面的一个或多个相切面、连续面,可通过反转按钮反转在选取曲面时要在其上创建圆角的侧面。
- ☑ 包括相切面 选项:选中此选项则允许圆角在相切面、相邻面上自动延续。
- ☑ 优化单个选择 选项:选中此选项,当单个选择后,系统自动进入下一个"选择"命令。
- 半径 文本框:用于指定所选面集的圆角半径。

第 3 章 零件设计

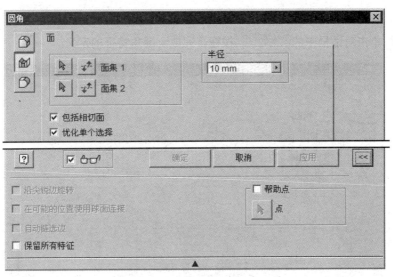

图 3.8.16 "圆角"对话框（三）

步骤 04　选取要圆角的对象。在系统 选择面进行过渡 的提示下，选取图 3.8.15a 所示的模型面 1 和面 2。

步骤 05　定义倒圆参数。在"圆角"对话框 半径 文本框中输入数值 30。

步骤 06　单击对话框中的 确定 按钮，完成面圆角特征的定义。

4. 创建全圆角

全圆角：生成相切于三个相邻面组（一个或多个面相切）的圆角。

下面以图 3.8.17 所示的一个简单模型为例，说明创建全圆角特征的一般操作步骤。

a）圆角前　　　　　　　　　　　　　　　　b）圆角后

图 3.8.17　全圆角特征

步骤 01　打开文件 D:\inv19\work\ch03.08.03\round-04.ipt。

步骤 02　选择命令。在 修改 ▼ 区域中单击 按钮，系统弹出"圆角"对话框（一）。

步骤 03　定义圆角类型。在"圆角"对话框单击"全圆角"按钮 ，系统弹出图 3.8.18 所示的"圆角"对话框（四）。

步骤 04　选取要圆角的对象。在系统 选择面进行过渡 的提示下，依次选取图 3.8.17a 所示的

89

模型侧面集 1、中心面集、侧面集 2。

步骤 05　单击对话框中的 按钮，完成全圆角特征的定义。

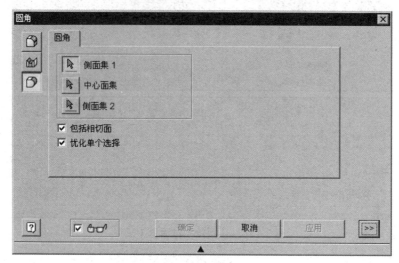

图 3.8.18　"圆角"对话框（四）

◆ 在添加小圆角之前添加较大圆角。当有多个圆角会聚于一个顶点时，应先生成较大的圆角。

◆ 在生成圆角前先添加拔模。如果要生成具有多个圆角边线及拔模面的铸模零件，在大多数的情况下，应在添加圆角之前添加拔模特征。

◆ 最后添加装饰用的圆角。在大多数其他几何体定位后，尝试添加装饰圆角。越早添加它们，则系统需要花费越长的时间重建零件。

◆ 如要加快零件重建的速度，请使用单一圆角操作来处理需要相同半径圆角的多条边线。然而，如果改变此圆角的半径，则在同一操作中生成的所有圆角都会改变。

3.8.4　抽壳特征

抽壳特征（Shell）是将实体的内部掏空，留下一定壁厚（等壁厚或多壁厚）的空腔，该空腔可以是封闭的，也可以是开放的，如图 3.8.19 所示。在使用该命令时，要注意各特征的创建次序。

1．等壁厚抽壳

下面以图 3.8.19 所示的简单模型为例，说明创建等壁厚抽壳特征的一般操作步骤。

步骤01 打开 D:\inv19\work\ch03.08.04\shell-feature.ipt。

图 3.8.19 等壁厚的抽壳

步骤02 选择命令。在 修改▼ 区域中单击 抽壳 按钮，系统弹出图 3.8.20 所示的"抽壳"对话框。

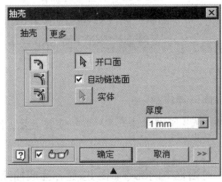

图 3.8.20 "抽壳"对话框

步骤03 定义抽壳厚度。在"抽壳"对话框 厚度 文本框中输入抽壳厚度值为 1.0。

图 3.8.20 所示的"抽壳"对话框中的各选项说明如下。

- ◆ （向内）选项：用于向零件的内部偏移壳壁，原始零件的外壁成为抽壳的外壁。
- ◆ （向外）选项：用于向零件外部偏移壳壁，原始零件的外壁成为抽壳的外壁。
- ◆ （双向）选项：用于向零件内部和外部以相同距离偏移壳壁，零件的每侧厚度将增加抽壳厚度的一半。
- ◆ 开口面选项：用于选择要删除的零件面，保留剩余的面作为壳壁。
- ◆ 厚度 文本框：用于指定抽壳面的厚度。

步骤04 选择要移除的面。在系统 选择要去除的表面 的提示下，选择图 3.8.19a 所示的模型表面为要移除的面。

步骤05 单击"抽壳"对话框中的 确定 按钮，完成抽壳特征的创建。

2. 多壁厚抽壳

利用多壁厚抽壳，可以生成在不同面上具有不同壁厚的抽壳特征。

下面以图 3.8.21 所示的简单模型为例，说明创建多壁厚抽壳特征的一般过程。

步骤 01 打开 D:\inv19\work\ch03.08.04\shell-feature.ipt。

步骤 02 选择命令。在 修改 区域中单击 抽壳 按钮，系统弹出"抽壳"对话框，然后单击 >> 按钮。

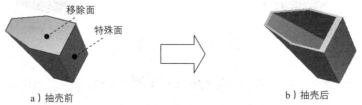

图 3.8.21　多壁厚的抽壳

步骤 03 定义抽壳厚度。在"抽壳"对话框 厚度 文本框中输入抽壳厚度值为 1。

步骤 04 选择要移除的面。在系统 选择要去除的表面 的提示下，选择图 3.8.21a 所示的模型表面为要移除的面。

步骤 05 定义抽壳剩余面的厚度。

在"抽壳"对话框 特殊面厚度 区域单击 单击以添加 使其激活，然后选取图 3.8.21a 所示的特殊面，输入厚度值 3。

步骤 06 单击"抽壳"对话框中的 确定 按钮，完成抽壳特征的创建。

3.8.5　拔模特征

1. 拔模特征简述

注射件和铸件往往需要一个拔摸斜面才能顺利脱模，Inventor 的拔摸（斜度）特征就是用来创建模型的拔摸斜面的。拔模特征共三种：固定边拔模、固定平面拔模和分模线拔模。

2. 从固定平面拔模

下面以图 3.8.22 所示的模型为例，说明从固定平面拔模特征的一般操作过程。

步骤 01 打开文件 D:\inv19\work\ch03.08.05\draft.ipt。

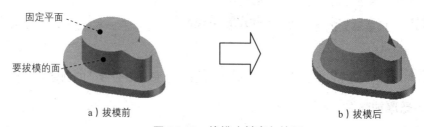

图 3.8.22　拔模（斜度）特征

步骤 02 选择命令。在 修改 ▼ 区域中单击 按钮，系统弹出图 3.8.23 所示的"面拔模"对话框。

图 3.8.23 "面拔模"对话框

图 3.8.23 所示的"面拔模"对话框中的各选项说明如下。

- （固定边）选项：选中此选项，指定拔模角度将从零件边开始，如图 3.8.24 所示。
- （固定平面）选项：选中此选项，指定的拔模角度将从参考平面定义，如图 3.8.25 所示。
- （分模线）选项：用于创建有关二维或三维的拔模，模型将在分模线的上方和下方进行拔模，使用此选项的前提是有一个三维的线即分模线。

图 3.8.24 固定边拔模　　　　　图 3.8.25 固定面拔模

- 固定平面 选项：用于选取在拔模过程中固定不变的面，同时通过此面确定拔模的方向，读者可通过 按钮改变拔模的方向。
- 面 选项：用于选取要进行拔模的面。
- 自动链选面 选项：选中该复选框可以在选择一个面时自动选取所有与其相切的面。
- 自动过渡 选项：用于以圆角或其他特征过渡到其他面。
- 拔模斜度 选项：用于设置拔模的角度。
- （单项）选项：用于在一个方向上进行拔模。
- （对称）选项：用于在平面或分模线的上方和下方添加同一角度的拔模。
- （步对称）选项：用于在平面或分模线上方和下方添加不同角度的拔模。

步骤 03 定义拔模类型。在"面拔模"对话框中将拔模类型设置为"固定平面"类型 。

步骤 04 定义固定面。在系统 选择平面或工作平面 的提示下，选取图 3.8.22a 所示的模型表面为拔模固定平面。

步骤 05 定义拔模面。在系统 选择拔模面 的提示下，选取图 3.8.22a 所示的模型表面为需要拔模的面。

步骤 06 定义拔模属性。在"面拔模"对话框 拔模斜度 文本框中输入数值 20。

步骤 07 定义拔模方向。拔模方向如图 3.8.26 所示。

步骤 08 单击"面拔模"命令条中的 确定 按钮，完成从固定平面拔模特征的创建。

图 3.8.26 定义拔模方向

3.9 特征的重新排序及插入操作

3.9.1 概述

对一个零件进行抽壳时，零件中特征的创建顺序非常重要，如果各特征的顺序安排不当，抽壳特征会生成失败，有时即使能生成抽壳，但结果也不会符合设计要求，可按下面的操作方法进行验证。

步骤 01 打开文件 D:\inv19\work\ch03.09\insert01.ipt。

步骤 02 将底部圆角半径从 R10 改为 R15，会看到模型的底部出现多余的实体区域，如图 3.9.1 所示。显然这不符合设计意图，之所以会产生这样的问题，是因为圆角特征和抽壳特征的顺序安排不当，解决办法是将圆角特征调整到抽壳特征的前面，这种特征顺序的调整就是特征的重新排序。

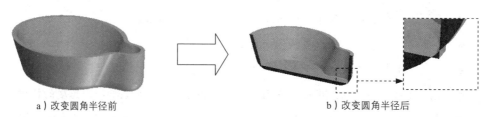

a）改变圆角半径前　　　　　　　　　　b）改变圆角半径后

图 3.9.1 注意抽壳特征的顺序

3.9.2 重新排序的操作方法

这里以 readjust.ipt 为例,说明特征重新排序(Reorder)的操作方法。

步骤01 打开文件 D:\inv19\work\ch03.09\readjust.ipt。

步骤02 如图 3.9.2 所示,在零件的设计树中选取 抽壳1 特征,按住左键不放并拖动鼠标,拖至 圆角2 特征的下面,然后松开左键,这样圆角特征就调整到抽壳特征的前面了。

a)重新排序前　　　　　　　　　　b)重新排序后

图 3.9.2　特征的重新排序

特征的重新排序(Reorder)是有条件的,条件是不能将一个子特征拖至父特征的前面。如果要调整有父子关系的特征的顺序,必须先解除特征间的父子关系。解除父子关系有两种办法:一是改变特征截面的标注参照基准或约束方式;二是改变特征的重定次序(Reorder),即改变特征的草绘平面和草绘平面的参照平面。

3.9.3 特征的插入操作

在上一节 readjust.ipt 的练习中,当所有的特征完成以后,假如还要创建一个图 3.9.3b 所示的凸台-拉伸特征,并要求该特征创建在 圆角2 特征的后面,利用"特征的插入"功能可以满足这一要求。下面说明其一般过程。

a)插入前　　　　　　　　　　　　b)插入后

图 3.9.3　插入拉伸特征

步骤01 打开文件 D:\inv19\work\ch03.09\insert.ipt。

步骤02 定义创建特征的位置。在设计树中,选取 造型终止 选项,将其拖动到 圆角2 特征之后。

步骤03 定义创建的特征。

（1）选择命令。在 创建▼ 区域中单击 按钮。

（2）创建截面草图。选取图 3.9.4 所示的平面作为草绘基准面，绘制图 3.9.5 所示的横断面草图。

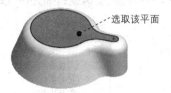

图 3.9.4 草绘基准面

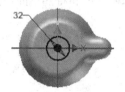

图 3.9.5 绘制横断面草图

（3）完成草图绘制后，单击"三维建模"选项卡中的"完成草图"按钮 ，退出草绘环境。

（4）选择拉伸类型。在 创建▼ 区域中单击 按钮，在"拉伸"对话框中单击 按钮，然后在 范围 下拉列表中选择 贯通 选项。

（5）单击对话框中的 确定 按钮，完成特征的创建。

步骤04 完成特征的创建后，将 造型终止 拖动到 抽壳1 特征之后。

 若不用退回控制棒插入特征，而直接将拉伸特征创建到 抽壳1 之后，则生成的模型如图 3.9.6 所示。

图 3.9.6 创建拉伸特征

3.10 参考几何体

Inventor 中都包括由系统默认存在的三个工作平面、三个坐标轴、一个工作点组成的"原始坐标系"，此坐标系是固定的，相当于在 Autocad 中的 WCS。

Inventor 中的参考几何体包括工作平面、工作轴、工作坐标系和工作点等基本几何元素，这些几何元素可作为其他几何体构建时的参照，在创建零件的一般特征、曲面、零件的剖切面以及装配中起着非常重要的作用。

3.10.1 工作平面

工作平面也称基准面。它是一种自定义、参数化且无限大的坐标平面。在创建一般特征时，如果模型上没有合适的平面，用户可以创建工作平面作为特征截面的草图平面及其参考平面。

在绘制草图时也可以根据一个工作平面进行标注，就好像它是一条边。工作平面的大小可以调整，以使其看起来适合零件、特征、曲面、边、轴或半径。

要选择一个工作平面，可以在浏览器中选择其名称，或在图形区中选择它的一条边界。

1. 创建平面绕边旋转一定角度的参考平面

下面以一个范例来说明创建工作平面的一般过程。如图 3.10.1 所示，现在要创建一个工作平面 1，使其穿过图中模型的一个边线，并与模型上的一个表面成 30° 的夹角。

a）创建前   b）创建后

图 3.10.1 基准面的创建

步骤01 打开 D:\inv19\work\ch03.10.01\plane01.ipt。

步骤02 选择命令。在 `定位特征` 区域中单击"平面"按钮 下的 `平面`，选择 `平面绕边旋转的角度` 命令。

步骤03 定义基准面的参考实体。在系统 `选择线或平面` 的提示下，选取图 3.10.1 所示的面为参考平面，然后选取图 3.10.1a 所示的线为参考轴。

步骤04 定义参数。在系统弹出的"平面"工具栏中输入角度值为 –30.0，单击 按钮，完成特征的创建。

工作平面有正反面之分，默认情况下正面颜色是淡黄色板透明，反面颜色是淡蓝色板透明，可以更改工作平面的名称，也可以控制显示与隐藏。

2. 创建平行于选定平面或面的参考平面

步骤01 选择命令，在 `定位特征` 区域中单击"平面"按钮 下的 `平面`，选择 `从平面偏移` 命令。

步骤02 选取某一参考平面，然后在"基准面"工具栏的下拉列表中输入要偏距的距离。

步骤03 单击 按钮，完成偏距基准面的创建。

3. 创建垂直于选定曲线的参考平面

利用点与曲线创建基准面，此基准面通过所选点，且与选定的曲线垂直。

如图 3.10.2 所示，通过垂直于曲线创建基准面的一般操作步骤如下。

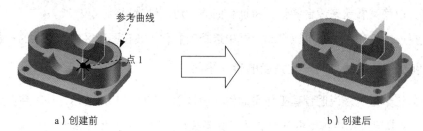

图 3.10.2　创建垂直于曲线的基准面

步骤 01　打开 D:\inv19\work\ch03.10.01\plane02.ipt。

步骤 02　选择命令，在 定位特征 区域中单击"平面"按钮下的 平面 ，选择 在指定点处与曲线垂直 命令。

步骤 03　定义基准面的参考实体。选取图 3.10.2 所示的曲线为参考线，然后再选取点 1。

步骤 04　完成通过点 1 且垂直于参考曲线的平面的创建。

4. 创建相切于选定曲面的参考平面

通过选择一个曲面创建基准面，此基准面与所选曲面相切，需要注意的是，创建时应指定方向矢量。下面介绍图 3.10.3 所示基准面创建的一般操作步骤。

图 3.10.3　创建与曲面相切的基准面

步骤 01　打开 D:\inv19\work\ch03.10.01\plane03.ipt。

步骤 02　选择命令，在 定位特征 区域中单击"平面"按钮下的 平面 ，选择 与曲面相切且通过点 命令。

步骤 03　定义基准面的参考实体。选取图 3.10.3a 所示的点和曲面作为所要创建的基准面的参考实体。

步骤 04　完成基准面的创建。

5. 控制工作平面的显示大小

尽管工作平面实际上是一个无穷大的平面，但在默认情况下，系统根据模型大小对其进行缩放显示。显示的基准面的大小随零件尺寸的不同而改变。除了那些即时生成的平面以外，其他所有工作平面的大小都可以加以调整，以适应零件、特征、曲面、边、轴或半径。操作步骤如下。

在浏览器上单击一基准面，然后右击，从弹出的快捷菜单中选择 自动调整大小(A) 命令，此时系统将根据图形区域零件的大小自动调整基准面。读者要想自由调整平面的大小，可通过如下操作：首先确认 自动调整大小(A) 不被选择，然后选取要更改大小的基准面，选中基准面上的某个控制点，通过拖动基准面上的四个控制点来调整基准面的大小。

6. 工作平面的作用

（1）用于作为草图绘制时的参考面。
（2）用于作为创建工作轴或工作点的参考。
（3）用于作为拉伸、旋转等特征时的终止平面。
（4）用于作为装配时的参考平面。
（5）用于作为装配或零件状态下剖切观察的剖面。
（6）工作平面还可以向其他的草图平面进行投影，作为草图的定位或参考基准。

3.10.2 工作轴

"工作轴（axis）"功能是在零件设计模块中建立轴线，同基准面一样，工作轴也可以用于特征创建时的参照，并且工作轴对创建基准平面、同轴放置项目和径向阵列特别有用。

创建工作轴后，系统用工作轴1、工作轴2等依次自动分配其名称，要选取一个工作轴，可通过选择工作轴线自身或其名称。

1. 利用两平面创建工作轴

可以利用两个平面的交线创建工作轴。平面可以是系统提供的基准面，也可以是模型表面。如图 3.10.4b 所示，利用两平面创建工作轴的一般操作步骤如下。

a）创建轴线前　　　　　　　　　b）创建轴线后

图 3.10.4　利用两平面创建工作轴

步骤01 打开文件 D:\inv19\work\ch03.10.02\axis01.ipt。

步骤02 选择命令，在 定位特征 区域中单击"工作轴"按钮 后的小三角，选择 两个平面的交集 命令。

步骤03 定义工作轴的参考实体。在系统 选择平面。的提示下，依次选取图 3.10.4a 所示的两个面作为要创建的工作轴的参考实体，完成工作轴的创建。

2. 利用两点/顶点创建工作轴

利用两点连线创建工作轴。点可以是顶点、边线中点或其他基准点。

下面介绍图 3.10.5b 所示工作轴创建的一般操作步骤。

步骤01 打开文件 D:\inv19\work\ch03.10.02\axis02.ipt。

步骤02 选择命令，在 定位特征 区域中单击"工作轴"按钮 后的小三角，选择 通过两点 命令。

图 3.10.5 利用两点/顶点创建工作轴

步骤03 定义工作轴参考实体。在系统 选择点。的提示下，选取图 3.10.5a 所示的顶点 1 和顶点 2 为工作轴的参考实体，完成工作轴的创建。

3. 利用圆柱/圆锥面创建工作轴

下面介绍图 3.10.6b 所示工作轴创建的一般操作步骤。

步骤01 打开文件 D:\inv19\work\ch03.10.02\axis03.ipt。

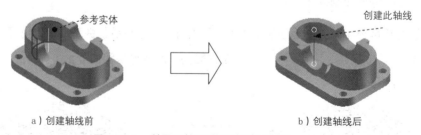

图 3.10.6 利用圆柱/圆锥面创建工作轴

步骤02 选择命令，在 定位特征 区域中单击"工作轴"按钮 后的小三角，选择命令。

步骤 03 定义工作轴参考实体。在系统 选择圆柱曲面或旋转式曲面 的提示下，选取图 3.10.6a 所示的半圆柱面为工作轴的参考实体，完成工作轴的创建。

4. 利用点和面/基准面创建工作轴

选择一个曲面（或基准面）和一个点生成工作轴，此工作轴通过所选点，且垂直于所选曲面（或基准面）。需注意的是，如果所选面是曲面，那么所选点必须位于曲面上。

下面介绍图 3.10.7b 所示工作轴创建的一般操作步骤。

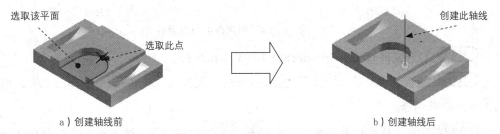

a）创建轴线前　　　　　　　　　　　　b）创建轴线后

图 3.10.7　利用点和面/基准面创建基准轴

步骤 01 打开文件 D:\inv19\work\ch03.10.02\axis04.ipt。

步骤 02 选择命令，在 定位特征 区域中单击"工作轴"按钮 后的小三角，选择 垂直于平面且通过点 命令。

步骤 03 定义工作轴参考实体。在系统 选择平面或点 的提示下，选取图 3.10.7a 所示的平面与点为工作轴的参考实体，完成工作轴的创建。

5. 工作轴的作用

（1）用于作为创建工作平面或工作点的参考。

（2）用于为旋转特征提供旋转轴。

（3）用于为装配约束提供参考。

（4）用于为工程图尺寸提供参考。

（5）用于为环形阵列体中心提供参考。

（6）用于作为对称的对称轴。

（7）用于为三维草图提供参考。

3.10.3　工作点

"工作点（point）"功能是在零件设计模块中创建点，作为其他实体创建的参考元素。

1. 利用面的中心创建点

利用所选面的中心创建工作点。

下面介绍图 3.10.8b 所示工作点创建的一般操作步骤。

图 3.10.8 利用面中心创建点

步骤01 打开文件 D:\inv19\work\ch03.10.03\point01.ipt。

步骤02 选择命令。在 定位特征 区域中单击"工作点"按钮 后的小三角，选择 边回路的中心点 命令。

步骤03 定义工作点参考实体。在系统 选择边回路。 的提示下，选取图 3.10.8a 所示的模型表面为工作点的参考实体，完成工作点的创建。

2. 利用交叉点创建工作点

在所选参考实体的交线处创建点，参考实体可以是边线、曲线或草图线段。

下面介绍图 3.10.9b 所示工作点创建的一般操作步骤。

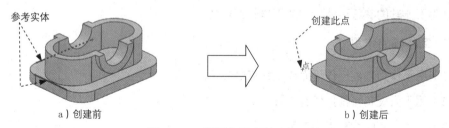

图 3.10.9 利用交叉点创建点

步骤01 打开文件 D:\inv19\work\ch03.10.03\point02.ipt。

步骤02 选择命令，在 定位特征 区域中单击"工作点"按钮 后的小三角，选择 两条线的交集 命令。

步骤03 定义工作点参考实体。在系统 选择线。 的提示下，选取图 3.10.9a 所示的两条边线为工作点的参考实体，完成工作点的创建。

3. 工作点的作用

（1）用于作为创建工作平面或工作轴的参考。

（2）投影工作点作为二维草图的参考点。

（3）用于为装配约束提供参考。

（4）用于作为工作坐标系的参考。

（5）用于为三维草图提供参考。

3.10.4 用户坐标系

"用户坐标系（coordinate）"功能是在零件设计模块中创建坐标系，作为其他实体创建的参考元素。

下面介绍图 3.10.10b 所示用户坐标系创建的一般操作步骤。

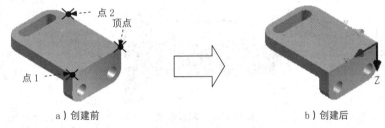

a）创建前　　　　　　　　　　　　b）创建后

图 3.10.10　创建坐标系

步骤01 打开文件 D:\inv19\work\ch03.10.04\coordinate.ipt。

步骤02 选择命令，在 定位特征 区域中单击"用户坐标系"按钮 。

步骤03 定义坐标系参数。

（1）定义坐标系原点。在系统 拖动 UCS 至某个位置，或选择顶点或工作点来定义原点位置。 的提示下，选取图 3.10.10a 所示的顶点为坐标系原点。

（2）定义坐标系 X 轴。在系统 指定 X 轴的方向 的提示下选取图 3.10.10a 所示的点 1。

（3）定义坐标系 Y 轴。在系统 指定 Y 轴的方向 的提示下选取图 3.10.10a 所示的点 2。

3.11 加强筋（肋板）特征

加强筋（肋板）设计是用来加固零件的，也常用来防止出现不需要的折弯。肋板（筋）特征的创建过程与拉伸特征基本相似，不同的是加强筋（肋板）特征的截面草图是不封闭的。

下面以图 3.11.1 所示的模型为例，说明创建加强筋（肋板）特征的一般过程。

步骤01 打开文件 D:\inv19\work\ch03.11\rib-feature.ipt。

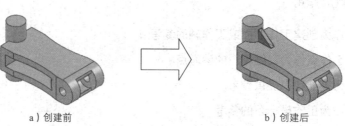

a）创建前　　　　　　　　　　　　　b）创建后

图 3.11.1　筋特征

步骤02 定义（肋板）特征的截面草图。

（1）在 三维模型 选项卡 草图 区域单击 按钮，然后选择 XZ 平面为草图平面，系统进入草图设计环境。

（2）绘制图 3.11.2 所示的截面草图，单击 按钮，退出草绘环境。

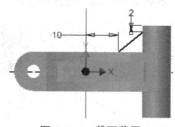

图 3.11.2　截面草图

步骤03 选择命令。在 创建▼ 区域中单击 加强筋 按钮，系统弹出图 3.11.3 所示的"加强筋"对话框。

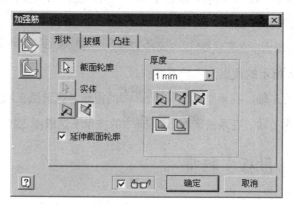

图 3.11.3　"加强筋"对话框

图 3.11.3 所示的"加强筋"对话框中的各选项说明如下。

◆ （垂直于草图平面）选项：用于创建加强筋厚度垂直于草图平面的筋特征，如

图 3.11.4 所示。

- ◆ 选项：用于创建加强筋厚度平行于草图平面的筋特征，如图 3.11.5 所示。
- ◆ 截面轮廓 选项：用于定义加强筋形状的截面轮廓。此轮廓可以开放也可以封闭。
- ◆ 选项：用于指定几何图元的拉伸方向。
- ◆ 厚度 文本框：用于指定加强筋的厚度。
- ◆ 选项：用于选择要创建特征的轮廓的一侧。肋板方向可以是向一侧、向另一侧或者双向拉伸，如图 3.11.6 所示。

图 3.11.4　"垂直于草图平面"选项

图 3.11.5　"平行于草图平面"选项

a）双向

b）左侧

c）右侧

图 3.11.6　轮廓一侧形式

- ◆ ![icon]（到表面或平面）选项：使加强筋或腹板终止于下一个面，如图 3.11.7 所示。
- ◆ ![icon]（有限地）选项：设定加强筋或腹板终止的特定距离，需输入一个值，如图 3.11.8 所示。

图 3.11.7　"到表面或平面"选项

图 3.11.8　"有限的"选项

步骤04　指定加强筋轮廓。在绘图区域选取 步骤02 中创建的截面草图。

步骤 05 指定加强筋的类型。在"加强筋"对话框单击"平行于草图平面"按钮。

步骤 06 定义加强筋特征的参数。

（1）定义加强筋的拉伸方向。在"加强筋"对话框中设置拉伸方向为"方向 2"类型 。

（2）定义加强筋的厚度。在 厚度 文本框中输入数值 2.0，将加强筋的生成方向设置为"双向"类型 ，其余参数接受系统默认设置。

步骤 07 单击"加强筋"对话框中的 确定 按钮，完成加强筋特征的创建。

3.12 特征生成失败及其解决方法

在特征创建或重定义时，由于给定的数据不当或参考的丢失，会出现特征生成失败。下面就特征失败的情况进行讲解。

3.12.1 特征生成失败的出现

这里以一个简单模型为例进行说明。如果进行下列"编辑定义"操作（图 3.12.1），将会出现特征生成失败。

a）编辑前　　　　　　　　　　　　b）编辑后

图 3.12.1　编辑特征

步骤 01 打开文件 D:\inv19\work\ch03.12\fail.ipt。

步骤 02 在图 3.12.2 所示的浏览器中，右击 拉伸1，在系统弹出的快捷菜单中选择 编辑草图 命令，此时进入草图绘制环境。

步骤 03 修改截面草图。将截面草图尺寸约束改为图 3.12.3 所示，单击 ✓ 按钮，完成截面草图的修改。

步骤 04 退出草图工作台后，系统弹出图 3.12.4 所示的"Autodesk Inventor Professional - 退出草图模式"对话框，提示拉伸 2 特征有问题，这是因为拉伸 2 的草图中"15"的尺寸是以图 3.12.5 所示的形式标注的（尺寸"15"以图 3.12.5 所示的边线为参考），重定义拉伸 1 后，新的形状使得该参考边线丢失，造成尺寸"15"找不到参考，草图无法生成，导致特征生成失败。

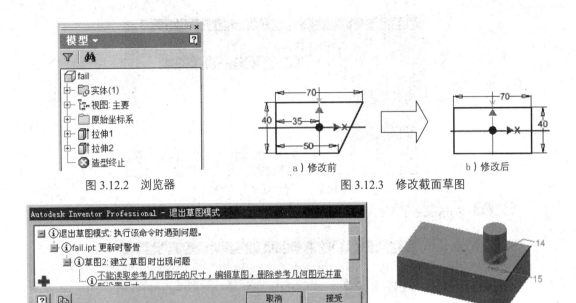

图 3.12.2 浏览器

图 3.12.3 修改截面草图

图 3.12.4 出错警告对话框

图 3.12.5 拉伸 2 的尺寸

3.12.2 特征生成失败的解决方法

1. 解决方法一：删除特征

步骤 01 在系统弹出的"Autodesk Inventor Professional -退出草图模式"对话框中单击 接受 按钮。

步骤 02 右击浏览器中的 拉伸2，在系统弹出的快捷菜单中选择 删除(D) 命令。

2. 解决方法二：重定义特征

步骤 01 在系统弹出的"Autodesk Inventor Professional -退出草图模式"对话框中单击"设计医生"按钮 ，系统弹出图 3.12.6 所示的"Autodesk Inventor Professional 2019"对话框。

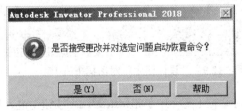

图 3.12.6 "Autodesk Inventor Professional 2019"对话框

步骤 02 单击"Autodesk Inventor Professional 2019"对话框中的 是(Y) 按钮，系统弹出图 3.12.7 所示的"设计医生"对话框（一）。

图 3.12.7 "设计医生"对话框（一）

步骤03 单击 下一步(N)> 按钮，系统弹出图 3.12.8 所示的"设计医生"对话框（二）。

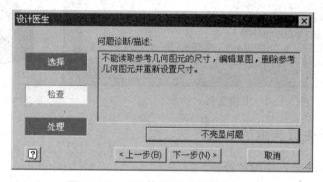

图 3.12.8 "设计医生"对话框（二）

步骤04 单击 下一步(N)> 按钮，系统弹出图 3.12.9 所示的"设计医生"对话框（三）。

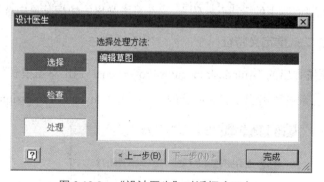

图 3.12.9 "设计医生"对话框（三）

步骤05 在"设计医生"对话框（三）中单击 完成 按钮，进入草图编辑环境，修改图 3.12.10a 所示的草图如图 3.12.10b 所示。

步骤06 单击"完成草图"按钮 ✓，退出草绘环境，完成特征的重定义。

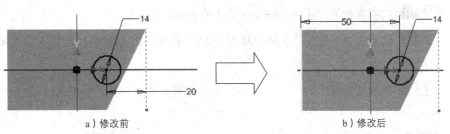

图 3.12.10 修改横断面草图

3.13 特征变换的几种方式

特征的复制（Copy）命令用于创建一个或多个特征的副本，Inventor 的特征复制包括一般复制和镜像复制，下面分别介绍其操作过程。

3.13.1 特征的镜像复制

特征的镜像复制就是将源特征相对一个平面（这个平面称为镜像中心平面）进行镜像，从而得到源特征的一个副本。如图 3.13.1 所示，对拉伸特征 2 进行镜像复制的操作过程如下。

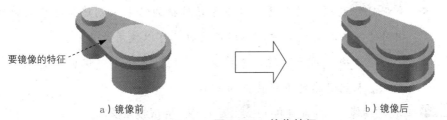

图 3.13.1 镜像特征

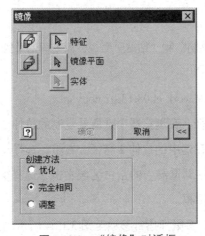

图 3.13.2 "镜像"对话框

步骤01 打开文件 D:\inv19\work\ch03.13.01\mirror.ipt。

步骤02 选择命令。在 阵列 区域中单击"镜像"按钮 ![], 系统将弹出图 3.13.2 所示的"镜像"对话框。

步骤03 选取要镜像的特征。在图形区中选取要镜像复制的拉伸特征（或在浏览器中选择"拉伸2"特征）。

步骤04 定义镜像中心平面。单击"镜像"对话框中的 镜像平面 按钮，然后选取 XY 平面作为镜像中心平面。

图 3.13.2 所示的"镜像"对话框的说明如下。

- ◆ 选项：用于镜像复制草图特征。
- ◆ 选项：用于镜像不能单独镜像的特征的实体。
- ◆ 特征选项：用于定义要复制的特征。
- ◆ 镜像平面选项：用于定义镜像中心平面。
- ◆ 创建方法 区域：各单选按钮的功能说明如下。
  - 优化 选项：用于通过镜像特征面来创建与选定的特征完全相同的副本。
  - 完全相同 选项：用于通过复制原始特征的结果来创建与选定的特征完全相同的副本，当优化方法不能使用时，可以使用此方法。
  - 调整 选项：同于通过镜像特征并分别计算每个镜像引用的范围或终止方式，来创建选定不同特征的副本。

步骤05 单击"镜像"对话框中的 确定 按钮，完成镜像操作。

3.13.2 特征的一般复制

特征的一般复制是使用"复制"和"粘贴"命令，以不同的草绘平面和尺寸来创建特征的副本。

步骤01 打开文件 D:\inv19\work\ch03.13.02\copy.ipt。

步骤02 选择要复制的特征。在浏览器中选取要复制的拉伸2特征。

步骤03 选择复制命令。在选中的拉伸2特征上右击，选择 复制 命令。

步骤04 选择粘贴命令。在浏览器中的空白区域右击，选择 粘贴 命令，系统弹出图 3.13.3 所示的"粘贴特征"对话框。

步骤05 放置复制的特征。将鼠标指针移动至图 3.13.4 所示的面上，单击鼠标左键确定。

步骤06 单击 完成 按钮，完成一般复制特征的创建。

图 3.13.3 "粘贴特征"对话框

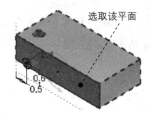

图 3.13.4 放置位置

 特征复制完成后读者可通过编辑复制后特征的草图来重新定义特征在平面上的位置。

3.13.3 矩形阵列

下面介绍图 3.13.5 中圆柱体特征的矩形阵列的操作过程。

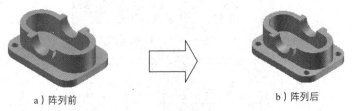

a) 阵列前　　　　　　　　　　b) 阵列后

图 3.13.5 创建矩形阵列

步骤01 打开文件 D:\inv19\work\ch03.13.03\rectangular.ipt。

步骤02 选择命令。在 阵列 区域中单击 按钮,系统弹出图 3.13.6 所示的"矩形阵列"对话框。

步骤03 选择要阵列的特征。在图形区中选取孔特征(或在浏览器中选择"孔 1"特征)。

图 3.13.6 所示的"矩形阵列"对话框的说明如下。

- ◆ 选项：用于阵列复制各个特征。
- ◆ 选项：用于阵列包含不能单独阵列的特征的实体。
- ◆ 特征选项：用于定义要阵列的特征。
- ◆ 方向1区域：用于设置阵列方向1的相关参数。
- ◆ 选项：用于设定阵列方向1的方向。
- ◆ 选项：用于反转引用的方向。
- ◆ 选项：用于设定方向1中阵列实例的数量。
- ◆ 选项：用于设定阵列实例之间的间距。
- ◆ 方向2区域：用于设置阵列方向2的相关参数。
- ◆ 起始位置选项：用于设置两个方向上的第一个引用的起点。阵列可以是任何一个可选择的点为起点。
- ◆ 计算区域：用于指定阵列特征的计算方式。
- ◆ 方向区域：用于指定阵列特征的定位方式。
- ◆ 完全相同选项：用于阵列中每个引用的定位方式都和选定的第一个特征的定位方式相同。
- ◆ 方向1与方向2选项：用于指定控制阵列特征的位置的方向。

图 3.13.6 "矩形阵列"对话框

步骤04 定义阵列参数。

（1）定义方向 1 参考边线。在"矩形阵列"对话框中单击 方向1 区域中的 按钮，然后选取图 3.13.7 所示的边线 1 为方向 1 的参考边线，阵列方向可参考图 3.13.7 所示。

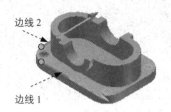

图 3.13.7 定义阵列参数

（2）定义方向 1 参数。在 方向1 区域的 文本框中输入数值 2，在 文本框中输入数值 72。

（3）定义方向 2 参考边线。在"矩形阵列"对话框中单击 方向2 区域中的 按钮，然后选取图 3.13.7 所示的边线 2 为方向 2 的参考边线，阵列方向可参考图 3.13.7 所示。

（4）定义方向 2 参数。在 方向2 区域的 文本框中输入数值 2，在 文本框中输入数值 47。

步骤05 单击 确定 按钮，完成矩形阵列的创建。

3.13.4 环形阵列

特征的环形阵列就是将源特征以圆周排列方式进行复制，使源特征产生多个副本。如图 3.13.8 所示，对孔特征进行环形阵列的操作过程如下。

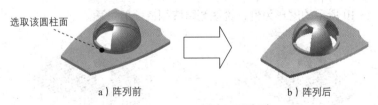

图 3.13.8 创建环形阵列

步骤01 打开文件 D:\inv19\work\ch03.13.04\pattern-circle.ipt。

步骤02 选择命令。在 阵列 区域中单击 按钮，系统弹出图 3.13.9 所示的"环形阵列"对话框。

步骤03 选择要阵列的特征。在图形区中选取拉伸 3 与圆角 2 特征（或在浏览器中选择"拉伸 3"与"圆角 2"特征）。

图 3.13.9 "环形阵列"对话框

步骤04 定义阵列参数。

（1）定义阵列轴。在"环形阵列"对话框中单击 按钮，然后在绘图区域中选取图 3.13.8 所示的圆柱面为环形阵列轴的参考。

（2）定义阵列实例数。在 放置 区域的 按钮后的文本框中输入数值 3。

（3）定义阵列角度。在 放置 区域的 按钮后的文本框中输入数值 360.0。

图 3.13.9 所示的"环形阵列"对话框的说明如下。

- 放置 区域：用于定义阵列中引用的数量、引用之间的角度间距和重复的方向。
- 选项：用于设定阵列的个数。
- 选项：用于定义阵列的角度。

步骤05 单击 确定 按钮，完成环形阵列的创建。

3.13.5 删除阵列

下面以图 3.13.10 所示的图形为例，说明删除阵列的一般过程。

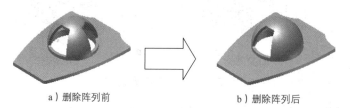

a）删除阵列前　　　　　　　b）删除阵列后

图 3.13.10 删除阵列

步骤01 打开文件 D:\inv19\work\ch03.13.05\delete-pattern.ipt。

步骤02 选择命令。在浏览器中选择 环形阵列1，然后右击，从弹出的快捷菜单中选择 删除(D) 命令。

3.14 扫掠特征

3.14.1 创建扫掠特征的一般过程

如图 3.14.1 所示，扫掠（Sweep）特征是将一个截面沿着给定的轨迹"掠过"而生成的。要创建或重新定义一个扫掠特征，必须给定两大特征要素，即扫掠轨迹和扫掠截面。

下面以图 3.14.1 为例，说明创建扫掠拉伸特征的一般过程。

步骤 01 打开模型文件 D:\inv19.1\work\ch03.14.01\sweep.ipt。

步骤 02 选择扫掠命令。在 创建▼ 区域中单击"扫掠"按钮 🔄 扫掠，系统弹出图 3.14.2 所示的"扫掠"对话框。

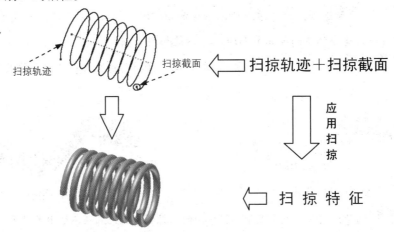

图 3.14.1 扫掠拉伸特征

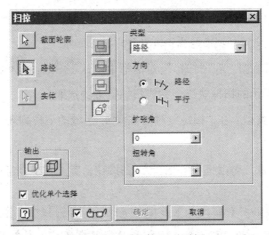

图 3.14.2 "扫掠"对话框

图 3.14.2 所示的"扫掠"对话框的部分选项说明如下。

- 截面轮廓 选项：用于指定草图的一个或多个截面轮廓以沿选定的路径进行扫掠，如果草图中只有一个封闭的截面轮廓，系统将自动选中。
- 路径 选项：用于为截面轮廓指定路径或者轨迹，路径可以开放也可以封闭，需要注意的是，路径必须穿透轮廓截面。
- 类型 下拉列表：用于指定要创建的扫掠类型。
- 路径 选项：用于沿路径扫掠截面轮廓以创建扫掠特征。
- 路径和引导轨道 选项：用于沿路径扫掠截面轮廓以创建扫掠特征。
- 路径和引导曲面 选项：用于沿路径和引导曲面扫掠截面轮廓以创建扫掠特征。
- 输出 区域：用于指定扫掠特征是实体还是曲面。
- 路径 选项：选中该选项，扫掠截面相对于扫掠路径不变，所有扫掠截面都维持与该路径相关的原始截面轮廓，效果如图 3.14.3 所示。
- 平行 选项：选中该选项，扫掠截面将保持与原始截面平行，效果如图 3.14.4 所示。

图 3.14.3 路径

图 3.14.4 平行

- 扩张角 选项：用于设置垂直于草图平面的扫掠斜角，此选项不适用于"平行"，对于封闭的路径也不可用。
- 扭转角 选项：仅适用于在 Inventor 2019 或更高版本中创建的垂直扫掠。指定的扭曲角度可确定大部分的截面轮廓将沿指定的路径扭曲。

步骤 03 定义扫掠轨迹。在"扫掠"对话框中确认 路径 前的 按钮被按下，然后在图形区中选取图 3.14.1 所示的扫掠轨迹，完成扫掠轨迹的选取。

步骤 04 定义扫掠类型。在"扫掠"对话框 类型 区域的下拉列表中选择 路径 ，其他参数接受系统默认。

步骤 05 单击"扫掠"对话框中的 确定 按钮，完成扫掠特征的创建。

创建扫掠特征，必须遵循以下规则，否则扫掠可能失败。
- 相对于扫掠截面的大小，扫掠轨迹中的弧或样条半径不能太小，否则扫掠特征在经过该弧时会由于自相交而出现特征生成失败。例如，图 3.14.2 中螺旋线的半径和螺距，相对于后面将要创建的扫掠截面不能太小。

- 对于切削材料类的扫掠特征，其扫掠轨迹不能自身相交。
- 对于填料类的扫掠特征而言，轮廓必须是封闭环，若是曲面扫掠，则轮廓可以是开环也可以是闭环。
- 路径可以为开环或闭环。
- 路径可以是一张草图、一条曲线或模型边线。
- 路径的起点必须位于轮廓的基准面上。
- 不论是截面、路径还是所要形成的实体，都不能出现自相交叉的情况。

3.14.2 创建扫掠切削特征的一般过程

下面以图 3.14.5 为例，说明创建扫掠切削特征的一般过程。

步骤01 打开文件 D:\inv19\work\ch03.14.02\sweep-cut.ipt。

步骤02 选择扫掠命令。在 创建 区域中单击 扫掠 按钮，系统弹出"扫掠"对话框。

步骤03 定义扫掠轨迹。在"扫掠"对话框中确认 路径 前的 按钮被按下，然后在图形区中选取图 3.14.5 所示的扫掠轨迹，完成扫掠轨迹的选取。

步骤04 定义扫掠类型。在"扫掠"对话框 类型 区域的下拉列表中选择 路径 ，在区域中选中 路径 单选项，其他参数接受系统默认。

步骤05 在"扫掠"对话框中单击"求差"类型 ，单击 确定 按钮，完成扫掠切削特征的创建。

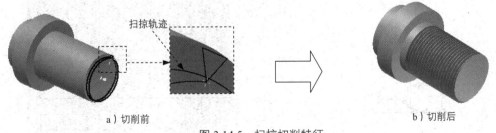

a) 切削前   b) 切削后

图 3.14.5 扫掠切削特征

3.15 螺旋扫掠特征

如图 3.15.1 所示，将一个截面沿着螺旋轨迹线进行扫掠，可形成螺旋扫掠（Helical Sweep）特征。该特征常用于创建弹簧、螺纹与蜗杆等零件形状。

这里以图 3.15.1 所示的螺旋特征为例，说明创建这类特征的一般过程。

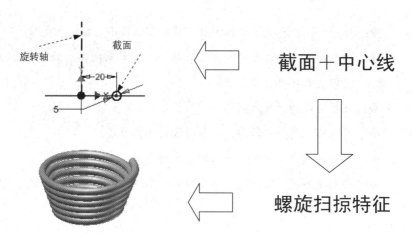

图 3.15.1 螺旋扫掠特征

步骤01 新建一个零件模型。

步骤02 创建图 3.15.2 所示的草图 1。

（1）在 草图 区域中单击 按钮。

（2）选取 XZ 平面为草图平面，进入草图绘制环境。

（3）绘制图 3.15.2 所示的草图 1，单击 按钮，退出草绘环境。

步骤03 选择命令。在 创建 区域中单击 螺旋扫掠 按钮，系统弹出图 3.15.3 所示的"螺旋扫掠"对话框（一）。

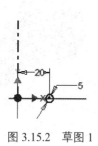

图 3.15.2 草图 1

图 3.15.3 "螺旋扫掠"对话框（一）

图 3.15.3 所示的"螺旋扫掠"对话框的说明如下。

◆ 截面轮廓 选项：用于指定草图的一个截面轮廓，如果草图中只有一个封闭的截面轮廓，系统将自动选中；如果有多个截面轮廓，需要我们手动指定一个。

◆ 旋转轴 选项：用于指定螺旋扫掠的旋转轴。

第 3 章 零件设计

- 转动 区域：用于指定螺旋扫掠是顺时针方向，还是逆时针方向。
- 选项：用于定义螺旋的横截面和旋转轴。横截面可以平行或垂直于旋转轴。

步骤04 定义特征的旋转轴。在绘图区域单击 按钮，然后将图 3.15.2 所示的线定义为旋转轴。

步骤05 定义螺旋规格。

（1）在"螺旋扫掠"对话框中单击 螺旋规格 选项卡，系统弹出图 3.15.4 所示的"螺旋扫掠"对话框（二）。

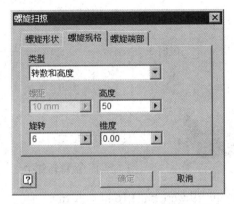

图 3.15.4　"螺旋扫掠"对话框（二）

图 3.15.4 所示的"螺旋扫掠"对话框（二）的说明如下：

- 转数和高度 选项：用于定义螺旋的方式。
- 螺距和转数 选项：用于通过指定螺距和圈数定义螺旋。
- 转数和高度 选项：用于通过指定圈数和高度定义螺旋。
- 螺距和高度 选项：用于通过指定螺距和高度定义螺旋。
- 平面螺旋 选项：用于在一个平面内创建螺旋。
- 锥度 选项：用于创建有一定锥度的螺旋。

（2）在"螺旋扫掠"对话框（二）类型 下拉列表中选择 螺距和转数 选项，然后在 螺距 文本框中输入数值 5，在 旋转 文本框中输入数值 6，在 锥度 文本框中输入数值 20。

步骤06 单击"螺旋扫掠"对话框中的 确定 按钮，完成螺旋特征的创建。

3.16　放样特征

放样特征是将一组不同的截面沿其边线用过渡曲面连接形成一个连续的特征，放样特征分为凸台放样特征和切除放样特征，分别用于生成实体和切除实体。放样特征至少需要两个截面，且不同截面应预先绘制在不同的草图平面上。图 3.16.1 所示的放样特征是由三个平行的截面放样而成的。

3.16.1 创建放样特征的一般过程

下面以图 3.16.1 所示的实体为例，说明创建填料放样特征的一般过程。

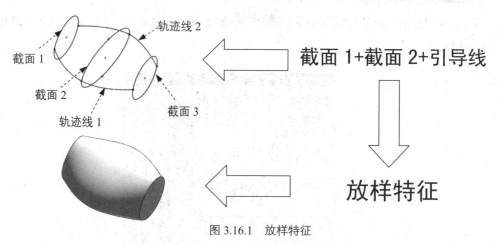

图 3.16.1 放样特征

步骤01 打开文件 D:\inv19\work\ch03.16\blend01.ipt。

步骤02 创建图 3.16.1 所示的放样 1。

（1）选择命令。在 创建 ▼ 区域中单击 放样 按钮，系统弹出图 3.16.2 所示的"放样"对话框。

图 3.16.2 "放样"对话框

图 3.16.2 所示的"放样"对话框的说明如下。

◆ 截面 选项：用于指定要包括在放样中的截面轮廓。

◆ 选项：用于指定截面与截面之间控制放样形状的二维或三维曲线，需要注意的是，轨道必须与截面相交，效果如图 3.16.3 所示。

 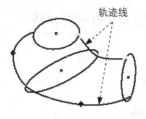 

a）不添加轨迹的放样　　　　b）截面轮廓与轨迹　　　　c）添加轨迹的放样

图 3.16.3　轨迹线选项

◆ 选项：用中心线引导放样形状，其作用与扫掠路径类似，效果如图 3.16.4 所示。

 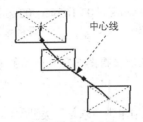 

a）不添加中心线的放样　　　b）截面轮廓与中心线　　　c）添加中心线的放样

图 3.16.4　中心线选项

◆ 选项：用于允许控制沿中心线放样的指定点处的横截面面积。

◆ 封闭回路选项：用于将第一个截面与最后一个截面之间连接起来，以构成封闭回路。

◆ 合并相切面选项：用于合并相切的放样面，效果如图 3.16.5 所示。

a）不选中　　　　　　　　　　　　　　　　b）选中

图 3.16.5　合并相切面选项

（2）选择截面轮廓。依次选取图 3.16.1 所示的截面 1、截面 2 和截面 3。

（3）选择轨迹线。在"放样"对话框中单击 轨道 下的 单击以添加 ，然后在绘图区域中选取图 3.16.1 所示的轨迹线 1 与轨迹线 2。

（4）单击"放样"对话框中的 确定 按钮，完成特征的创建。

3.16.2 创建放样切削特征的一般过程

创建图 3.16.6 所示的放样切削特征的一般过程如下。

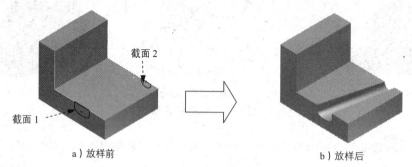

图 3.16.6 放样切削特征

步骤01 打开文件 D:\inv19\work\ch03.16\blend02.ipt。

步骤02 选取命令。在 创建▼ 区域中单击 放样 按钮，系统弹出"放样"对话框。

步骤03 选择截面轮廓。依次选择图 3.16.6 所示的截面 1 与截面 2 作为放样切削特征的截面轮廓。

步骤04 在"放样"对话框中单击"求差"类型 ，单击"放样"命令条中的 确定 按钮，完成特征的创建。

3.17 凸雕特征

"凸雕特征"命令是通过投射于平面或者曲面上的闭合曲线、草图或者文本，构造与零件表面垂直的拉伸体。主要用于生成突出文字、雕刻字符、商标或者标志等。

下面以图 3.17.1 所示的模型为例说明创建这类特征的一般过程。

步骤01 新建一个零件模型。

步骤02 创建图 3.17.2 所示的拉伸特征 1。

（1）选择命令。在 创建▼ 区域中单击 按钮，系统弹出"创建拉伸"对话框。

（2）定义特征的截面草图。单击"创建拉伸"对话框中的 创建二维草图 按钮，选取 XZ 平面作为草图平面，进入草绘环境。绘制图 3.17.3 所示的截面草图。

（3）定义拉伸属性。单击 草图 选项卡 返回到三维 区域中的 按钮，在"拉伸"对话框 范围 区域中的下拉列表中选择 距离 选项，在"距离"下拉列表中输入数值 5。

（4）单击"拉伸"对话框中的 确定 按钮，完成拉伸特征 1 的创建。

步骤03 创建图 3.17.4 所示的圆角。圆角半径值为 2.5。

图 3.17.1　凸雕特征

图 3.17.2　拉伸特征 1

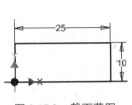
图 3.17.3　截面草图

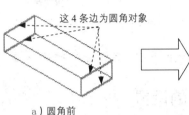
a）圆角前　　　　　　b）圆角后

图 3.17.4　圆角特征

步骤 04　创建图 3.17.6 所示的草图 1。

（1）选择命令，在 三维模型 选项卡 草图 区域单击 按钮。

（2）定义特征的截面草图。

① 定义草图平面。选取图 3.17.5 所示的模型表面为草图平面，进入草绘环境。

② 在草绘环境中绘制图 3.17.6 所示的文字。单击 草图 功能选项卡 创建▼ 区域中的"文本"按钮 A 文本 ；在绘图区域的合适位置单击以确定文本放置的位置，系统弹出"文本格式"对话框；在 字体 下拉列表中设置文字的字体为宋体，文字的大小为 3mm；在 文本(T)： 区域的文本框中输入"inventor"；单击 确定 按钮，完成文字的绘制。

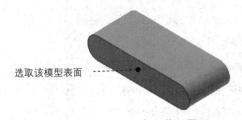
图 3.17.5　定义草图平面

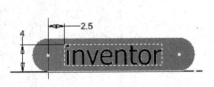
图 3.17.6　草图 1

③ 为文字添加图 3.17.6 所示的尺寸约束。

④ 单击 按钮，退出草绘环境。完成草图 1 的创建。

步骤 05　创建图 3.17.7 所示的凸雕拉伸 1。

（1）选择命令。单击 三维模型 功能区域选项卡 创建▼ 区域中的 凸雕 按钮。

（2）定义截面轮廓。选取图 3.17.6 所示的草图 1。

（3）定义方向和高度，调整方向至图3.17.7所示。在 下拉列表中输入数值1。

（4）单击"凸雕"对话框中的 确定 按钮，完成凸雕特征1的创建。

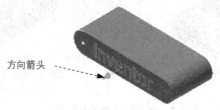

图3.17.7 定义方向

步骤06 保存模型文件。选择下拉菜单 文件 ➡ 保存 命令，文件名称为text。

3.18 零件模型属性的设置

3.18.1 零件模型材料的设置

在零件模块中，选择 工具 选项卡 材料和外观 ▼ 区域中的"材料"命令，系统弹出图3.18.1所示的"材料浏览器"对话框（一），在此对话框中可创建新材料并定义零件材料的属性。

图3.18.1 "材料浏览器"对话框（一）

下面说明设置零件模型材料属性的一般操作步骤。

下面以一个简单模型为例，说明设置零件模型材料属性的一般操作步骤，操作前打开模型文件 D:\inv19\work\ch03.18\link-base.ipt。

步骤01 将材料应用到模型。

（1）选择 工具 选项卡 材料和外观 ▼ 区域中的"材料"命令，系统弹出"材料浏览器"对话框（二）。

（2）在 Inventor 材料库 区域中单击图 3.18.2 所示的"将材料添加到文档中"按钮 或者双击材料，将材料应用到模型，然后关闭此对话框。

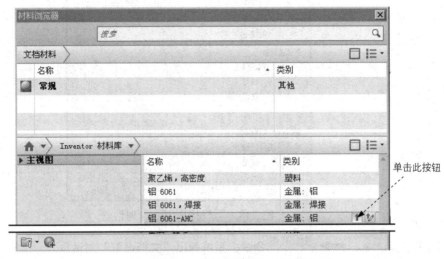

图 3.18.2 "材料浏览器"对话框（二）

步骤02 创建新材料。

（1）选择 工具 选项卡 材料和外观 ▼ 区域中的"材料"命令，在弹出的"材料浏览器"对话框（二）中单击"在文档中创建新材质"按钮 ，系统弹出图 3.18.3 所示的"材料编辑器"对话框，在"材料编辑器"对话框中的"指定材质名称"文本框中输入"45steel"，然后在外观特性以及物理特性选项卡中可分别填入材料的属性值，如 热膨胀系数 、 密度 和 泊松比 等，设置完成后单击 确定 按钮。

（2）在"材料浏览器"对话框 文档材料 区域会多出一个上步创建的 45steel 材质，单击该材质，即可将材料应用到模型。

3.18.2 零件模型单位的设置

每个模型都有一个基本的米制和非米制单位系统，以确保该模型的所有材料属性保持测量和定义的一贯性。Inventor 系统提供了一些预定义单位系统，其中一个是默认单位系统，但用户也可以定义自己的单位和单位系统(称为定制单位和定制单位系统)。在进行一个产品的设计前,应该使产品中的各元件具有相同的单位系统。

下面说明设置单位的一般操作步骤。

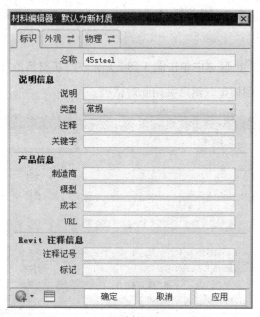

图 3.18.3 "材料编辑器"对话框

(1)选择 工具 ➡ 文档设置 命令,系统弹出"文档设置"对话框。

(2)在对话框中单击 单位 选项卡,在图 3.18.4 所示的对话框中可以设置相应的参数。

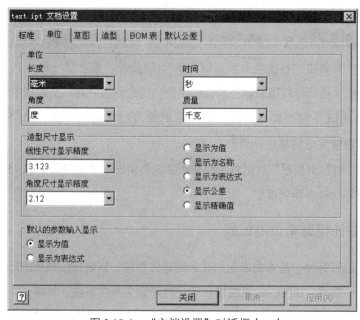

图 3.18.4 "文档设置"对话框(一)

3.19 模型的测量

3.19.1 测量距离

下面以一个简单模型为例,说明测量距离的一般操作步骤。

步骤01 打开文件 D:\inv19.1\work\ch03.19\measure.ipt。

步骤02 选择命令。在 检验 选项卡 测量 区域中单击"测量"按钮,系统弹出"测量"对话框。

步骤03 测量面到面的距离。选取图 3.19.1 所示的模型表面,在图 3.19.2 所示的"测量距离"对话框中会显示测量的结果。

图 3.19.1 选取要测量的面

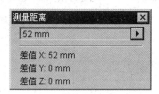

图 3.19.2 "测量距离"对话框

步骤04 测量点到面的距离,如图 3.19.3 所示。

步骤05 测量点到线的距离,如图 3.19.4 所示。

图 3.19.3 选取点和面

图 3.19.4 选取点和线

步骤06 测量点到点的距离,如图 3.19.5 所示。

步骤07 测量线到线的距离,如图 3.19.6 所示。

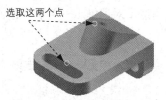

图 3.19.5 选取两点

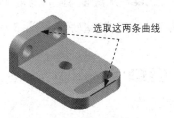

图 3.19.6 选取两线

步骤08 测量点到曲线的距离，如图 3.19.7 所示。

步骤09 测量线到面的距离，如图 3.19.8 所示。

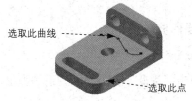
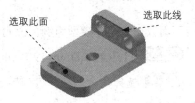

图 3.19.7　选取点和曲线　　　　　　图 3.19.8　选取线和面

如果要求显示同一个尺寸的两个不同形式，如毫米与英寸，则用户需在"测量距离"对话框中单击 ▶ 高级设置 按钮，系统弹出图 3.19.9 所示的快捷菜单，然后在此下拉菜单中选择单击 双重单位 无 ∨ 选项，在弹出的图 3.19.10 所示的快捷菜单中选择 英寸 选项。

图 3.19.9　快捷菜单 1　　　　　　图 3.19.10　快捷菜单 2

3.19.2　测量角度

下面以一个简单模型为例，说明测量角度的一般操作步骤。

步骤01 打开文件 D:\inv19.1\work\ch03.19\measure.ipt。

步骤02 选择命令。在 检验 选项卡 测量 区域中单击"测量"按钮，系统弹出"测量"对话框（一）。

步骤03 测量面与面间的角度。选取图 3.19.11 所示的模型表面 1 和模型表面 2 为要测量的两个面；完成选取后，在图 3.19.12 所示的"测量角度"对话框（一）中可看到测量的结果。

步骤04 测量线与面间的角度，如图 3.19.13 所示。操作方法参见 **步骤03**，结果如图 3.19.14 所示。

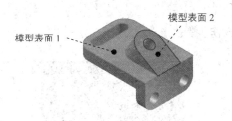

图 3.19.11　测量面与面间的角度

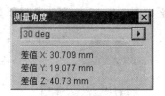

图 3.19.12　"测量角度"对话框（一）

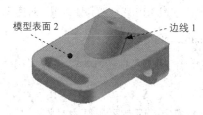

图 3.19.13　测量线与面间的角度

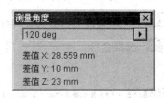

图 3.19.14　"测量角度"对话框（二）

步骤05 测量线与线间的角度，如图 3.19.15 所示。操作方法参见**步骤03**，结果如图 3.19.16 所示。

图 3.19.15　测量线与线间的角度

图 3.19.16　"测量角度"对话框（三）

3.19.3　测量面积及周长

1. 测量面积

下面以图 3.19.17 为例，说明测量面积的一般操作步骤。

步骤01 打开文件 D:\inv19.1\work\ch03.19\measure.ipt。

步骤02 选择命令。在 检验 选项卡 测量 区域中单击"测量"按钮 ，系统弹出"测量"对话框。

步骤03 定义要测量的面。选取图 3.19.17 所示的模型表面为要测量的面。

步骤04 查看测量结果。完成上步操作后，在图 3.19.18 所示的"测量面积"对话框中会显示测量的结果。

2. 测量周长

下面以图 3.19.19 为例,说明测量周长的一般操作步骤。

图 3.19.17 选取指示测量的模型表面

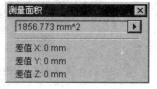

图 3.19.18 "测量面积"对话框

步骤01 打开文件 D:\inv19.1\work\ch03.19\measure.ipt。

步骤02 选择命令。在 检验 选项卡 测量 区域中单击"测量"按钮 ,系统弹出"测量"对话框。

步骤03 定义要测量的面。选取图 3.19.19 所示的模型表面为要测量的对象。

步骤04 查看测量结果。完成上步操作后,在图 3.19.20 所示的"测量周长"对话框中会显示测量的结果。

图 3.19.19 选取指示测量的模型表面

图 3.19.20 "测量周长"对话框

3.19.4 测量曲线长度

下面以图 3.19.21 为例,说明曲线长度的一般操作步骤。

步骤01 打开文件 D:\inv19.1\work\ch03.19\measure.ipt。

步骤02 选择命令。在 检验 选项卡 测量 区域中单击"测量"按钮 ,系统弹出"测量"对话框。

步骤03 定义要测量的曲线。选取图 3.19.21 所示的曲线为要测量的对象。

步骤04 查看测量结果。完成上步操作后,在图 3.19.22 所示的"长度"对话框中会显示测量的结果。

图 3.19.21 选取指示测量的曲线

图 3.19.22 "长度"对话框

3.19.5 模型的质量属性分析

通过质量属性的分析，可以获得模型的体积、总的表面积、质量、密度和惯性特性等数据，对产品设计有很大参考价值。下面以一个简单模型为例，说明质量属性分析的一般操作步骤。

步骤01 打开文件 D:\inv19\work\ch03.09\measure.ipt。

步骤02 选择命令。选择 文件 ➡ iProperty 命令，系统弹出"measure.ipt iProperty"对话框。

步骤03 在"measure.ipt iProperty"对话框中单击 物理特性 按钮，如图 3.19.23 所示。

步骤04 在"measure.ipt iProperty"对话框中单击 更新(U) 按钮，其列表框中将会显示模型的质量属性，如图 3.19.23 所示。

图 3.19.23 所示"measure.ipt iProperty"对话框的说明如下。

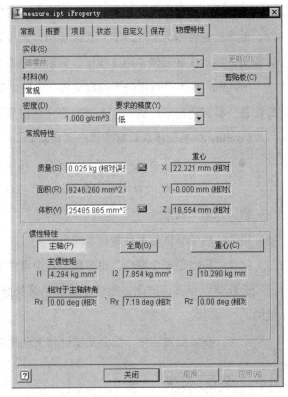

图 3.19.23 "measure.ipt iProperty"对话框

- 更新(U) 按钮：用于计算质量、曲面面积和体积。
- 剪贴板(C) 按钮：用于以多信息文本格式将物理特性报告移动到操作系统剪贴板中。
- 材料(M) 下拉列表：用于选择所选零部件的材料。
- 密度(D)：用于显示所选材料的密度。
- 要求的精度(Y) 下拉列表：同于设置物理特性计算的精度。
- 常规特性 区域：用于计算所选零件或部件的质量、曲面面积和体积。
- 惯性特性 区域：用于显示相对于激活编辑目标的坐标系报告的选定零部件的质量特性。

第4章 装配设计

4.1 概述

一个产品往往由多个零件组合（装配）而成，装配模块用来建立零件间的相对位置关系，从而形成复杂的装配体。零件间位置关系的确定主要通过添加配合实现。

装配设计一般有两种基本方式：自底向上装配和自顶向下装配。如果首先设计好全部零件，然后将零件作为部件添加到装配体中，则称之为自底向上装配；如果是首先设计好装配体模型，然后在装配体中组建模型，最后生成零件模型，则称之为自顶向下装配。

Inventor 提供了自底向上和自顶向下装配功能，并且两种方法可以混合使用。自底向上装配是一种常用的装配模式，本书主要介绍自底向上装配。

Inventor 的装配模块具有下面一些特点：

◆ 系统提供了方便的部件定位方法，轻松设置部件间的位置关系。提供了十几种配合方式，通过对部件添加多个配合，可以准确地把部件装配到位。

相关术语和概念。

零件：组成部件与产品最基本的单元。

部件：可以是一个零件，也可以是多个零件的装配结果，它是组成产品的主要单元。

装配体：也称为产品，是装配设计的最终结果，它是由部件之间的配合关系及部件组成的。

配合：在装配过程中，配合是指部件之间相对的限制条件，可用于确定部件的位置。

4.2 装配约束

通过定义装配约束，可以指定零件相对于装配体中其他部件的位置。装配约束的类型包括重合、平行、垂直和同轴心等。在 Inventor 中，一个零件通过装配约束添加到装配体后，它的位置会随着与其有约束关系的零部件的位置改变而相应地改变，而且约束设置值作为参数可随时修改，并可与其他参数建立关系方程，这样整个装配体实际上是一个参数化的装配体。

关于装配约束，请注意以下几点：

- 一般来说，建立一个装配约束时，应选取零件参照和部件参照。零件参照和部件参照是零件和装配体中用于约束定位和定向的点、线、面。例如，通过"配合"约束将一根轴放入装配体的一个孔中，轴的中心线就是零件参照，而孔的中心线就是部件参照。
- 系统一次只添加一个约束。不能用一个"配合"约束将一个零件上两个不同的孔与装配体中的另一个零件上两个不同的孔对齐，必须定义两个不同的配合约束。
- 要在装配体中完整地指定一个零件的放置和定向（完整约束），往往需要定义多个装配约束。

4.2.1 "配合/齐平"约束

"配合/齐平"约束可使装配元件中的两个平面、边线或者轴线重合。对于面而言，可以使两个平面平行，或使两个平面重合，如图 4.2.1b 所示；也可以使两个平面离开一定的距离，如图 4.2.1c 所示。对于线而言，可以使两条边线重合，也可以使两条轴线重合，如图 4.2.2 所示。

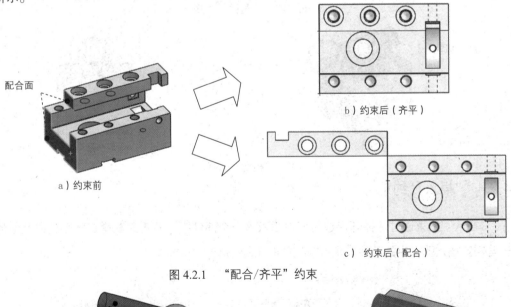

图 4.2.1 "配合/齐平"约束

图 4.2.2 "同轴心"约束

4.2.2 "角度"约束

"角度"约束可使两个元件上的线或面建立一个角度,从而限制部件的相对位置关系,如图 4.2.3b 所示。

4.2.3 "相切"约束

"相切"约束将所选元素处于相切状态（至少有一个元素必须为圆柱面、圆锥面或球面），并且可以改变它们的朝向,如图 4.2.4 所示。

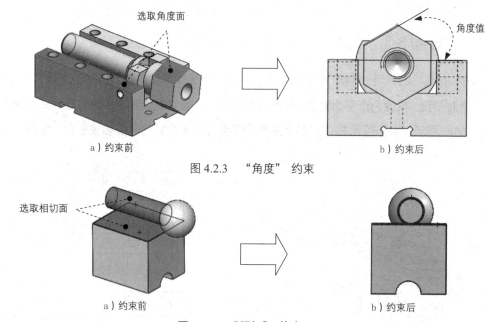

图 4.2.3 "角度"约束

图 4.2.4 "相切"约束

4.2.4 "插入"约束

"插入"约束通过选择环形边将部件插入另一个部件中,对于装配螺钉类零件或其他的一些需要插入孔当中的部件非常有效,如图 4.2.5 所示。

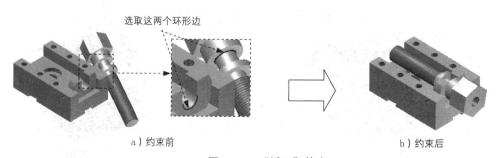

图 4.2.5 "插入"约束

4.3 装配的过程和方法

下面以一个装配体模型——夹持器的装配为例（图 4.3.1），说明装配体创建的一般过程。

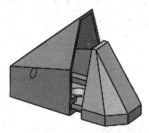

图 4.3.1　夹持器装配

4.3.1 新建装配文件

选择下拉菜单 文件 ➡ 新建 ➡ 部件 命令，系统自动进入装配环境。

进入零件装配环境还有两种方法。
- 直接单击图 4.3.2 所示的"新建"按钮，系统弹出"新建文件"对话框，选择"Standard.iam"模板，单击 创建 按钮。
- 在"快速访问"命令条中单击 后的 ，选择 部件 命令。

图 4.3.2　"新建"界面

每次新建一个文件时，Inventor 会显示一个默认名。如果要创建的是部件，默认名的格式是一个序号后跟 .iam（如部件 1.iam），以后再新建一个部件，序号自动加 1。

4.3.2 装配第一个零件

步骤 01　在 装配 选项卡 零部件 区域单击 按钮，系统弹出"装入零部件"对话框。

Autodesk Inventor 2019 快速入门、进阶与精通（升级版） ▶ ▶ ▶ ▶

步骤02 选取添加模型。在 D:\inv19\work\ch04.03 目录下选取轴零件模型文件 down-cramp.ipt，然后单击 打开(O) 按钮。

步骤03 确定零件位置。在绘图区域中右击选择 在原点处固定放置(G) 命令，按键盘上的 Esc 键，将模型放置在装配环境中，如图 4.3.3 所示。

4.3.3 装配其余零件

1. 装配第二个零件

步骤01 选择命令。在 装配 选项卡 零部件 区域单击 按钮（或在装配浏览器栏中右击选择 装入零部件(P) 命令），系统弹出"装入零部件"对话框。

步骤02 选取添加模型。在 D:\inv19\work\ch04.03 目录下选取轴零件模型文件 top-cramp.ipt，然后单击 打开(O) 按钮。

步骤03 放置第二个零件。在图形区合适的位置处单击，即可把零件放置到当前位置，放置完成后按键盘上的 Esc 键，如图 4.3.4 所示。

图 4.3.3 放置第一个零件

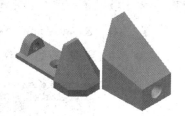
图 4.3.4 放置第二个零件

2. 放置第二个零件前的准备

在放置第二个零件时，可能与第一个组件重合，或者其方向和方位不便于进行装配放置。解决这种问题的方法如下。

步骤01 选择命令。单击"装配"选项卡 位置 区域中的 自由移动 按钮。

步骤02 将鼠标移动至要移动的零件上（此时零件会以红色加亮显示），然后按住鼠标左键并移动鼠标，可以看到轴套模型随着鼠标移动，将轴套模型从图 4.3.4 所示的位置移动到图 4.3.5 所示的位置 1。

读者也可以不选择"移动"命令，直接将鼠标移动至零件上，当零件以红色加亮显示时，按住鼠标左键也可以移动零件模型。

步骤03 选择命令。单击"装配"选项卡 位置 区域中的 自由旋转 按钮。

步骤04 将鼠标移动至要旋转的零件上并单击，此时在需要旋转的零件周围会出现

图 4.3.5 所示的三维旋转符号，然后按住鼠标左键并移动鼠标，可以看到轴套模型随着鼠标旋转，将轴套模型从图 4.3.5 所示的位置 1 移动到图 4.3.6 所示的位置 2。

图 4.3.6 所示的三维旋转符号的说明如下。

① 如果想要对零件进行 360°任意方向的自由旋转，可将鼠标放在三维旋转符号内部，此时鼠标显示 形状，然后按住左键沿适当的方向拖动即可完成旋转。

② 如果想要对零件绕水平轴进行旋转，可以将鼠标放在三维旋转符号的顶部或者底部控制点，当鼠标显示 形状时，按住鼠标左键竖直拖动鼠标即可完成旋转。

③ 如果想要对零件绕竖直轴进行旋转，可以将鼠标放在三维旋转符号的左侧或者右侧控制点，当鼠标显示 形状时，按住鼠标左键水平拖动鼠标即可完成旋转。

④ 如果想要对零件在平面内旋转，可将鼠标放在三维旋转符号外面，当鼠标显示 形状时，按住鼠标左键拖动即可完成旋转。

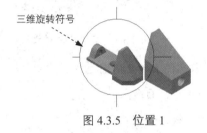

图 4.3.5　位置 1　　　　　　　　　图 4.3.6　位置 2

3. 完全约束第二个零件

若要使轴套完全定位，需要向它添加三种约束，分别为同轴约束、轴向约束和径向约束。单击"装配"选项卡 关系▼ 区域中的"约束"按钮（或在"装配"浏览器栏中右击选择 约束(C) 命令），系统弹出图 4.3.7 所示的"放置约束"对话框，以下的所有约束都将在"放置约束"对话框中完成。

步骤01 定义第一个装配约束。

（1）确定约束类型。在"放置约束"对话框 部件 选项卡中的 类型 区域中选中"配合"约束。

（2）选取约束面。分别选取图 4.3.8 所示的两个面作为要约束的几何图元。

（3）在"放置约束"对话框中单击 应用 按钮，完成第一个装配约束。

图 4.3.7 所示的"放置约束"对话框"部件"选项卡中各选项说明如下。

◆ 类型 区域：用于指定约束的类型。

● （配合）：配合约束可将零件面对面放置（法向相反），或者将零件面与面对齐放置（法向相同）。

- （角度）：角度约束是以一个指定角度定义的枢轴点来定义两个零部件上的边或平面之间的关系。
- （相切）：相切约束可以使面、平面、柱面、球面和锥面在切点处接触。
- （插入）：插入约束是平面之间的面对面配合约束和两个零部件的轴之间的配合约束的组合。

图 4.3.7 "放置约束"对话框

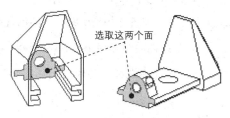

图 4.3.8 选取约束对象

◆ 选择 区域：用于选择要约束到一起的两个零部件上的几何图元。
- 按钮：用于选择第一个零部件上的曲线、面或点。
- 按钮：用于选择第二个零部件上的曲线、面或点。
- 复选框：用于将可选几何图元限制为单一零部件。可在零部件相互靠近或部分相互遮挡时正确选取几何图元。

◆ 求解方法 区域：可选择两种求解方法，各选项功能如下。
- （配合）选项：用于将选定的面重合且法向相反。
- （表面平齐）选项：用于将选定的面重合且法向相同。

◆ （更多）区域：用于设定约束名称和装配约束极限的选项。
- 名称 文本框：用于设定约束的名称。
- 使用偏移量作为基准位置 复选框：用于将偏移值设为具有极限的约束的默认位置。
- 最大值 复选框：选中此复选框，用于设定约束运动的最大范围。
- 最小值 复选框：选中此复选框，用于设定约束运动的最小范围。

◆ 偏移量：文本框：用于指定部件相互之间偏移的距离。
◆ 选项：用于显示所选几何图元上的约束的效果。
◆ 复选框：用于设置当"偏移量"文本框为空时，通过测量确定零部件的方向及偏移值，如果清除该复选框，则可以手动设置零部件的方向和偏移量。

步骤02 定义第二个装配约束。

（1）确定约束类型。在"放置约束"对话框 部件 选项卡中的 类型 区域中选中"配合"约束 。

（2）选取约束面。分别选取图 4.3.9 所示的两个面作为约束面。

（3）改变方向。在"放置约束"对话框中确认 被按下。

（4）在"放置约束"对话框中单击 应用 按钮，完成第二个装配约束。

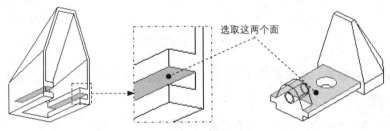

图 4.3.9 选取约束对象

步骤03 定义第三个装配约束。

（1）确定约束类型。在"放置约束"对话框 部件 选项卡中的 类型 区域中选中"配合"约束 。

（2）选取约束面。分别选取图 4.3.10 所示的两个面作为约束面。

（3）改变方向。在"放置约束"对话框中确认 被按下。

（4）在"放置约束"对话框中单击 应用 按钮，完成第三个装配约束。

步骤04 单击"放置约束"对话框的 取消 按钮，完成装配体的创建。

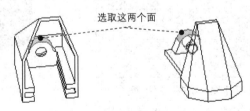

图 4.3.10 选取约束对象

4.4 零部件的复制

4.4.1 镜像

在装配体中，经常会出现两个部件关于某一平面对称的情况，这时不需要再次为装配体添加相同的部件，只需对原有部件进行镜像装配即可，如图 4.4.1 所示。下面介绍镜像零部件操作的一般步骤。

步骤01 打开装配文件 D:\inv19\work\ch04.04.01\symmetry.iam。

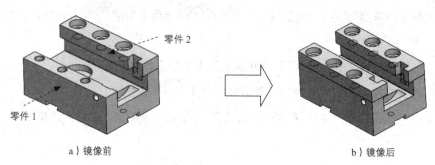

a）镜像前　　　　　　　　　　　b）镜像后

图 4.4.1　镜像复制

步骤02 选择命令。单击 装配 选项卡 阵列▼ 区域中的 镜像 按钮，系统弹出图 4.4.2 所示的"镜像零部件：状态"对话框。

步骤03 确定要镜像的零部件。在图形区选取图 4.4.1a 所示的零件 2 为要镜像的零部件（或在浏览器栏中选取）。

步骤04 定义镜像基准面。在"镜像零部件：状态"对话框中单击"选取镜像平面"按钮，然后在浏览器栏中"原点"节点下选取图 4.4.3 所示的 XZ 基准平面作为镜像平面。

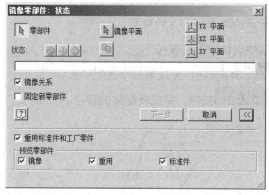

图 4.4.2　"镜向零部件：状态"对话框　　　图 4.4.3　选取镜像平面

图 4.4.2 所示"镜向零部件"对话框说明如下。

- ◆ 零部件 选项：用于选择要镜像的零部件。
- ◆ 镜像平面：用于选取镜像的工作平面或平面。
- ◆ 状态：用于更改选定的所有零部件的状态。
- ◆ （镜像）：用于创建零部件并将其保存在一个新文件夹中。
- ◆ （重用选定的对象）：用于在当前或新部件文件中添加零部件引用。

第 4 章 装配设计

- ◆ ▓ (排除选项的对象):用于从镜像操作中排除零部件。
- ◆ ☑ 重用标准件和工厂零件:用于指定对部件执行操作。对于零件,可以指定是旋转、镜像还是忽略该零件。对于子装配,可以指定是旋转还是忽略该零件。
- ◆ 预览零部件:用于切换每种状态类型的预览显示。

步骤 05 单击"镜像零部件:状态"对话框中的 下一步 按钮,系统弹出图 4.4.4 所示的"镜像零部件:文件名"对话框,单击该对话框中的 确定 按钮,完成零件的镜像。

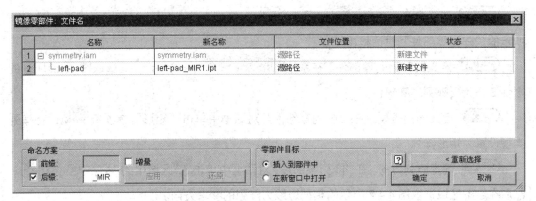

图 4.4.4 "镜向零部件:文件名"对话框

图 4.4.4 所示"镜向零部件:文件名"对话框说明如下。

- ◆ 名称:用于列出通过镜像(或复制)操作创建的所有零部件,且重复的零件只显示一个。
- ◆ 新名称:用于列出新文件的名称。
- ◆ 文件位置:用于指定新文件的保存位置。
- ◆ 状态:用于表明新文件名是否有效。
- ◆ 命名方案:用于使用指定的"前缀"或"后缀"重命名"名称"列中的选定零部件。
- ◆ 零部件目标:用于指定镜像或者复制的零部件的目标。
- ◆ ⦿ 插入到部件中:用于将所有新零部件作为同级对象放到顶级部件中。
- ◆ ⦿ 在新窗口中打开:用于在新窗口中打开包含所有镜像的零部件的新部件。
- ◆ <重新选择:用于返回"镜像零部件"对话框,从中可以选择零部件。

4.4.2 矩形阵列

矩形阵列可以将一个部件沿指定的方向进行阵列复制,下面以图 4.4.5 为例说明装配体"矩形阵列"的一般操作步骤。

a）阵列前

b）阵列后

图 4.4.5 矩形阵列

步骤01 打开装配文件 D:\inv19.1\work\ch04.04.02\size.iam。

步骤02 选择命令。单击 装配 选项卡 阵列 ▼ 区域中的 阵列 按钮，系统弹出图 4.4.6 所示的"阵列零部件"对话框（一）。

步骤03 定义要阵列的零部件。在系统 选择零部件进行阵列 的提示下，选取图 4.4.5 所示的零件 2 作为要阵列的零部件。

步骤04 定义阵列类型。在"阵列零部件"对话框中单击"矩形"选项卡 ，将阵列类型设置为矩形阵列。

步骤05 确定阵列方向。在"阵列零部件"对话框中单击 列 区域中的"列方向"按钮 ，然后在绘图区域选取图 4.4.7 所示的模型边线为阵列的参考方向。

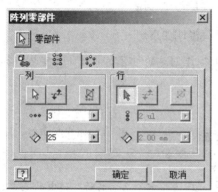

图 4.4.6 "阵列零部件"对话框（一）

图 4.4.7 选取方向

步骤06 设置间距及个数。在"阵列零部件"对话框的 列 区域的 ••• 后的文本框中输入数值 3.0，在 ◇ 后的文本框中输入数值 25.0。

步骤07 单击 确定 按钮，完成矩形阵列的操作。

图 4.4.6 所示的"阵列零部件"对话框（一）的说明如下。

◆ 按钮：用来选择要阵列的零部件。

◆ （列/行方向）按钮：用于通过选取边或者轴来定义列/行方向。

◆ （反向）按钮：用于使列/行的放置方向反向。

◆ ••• 文本框：在此文本框中输入数值可以设置阵列零件的个数（包括原零件）。

◆ ◇文本框：在此文本框中输入数值可以设置阵列零件的间距。

4.4.3 环形阵列

下面以图 4.4.8 所示模型为例，说明创建环形阵列的一般操作步骤。

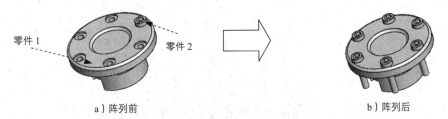

a）阵列前　　　　　　　　　　　　　b）阵列后

图 4.4.8　环形阵列

步骤01 打开装配文件 D:\inv19.1\work\ch04.04.03\rotund.iam。

步骤02 选择命令。单击 装配 选项卡 阵列 ▼ 区域中的 🔲 阵列 按钮，系统弹出图 4.4.9 所示的"阵列零部件"对话框（二）。

步骤03 定义要阵列的零部件。在系统 选择零部件进行阵列 的提示下，选取图 4.4.8a 所示的零件 2 作为要阵列的零部件。

步骤04 定义阵列类型。在"阵列零部件"对话框（二）中单击"环形"选项卡 ⚙，将阵列类型设置为环形阵列，如图 4.4.9 所示。

步骤05 确定阵列轴。在"阵列零部件"对话框中单击 环形 区域中的"轴向"按钮 ▶，然后在图形区选取 Z 轴为阵列轴。

如果图形区没有 Y 轴，也可通过在浏览器栏中修改 Y 轴的可见性，将 Y 轴显示出来；或者直接单击浏览器栏中的 Y 轴阵列即可；也可以通过选择圆柱面来实现。

步骤06 设置角度间距及个数。在"阵列零部件"对话框（二）的 环形 区域的 ⚙ 后的文本框中输入数值 6.0，在 ◇ 后的文本框中输入数值 60.0。

步骤07 单击 确定 按钮，完成环形阵列的操作。

图 4.4.9 所示的"阵列零部件"对话框（二）的说明如下。

◆ 环形 区域中是关于零件环形阵列的相关设置。
  ● ▶（轴向）按钮：用于指定环形阵列的旋转轴，此轴可以与要阵列的零部件位于不同的平面上。
  ● ✗（反向）按钮：用于使阵列的方向反向。

- ⌬ 文本框：在此文本框中输入数值可以设置阵列零件的总个数（包括原零件）。
- ◇ 文本框：在此文本框中输入数值可以设置阵列后零件的角度间距值。

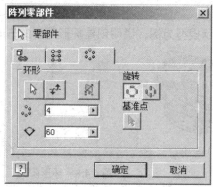

图 4.4.9 "阵列零部件"对话框（二）

4.4.4 关联阵列

关联是以装配体中某一部件的阵列特征为参照来进行部件的复制。在图 4.4.10b 中，四个螺钉是参照装配体中零件 1 上的四个阵列孔进行创建的，所以在使用"关联阵列"命令之前，应提前在装配体的某一零件中创建阵列特征。下面以图 4.4.10 为例，说明"关联阵列"的一般操作步骤。

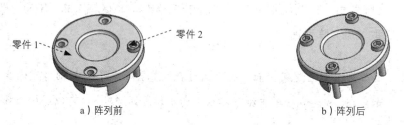

a）阵列前　　　　　　　　　　b）阵列后

图 4.4.10　关联阵列

步骤 01　打开装配文件 D:\inv19.1\work\ch04.04.04\reusepattern.iam。

步骤 02　选择命令，单击 装配 选项卡 阵列 ▼ 区域中的 阵列 按钮，系统弹出图 4.4.11 所示的"阵列零部件"对话框（三）。

步骤 03　定义要阵列的零部件。在系统 选择零部件进行阵列 的提示下，选取图 4.4.10a 所示的零件 2 作为要阵列的零部件。

步骤 04　确定关联驱动特征。在"阵列零部件"对话框 特征阵列选择 区域单击"关联特征阵列"按钮 ，然后在浏览器栏中展开 bearing-cover:1 节点，在其节点下选取 环形阵列1 为关联驱动特征。

第 4 章 装配设计

步骤 05 单击 确定 按钮，完成关联阵列特征的操作。

图 4.4.11 "阵列零部件"对话框（三）

4.5 在装配体中修改零部件

一个装配体完成后，可以对该装配体中的任何零部件进行如下操作：零部件的打开与删除，零部件尺寸的修改，零部件装配配合的修改（如距离配合中距离值的修改），以及部件装配配合的重定义等。完成这些操作一般要从特征树开始。

4.5.1 更改浏览器中零部件的名称

大型的装配体中会包括数百个零部件，若要选取某个零件就只能在设计树中进行操作，这样设计树中零部件的名称就显得十分重要。下面以图 4.5.1 所示的设计树为例，来说明在设计树中更改零部件名称的一般过程。

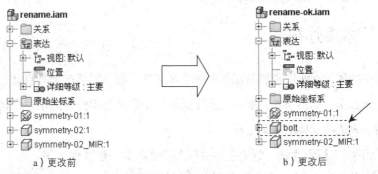

图 4.5.1 在设计树中更改零部件名称

步骤 01 打开装配文件 D:\inv19\work\ch04.05.01\rename.iam。

步骤 02 在浏览器栏中单击 symmetry-02:1 两次，将模型的名称修改为 bolt。

步骤 03 在绘图区域空白处单击，完成更改浏览器栏中零部件名称的操作。

这里更改的是在设计树中显示的名称,零件模型文件的名称并没有更改。

4.5.2 修改零部件的尺寸

下面以在图 4.5.2 所示的装配体模型为例,来说明修改装配体中零部件的一般操作过程。

步骤01 打开装配文件 D:\inv19\work\ch04.05.02\edit.iam。

步骤02 定义要更改的零部件。在浏览器栏(或在图形区)中双击 symmetry-02:1 零件。此时装配体显示如图 4.5.3 所示。

步骤03 定义修改特征。在浏览器栏中右击 拉伸1,在系统弹出的快捷菜单中选择 编辑特征 按钮,系统弹出"拉伸:拉伸 1"对话框。

步骤04 更改尺寸。在"拉伸:拉伸 1"对话框的 范围 区域中,将深度值改为 10。

步骤05 单击 确定 按钮,完成对"拉伸 1"的修改。

步骤06 在浏览器栏中双击 edit.iam 将总装配激活,完成对 symmetry-02:1 零件的修改。

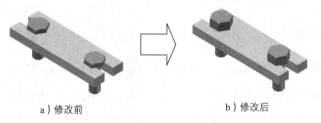

a)修改前　　　　　　　b)修改后

图 4.5.2　修改零部件的操作过程

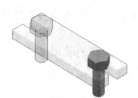

图 4.5.3　编辑状态

4.6　装配体爆炸视图

装配体中的爆炸视图就是将装配体中的各零部件沿着直线或坐标轴移动,使各个零件从装配体中分解出来,如图 4.6.1 所示。爆炸视图对于表达各零部件的相对位置十分有帮助,因而常常用于表达装配体的装配过程。

下面以图 4.6.1 所示为例,说明手动生成爆炸视图的一般操作步骤。

步骤01 进入表达视图环境。选择 文件 ➡ 新建 ➡ 表达视图 命令,系统自动进入表达视图环境。

步骤02 选择部件。在弹出的"插入"对话框中找到 D:\inv19\work\ch04.06\explode.iam,单击 打开(O) 按钮。

第 **4** 章 装配设计

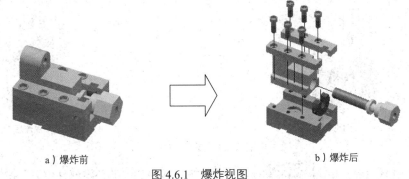

a）爆炸前 b）爆炸后

图 4.6.1 爆炸视图

步骤 03 创建图 4.6.2 所示的爆炸步骤 1。

（1）选择命令。单击 表达视图 选项卡 零部件 区域中的"调整零部件位置"按钮 ⊞，系统弹出图 4.6.3 所示的"调整零部件位置"对话框。

a）爆炸前 b）爆炸后

图 4.6.2 爆炸步骤 1

（2）定义要爆炸的零件。在图形区按住 Ctrl 键选取图 4.6.2a 所示的螺钉。

（3）定义移动距离。在图形中单击图 4.6.4 所示的 Z 方向的箭头，然后在弹出的 Z 0.000 mm 文本框中输入数值 100，单击 ✓ 按钮，完成爆炸步骤 1 的创建，效果如图 4.6.2b 所示。

图 4.6.3 "调整零部件位置"对话框

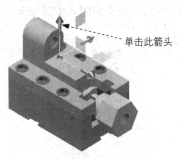

图 4.6.4 选取爆炸方向参考

步骤 04 创建图 4.6.5 所示的爆炸步骤 2。

147

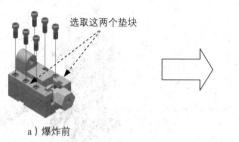

图 4.6.5　爆炸步骤 2

（1）选择命令。单击 表达视图 选项卡 零部件 区域中的"调整零部件位置"按钮，系统弹出"调整零部件位置"对话框。

（2）定义要爆炸的零件。在图形区按住 Ctrl 键选取图 4.6.5a 所示的两个垫块。

（3）定义移动距离。在图形中单击 Z 方向的箭头，然后在弹出的 文本框中输入数值 50，单击 按钮，完成爆炸步骤 2 的创建，效果如图 4.6.5b 所示。

步骤 05　创建图 4.6.6 所示的爆炸步骤 3。参照爆炸步骤 2 将图 4.6.6a 所示的基座沿 Z 方向移动 −50，效果如图 4.6.6b 所示。

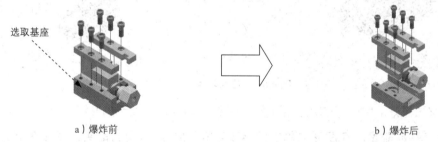

图 4.6.6　爆炸步骤 3

步骤 06　创建图 4.6.7 所示的爆炸步骤 4。参照爆炸步骤 2 将图 4.6.6a 所示的镶块沿 Z 方向移动 −30，效果如图 4.6.7b 所示。

图 4.6.7　爆炸步骤 4

步骤 07　创建图 4.6.8 所示的爆炸步骤 5。参照爆炸步骤 2 将图 4.6.8a 所示的镶块沿 X 方向移动 100，效果如图 4.6.8b 所示。

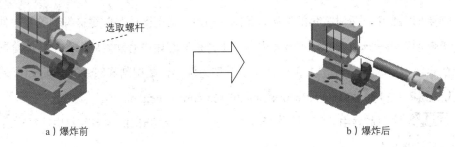

a）爆炸前   b）爆炸后

图 4.6.8 爆炸步骤 5

4.7 简化表示

大型装配体通常包括数百个零部件，这样将会占用极高的资源。为了提高系统性能，减少模型重建的时间，以及生成简化的装配体视图等，可以通过切换零部件的显示状态和改变零部件的压缩状态简化复杂的装配体。

4.7.1 切换零部件的显示状态

暂时关闭零部件的显示，可以将其从视图中移除，以便容易地处理被遮蔽的零部件。隐藏或显示零部件仅影响零部件在装配体中的显示状态，不会影响重建模型及计算的速度，但是可以提高显示的性能。以图 4.7.1 所示模型为例，介绍隐藏零部件的一般操作步骤。

步骤01 打开文件 D:\inv19\work\ch04.07.01\hide.iam。

步骤02 在浏览器中的 clamp:1 上右击，在系统弹出的快捷菜单中取消选中 可见性(V)，此时图形区中的该零件已被隐藏，如图 4.7.1b 所示。

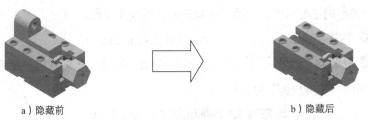

a）隐藏前   b）隐藏后

图 4.7.1 隐藏零部件

 显示零部件的方法与隐藏零部件的方法基本相同，在浏览器栏上右击要显示的零件名称，然后在系统弹出的快捷菜单中选中 可见性(V)。

4.7.2 抑制零部件

使用抑制命令可暂时将零部件从装配体中移除，在图形区将隐藏被抑制的零部件。被抑制的零部件无法被选取，并且不装入内存，不再是装配体中有功能的部分。在浏览器栏中抑制后的零部件呈暗色显示。以图 4.7.2 所示模型为例，介绍抑制零部件的一般操作步骤。

步骤01 打开文件 D:\inv19\work\ch04.07.02\repression.iam。

步骤02 在浏览器中的 上右击，在系统弹出的快捷菜单中选择 抑制 命令，此时零件已被抑制。

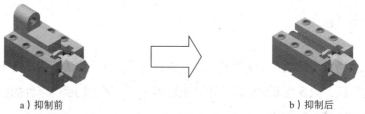

a）抑制前　　　　　　　　　　　　　　b）抑制后

图 4.7.2　抑制零部件

 取消抑制特征的方法与抑制特征的方法基本相同，在浏览器栏上右击要取消抑制的零件名称，然后在系统弹出的快捷菜单中取消选中 ✔ 抑制 即可完成操作。

4.8　装配干涉分析

在产品设计过程中，当各零部件组装完成后，设计者最关心的是各个零部件之间的干涉情况，使用 检验 选项卡 干涉 区域中的"干涉检查"命令 可以帮助用户了解这些信息。下面以一个简单的装配为例，说明干涉检查的一般操作步骤。

步骤01 打开文件 D:\inv19\work\ch04.08\intervene.iam。

步骤02 选择命令。在 检验 选项卡 干涉 区域中选择"干涉检查"命令 ，系统弹出图 4.8.1 所示的"干涉检查"对话框。

图 4.8.1　"干涉检查"对话框

步骤03 选择需检查的零部件。选取所有零部件作为要检查的零部件。

步骤 04　查看检查结果。完成上一步操作后，单击"干涉检查"对话框中的 确定 按钮，系统弹出图 4.8.2 所示的"检查到干涉"对话框，同时图形区中发生干涉的面也会高亮显示，如图 4.8.3 所示。

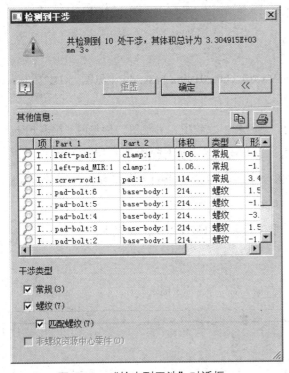

图 4.8.2　"检查到干涉"对话框　　　　图 4.8.3　装配干涉分析

图 4.8.1 所示"干涉检查"对话框中的选项说明如下。

- **定义选择集 1** 复选框：用于选择一个或多个要检查的零部件作为一组。
- **定义选择集 2** 复选框：用于选择一个或多个要检查的零部件作为另外一组。

在检查过程中，屏幕上会显示出完成的百分比；对于大量零部件或大型装配，检查可能需要很长时间；如果要检查一组零部件之间的干涉，可以选择选择集 1 中的所有零部件，然后单击 确定 按钮即可。

第 5 章 工程图设计

5.1 工程图的组成

在学习本节前,请打开文件 D:\inv19\work\ch05.01\link-base.idw(见图 5.1.1)。Inventor 的工程图主要由如下三部分组成。

- ◆ 视图:包括标准视图(前视图、后视图、左视图、右视图、仰视图、俯视图和轴测图)和各种派生视图(剖视图、局部放大图、折断视图等)。在制作工程图时,根据零件的特点,选择不同的视图组合,以便简洁地将设计参数和生产要求表达清楚。
- ◆ 尺寸、公差、表面粗糙度及注释文本:包括形状尺寸、位置尺寸、尺寸公差、基准符号、形状公差、位置公差、零件的表面粗糙度以及注释文本。
- ◆ 图框、标题栏等。

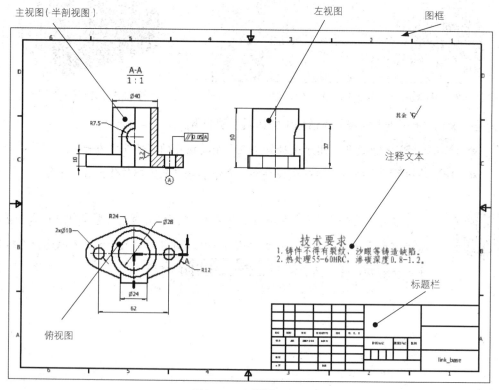

图 5.1.1 工程图

5.2 工程图设计环境中的功能选项卡

打开文件 D:\inv19\work\ch05.01\link-base.idw，进入工程图设计环境，此时系统功能区的选项卡将会发生一些变化，如图 5.2.1 所示。下面对工程图设计环境中放置视图选项卡中较为常用的工具进行介绍。

1．"放置视图"选项卡

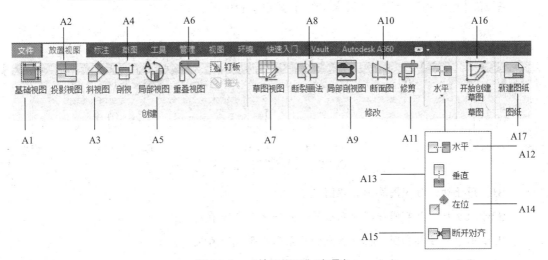

图 5.2.1 "放置视图"选项卡

图 5.2.1 所示的"放置视图"选项卡中的各按钮说明如下。

A1：用于创建第一个基础视图。

A2：用于创建基于基础视图或其他视图的正交视图或等轴测图。

A3：用于创建沿选定的边或直线垂直的方向投影得到的视图。

A4：用于创建通过绘制一条直线定义一个平面以切割零件或部件而创建的视图。

A5：用于创建某个工程视图中局部结构的放大视图。

A6：用于创建使用多个位置表达的视图，此视图显示同一个部件的多个位置。

A7：用于创建包含一个或多个关联二维草图的视图，此视图不是由三维零件创建的。

A8：用于创建断裂画法视图。

A9：用于创建局部剖视图。

A10：用于创建断面视图。

A11：用于对视图执行修剪操作。

A12：用于在两个工程视图之间创建水平对齐关系。

A13：用于在两个工程视图之间创建竖直对齐关系。

A14：用于在两个工程视图之间创建非水平和竖直的对齐关系。

A15：用于删除两个工程视图之间的对齐关系。

A16：用于在工程图纸或激活的视图中创建二维草图。

A17：用于添加新的图纸页。

2．"标注"选项卡

图 5.2.2 所示的"标注"选项卡中部分按钮的说明如下。

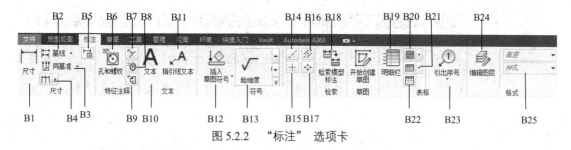

图 5.2.2 "标注" 选项卡

B1：用于为工程视图添加工程图尺寸。

B2：用于标注具有同一标注基线的一系列水平或竖直尺寸。

B3：用于标注具有同一标注原点的一系列水平或竖直尺寸。

B4：用于标注一个或多个连续尺寸。

B5：用于按一定规律排列所选择的多个尺寸。

B6：用于选择需要显示在工程视图中的模型尺寸。

B7：用于添加具有指引线的孔或者螺纹尺寸。

B8：用于在选定模型边缘或草图线上放置倒角注释。

B9：用于向展开模型视图中添加冲压注释。

B10：用于创建与模型关联的折弯注释到所选定的折弯中心线上。

B11：用于在工程图的指定点上添加文本注释。

B12：用于创建具有指引线的文本注释。

B13：用于插入用户自定义的符号。

B14：用于创建通过多个特征点的中心线。

B15：用于为选定的圆弧或圆创建中心标记。

B16：用于创建对分两条边的中心线。

B17：用于为特征阵列创建环形中心线。

B18：用于创建明细栏并将其放置在工程图中。

第 5 章 工程图设计

B19：用于创建选定孔的参数表。

B20：用于为工程图或工程图纸创建修订表。

B21：用于根据数据源创建一个常规表、配置表或折弯表。

B22：用于创建工程图中的零部件的引出序号。

B23：用于在当前文档中选择、修改或者创建图层。

B24：用于设置当前图层或样式。

5.3 工程图设计环境的设置

国标（GB 标准）对工程图做出了明确规定，例如尺寸文本的方位与字高、尺寸箭头的大小等。下面详细介绍设置符合国标的工程图设计环境的一般操作步骤。

步骤 01 选择下拉菜单 文件 → 新建 → 工程图 DWG 命令，系统自动进入工程图设计环境。

步骤 02 选择 管理 选项卡 样式和标准 区域中的"样式编辑器"命令，系统弹出"样式和标准编辑器"对话框。

步骤 03 单击 标准 选项下的 默认标准 (GB) 选项，在对话框中进行如图 5.3.1 所示的设置。

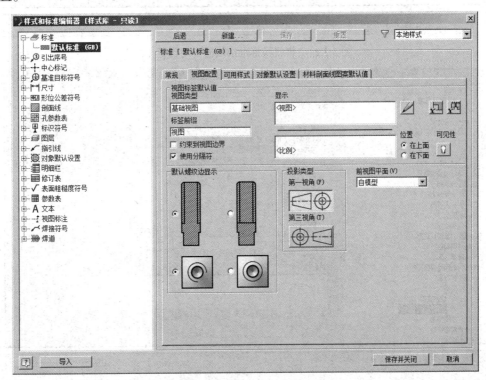

图 5.3.1 "样式和标准编辑器"对话框（一）

步骤 04 单击 尺寸 选项下的 默认(GB) 选项，在对话框中进行如图 5.3.2 所示的设置。

步骤 05 在 A 文本 选项下的 注释文本(ISO) 选项，进行如图 5.3.3 所示的设置。

说明 制图标准中涉及的内容较多，用户应根据实际需要，在"样式和标准编辑器"对话框选择合适的参数节点，并进行详细的参数设置。

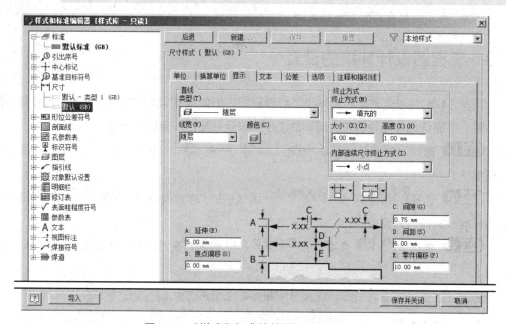

图 5.3.2 "样式和标准编辑器"对话框（二）

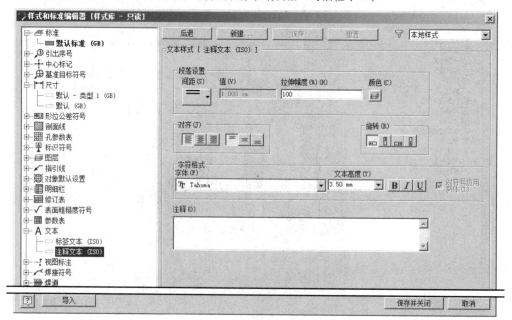

图 5.3.3 "样式和标准编辑器"对话框（三）

第5章 工程图设计

步骤06 单击 完毕 按钮，完成样式和标准的编辑。

5.4 新建工程图

下面介绍新建工程图的操作方法。

方法一：

选择下拉菜单 文件 ➡ 新建 ➡ 工程图 命令，如图 5.4.1 所示，系统自动进入工程图设计环境。

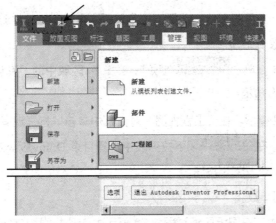

图 5.4.1 "新建"界面

方法二：

单击图 5.4.1 所示的"新建"按钮 ，系统弹出"新建文件"对话框，选择"Standard.idw"模板，单击 创建 按钮。

方法三：

在"快速访问"命令条中单击 后的 ，选择 工程图 命令。

工程图视图主要用来表达部件模型的外部结构及形状，是按照三维模型的投影关系生成的。在 Inventor 的工程图模块中，视图包括基本视图、各种剖视图、局部视图、相对视图和折断视图等。下面分别以具体的实例来介绍各种视图的创建方法。

5.5 工程图视图

5.5.1 基本视图

基本视图包括主视图和投影视图，下面将分别介绍。

1. 创建主视图

以 link-base.ipt 零件模型的主视图为例（见图 5.5.1），说明创建主视图的一般操作步骤。

图 5.5.1 零件模型的主视图

步骤01 新建一个工程图文件。选择下拉菜单 文件 → 新建 → 命令，系统自动进入工程图设计环境。

步骤02 选择命令。单击 放置视图 选项卡 创建 区域中的"基础视图"按钮，系统弹出"工程视图"对话框。

步骤03 选择零件模型。在"工程视图"对话框中单击"打开现有文件"按钮，系统弹出"打开"对话框，在 查找范围(I): 下拉列表中选择目录 D:\inv19\work\ch05.05.01，然后选择 link-base.ipt，单击 打开(O) 按钮。

步骤04 定义视图参数。

（1）定义视图方向。在图纸区通过图 5.5.2 所示的选项将视图方向调整为前视图。

（2）定义视图比例。在 比例 文本框中输入比例 2:1，如图 5.5.3 所示。

> **说明**：调整视图方位的方法：通过上下或左右反转方式来调整。

（3）定义视图样式。在 样式(T) 区域中选中"不显示隐藏线"选项，如图 5.5.4 所示。

图 5.5.2 调整视图方向按钮　　图 5.5.3 "视图/比例标签"区域　　图 5.5.4 样式区域

（4）定义显示选项。在"工程视图"对话框中单击 显示选项 选项卡，选中 ☑ 相切边 复选项。

步骤05 放置视图。在"工程视图"对话框中单击 确定 按钮，完成视图的创建，然后将视图移至合适的位置。

2. 创建投影视图

投影视图包括仰视图、俯视图、右视图和左视图。下面紧接着上面的操作，以图 5.5.5 所示的视图为例，说明创建投影视图的一般操作步骤。

步骤 01 选择命令。单击 放置视图 选项卡 创建 区域中的"投影视图"按钮。

步骤 02 在系统 选择视图 的提示下，选取图 5.5.5 中的主视图作为投影的父视图。

步骤 03 放置视图。在主视图的正右方单击，生成左视图；在主视图的正下方单击，生成俯视图；在主视图的右下方单击，生成轴测图。

步骤 04 在图纸区右击，系统弹出快捷菜单，选择 创建(C) 命令完成操作。

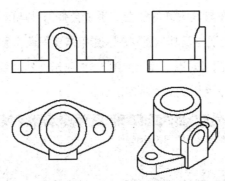

图 5.5.5　创建投影视图

5.5.2　视图基本操作

1. 移动视图

在创建完主视图和投影视图后，如果它们在图纸上的位置不合适、视图间距太小或太大，用户可以根据自己的需要移动视图，具体方法为：将鼠标停放在视图的虚线框上，此时光标会变成（左视图）、（俯视图）或者（轴测图），按住鼠标左键并移动至合适的位置后放开。

2. 对齐视图

根据"长对正、高平齐"的原则（俯视图、仰视图与主视图竖直对齐，左视图、右视图与主视图水平对齐），用户移动投影视图时，只能横向或纵向移动视图。如果需要将投影视图移动到任一位置，则需要断开其对齐关系。操作方法：首先选中要移动的投影视图，然后选择 放置视图 选项卡 修改 区域中的"断开对齐"命令，将视图之间的对齐约束关系删除后，即可移动该投影视图到图纸区的任意位置。

3. 删除视图

要将某个视图删除，可先选中该视图，然后按下键盘上的 Delete 键，系统弹出图 5.5.6 所示的"Autodesk Inventor Professional 2019"对话框，单击 确定 按钮即可删除该视图。

图 5.5.6 "Autodesk Inventor Professional 2019"对话框

如果要删除的视图存在与其关联的视图，系统会弹出"删除视图"对话框，直接单击 确定 按钮即可删除主视图及其从属视图。如果需要保留个别的从属视图，用户可以单击该对话框中的 >> 按钮，此时对话框显示如图 5.5.7 所示，然后单击 删除 属性列下的 是 ，使其变成 否 ，即可保留所对应的从属视图。

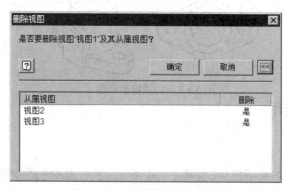

图 5.5.7 "删除视图"对话框

5.5.3 视图的显示方式

在 Inventor 工程图模块中双击工程图视图，利用系统弹出的"工程视图"对话框可以设置视图的显示模式。下面介绍几种一般的显示模式。

- （不显示隐藏线）：视图中的不可见边线不显示，如图 5.5.8 所示。
- （显示隐藏线）：视图中的不可见边线以虚线显示，如图 5.5.9 所示。

图 5.5.8 "不显示隐藏线"方式

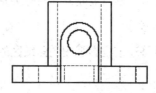
图 5.5.9 "显示隐藏线"方式

(着色):用于控制视图是否显示着色状态,当 选中时,效果如图 5.5.10 所示;当 选中时,效果如图 5.5.11 所示。

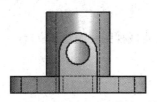   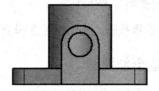

图 5.5.10 "着色显示隐藏线"模式   图 5.5.11 "着色不显示隐藏线"模式

下面以图 5.5.10 为例,说明如何将视图设置为"隐藏线可见"显示状态。

步骤 01 打开文件 D:\inv19\work\ch05.05.01\link-base.idw。

步骤 02 在浏览器中选择 视图1:link-base.ipt 并右击,在系统弹出的快捷菜单中选择 编辑视图(E)... 命令(或在视图上双击),系统弹出"工程视图"对话框。

步骤 03 在"工程视图"对话框的 样式(T) 区域中单击"显示隐藏线"按钮 ,单击 确定 按钮,完成操作。

 在生成投影视图后,如果改变父视图的显示状态,与其保持连接关系的从属视图的显示状态也会相应地发生变化。

5.5.4 斜视图

斜视图类似于投影视图,但它是平行于现有视图中参考边线的展开视图,其投影方向与水平和竖直存在一定的夹角。下面以图 5.5.12 为例,说明创建斜视图的一般操作步骤。

步骤 01 打开文件 D:\inv19\work\ch05.05.04\checkpost.idw。

步骤 02 选择命令。单击 放置视图 功能选项卡 创建 区域中的"斜视图"按钮 。

步骤 03 选取投影父视图。在系统 选择视图 的提示下,选取图 5.5.12 中的主视图作为投影的父视图,系统弹出图 5.5.13 所示的"斜视图"对话框。

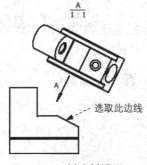   

图 5.5.12 创建斜视图   图 5.5.13 "斜视图"对话框

步骤04 定义视图标识符。在"斜视图"对话框的 视图标识符 文本框中输入视图标识符 A。

步骤05 选择参考线。在系统 选择线性模型边以定义视图方向 的提示下，选取图 5.5.12 所示的直线作为投影的参考边线。

步骤06 放置视图。在图纸区选择合适的位置单击，生成视图并调整其位置。

5.5.5 创建全剖视图

全剖视图是用剖切面完全地剖开零件所得到的剖视图。下面以图 5.5.14 为例，说明创建全剖视图的一般操作步骤。

步骤01 打开文件 D:\inv19\work\ch05.05.05\all-cut-view.idw。

步骤02 选择命令。单击 放置视图 功能选项卡 创建区域中的"剖视"按钮 。

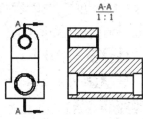

图 5.5.14 创建全剖视图

步骤03 选取剖切父视图。在系统 选择视图或视图草图 的提示下，选取图 5.5.14 中的主视图作为剖切的父视图。

步骤04 绘制剖切线。绘制图 5.5.15 所示的直线作为剖切线，绘制完成后右击选择 继续(C) 命令，系统弹出图 5.5.16 所示的"剖视图"对话框。

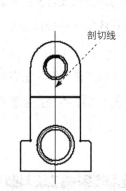
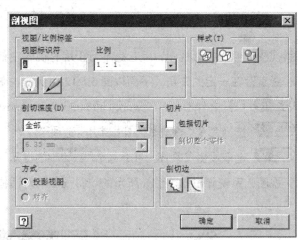

图 5.5.15 绘制剖切线　　　图 5.5.16 "剖视图"对话框

步骤05 在"剖视图"对话框的 视图标识符 文本框中输入视图标识符 A。

步骤06 放置视图。在图纸区选择合适的位置单击，生成全剖视图。

5.5.6 创建半剖视图

下面以图 5.5.17 为例，说明创建半剖视图的一般操作步骤。

步骤01 打开工程图文件 D:\inv19\work\ch05.05.06\half-cut-view.idw。

步骤02 选择命令。单击 放置视图 功能选项卡 创建 区域中的"剖视"按钮。

步骤03 选取剖切父视图。在系统 选择视图或视图草图 的提示下，选取图 5.5.17 中的主视图作为剖切的父视图。

步骤04 绘制剖切线。绘制图 5.5.18 所示的直线 1 与直线 2 作为剖切线，绘制完成后右击鼠标选择 继续(C) 命令，系统弹出"剖视图"对话框。

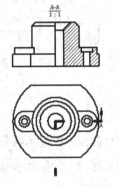
图 5.5.17 创建半剖视图

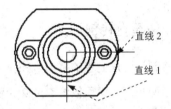
图 5.5.18 绘制剖切线

步骤05 在"剖视图"对话框的 视图标识符 文本框中输入视图标识符 A。

步骤06 放置视图。在图纸区选择合适的位置单击，生成半剖视图。

5.5.7 创建阶梯剖视图

阶梯剖视图属于 2D 截面视图，其与全剖视图在本质上没有区别，但它的截面是偏距截面，创建阶梯剖视图的关键是创建好偏距截面，可以根据不同的需要创建偏距截面来实现阶梯剖视图，以达到充分表达视图的需要。下面以图 5.5.19 为例，说明创建阶梯剖视图的一般操作步骤。

步骤01 打开文件 D:\inv19\work\ch05.05.07\stepped-cutting-view.idw。

步骤02 选择命令。单击 放置视图 功能选项卡 创建 区域中的"剖视"按钮。

步骤03 选取剖切父视图。在系统 选择视图或视图草图 的提示下，选取图 5.5.19 中的主视图作为剖切的父视图。

步骤04 绘制剖切线。绘制图 5.5.20 所示的折线作为剖切线，绘制完成后右击选择

![继续]命令，系统弹出"剖视图"对话框。

步骤05 在"剖视图"对话框的 视图标识符 文本框中输入视图标识符 A。

步骤06 放置视图。在图纸区选择合适的位置单击，生成阶梯剖视图。

步骤07 隐藏多余的投影线。选取图 5.5.21 所示的投影线，单击右键，从系统弹出的快捷菜单中选择 ✓可见性(V) 命令。

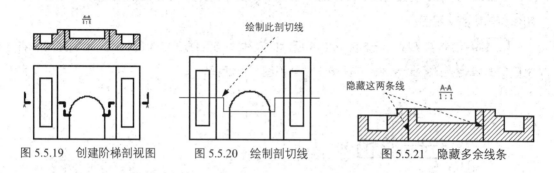

图 5.5.19　创建阶梯剖视图　　　图 5.5.20　绘制剖切线　　　图 5.5.21　隐藏多余线条

5.5.8　创建旋转剖视图

旋转剖视图是完整的截面视图，但它的截面是一个相交截面，其显示结果为绕相交轴线展开的截面视图。下面以图 5.5.22 为例，说明创建旋转剖视图的一般操作步骤。

步骤01 打开工程图文件 D:\inv19\work\ch05.05.08\revolved-cutting-view. idw。

步骤02 选择命令。单击 放置视图 功能选项卡 创建 区域中的"剖视"按钮 。

步骤03 选取剖切父视图。在系统 选择视图或视图草图 的提示下，选取图 5.5.22 中的主视图作为剖切的父视图。

步骤04 绘制剖切线。绘制图 5.5.23 所示的两条直线作为剖切线，绘制完成后右击鼠标选择 ![继续] 命令，系统弹出"剖视图"对话框。

步骤05 在"剖视图"对话框的 视图标识符 文本框中输入视图标识符 A。

步骤06 放置视图。在图纸区选择合适的位置单击，生成旋转剖视图。

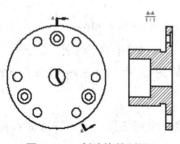
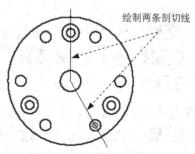

图 5.5.22　创建旋转剖视图　　　　　图 5.5.23　绘制剖切线

5.5.9 创建局部剖视图

局部剖视图是用剖切面局部地剖开机件的某部分所得的剖视图。下面以图 5.5.24 为例，说明创建局部剖视图的一般操作步骤。

步骤01 打开文件 D:\inv19\work\ch05.05.09\part-cutaway-view.idw。

步骤02 绘制剖切范围。在图纸区选取图 5.5.24 所示的视图为要创建局部剖视图的视图，然后选择 放置视图 选项卡 草图 区域中的"开始创建草图"命令，绘制图 5.5.25 所示的样条曲线作为剖切范围。

步骤03 选择命令。单击 放置视图 功能选项卡 修改 区域中的"局部剖视图"按钮。

步骤04 选取剖切父视图。在系统 选择视图 的提示下，选取图 5.5.24 中的主视图作为剖切的父视图，系统弹出图 5.5.26 所示的"局部剖视图"对话框。

步骤05 定义深度参考。在"局部剖视图"对话框 深度 区域的下拉列表中选择 自点 选项，然后选择图 5.5.25 所示的点作为深度参考。

步骤06 单击"局部剖视图"对话框中的 确定 按钮，完成局部剖视图的创建。

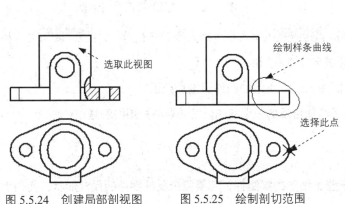

图 5.5.24 创建局部剖视图　　图 5.5.25 绘制剖切范围　　图 5.5.26 "局部剖视图"对话框

在绘制草图曲线时，一定要确保绘制在要创建局部剖视的视图中，且是一个封闭曲线，否则将无法创建局部剖视图。如果视图中仅存在一个封闭曲线，系统会自动选中该曲线作为剖切截面轮廓，否则，用户需要从其中选择一个封闭曲线作为剖切范围。

5.5.10 创建局部放大图

局部放大图是将机件的部分结构用大于原图形所采用的比例生成的图形，根据需要可以生成视图、剖视图和断面图，放置时应尽量放在被放大部位的附近。下面以图 5.5.27 为例，说明创建局部放大图的一般操作步骤。

步骤 01 打开文件 D:\inv19\work\ch05.05.10\coupling-hook.idw。

步骤 02 选择命令。单击 放置视图 功能选项卡 创建 区域中的"局部视图"按钮 。

步骤 03 选取父视图。在系统 选择视图 的提示下，选取图 5.5.27 中的主视图作为局部视图的父视图，系统弹出图 5.5.28 所示的"局部视图"对话框。

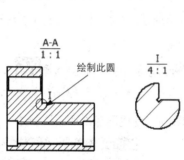
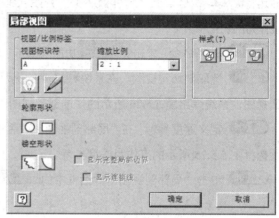

图 5.5.27　创建局部放大图　　　　图 5.5.28　"局部视图"对话框

步骤 04 在"剖视图"对话框的 视图标识符 文本框中输入视图标识符 I。在 缩放比例 文本框中输入比例 4∶1，在 镂空形状 区域选择 按钮。

步骤 05 绘制局部范围。绘制图 5.5.27 所示的圆作为剖切范围。

步骤 06 放置视图。在图纸区选择合适的位置单击，完成局部视图的创建。

5.5.11　断裂视图

在机械制图中，经常遇到一些长细形的零组件，若要整个反映零件的尺寸形状，需用大幅面的图纸来绘制。为了既节省图纸幅面，又可以反映零件形状尺寸，在实际绘图中常采用断裂视图。断裂视图指的是从零件视图中删除选定两点之间的视图部分，将余下的两部分合并成一个带打断线的视图。下面以图 5.5.29 为例，说明创建断裂视图的一般操作步骤。

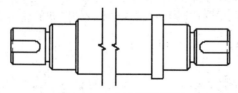

图 5.5.29　创建断裂视图

步骤 01 打开文件 D:\inv19\work\ch05.05.11\broken-view.idw。

步骤02 选择命令。单击 放置视图 功能选项卡 修改 区域中的"断裂画法"按钮 。

步骤03 选取要断裂的视图，在系统 选择视图 的提示下，选取图 5.5.30 中的主视图作为断裂视图的父视图，系统弹出图 5.5.31 所示的"断开"对话框。

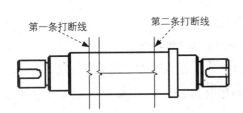

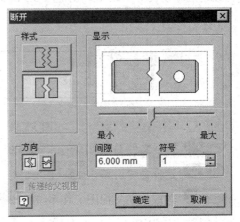

图 5.5.30 选择断裂视图和放置打断线　　　图 5.5.31 "断开"对话框

步骤04 在"断开"对话框 样式 区域中选择构造样式；方向为"水平"选项 ；在 间隙 区域的文本框中输入数值 6，如图 5.5.31 所示。

步骤05 放置第一条打断线，如图 5.5.30 所示。

步骤06 放置第二条打断线，如图 5.5.30 所示。

图 5.5.31 所示"断开"对话框中部分选项的说明如下。

- ◆ （矩形样式）选项：使用锯齿形的打断线创建打断，如图 5.5.32 所示。
- ◆ （构造样式）选项：使用用户定义样式的打断线创建打断，如图 5.5.33 所示。

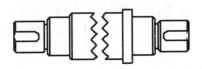　　　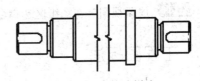

图 5.5.32 矩形样式　　　　　　　　　　图 5.5.33 构造样式

- ◆ （水平）选项：用于设置沿水平方向进行打断。
- ◆ （竖直）选项：用于设置沿竖直方向进行打断。
- ◆ 间隙 文本框：用于指定断开视图中的断开之间的距离。
- ◆ 符号 文本框：用于指定所选打断的打断符号数，每处打断最多允许 3 个。
- ◆ 传递给父视图 选项：如果选中此选项，则将打断操作扩展到父视图。

5.5.12 断面图

断面图常用在只需表达零件断面的场合下，这样可以使视图简化，又能使视图所表达的零件结构清晰易懂。下面介绍创建图 5.5.34 所示的断面图的操作过程。

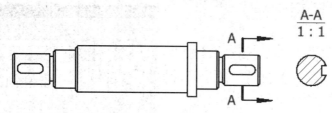

图 5.5.34　创建断面图

步骤01 打开文件 D:\inv19\work\ch05.05.12\sectional-drawing.idw。

步骤02 选择命令。单击 放置视图 功能选项卡 创建 区域中的"剖视"按钮 。

步骤03 选取剖切父视图。在系统 选择视图或视图草图 的提示下，选取图 5.5.34 中的主视图作为剖切的父视图。

步骤04 绘制剖切线。绘制图 5.5.35 所示的直线作为剖切线，绘制完成后右击选择 继续(C) 命令。

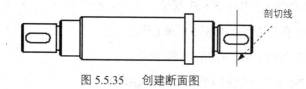

图 5.5.35　创建断面图

步骤05 在"剖视图"对话框的 视图标识符 文本框中输入视图标识符 A，在 切片 区域选中 ☑ 包括切片 与 ☑ 剖切整个零件 复选框。

步骤06 放置视图。在图纸区选择合适的位置单击，生成断面图。

5.6　工程图标注

工程图中的尺寸标注是与模型相关联的，而且模型中的尺寸修改会反映到工程图中。尺寸标注的好坏直接影响到图样数据的准确性和在制造中的可行性。Inventor 工程图模块主要通过图 5.6.1 所示的"尺寸"按钮区中的按钮进行尺寸标注。

5.6.1　尺寸标注

1．通用尺寸标注

通用尺寸标注用来标注任意单一元素或任意两个元素间的距离或角度等尺寸。尺寸的类型取决于所选取的对象元素。下面以图 5.6.2 为例，说明通用尺寸标注的一般过程。

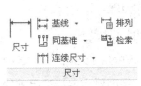

图 5.6.1 "尺寸"按钮区

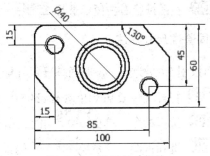

图 5.6.2 通用尺寸标注

步骤01 打开文件 D:\inv19\work\ch05.06.01\dimension01.idw。

步骤02 选择命令。单击 标注 功能选项卡 尺寸 区域中的"尺寸"按钮。

步骤03 标注水平尺寸。选取图 5.6.3 所示的两条边线，然后选择合适的位置放置尺寸。系统弹出"编辑尺寸"对话框，单击该对话框中 确定 的按钮，完成尺寸的标注。

步骤04 标注其他尺寸。结果如图 5.6.4 所示。

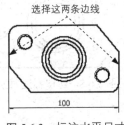

图 5.6.3 标注水平尺寸

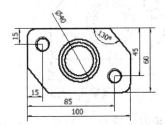

图 5.6.4 标注其他尺寸

2. 基线尺寸标注

下面以图 5.6.5 为例，说明基线尺寸标注的一般操作步骤。

步骤01 打开文件 D:\inv19\work\ch05.06.01\dimension02.idw。

步骤02 选择命令。单击 标注 功能选项卡 尺寸 区域中的"基线"按钮 基线 。

步骤03 依次选取图 5.6.6 所示的直线 1、圆心 1、圆心 2、圆心 3 和直线 2。

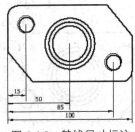

图 5.6.5 基线尺寸标注

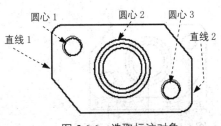

图 5.6.6 选取标注对象

步骤04 在图纸区右击鼠标选择 继续(C) 命令,然后选择合适的位置放置尺寸。

步骤05 在图纸区右击鼠标选择 创建(C) 命令,完成基线尺寸标注的创建。

3. 同基准尺寸标注

下面以图 5.6.7 为例,说明同基准尺寸标注的一般操作步骤。

步骤01 打开文件 D:\inv19\work\ch05.06.01\dimension03.idw。

步骤02 选择命令。单击 标注 功能选项卡 尺寸 区域中的"同基准"按钮 。

步骤03 选择视图。在系统 选择视图 的提示下,选取主视图作为要标注尺寸的视图。

步骤04 选择原点位置。在系统 选择原点位置 的提示下,选取图 5.6.8 所示的直线 1 的下部端点。

步骤05 依次选取图 5.6.8 所示的圆心 1、圆心 2、圆心 3 和直线 2。

步骤06 在图纸区右击鼠标选择 继续(C) 命令,然后选择合适的位置放置尺寸。

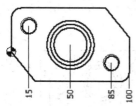
图 5.6.7 同基准尺寸标注

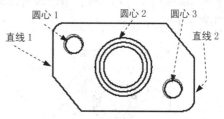
图 5.6.8 选取标注对象

4. 连续尺寸标注

下面以图 5.6.9 为例,说明连续尺寸标注的一般操作步骤。

步骤01 打开文件 D:\inv19\work\ch05.06.01\dimension04.idw。

步骤02 选择命令。单击 标注 功能选项卡 尺寸 区域中的"连续尺寸"按钮 连续尺寸 。

步骤03 在系统 选择模型或草图几何图元,或选择基准尺寸 的提示下,依次选取图 5.6.10 所示的直线 1、圆心 1、圆心 2、圆心 3 和直线 2。

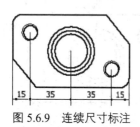
图 5.6.9 连续尺寸标注

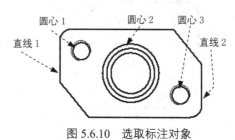
图 5.6.10 选取标注对象

步骤 04 在图纸区右击鼠标选择 继续(C) 命令，然后选择合适的位置放置尺寸。

步骤 05 在图纸区右击鼠标选择 创建(C) 命令，完成连续尺寸标注的创建。

5. 孔或螺纹标注

下面以图 5.6.11 为例，说明孔和螺纹标注的一般操作步骤。

步骤 01 打开文件 D:\inv19\work\ch05.06.01\dimension05.idw。

步骤 02 选择命令。单击 标注 功能选项卡 特征注释 区域中的"孔和螺纹"按钮。

步骤 03 在系统 选择孔或螺纹的特征边 的提示下，选取图 5.6.12 所示的圆 1，然后选择合适的位置放置尺寸。

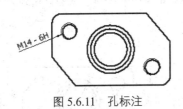

图 5.6.11　孔标注　　　　　图 5.6.12　选取标注对象

6. 倒角尺寸标注

下面以图 5.6.13 为例，说明倒角标注的一般操作步骤

步骤 01 打开文件 D:\inv19\work\ch05.06.01\dimension06.idw。

步骤 02 单击 标注 功能选项卡 特征注释 区域中的"倒角"按钮 倒角。

步骤 03 在系统 选择倒角边 的提示下，选取图 5.6.13 所示的直线 1，在系统 选择引用边 的提示下，选取图 5.6.13 所示的直线 2。

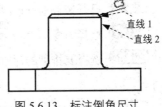

图 5.6.13　标注倒角尺寸

步骤 04 放置尺寸。选择合适的位置单击，以放置尺寸。

步骤 05 按 ESC 键退出命令，并完成倒角尺寸的标注。

5.6.2　尺寸标注基本操作

1. 移动和删除尺寸

移动尺寸及尺寸文本有以下三种方法。

（一）移动尺寸

单击要移动尺寸的尺寸线，然后按住鼠标左键拖动即可。

（二）移动尺寸文本

单击要移动的尺寸文本，然后按住鼠标左键拖动即可。

（三）删除尺寸

选择要删除的尺寸，然后右击，在弹出的快捷菜单中选择"删除"命令或按 Delete 键，即可把尺寸删除。

2. 尺寸的编辑

（一）排列尺寸

排列尺寸是将工程图中的尺寸标注排列整齐，下面以图 5.6.14 为例，说明创建排列尺寸的一般过程。

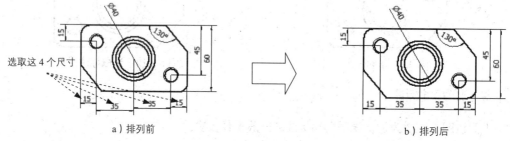

a）排列前　　　　　　　　　　　　b）排列后

图 5.6.14　排列尺寸

步骤 01 打开文件 D:\inv19\work\ch05.06.02\dim-edit.idw。

步骤 02 选择命令。单击 标注 功能选项卡 尺寸 区域中的"排列"按钮 排列。

步骤 03 选择要排列的尺寸。在系统 选择要排列的尺寸 的提示下选取图 5.6.14a 所示的 4 个尺寸。

步骤 04 在图纸区右击选择 ✓ 确定(Enter) 命令，完成尺寸的排列。

（二）修改尺寸属性

修改尺寸属性包括修改尺寸的精度、尺寸的显示方式、尺寸的文本、尺寸线和尺寸的公差显示等。

打开工程图 D:\inv19\work\ch05.06.02\dim-edit. idw。双击要修改尺寸属性的尺寸(或者右击尺寸，在系统弹出的快捷菜单中选择 编辑(E)... 命令)，系统弹出"编辑尺寸"对话框，在"编辑尺寸"对话框中有 文本 选项卡（图 5.6.15）、精度和公差 选项卡（图 5.6.16）和 检验尺寸 选项卡（图 5.6.17），利用这三个选项卡可以修改尺寸的属性。

图 5.6.15 所示"文本"选项卡中部分选项的说明如下。

◆ 文本 选项卡

- 选项：用于相对于文本框的两侧定位文本。
- 选项：用于相对于文本框的顶端和底端定位文本。
- 隐藏尺寸值 选项：选择该复选框用户可以输入尺寸值以覆盖计算值。

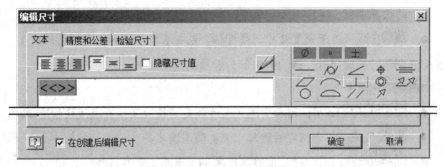

图 5.6.15 "文本"选项卡

- 选项：用于打开"文本格式"对话框以访问高级文本格式选项。
- ：在光标位置插入所选定的符号。单击箭头可以从系统弹出的符号列表中选择适当的符号。
- 在创建后编辑尺寸 选项：系统默认选中该选项，此时在每次插入新的通用尺寸后都会显示"编辑尺寸"对话框，以便用户对尺寸进行编辑；若取消选中该复选框，则可以禁止在每次插入尺寸时编辑尺寸。

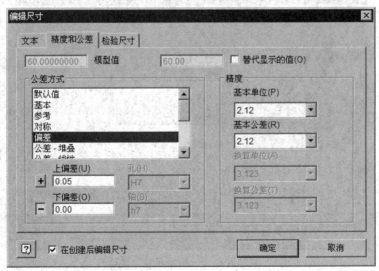

图 5.6.16 "精度和公差"选项卡

图 5.6.16 所示"精度和公差"选项卡中部分选项的说明如下。

◆ 精度和公差 选项卡

- **模型值**文本框：用于显示零件模型的实际尺寸数值。
- **替代显示的值(O)**复选项：选择该复选框可以关闭模型值的显示，此时允许用户输入一个替代值，清除复选框则恢复默认的计算的模型值。
- **公差方式**区域：用于指定尺寸的公差方式，选中不同选项后，会自动激活相应的设置参数。
- **精度**区域：用于设置尺寸的精度值，包括基本单位和基本公差的精度。

图 5.6.17 所示"检验尺寸"选项卡中部分选项的说明如下。

◆ **检验尺寸**选项卡

- **检验尺寸**选项：用于将选定尺寸指定为检验尺寸并激活检验选项。
- **形状**区域：用于指定检验尺寸文本的周围边界。
- **无**选项：用于指定检验尺寸文本周围无边界形状。
- **X.XX 100%** 选项：用于指定所需的检验尺寸形状的两端为圆形。
- **X.XX 100%** 选项：用于指定所需的检验尺寸形状的两端为尖形。
- **标签/检验率**区域：用于设置包含设置在尺寸值的标签与检验率。
- **标签**选项：用于设置包含放置在尺寸值左侧的文本标签。
- **检验率**选项：用于设置包含放置在尺寸值右侧的检验百分比。
- ：用于将选定的符号添加到激活的标签或检验率框中。

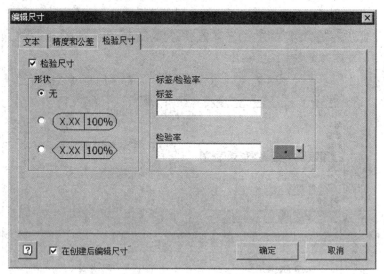

图 5.6.17 "检验尺寸"选项卡

5.6.3 尺寸公差标注

下面标注图 5.6.18 所示的尺寸公差，说明标注尺寸公差的一般操作步骤。

步骤01 打开文件 D:\inv19\work\ch05.06.03\tolerance.idw。

步骤02 选择命令。单击 标注 功能选项卡 尺寸 区域中的"尺寸"按钮。

步骤03 选取图 5.6.18 所示的直线，选择合适的位置单击，系统弹出图 5.6.19 所示的"编辑尺寸"对话框。

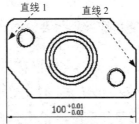

图 5.6.18 标注尺寸公差

步骤04 定义公差。在"编辑尺寸"对话框的 精度和公差 选项卡中设置图 5.6.19 所示的参数。

步骤05 单击"编辑尺寸"对话框中的 确定 按钮，完成尺寸公差的标注。

5.6.4 基准符号标注

下面标注图 5.6.20 所示的基准特征符号。其一般操作步骤如下。

步骤01 打开文件 D:\inv19\work\ch05.06.04\ datum-plane. idw。

步骤02 选择命令。单击 标注 功能选项卡 符号 区域中的 按钮，选择"基准标识符号"命令。

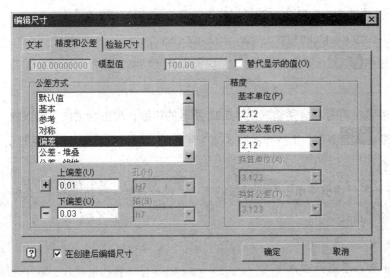

图 5.6.19 "编辑尺寸"对话框

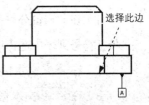

图 5.6.20 标注基准特征符号

步骤03 放置基准特征符号。选取图 5.6.20 所示的边线,移动鼠标指针,在合适的位置处双击,系统弹出图 5.6.21 所示的"文本格式"对话框。

步骤04 设置参数。在"文本格式"对话框中设置图 5.6.21 所示的参数。

步骤05 单击 确定 按钮,然后按 Esc 键退出,完成基准特征符号的创建。

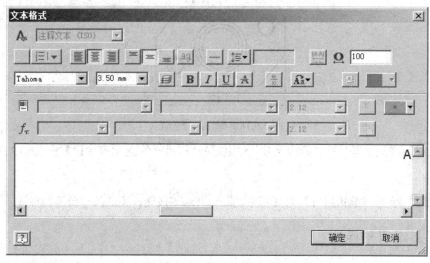

图 5.6.21 "文本格式"对话框

5.6.5 形位公差标注

形位公差包括形状公差和位置公差,是针对构成零件几何特征的点、线、面的形状和位置误差所规定的公差。下面标注图 5.6.22 所示的形位公差,其一般操作步骤如下。

步骤01 打开文件 D:\inv19\work\ch05.06.05\geometric-tolerance.idw。

步骤02 选择命令。单击 标注 功能选项卡 符号 区域中的 按钮,选择"形位公差符号"命令 。

步骤03 放置形位公差特征符号。分别选取图 5.6.22 所示的边线,单击合适的位置以放置形位公差,右击,选择 继续(C) 命令,系统弹出图 5.6.23 所示的"形位公差符号"对话框。

步骤04 定义形位公差。

(1) 在"形位公差符号"对话框中单击 符号 区域的"项目特征符号"按钮 ,在弹出特征符号列表中选择 // 按钮。

(2) 在 公差 文本框中输入公差值 0.05。

(3) 在 基准 文本框中输入基准符号 A。

步骤05 单击 确定 按钮,然后按 Esc 键完成形位公差的标注。

第 5 章 工程图设计

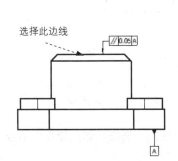

图 5.6.22 标注形位公差

图 5.6.23 "形位公差符号"对话框

5.6.6 表面粗糙度标注

表面粗糙度是指加工表面上具有较小的间距和峰谷所组成的微观几何特征。下面标注图 5.6.24 所示的表面粗糙度,其一般操作步骤如下。

步骤01 打开文件 D:\inv19\work\ch05.06.06\surfaceness.idw。

步骤02 选择命令。单击 **标注** 功能选项卡 **符号** 区域中的 ▼ 按钮,选择"粗糙度"命令 √ 。

步骤03 放置粗糙度特征符号。选取图 5.6.24 所示的边线,然后按下键盘上的 Enter 键,系统弹出图 5.6.25 所示的"表面粗糙度"对话框。

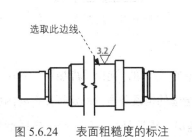

图 5.6.24 表面粗糙度的标注

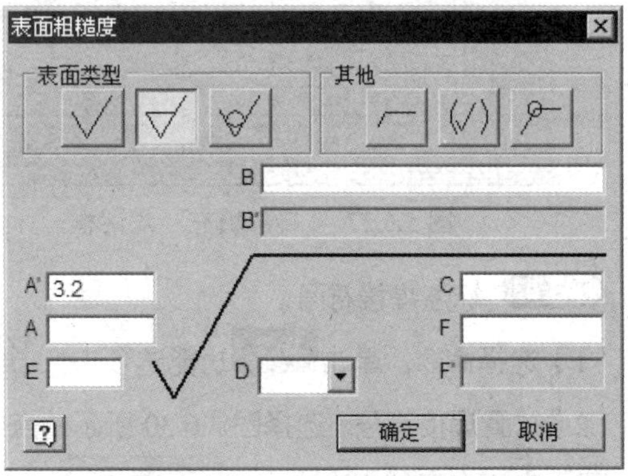

图 5.6.25 "表面粗糙度"对话框

步骤04 定义表面粗糙度符号。在"表面粗糙度"对话框设置图 5.6.25 所示的参数。

步骤 05 单击 确定 按钮，然后按 Esc 键退出，完成表面粗糙度的标注。

5.6.7 焊接标注

焊接符号可以简单、明了地在图样上说明焊缝的形状、几何尺寸和焊接方法。下面标注图 5.6.26 所示的焊接符号，其一般操作步骤如下。

步骤 01 打开文件 D:\inv19\work\ch05.06.07\mark-weld.idw。

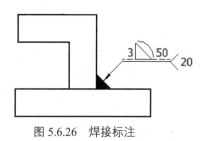

图 5.6.26 焊接标注

步骤 02 创建端部填充。

（1）选择命令。单击 标注 功能选项卡 符号 区域中的 按钮，选择"端部填充"命令 ，系统弹出图 5.6.27 所示的"端部填充"对话框。

（2）在"端部填充"对话框中的 预置形状 区域选择 ，再选择图 5.6.28 所示的点，并在其上方单击。

（3）单击"端部填充"对话框中的 确定 按钮，结果如图 5.6.29 所示。

图 5.6.27 "端部填充"对话框

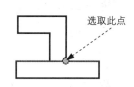

图 5.6.28 放置填充符号

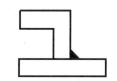

图 5.6.29 端部填充符号

步骤 03 标注焊接符号。

（1）选择命令。单击 标注 功能选项卡 符号 区域中的 按钮，选择"焊接"命令 。

（2）放置焊接符号。选择图 5.6.30 所示的点，然后在合适的位置单击以确定焊接符号的放置位置，在空白区域中右击选择 继续(C) 命令，系统弹出"焊接符号"对话框，在对话框中设置图 5.6.31 所示的参数。

（3）单击 确定 按钮，然后按 Esc 键退出，完成焊接符号的标注。

第 5 章 工程图设计

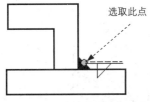

图 5.6.30 放置焊接符号

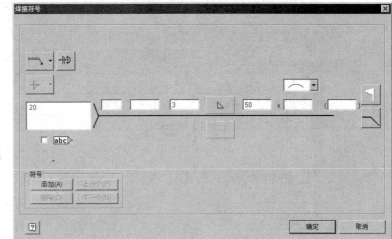

图 5.6.31 "焊接符号"对话框

5.6.8 注释文本标注

在工程图中，除了尺寸标注外，还应有相应的文字说明，即技术要求，如工件的热处理要求、表面处理要求等。选择 标注 功能选项卡 文本 区域中的"文本"命令 A 与"指引线文本"命令 ，可以创建带引线与不带引线文本。

1. 创建注释文本

下面创建图 5.6.32 所示的注释文本。其一般操作步骤如下。

步骤01 打开文件 D:\inv19\work\ch05.06.08\text.idw。

步骤02 选择命令。选择 标注 功能选项卡 文本 区域中的"文本"命令 A。

步骤03 定义注释文本位置。在系统 在某处或两角处单击 的提示下单击图纸区的合适位置，系统弹出图 5.6.33 所示的"文本格式"对话框。

技术要求
1. 铸件不得有开裂、缩松、缩孔等缺陷.

图 5.6.32 创建注释文本

步骤04 创建文本。在系统弹出的"文本格式"对话框中输入图 5.6.32 所示的注释文本。

步骤05 设定文本格式。

（1）在图 5.6.32 所示的注释文本中选取图 5.6.34 所示的文本 1，将文本大小设置为 7。

（2）在图 5.6.32 所示的注释文本中选取图 5.6.35 所示的文本 2，将文本大小设置为 5。

步骤06 单击 确定 按钮，然后按 Esc 键退出，完成注释文本的创建。

179

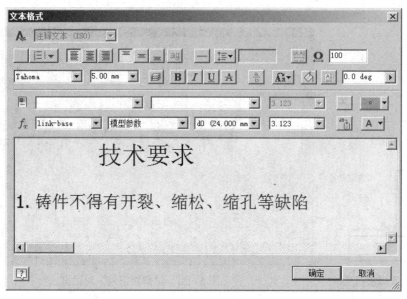

图 5.6.33 "文本格式"对话框

图 5.6.34 选取文本 1　　　　　图 5.6.35 选取文本 2

2．创建指引线文本

下面创建图 5.6.36 所示的指引线文本。其一般操作步骤如下。

步骤 01 打开文件 D:\inv19\work\ ch05.06.08\link-base.idw。

步骤 02 选择命令。选择 标注 功能选项卡 文本 区域中的"指引线文本"命令。

步骤 03 定义指引线文本位置。在系统 在一个位置上单击 的提示下选取图 5.6.36 所示的边线，然后在合适的位置单击放置文本位置，按下 Enter 键，系统弹出"文本格式"对话框。

步骤 04 创建文本。在系统弹出的"文本格式"对话框中输入"此孔需要铰削加工"。

步骤 05 设定文本格式。在"文本格式"对话框中选中刚才输入的"此孔需要铰削加工"文本，如图 5.6.37 所示，在 大小 文本框中输入文本大小为 5.0。

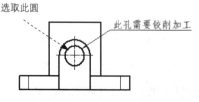

图 5.6.36 添加指引线文本　　　　　图 5.6.37 选取文本

第 5 章 工程图设计

步骤 06 单击 确定 按钮，然后按 Esc 键退出，完成指引线创建。

3. 注释文本的编辑

下面以图 5.6.38 为例，说明编辑文本的一般操作步骤。

步骤 01 打开工程图 D:\inv19\work\ ch05.06.08\edit_text. idw。

步骤 02 双击要编辑的文本，系统弹出"文本格式"对话框。

步骤 03 选取文本。选取图 5.6.39 所示的文本。

步骤 04 定义文本格式。在"文本格式"对话框中单击 I 按钮。

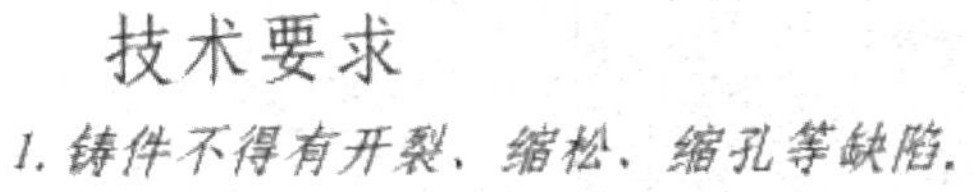

技术要求　　　　　　　　　　　　技术要求
1. 铸件不得有开裂、缩松、缩孔等缺陷.　　1. 铸件不得有开裂、缩松、缩孔等缺陷.

图 5.6.38　编辑注释文本 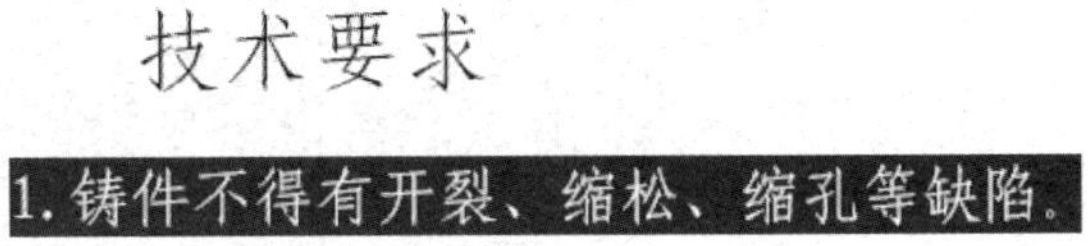　　　　　　　图 5.6.39　选取文本

步骤 05 单击"文本格式"对话框中的 确定 按钮，完成注释文本的编辑。

5.7　Inventor 软件的打印出图

打印出图是 CAD 工程设计中必不可少的一个环节。在 Inventor 软件中的工程图模块中，选择下拉菜单 文件 ➡ 打印 命令，就可进行打印出图操作。

下面举例说明工程图打印的一般操作步骤。

步骤 01 打开工程图 D:\inv19\work\ch05.07\link-base. idw。

步骤 02 选择命令。选择下拉菜单 文件 ➡ 打印 命令，系统弹出"打印工程图"对话框。

步骤 03 选择打印机。在"打印工程图"对话框的 名称(N): 下拉列表中选择打印机类型为 Microsoft Office Document Image Writer 。

说明　　在打印机名称下拉列表中显示的是当前计算机已安装的打印机,具体用户之间会存在差异。

步骤 04 定义页面设置。

（1）单击"打印工程图"对话框中的 特性(P)... 按钮，系统弹出图 5.7.1 所示的"Microsoft XPS Document Writer 文档 属性"对话框。

（2）选择方向。在 方向(O): 下拉列表中选择 横向 选项。

（3）定义打印纸张的大小。在该对话框中单击 高级(V)... 按钮，在弹出的"Microsoft XPS

Document Writer 高级选项"对话框 纸张规格 下拉列表中选择 A4 选项,单击两次 确定 按钮,系统返回到"打印工程图"对话框中。

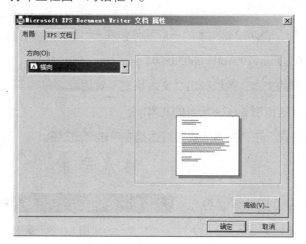

图 5.7.1 "Microsoft XPS Document Writer 文档 属性"对话框

步骤 05 定义其他打印参数,设置完成后如图 5.7.2 所示。

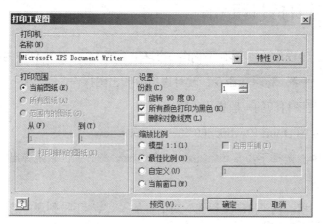

图 5.7.2 "打印工程图"对话框

步骤 06 打印预览。单击"打印工程图"对话框中的 预览(V)... 按钮,可以预览工程图的打印效果。

 在 步骤 05 中也可直接单击 确定 按钮,打印工程图。

步骤 07 在打印预览界面中单击 打印(P)... 按钮,系统返回到"打印工程图"对话框,单击 确定 按钮,系统弹出"另存为"对话框,选择合适的存储位置并输入文件名称,即可打印工程图。

第二篇

Inventor 2019 进阶

第 6 章 曲面设计

6.1 概述

Inventor 中的曲面（Surface）设计功能主要用于创建形状复杂的零件。这里要注意，曲面是一种零厚度、特殊类型的几何特征。

在 Inventor 中，通常将一个曲面或几个曲面的组合称为面组。

用曲面创建形状复杂的零件的主要过程如下：

（1）创建数个单独的曲面。

（2）对曲面进行剪裁、填充和等距等操作。

（3）将各个单独的曲面缝合为一个整体的面组。

（4）将曲面（面组）转化为实体零件。

6.2 创建曲线

曲线是构成曲面的基本元素，在绘制许多形状不规则的零件时，经常要用到曲线工具。本节主要介绍关键点曲线、螺旋线、投影曲线、相交曲线和分割线的一般创建过程。

6.2.1 通过参考点的曲线

通过参考点的曲线就是通过三点或更多的点来创建的三维曲线。这些点可以是已创建的点，线框元素和边上的关键点，或者是自由空间中的点。下面以图 6.2.1 为例来介绍通过关键点创建曲线的一般过程。

步骤 01 打开文件 D:\inv19\work\ch06.02.01\Curve-Through-Points.ipt。

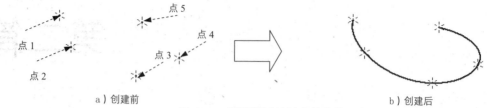

图 6.2.1 创建通过关键点的曲线

步骤 02 进入三维草绘环境。单击 三维模型 选项卡 草图 区域中的 开始创建二维草图 按钮，选择 开始创建三维草图 命令，系统进入三维草绘环境。

步骤 03 选择命令。单击 三维草图 选项卡 绘制 区域中的 样条曲线 按钮，选择 样条曲线插值 命令。

步骤 04 定义通过点。依次选取图 6.2.1 所示的点 1~点 5 为曲线通过点。

步骤 05 单击 Enter 键，结束通过关键点的曲线的绘制。

6.2.2 投影曲线

投影曲线就是将曲线按照指定的类型投射到曲面或实体表面上而生成的曲线。投影曲线的类型包括"沿矢量投影"、"投影到最近的点"和"折叠到曲面"三种。下面以图 6.2.2 为例来介绍创建投影曲线的一般操作步骤。

图 6.2.2 创建投影曲线

步骤 01 打开文件 D:\inv19\work\ch06.02.02\projection-Curves.ipt。

步骤 02 进入三维草绘环境。单击 三维模型 选项卡 草图 区域中的 开始创建二维草图 按钮，选择 开始创建三维草图 命令，系统进入三维草绘环境。

步骤 03 选择命令。单击 三维草图 选项卡 绘制 区域中的"投影到曲面"按钮，系统弹出图 6.2.3 所示的"将曲线投影到曲面"对话框。

步骤 04 定义投影面。在系统 选择面、曲面特征或工作平面 的提示下选取图 6.2.2a 所示的投影面。

第 6 章 曲面设计

图 6.2.3 "将曲线投影到曲面"对话框

步骤 05 定义投影曲线。单击"将曲线投影到曲面"对话框中的 ▭ 曲线 按钮,然后选取图 6.2.2a 所示的投影曲线。

步骤 06 单击 确定 按钮,完成投影曲线的创建。

图 6.2.3 所示的"将曲线投影到曲面"对话框中的选项按钮说明如下。

- ◆ ▭ 面按钮:用于选择一个或多个要在其上投影曲线的曲面或实体的目标面。
- ◆ ▭ 曲线按钮:用于选择要投影的曲线。
- ◆ 输出区域:用于指定投影曲线的输出类型。
  - （沿矢量投影）按钮:用于指定矢量投影。
  - （投影到最近的点）按钮:用于与最近的点成法向的平面投影。
  - （折叠到曲面）按钮:用于围绕选定面的曲率形成投影的曲线。

 对于折叠到曲面输出,面必须是圆柱面、圆锥面或平面,曲线必须位于一个平面上并且平面与选定的面相切。

6.2.3 分割曲线

"分割"命令可以将草图、曲面、面、基准面或曲面样条曲线投影到曲面或平面,并将所选的面分割为多个分离的面,从而允许对分离的面进行操作。下面以图 6.2.4 为例来介绍分割的一般创建过程。

步骤 01 打开文件 D:\inv19\work\ch06.02.03\Splid-lines.ipt。

a)创建前　　　　　　　　　　　　　b)创建后

6.2.4 创建分割线

步骤02 选择命令。单击 三维模型 选项卡 修改 区域中的 分割 按钮,系统弹出图6.2.5所示的"分割"对话框。

步骤03 定义分割工具。选取图6.2.4a所示的曲线为分割工具。

步骤04 定义分割面。在"分割"对话框中单击 面 按钮,然后选取图6.2.4a所示的曲面为分割面。

步骤05 单击 确定 按钮,完成分割曲线的创建。

图6.2.5 "分割"对话框

图6.2.5所示的"分割"对话框的各选项按钮说明如下。

- ◆ （分割面）按钮:用于选择要分割的一个或多个面。
- ◆ （修剪实体）按钮:用于选择要分割的零件或实体,并丢弃一侧。
- ◆ （分割实体）按钮:用于选择要用来将实体分割成两部分的工作平面或分模线。
- ◆ 分割工具 按钮:用于选择工作平面、曲面或草图,以将面或实体分割成两部分。
- ◆ 面 按钮:用于在"面分割"方法处于激活状态时,选取要分割的面。
- ◆ 实体 按钮:用于在"修剪实体"或者"分割实体"方法处于激活状态时,选取要修剪或者分割的实体。
- ◆ （全部）按钮:用于选取所有面进行分割。
- ◆ （选择）按钮:用于选择面进行分割。

6.2.4 相交曲线

相交曲线是两个面相交处的交线。两个相交的面可以是参考平面、模型面或构造表面的任意组合。下面以图6.2.6为例,介绍创建相交曲线的一般过程。

图6.2.6 创建相交曲线

步骤01 打开文件 D:\inv19\work\ch06.02.04\Intersect.ipt。

步骤02 进入三维草绘环境。单击 三维模型 选项卡 草图 区域中的 开始创建二维草图 按钮,选择 开始创建三维草图 命令,系统进入三维草绘环境。

步骤 03 选择命令。单击 三维草图 选项卡 绘制 区域中的"相交曲线"按钮，系统弹出图 6.2.7 所示的"三维相交曲线"对话框。

步骤 04 定义要相交的几何图元。选取图 6.2.6 所示两个面为要相交的对象。

步骤 05 单击"三维相交曲线"对话框中的 确定 按钮，完成相交曲线的创建。

图 6.2.7 "三维相交曲线"对话框

6.2.5 螺旋线

螺旋线可以用于扫掠特征的一个路径或引导曲线，或用于放样特征的引导曲线。下面以图 6.2.8 为例来介绍创建螺旋线的一般操作步骤。

步骤 01 打开文件 D:\inv19\work\ch06.02.05\Helix-Spiral.ipt。

步骤 02 进入三维草绘环境。单击 三维模型 选项卡 草图 区域中的 开始创建二维草图 按钮，选择 开始创建三维草图 命令，系统进入三维草绘环境。

步骤 03 选择命令。单击 三维草图 选项卡 绘制 区域中的"螺旋曲线"按钮，系统弹出图 6.2.9 所示的"螺旋曲线"对话框。

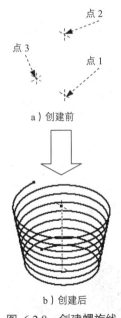

图 6.2.8 创建螺旋线

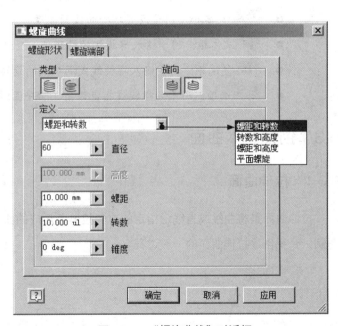

图 6.2.9 "螺旋曲线"对话框

步骤 04 定义螺旋轴的起始点。分别选取图 6.2.8 所示的点 1 与点 2 为螺旋轴的起点与终点。

步骤05 定义螺旋线的方式。在"螺旋曲线"对话框定义区域的下拉列表中选择 螺距和转数 选项。

步骤06 定义螺旋线参数。在"螺旋曲线"对话框的 直径 文本框中输入数值 60，在 转数 文本框中输入数值 10，在 锥度 文本框中输入数值 0，并确认 按钮被按下，选取图 6.2.8 所示的点 3。

步骤07 单击 确定 按钮，完成螺旋线的创建。

图 6.2.9 所示的"螺旋曲线"对话框中的选项按钮说明如下。

◆ 类型 区域：用于指定螺旋曲线是等半径还是变半径。
◆ 旋向 区域：用于指定螺旋曲线是按顺时针方向还是按逆时针方向旋转。
◆ 定义 区域：提供了四种创建螺旋线的方式。
  ● 螺距和转数 选项：通过定义螺距和圈数生成一条螺旋线。
  ● 转数和高度 选项：通过定义圈数和高度生成一条螺旋线。
  ● 螺距和高度 选项：通过定义高度和螺距生成一条螺旋线。
  ● 平面螺旋 选项：通过定义螺距和圈数生成一条涡状线。
  ● 直径 文本框：用于指定螺旋曲线的直径。
  ● 高度 文本框：用于设置螺旋曲线的高度。
  ● 螺距 文本框：用于输入螺旋线的螺距值。
  ● 转数 复选框：用于输入螺旋线或涡状线的旋转数。
  ● 锥度 选项：用于为螺旋线指定锥角（除平面螺旋外）。

6.3 创建基本曲面

6.3.1 拉伸曲面

拉伸曲面是将曲线或直线沿指定的方向拉伸所形成的曲面。下面以图 6.3.1 所示的曲面为例，介绍创建拉伸曲面的一般过程。

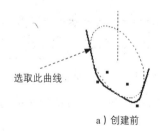
a）创建前

b）创建后

图 6.3.1 创建拉伸曲面

步骤01 打开文件 D:\inv19\work\ch06.03.01\extrude.ipt。

步骤02 选择命令。在 创建 ▼ 区域中单击 按钮，系统弹出图 6.3.2 所示的"拉伸"对话框。

步骤03 定义拉伸曲线。系统自动选取图 6.3.1 所示的曲线为拉伸曲线。

 如果在绘图区域有多个截面轮廓，并且没有选择任何一个，可以单击"截面轮廓"，然后在图形窗口中单击一个或多个截面轮廓；如果只有一个封闭的截面轮廓，系统会自动选取。

图 6.3.2 "拉伸"对话框

步骤04 定义输出类型。在"拉伸"对话框 输出 区域单击"曲面"按钮 。

步骤05 定义深度属性。

（1）确定深度类型。在"拉伸"对话框 范围 区域中的下拉列表中选择 距离 选项，如图 6.3.2 所示。

（2）确定拉伸方向。采用系统默认的拉伸方向。

（3）确定拉伸深度。在"拉伸"对话框 范围 区域中的文本框中输入数值 20，如图 6.3.2 所示。

步骤06 在该对话框中单击 确定 按钮，完成拉伸曲面的创建。

6.3.2 旋转曲面

旋转曲面是将曲线绕中心线旋转所形成的曲面。下面以图 6.3.3 所示的模型为例，介绍创建旋转曲面的一般过程。

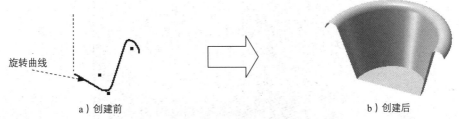

a）创建前　　　　　　　　　　　　b）创建后

图 6.3.3 创建旋转曲面

步骤01 打开文件 D:\inv19\work\ch06.03.02\rotate.ipt。
步骤02 选择命令。在 创建▼ 区域中单击 按钮，系统弹出"旋转"对话框。
步骤03 定义旋转曲线。系统自动选取图 6.3.3 所示的曲线为旋转曲线。
步骤04 定义旋转轴。采用系统默认的旋转轴。
步骤05 定义旋转类型及角度。在"旋转"对话框 范围 区域的下拉列表中选择 角度 选项，在"距离"下拉列表中输入数值 180，如图 6.3.3b 所示。
步骤06 单击 确定 按钮，完成旋转曲面的创建。

6.3.3 偏移曲面

偏移曲面是将选定曲面沿其法线方向偏移后所生成的曲面。下面介绍图 6.3.4 所示的创建偏移曲面的一般操作步骤。

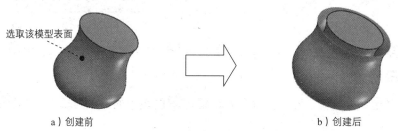

a）创建前　　　　　　　　　　　　　b）创建后
图 6.3.4 创建偏移曲面

步骤01 打开文件 D:\inv19\work\ch06.03.03\offset-Surface.ipt。
步骤02 选择命令。在 修改▼ 区域中单击"加厚/偏移"按钮 ，系统弹出图 6.3.5 所示的"加厚/偏移"对话框。

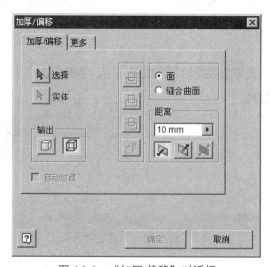

图 6.3.5　"加厚/偏移"对话框

步骤 03 定义偏移曲面。选取图 6.3.4 所示的曲面为偏移曲面。

步骤 04 定义输出类型。在"加厚/偏移"对话框 输出 区域中选择"曲面"选项 ⬜ 。

步骤 05 定义偏移距离。在"加厚/偏移"对话框 距离 文本框中输入数值 10，偏移曲面预览如图 6.3.4b 所示。

步骤 06 单击 确定 按钮，完成偏移曲面的创建。

6.3.4 边界嵌片

使用"边界嵌片"可以从闭合的草图或闭合的边界创建平面或三维曲面。下面介绍图 6.3.6 所示的创建边界嵌片的一般操作步骤。

a）创建前   图 6.3.6 创建边界嵌片   b）创建后

步骤 01 打开文件 D:\inv19\work\ch06.03.04\ambit-surf.ipt。

步骤 02 选择命令。在 曲面 区域中单击"修补"按钮 ⬜ ，系统弹出图 6.3.7 所示的"边界嵌片"对话框。

图 6.3.7 "边界嵌片"对话框

步骤 03 定义边界。在系统 选择边或草图曲线 的提示下依次选取图 6.3.6 所示的边界为曲面的边界。

步骤 04 单击 确定 按钮，完成边界嵌片的创建。

6.3.5 扫掠曲面

扫掠曲面是将轮廓曲线沿一条路径进行扫掠所产生的曲面。下面以图 6.3.8 所示的模型为例，介绍创建扫掠曲面的一般操作步骤。

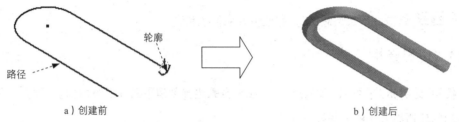

图 6.3.8 创建扫掠曲面

步骤 01 打开文件 D:\inv19\work\ch06.03.05\sweep.ipt。

步骤 02 选择命令。在 创建 ▼ 区域中单击"扫掠"按钮 扫掠，系统弹出图 6.3.9 所示的"扫掠"对话框。

步骤 03 定义截面轨廓。系统自动选取图 6.3.8a 所示的扫掠截面轨廓。

步骤 04 定义扫掠路径。选取图 6.3.8a 所示的路径。

步骤 05 定义输出类型。在"扫掠"对话框 输出 区域单击"曲面"按钮。

步骤 06 在该对话框中单击 确定 按钮，完成扫掠曲面的创建。

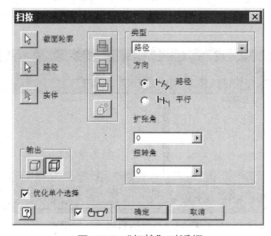

图 6.3.9 "扫掠"对话框

6.3.6 放样曲面

放样曲面是通过一系列截面轮廓以定义曲面形状，并可以选择轨道或中心线来进一步美化该形状。下面以图 6.3.10 所示的模型为例，介绍创建放样曲面的一般操作步骤。

图 6.3.10 创建放样曲面

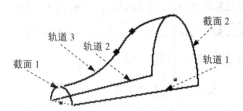
图 6.3.11 定义放样截面和轨道

步骤 01 打开文件 D:\inv19\work\ch06.03.06\Lofted-Surface.ipt。

步骤 02 选择命令。在 创建 区域中单击 放样 按钮，系统弹出图 6.3.12 所示的"放样"对话框。

图 6.3.12 "放样"对话框

步骤 03 定义放样截面。选取图 6.3.11 所示的截面 1 和截面 2。

步骤 04 定义输出类型。在"放样"对话框 输出 区域确认"曲面"按钮 被按下。

步骤 05 定义放样轨道。在"放样"对话框 轨道 文本框中单击，然后选取图 6.3.11 所示的轨道 1、轨道 2 和轨道 3 为轨道线，其他参数采用默认设置，如图 6.3.12 所示。

步骤 06 在该对话框中单击 确定 按钮，完成放样曲面的创建。

6.4 曲线与曲面的曲率分析

6.4.1 曲线曲率的显示

下面以图 6.4.1 所示的曲线为例，说明曲率显示的一般操作过程。

a）显示前   b）显示后

图 6.4.1 显示曲线曲率

步骤01 打开文件 D:\ inv19\work\ch06.04.01\curve-curvature.iam。

步骤02 选择命令。在图形区右击曲线,在弹出的快捷菜单中选择 选项,图形区立即显示曲线的曲率梳。

6.4.2 曲面曲率的显示

下面以图 6.4.2 所示的曲面为例,说明曲面平均曲率显示的一般操作步骤。

a)显示前　　　　　　　　　　　　　　b)显示后

图 6.4.2 显示曲面曲率

步骤01 打开文件 D:\inv19\work\ch06.04.02\surface-curvature. ipt。

步骤02 选择命令。在 检验 选项卡 分析 区域单击"曲面"按钮 ,系统弹出图 6.4.3 所示的"曲面分析"对话框。

步骤03 设置参数。在"曲面分析"对话框中单击 自动范围 按钮。

步骤04 单击 确定 按钮,图形区立即显示曲面的分析图。

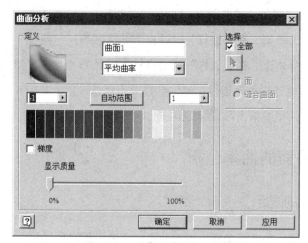

图 6.4.3 "曲面分析"对话框

6.4.3 曲面斑马条纹的显示

下面以图 6.4.4 为例,说明曲面斑纹显示的一般操作步骤。

第 **6** 章　曲面设计

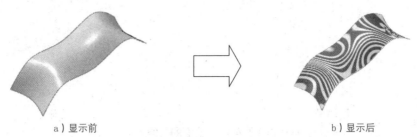

a）显示前　　　　　　　　　　　　　　b）显示后

图 6.4.4　显示曲面斑纹

步骤01　打开文件 D:\inv19\work\ch06.04.03\surface_curvature.ipt。

步骤02　选择命令。在 检验 选项卡 分析 区域单击"斑纹"按钮，系统弹出图 6.4.5 所示的"斑纹分析"对话框。

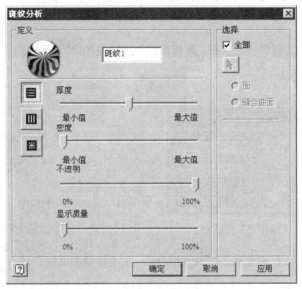

图 6.4.5　"斑纹分析"对话框

步骤03　设置参数。在"斑纹分析"对话框单击"水平"按钮，其他参数采用系统默认设置，然后单击 确定 按钮，完成曲面的斑纹显示操作。

6.5　对曲面进行编辑

6.5.1　曲面的延伸

曲面的延伸就是将曲面延长某一距离、延伸到某一平面或延伸到某一点，延伸曲面与原始曲面可以是同一曲面，也可以为线性。下面以图 6.5.1 为例来介绍曲面延伸的一般操作过程。

195

a）延伸前　　　　　　　　　　　　b）延伸后

图 6.5.1　曲面的延伸

步骤01　打开文件 D:\inv19\work\ch06.05.01\extension-surface.ipt。

步骤02　选择命令。在 三维模型 选项卡 曲面 区域中单击 ↑延伸 按钮，系统弹出图 6.5.2 所示的"延伸曲面"对话框。

步骤03　定义延伸边线。在系统 选择要延伸的边界边 的提示下选取图 6.5.3 所示的边线为延伸边线。

步骤04　定义终止条件类型。在"延伸曲面"对话框的 范围 区域的下拉列表中选择 距离 选项，输入距离值为 15。

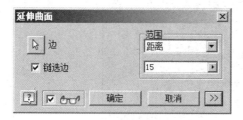　　　　　　　　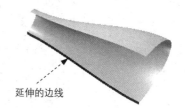

图 6.5.2　"延伸曲面"对话框　　　　　图 6.5.3　定义延伸边线

步骤05　在该对话框中单击 确定 按钮，完成延伸曲面的创建。

6.5.2　曲面的剪裁

曲面的剪裁（Trim）是通过曲面、基准面或曲线等剪裁工具将相交的曲面进行剪切的，它类似于实体的切除（Cut）功能。

下面以图 6.5.4 为例，介绍剪裁曲面的一般操作过程。

a）剪裁前　　　　　　　　　　　　b）剪裁后

图 6.5.4　曲面的剪裁

步骤01 打开文件 D:\inv19\work\ch06.05.02\Trim-Surface.ipt。

步骤02 选择命令。在 曲面 区域中单击"修剪曲面"按钮 ，系统弹出图 6.5.5 所示的"修剪曲面"对话框。

图 6.5.5 "修剪曲面"对话框

步骤03 定义切割工具。在系统 选择曲面、工作平面或草图作为切割工具 的提示下选取图 6.5.6 所示的曲面切割工具。

步骤04 定义要删除的面，在系统 选择要删除的面 的提示下选取图 6.5.7 所示的面为要删除的面。

步骤05 单击 确定 按钮，完成曲面剪裁的创建。

图 6.5.6 定义切割工具

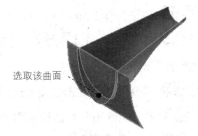

图 6.5.7 定义要删除的面

6.5.3 曲面的缝合

"缝合曲面"可以将多个独立曲面缝合到一起作为一个曲面。下面以图 6.5.8 所示的模型为例，来介绍创建曲面缝合的一般过程。

a）缝合前

b）缝合后

图 6.5.8 曲面的缝合

步骤01 打开文件 D:\inv19\work\ch06.05.03\sew.ipt。

步骤02 选择命令。在 曲面▼ 区域中单击"缝合"按钮，系统弹出"缝合"对话框。

步骤03 定义缝合对象。在系统 选择要缝合的实体 的提示下选取图6.5.8所示的曲面1、曲面2和曲面3为缝合对象。

步骤04 在该对话框中单击 应用 按钮，单击 完毕 按钮，完成缝合曲面的创建。

6.5.4 删除面

"删除"命令可以把现有多个面进行删除。下面以图6.5.9为例来说明其一般操作步骤。

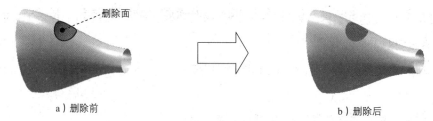

a）删除前　　　　　　　　　　b）删除后

图6.5.9　删除面

步骤01 打开文件 D:\inv19\work\ch06.05.04\Delete-Face.par。

步骤02 选择命令。在 三维模型 选项卡 修改▼ 区域中单击"删除面"按钮，系统弹出"删除面"对话框。

步骤03 定义删除面。选择图6.5.9所示的曲面为要删除的面。

步骤04 在"删除面"对话框中取消选中 □修复 复选项。

步骤05 单击 确定 按钮，完成删除面的创建。

6.6　曲面的圆角

6.6.1　等半径圆角

下面以图6.6.1所示的模型为例，介绍创建等半径圆角的一般操作步骤。

a）倒圆前　　　　　　　　　　b）倒圆后

图6.6.1　创建等半径圆角

步骤01 打开文件 D:\inv19\work\ch06.06.01\Fillet01.ipt。

步骤02 选择命令。在 修改 ▼ 区域中单击 按钮，系统弹出图6.6.2所示的"圆角"对话框。

步骤03 定义圆角类型。在"圆角"对话框单击"边圆角"按钮 ，并确认 等半径 选项卡被选中。

步骤04 定义圆角对象。在系统 选择一条边进行圆角 的提示下，选取图6.6.1所示的模型边线为要圆角的对象。

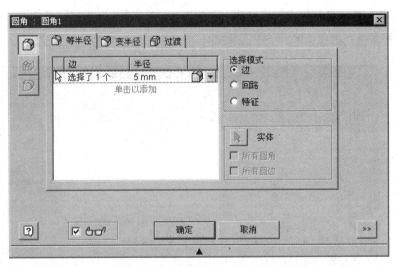

图6.6.2　"圆角"对话框

步骤05 定义圆角半径。在"圆角"对话框 半径 区域中输入数值5。

步骤06 单击"圆角"对话框中的 确定 按钮，完成等半径圆角的创建。

6.6.2　变半径圆角

变半径圆角可以生成带有可变半径值的圆角。创建图6.6.3所示变半径圆角的一般操作步骤如下：

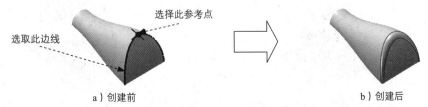

图6.6.3　创建变半径圆角

步骤01 打开文件 D:\inv19\work\ch06.06.02\Fillet02.ipt。

步骤02 选择命令。在 修改 ▼ 区域中单击 按钮，系统弹出"圆角"对话框。

步骤03 定义圆角类型。在"圆角"对话框单击"边圆角"按钮，并单击 选项卡。

步骤04 定义圆角对象。在系统 选择一条边进行圆角 的提示下，选取图 6.6.3a 所示的模型边线为要圆角的对象。

步骤05 定义倒圆参数。在绘图区域选取图 6.6.3a 所示的参考点，此时在"圆角"对话框"点"区域会添加除了开始点与结束点之外的另外一个点，然后在"圆角"对话框 半径 区域对应文本框中修改各控制点的半径值，并修改点 1 的位置（具体数值可参考图 6.6.4 所示）。

步骤06 单击对话框中的 确定 按钮，完成变半径圆角特征的定义。

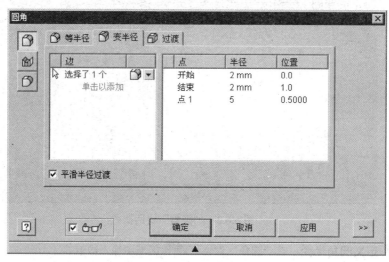

图 6.6.4 "圆角"对话框

6.6.3 面圆角

面圆角是把两个没有接触的面用圆角连接并剪切掉多余的部分。下面以图 6.6.5 所示的模型为例，介绍创建面圆角的一般操作步骤。

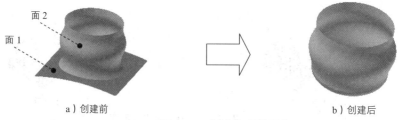

a) 创建前　　　　　　　　　　　　b) 创建后

图 6.6.5 创建变半径圆角

步骤01 打开文件 D:\inv19\work\ch06.06.03\Fillet03.ipt。

步骤02 在 修改 区域中单击 按钮，系统弹出"圆角"对话框。

步骤03 定义圆角类型。在"圆角"对话框单击"面圆角"按钮 。

步骤04 定义圆角面。在系统 选择面进行过渡 的提示下，选取图 6.6.5a 所示的面 1 与面 2，并单击 面集 2 区域中的"反向"按钮 。

步骤05 定义圆角半径。在"圆角"对话框 半径 文本框中输入数值 3，其他参数采用系统默认设置。

步骤06 单击对话框中的 确定 按钮，完成面圆角的创建。

6.6.4 完整圆角

完整圆角是相切于三个相邻面的圆角。下面以图 6.6.6 所示的模型为例，介绍创建完整圆角的一般操作步骤。

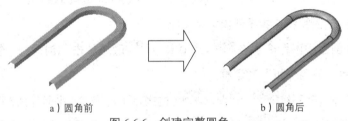

a）圆角前   b）圆角后

图 6.6.6 创建完整圆角

步骤01 打开文件 D:\inv19\work\ch06.06.04\Fillet04.ipt。

步骤02 在 修改 区域中单击 按钮，系统弹出"圆角"对话框。

步骤03 定义圆角类型。在"圆角"对话框单击"全圆角"按钮 。

步骤04 选取要圆角的对象。在系统 选择面进行过渡 的提示下，依次选取图 6.6.7a 所示的模型侧面集 1、中心面集、侧面集 2。

步骤05 单击对话框中的 确定 按钮，完成完整圆角的创建。

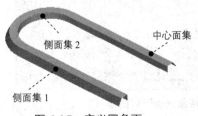

图 6.6.7 定义圆角面

6.7 曲面实体化操作

6.7.1 封闭曲面

"缝合曲面"命令可以将封闭的曲面缝合成一个面,并将其实体化。下面以图 6.7.1 所示的模型为例,介绍闭合曲面实体化的一般过程。

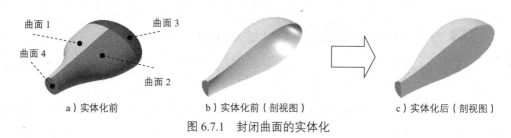

图 6.7.1　封闭曲面的实体化

步骤 01　打开文件 D:\inv19\work\ch06.07.01\thickening-the-model.ipt。

步骤 02　用剖面视图查看零件模型为曲面。

(1)选择剖面视图命令。在 检验 选项卡 分析 区域单击"剖视"按钮 ,系统弹出图 6.7.2 所示的"截面分析"对话框。

(2)定义剖面。在系统 选择平面或面(剖视) 的提示下选取 YZ 平面作为剖切面,在 剖切平面 区域单击 按钮,单击 确定 按钮,结果如图 6.7.3 所示,此时可看到在绘图区中显示的特征为曲面。

(3)取消零件观察结果。在浏览器 分析:剖视1(开) 上右击选择 分析可见性 命令,使其处于隐藏状态。

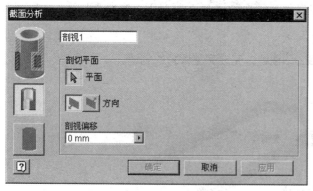

图 6.7.2　"截面分析"对话框

图 6.7.3　剖面视图结果

步骤 03　选择缝合曲面命令。单击 三维模型 选项卡 曲面▼ 区域中的"缝合"按钮,系统弹出"缝合"对话框。

步骤 04　定义缝合对象。选取图 6.7.1a 所示的曲面 1、曲面 2、曲面 3 和曲面 4（或在浏览器上选择🗀放样曲面1、🗀镜像1、🗀边界嵌片1、🗀边界嵌片2）为缝合对象。

步骤 05　定义实体化。在"缝合"对话框中确认 ☐ 保留为曲面 不被选中。

步骤 06　单击 应用 按钮，单击 完毕 按钮，完成曲面实体化的操作。

步骤 07　用剖面视图查看零件模型为实体。

（1）在浏览器 ⊞🗀分析:剖视1(关) 上右击选择 ⬢ 分析可见性 命令，使其处于显示的状态，结果如图 6.7.1c 所示，此时可看到在绘图区中显示的特征为实体。

（2）在浏览器 ⊞🗀分析:剖视1(开) 上右击选择 ✓ 分析可见性 命令，使其处于隐藏状态。

6.7.2　加厚曲面

"加厚"命令可以将开放的曲面（或开放的面组）转化为薄板实体特征。下面以图 6.7.4 为例，来说明加厚曲面的一般操作过程。

步骤 01　打开文件 D:\inv19\work\ch06.07.02\thicken.ipt。

步骤 02　选择命令。在 修改▼ 区域中单击"加厚/偏移"按钮 ⬚，系统弹出图 6.7.5 所示的"加厚/偏移"对话框。

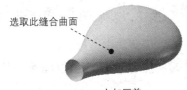

a）加厚前　　　　　　　　　　　b）加厚后

图 6.7.4　曲面的加厚

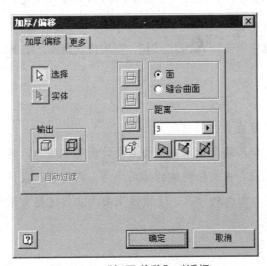

图 6.7.5　"加厚/偏移"对话框

步骤 03 定义加厚曲面。在对话框中选中 缝合曲面 复选框，选取图 6.7.4a 所示的曲面为加厚曲面。

步骤 04 定义加厚方向。在"加厚/偏移"对话框 距离 区域中单击 按钮。

步骤 05 定义厚度。在"加厚/偏移"对话框 距离 区域中的文本框中输入数值 1.5。

步骤 06 在该对话框中单击 确定 按钮，完成开放曲面的加厚。

6.7.3 替换面

使用"替换"命令可以用曲面替换实体的表面，替换曲面不必与实体表面有相同的边界。下面以图 6.7.6 所示的模型为例，说明用曲面替换实体表面的一般操作过程。

图 6.7.6 用曲面替换实体表面

步骤 01 打开文件 D:\inv19\work\ch06.07.03\Replace-Facep.ipt。

步骤 02 选择命令。在 三维模型 选项卡中单击 曲面 按钮，选择 替换面 命令，系统弹出"替换面"对话框。

步骤 03 定义替换的现有面。在系统 选择要替换的现有面 的提示下选取图 6.7.6a 所示的面 1 为替换的现有面。

步骤 04 定义新建面。在"替换面"对话框中单击 新建面 按钮，然后选取图 6.7.6a 所示的面 2 为新建面。

步骤 05 在该对话框中单击 确定 按钮，完成替换操作，结果如图 6.7.6b 所示。

学习拓展：扫码学习更多视频讲解。

讲解内容：主要包含产品设计基础，曲面设计的基本概念，常用的曲面设计方法及流程，曲面转实体的常用方法，典型曲面设计案例等。特别是对曲线与曲面的阶次、连续性及曲面分析这些背景知识进行了系统讲解。

第 7 章 钣 金 设 计

7.1 钣金设计入门

本章主要介绍了钣金设计概念及 Inventor 钣金中的功能选项卡,它们是钣金设计入门的必备知识,希望读者在认真学习本章后对钣金的基本知识有一定的了解。

7.1.1 钣金设计概述

钣金件是利用金属的可塑性,针对金属薄板(一般是指 5mm 以下)通过弯边、冲裁、成型等工艺,制造出单个零件,然后通过焊接、铆接等装配成完整的钣金件。其最显著的特征是同一零件的厚度一致。由于钣金成型具有材料利用率高、重量轻、设计及操作方便等特点,所以钣金件的应用十分普遍,几乎占据了所有行业,如机械、电器、仪器仪表、汽车和航空航天等。在一些产品中,钣金零件占全部金属制品的 80% 左右。图 7.1.1 所示为常见的几种钣金零件。

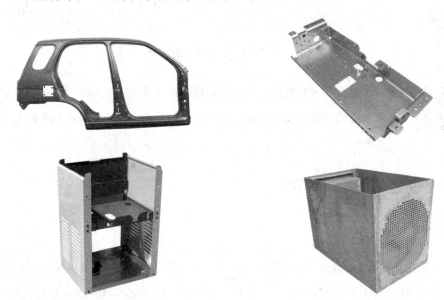

图 7.1.1 常见的几种钣金件

使用 Inventor 软件创建钣金件的过程大致如下。

步骤01 通过新建一个钣金件模型,进入钣金设计环境。

步骤02 以钣金件所支持或保护的内部零部件大小和形状为基础,创建基础钣金特征。

步骤03 在基础钣金特征创建之后,往往需要在其基础上添加另外的钣金壁,即凸缘、异形板等特征。

步骤04 在钣金模型中,还可以随时添加一些如剪切特征、孔特征和拐角倒角特征等。

步骤05 创建钣金冲压特征,为钣金的折弯做准备。

步骤06 进行钣金的折弯。

步骤07 进行钣金的展平图样的创建。

步骤08 创建钣金件的工程图。

7.1.2 钣金设计环境中的功能选项卡

钣金设计环境中的功能选项卡包含"钣金"、"三维模型"、"检验"、"工具"、"管理"、"视图"、"环境"和"快速入门"等,其中"钣金"选项卡下包含"草图"、"创建"、"修改"、"定位特征"、"阵列"、"设置"和"展开模式",如图 7.1.2 所示,其他选项卡与零件环境相同,这里不再赘述。

图 7.1.2 "钣金"选项卡

 用户会看到有些菜单命令和按钮处于非激活状态(呈灰色,即暗色),这是因为它们目前还没有处在发挥功能的环境中,一旦它们进入有关的环境,便会自动激活。

7.2 创建钣金基础特征

7.2.1 平板

平板是指其厚度一致的平整薄板,它是一个钣金零件的"基础",其他的钣金特征(如凸缘、异形板、折弯、剪切等)都要在这个"基础"上构建,因而这个平整的薄板就是钣金件最重要的部分。

1. 创建"平板"的两种类型（图 7.2.1）

图 7.2.1 平板钣金壁的两种类型

进入 Inventor 的钣金件设计环境后，在软件界面上方会显示图 7.2.2 所示的"钣金"功能选项卡中的"创建"工具栏，该工具栏中包含 Inventor 中几乎所有的钣金特征命令，特征命令的选取方法一般是单击其中的命令按钮。

单击"平板"按钮，即可用来构造一个基本特征，也可以用来将特征添加到现有的钣金零件上，如图 7.2.1 所示。

2. 创建平板的一般过程

基本平板特征是创建一个平整的钣金基础特征，在创建钣金零件时，需要先绘制钣金壁的正面轮廓草图（轮廓必须是闭合的），必须定义需要的材料方向。添加平板特征是在已有的钣金壁上创建平整的钣金薄壁材料，其材料方向无须用户定义，系统自动设定为与已存在钣金壁的加厚方向相同。

（一）基本平板特征

下面以图 7.2.3 所示的模型为例，来说明创建基本平板钣金壁的一般操作过程。

图 7.2.2 "创建"工具栏　　　图 7.2.3 创建基本平板特征

步骤 01 新建钣金文件。选择下拉菜单 文件 ➡ 新建 ➡ 新建 以模板列表创建文件 命令，系统弹出"新建文件"对话框，选取"Sheet Metal.ipt"钣金件模板，单击 创建 按钮。

除 步骤 01 中的叙述外，还有两种方法可以进入钣金设计环境。

◆ 首先新建一个实体零件，然后在零件对话框中单击 三维模型 选项卡 转换 区域中的"转换为钣金"按钮，即可转换到钣金设计环境。

◆ 直接打开一个钣金零件进入钣金设计环境。

步骤02 定义平板特征的截面草图。

（1）选择命令。单击 钣金 功能选项卡 草图 区域中的 按钮。

（2）选取草图平面。在系统 选择平面以创建草图或选择现有草图以进行编辑 的提示下，选取 XZ 平面作为草图平面，进入草图绘制环境。

（3）绘制图 7.2.5 所示的截面草图。

（4）单击 钣金 功能选项卡 退出 区域中"完成草图"按钮 ，退出草图绘制环境。

步骤03 选择命令。单击 钣金 功能选项卡 创建 区域中的"平板"按钮 ，系统弹出图 7.2.6 所示的"面"对话框。

步骤04 定义截面轮廓。在绘图区域中选取图 7.2.6 所示的封闭区域为平板特征的截面轮廓。

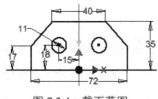

图 7.2.4　截面草图

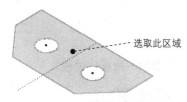

图 7.2.6　选取截面轮廓

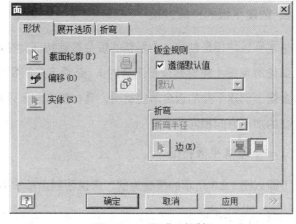

图 7.2.5　"面"对话框

步骤05 定义钣金材料方向。在"面"对话框 形状 区域通过单击"偏移"按钮 偏移(O) 将钣金材料方向调整至图 7.2.7 所示的方向。

图 7.2.5 所示的"面"对话框中各选项的说明如下。

◆ 形状 选项卡：用于控制钣金平板截面的选择以及要使用的折弯设置。

● 截面轮廓(P)：用于选择一个或者多个假面轮廓，按照钣金厚度进行拉伸，如果草图中只有一个截面轮廓，系统将自动选择该轮廓。

● 偏移(O)：用于调整钣金材料的方向，如图 7.2.8 所示。

◆ 展开选项 选项卡：用于设置展开规则。

◆ 折弯 选项卡：用于设置释放槽的类型参数。

步骤06 单击"面"对话框中的 确定 按钮。

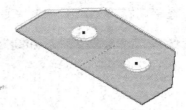

图 7.2.7 定义材料方向

步骤07 定义钣金材料厚度。单击 钣金 功能选项卡 设置 区域中的"钣金默认设置"按钮，系统弹出图 7.2.9 所示的"钣金默认设置"对话框；在 钣金规则(S) 下拉列表中选择 默认_mm 选项，取消选中 □ 使用规则中的厚度(R) 复选框，在 厚度(T) 文本框中输入数值为 1.0，其他参数接受系统默认设置，单击 确定 按钮，完成钣金材料厚度的设置。

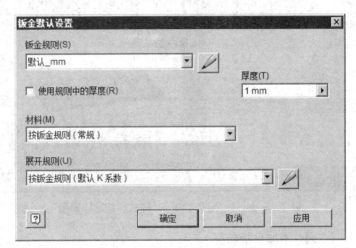

图 7.2.8 调整钣金材料方向　　　　图 7.2.9 "钣金默认设置"对话框

图 7.2.9 所示的"钣金默认设置"对话框中各选项的说明如下。

- ◆ 钣金规则(S) 区域：用于指定或者修改钣金规则的参数值。
  - ● ✎：用于编辑钣金规格，单击此按钮，系统会弹出图 7.2.10 所示的"样式和标准编辑器"对话框，在此对话框中可以定义包括"材料"、"厚度"、"折弯"、"拐角"和"展开模式"选项的选择和值，也可以新建一个样式。
  - ● □ 使用规则中的厚度(R) 选项：用于设置是否使用钣金规则中的默认数值，如果选中，将使用规则值；如果不选中，则可以根据需要输入一具体值。
- ◆ 材料(M) 区域：用于给当前钣金件指定材料。
- ◆ 展开规则(U) 区域：用于设置钣金展开规则，单击 ✎ 按钮，可用于编辑当前选中的展开规则。

步骤 08 保存模型文件。选择下拉菜单 文件 → 保存 命令，文件名称为 tack。

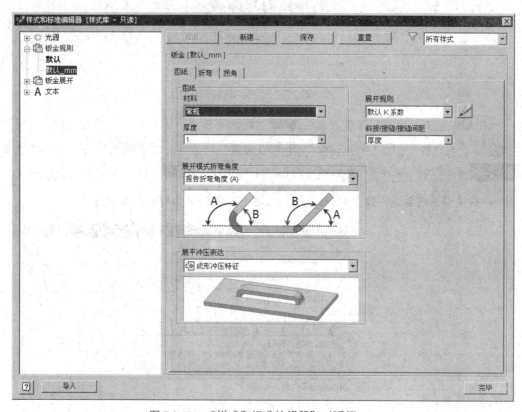

图 7.2.10 "样式和标准编辑器"对话框

（二）添加平板特征

下面继续以 Task1 的模型为例，说明添加平板特征（图 7.2.11）的一般操作过程。

步骤 01 定义平板特征的截面草图。

（1）选择命令。单击 钣金 功能选项卡 草图 区域中的 按钮。

（2）选取草图平面。在系统 选择平面以创建草图或选择现有草图以进行编辑 的提示下，选取图 7.2.11 所示的模型表面作为草图平面，进入草图绘制环境。

（3）绘制图 7.2.12 所示的截面草图。

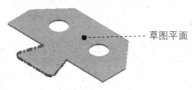

图 7.2.11 创建添加平板特征

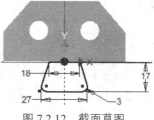

图 7.2.12 截面草图

（4）单击 钣金 功能选项卡 退出 区域中的"完成草图"按钮 ✓，退出草图绘制环境。

步骤 02 选择命令。单击 钣金 功能选项卡 创建 区域中的"平板"按钮，系统弹出"面"对话框。

步骤 03 单击"面"对话框中的 确定 按钮，完成添加平板特征的创建。

7.2.2 凸缘

钣金凸缘是在已存在的钣金壁的边缘上创建的折弯，其厚度与原有钣金厚度相同。在创建凸缘特征时，需先在已存在的钣金中选取某一条边线作为凸缘钣金壁的附着边，其次需要定义凸缘特征的其余参数。

下面以图 7.2.13 所示的模型为例，说明创建凸缘钣金壁的一般操作过程。

a) 创建前   b) 创建后

图 7.2.13 创建凸缘特征

步骤 01 打开文件 D:\inv19\work\ch07.02.02\practice.ipt。

步骤 02 选择命令。单击 钣金 功能选项卡 创建 区域中的"凸缘"按钮，系统弹出图 7.2.14 所示的"凸缘"对话框。

步骤 03 选取附着边。选取图 7.2.15 所示的模型边线为凸缘的附着边。

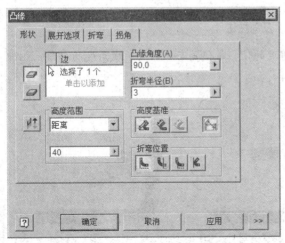

图 7.2.14 "凸缘"对话框（一）

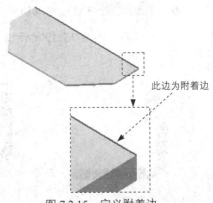

图 7.2.15 定义附着边

步骤 04 定义凸缘形状属性。在"凸缘"对话框的 高度范围 区域的下拉列表中选择 距离 选项,在"距离"下拉列表中输入数值 15.0;在 凸缘角度(A) 文本框中输入数值 90;在 折弯半径(B) 文本框中采用系统默认的 折弯半径 选项;在 高度基准 区域中将"从两个外侧面的交线折弯"按钮 按下,在 折弯位置 区域中将"折弯面范围之内"按钮 按下。

图 7.2.14 所示的"凸缘"对话框(一)中的部分按钮说明如下。

- ◆ （边选择模式）按钮:单击该按钮,可用于选择应用于凸缘的一条或者多条独立的边线,如图 7.2.16 所示。
- ◆ （回路选择模式）按钮:单击该按钮,可用于选择一个边回路,然后将凸缘应用于选定回路的所有边线,如图 7.2.17 所示。

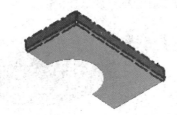
图 7.2.16 边选择模式

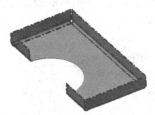
图 7.2.17 回路选择模式

- ◆ （反向）按钮:用于调整凸缘生成的反向,如图 7.2.18 所示。

a）反向前

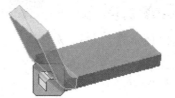
b）反向后

图 7.2.18 反向按钮

- ◆ 凸缘角度(A) 区域:可以输入折弯角度的值,该值是与原钣金所成角度的补角,几种折弯角度如图 7.2.19 所示。

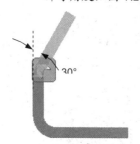
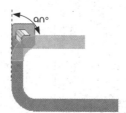
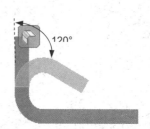

图 7.2.19 设置折弯角度值

- ◆ 折弯半径(B) 区域:用于设置凸缘折弯半径。

◆ 高度基准 区域：用于选择定义凸缘高度时选取哪个面作为高度测量基准。
- 从两个外交面的交线折弯：凸缘的总长是从折弯面的外部虚拟交点处开始计算，直到折弯平面区域端部为止的距离，如图 7.2.20a 所示。
- 从两个内侧面的交线折弯：凸缘的总长是从折弯面的内部虚拟交点处开始计算，直到折弯平面区域端部为止的距离，如图 7.2.20b 所示。
- 平行于凸缘终止面：凸缘的总长距离是从折弯面相切虚拟交点处开始计算，直到折弯平面区域的端部为止的距离（只对大于 90°的折弯有效），如图 7.2.20c 所示。

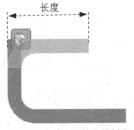 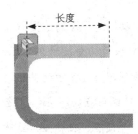 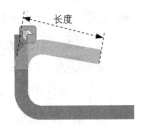

a）从两个外交面的交线折弯　　b）从两个内侧面的交线折弯　　c）平行于凸缘终止面

图 7.2.20　设置法兰长度选项

- 对齐与平行：此选项用于控制高度测量值是与凸缘面对齐还是与基础面正交，如图 7.2.21 所示。

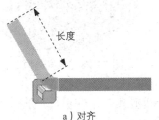 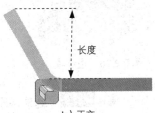

a）对齐　　　　　　　　　　　　　　　　b）正交

图 7.2.21　对齐与平行选项

◆ 折弯位置 区域：用于选择相对于包含选定边的面定位折弯。
- 基础面范围之内：凸缘的外侧面与附着边平齐，如图 7.2.22 所示。
- 从相邻面折弯：把凸缘特征直接加在基础特征上来创建材料而不改变基础特征尺寸，如图 7.2.23 所示。

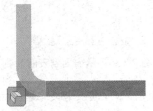 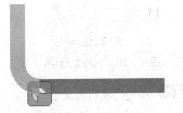

图 7.2.22　基础面范围内　　　　　　图 7.2.23　从相邻面折弯

- **基础面范围之外**：凸缘的内侧面与附着边平齐，如图 7.2.24 所示。
- **从侧面相切的折弯**：凸缘圆弧面的相切面与附着边平齐，如图 7.2.25 所示。

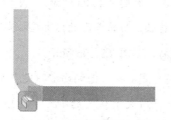　　　　

图 7.2.24　基础面范围之外　　　　图 7.2.25　从侧面相切的折弯

◆ 按钮：单击此按钮可以指定凸缘的范围。

- **边**：用于创建选定平板边的全长的凸缘，如图 7.2.26 所示。
- **宽度**：用于从选定边创建特定宽度的凸缘，分为以下两种。
    - ☑ **居中**：从选定边的中点为基准创建特定宽度的凸缘，如图 7.2.27 所示。
    - ☑ **偏移**：选定一个顶点、工作点、工作平面或者模型表面作为参考，偏移一定的值来创建指定宽度的凸缘，如图 7.2.28 所示。

　　　　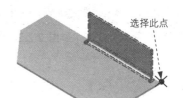

图 7.2.26　边选项　　　图 7.2.27　宽度选项 1　　　图 7.2.28　宽度选项 2

- **偏移量**：选定两个顶点、工作点、工作平面或者模型表面作为参考，分别输入偏移量创建凸缘，如图 7.2.29 所示。
- **从表面到表面**：选定两个顶点、工作点、工作平面或者模型表面作为参考来创建凸缘，如图 7.2.29 所示，效果如图 7.2.30 所示。

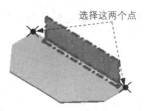　　　　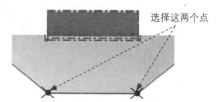

图 7.2.29　偏移量选项　　　　图 7.2.30　从表面到表面选项

步骤 05 定义凸缘折弯属性。在"凸缘"对话框中单击 **折弯** 选项卡，此选项卡内容接受系统默认设置，如图 7.2.31 所示。

图 7.2.31 所示的"凸缘"对话框（二）中的部分选项说明如下。

◆ 释压形状(S)区域：用于设置钣金件中释放槽的类型。

 • 默认（线性过渡）：用于由方形拐角定义的折弯释放槽的形状，效果如图 7.2.32 所示。

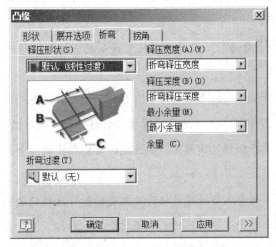

图 7.2.31 "凸缘"对话框（二）

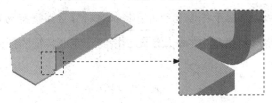

图 7.2.32 线性过渡类型

 • 水滴形：用于创建在凸缘壁的连接处，通过垂直切割主壁材料至折弯线处构建的释放槽，效果如图 7.2.33 所示。

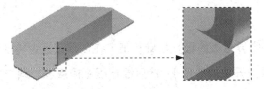

图 7.2.33 水滴形类型

 • 圆角：用于创建在凸缘的连接处，将主壁材料切割成矩圆形缺口构建的释放槽，效果如图 7.2.34 所示。

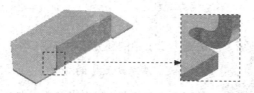

图 7.2.34 圆角类型

- **释压宽度(A)(W)** 对话框：用于定义折弯释压的宽度，在对话框释放槽预览区域标示为"A"。
- **释压深度(B)(D)** 对话框：用于定义折弯释压的深度，在对话框释放槽预览区域标示为"B"。
- **最小余量(M)** 对话框：用于定义沿折弯释压切割允许保留的最小备料的可接受大小。
- **折弯过渡(T)** 区域：用于在进行折弯操作时折弯过渡的形式。
  - **无**：用于根据几何图元，在选定折弯处相交的两个面的边之间会产生一条样条曲线。
  - **交点**：用于从与折弯特征的边相交的折弯区域的边上产生一条直线。
  - **直线**：用于从折弯区域的一条边到另一条边产生一条直线。
  - **圆弧**：用于从与折弯特征的边相交的折弯区域的边上产生一段圆弧。
  - **修剪到折弯**：用于将垂直于折弯特征对折弯区域进行切割。

步骤06 单击"凸缘"对话框中的 **确定** 按钮，完成特征的创建。

7.2.3 异形板

异形板特征是以扫掠的方式创建钣金壁。在创建异形板特征时需要先绘制钣金壁的侧面轮廓草图，然后给定钣金的宽度值（扫掠轨迹的长度值），则系统将轮廓草图沿指定方向延伸至指定的深度，形成钣金壁。值得注意的是，异形板所使用的草图必须是不封闭的。

1. 基本异形板特征

基本异形板是创建一个异形板的钣金基础特征。在创建该钣金特征时，需要先绘制钣金壁的侧面轮廓草图（必须为开放的线条），然后给定钣金厚度和材料方向。下面以图 7.2.35 所示的模型为例，说明创建基本异形板的一般操作过程。

步骤01 新建一个钣金件模型，进入钣金设计环境。

步骤02 定义异形板特征的截面草图。

（1）选择命令。单击 **钣金** 功能选项卡 **草图** 区域中的 按钮。

（2）选取草图平面。在系统 选择平面以创建草图或选择现有草图以进行编辑 的提示下，选取 XY

平面作为草图平面，进入草图绘制环境。

（3）绘制图 7.2.36 所示的截面草图。

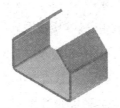

图 7.2.35 基本异形板

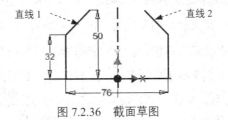

图 7.2.36 截面草图

在绘制图 7.2.36 所示的草图时，直线 1 与直线 2 相互垂直。

（4）单击 草图 功能选项卡 退出 区域中 "完成草图" 按钮 ✓，退出草图绘制环境。

步骤03 选择命令。单击 钣金 功能选项卡 创建 区域中的 "异形板" 按钮 ▶，系统弹出图 7.2.37 所示的 "异形板" 对话框。

图 7.2.37 "异形板" 对话框

在绘制轮廓弯边的截面草图时，如果没有将折弯位置绘制为圆弧，系统将在折弯位置自动创建圆弧以作为折弯的半径。

步骤04 定义截面轮廓。在系统 选择开放截面轮廓 的提示下，选取 步骤02 中创建的草图作为截面轮廓。

步骤05 定义异形板参数。

（1）定义材料加厚方向。在"异形板"对话框 偏移方向 区域中确认 被按下。

（2）定义折弯半径。在"异形板"对话框 折弯 区域 半径(R) 文本框中输入数值 3。

（3）定义钣金板长度。在"异形板"对话框 距离(D) 文本框中输入数值 50.0。

步骤06 单击"异形板"对话框中的 确定 按钮，完成异形板的创建。

步骤07 定义钣金材料厚度。单击 钣金 功能选项卡 设置 区域中的"钣金默认设置"按钮 ，系统弹出"钣金默认设置"对话框；在 钣金规则(S) 下拉列表中选择 默认_mm 选项，取消选中 使用规则中的厚度(R) 复选框，在 厚度(T) 文本框中输入数值为 3.0，其他参数接受系统默认设置，单击 确定 按钮，完成钣金材料厚度的设置。

步骤08 保存模型文件。选择下拉菜单 文件 → 保存 命令，文件名称为 schema。

2. 第二次异形板特征

第二次异形板是根据用户定义的侧面形状并沿着已存在的钣金体的边缘进行拉伸所形成的钣金特征，其壁厚与原有钣金壁相同。下面以上面创建的模型为例，来说明创建第二次异形板的一般操作过程（图 7.2.38）。

步骤01 定义第二次异形板特征的截面草图。

（1）选择命令。单击 钣金 功能选项卡 草图 区域中的 按钮。

（2）选取草图平面。在系统 选择平面以创建草图或选择现有草图以进行编辑 的提示下，选取 YZ 平面作为草图平面，进入草图绘制环境。

（3）绘制图 7.2.39 所示的截面草图。

图 7.2.38　创建第二次异形板

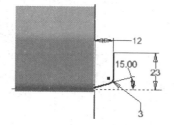

图 7.2.39　截面草图

（4）单击 钣金 功能选项卡 退出 区域中"完成草图"按钮 ，退出草图绘制环境。

步骤02 选择命令。单击 钣金 功能选项卡 创建 区域中的"异形板"按钮 ，系统弹出"异形板"对话框。

步骤 03 定义截面轮廓。在系统 选择开放截面轮廓 的提示下，选取 步骤 01 中创建的草图作为截面轮廓。

步骤 04 定义附着边。在系统 选择边 的提示下，选取图 7.2.40 所示的模型边线为异形板的附着边。

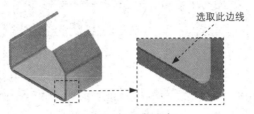

图 7.2.40 定义附着边

步骤 05 定义异形板参数。

（1）定义材料加厚方向。在"异形板"对话框中确认 被按下。

（2）定义钣金板长度。在"异形板"对话框 类型(T) 下拉列表中选择 宽度 选项，并在宽度文本框中输入数值 40。

（3）定义止裂槽。在"异形板"对话框中单击 折弯 选项卡，在 释压形状(S) 下拉列表中选择 圆角 选项，在 释压深度(B)(D) 文本框中输入数值 3。

步骤 06 单击"异形板"对话框中的 确定 按钮，完成图 7.2.38 所示的异形板的创建。

7.2.4 卷边

卷边特征是沿着钣金件的任何一条边线折叠构造卷边。下面以图 7.2.41 所示的模型为例，说明创建卷边的一般过程。

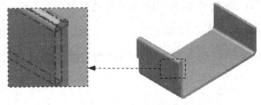

图 7.2.41 创建卷边特征

步骤 01 打开文件 D:\inv19\work\ch07.02.04\schema.ipt。

步骤 02 选取命令。单击 钣金 功能选项卡 创建 区域中的"卷边"按钮 卷边，系统弹出图 7.2.42 所示的"卷边"对话框。

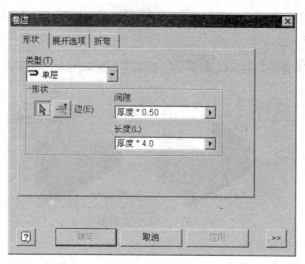

图 7.2.42 "卷边"对话框

图 7.2.42 所示的"卷边"对话框中的部分按钮说明如下。

- 类型(T) 区域：用于设置卷边的类型。
- 边(E) 按钮：用于选取附着边，并且可以反转卷边的方向。
- 间隙 文本框：在此文本框中输入不同的数值，可改变卷边特征的内壁面与附着边之间的垂直距离（仅对"单层"、"双层"卷边类型使用）。
- 长度(L) 文本框：在此文本框中输入不同的数值，可以改变卷边的长度（仅对"单层"、"双层"卷边类型使用）。
- 半径(R) 文本框：在此文本框中输入不同的数值，可改变卷边内侧半径的大小（仅对"滚边形"、"水滴形"卷边类型使用）。
- 角度(A) 文本框：在此文本框中输入不同的数值，可改变卷边的角度（仅对"滚边形"、"水滴形"卷边类型使用）。

步骤03 选取线性边。选取图 7.2.43 所示的模型边线为卷边的附着边，单击 按钮调整特征的生成方向。

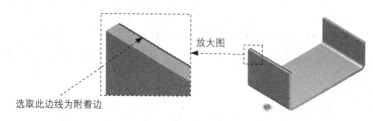

图 7.2.43 选取附着边

步骤04 定义卷边类型及属性。在"卷边"对话框 类型(T) 下拉列表中选中 单层 选项；在 间隙 文本框中输入数值 0.1；在 长度(L) 文本框中输入数值 8。

 在"卷边"对话框 类型(T) 下拉列表包含区域中的 卷边类型(T): 下拉列表包含 单层、水滴形、滚边形 和 双层 四种类型选项，如图 7.2.44 所示。

a）单层　　　　b）水滴形　　　　c）滚边形　　　　d）双层

图 7.2.44　定义卷边类型

步骤05 单击"卷边"对话框中的 确定 按钮，完成特征的创建。

7.2.5　钣金放样

钣金放样是通过两个钣金截面轮廓生成钣金，这两个截面轮廓必须位于两个平行的参考平面上。

下面以图 7.2.45 所示的模型为例，说明创建钣金放样的一般过程。

步骤01 打开文件 D:\inv19\work\ch07.02.05\blend.ipt。

步骤02 选取命令。单击 钣金 功能选项卡 创建 区域中的"钣金放样"按钮 钣金放样，系统弹出图 7.2.46 所示的"钣金放样"对话框。

图 7.2.46 所示的"钣金放样"对话框中的部分选项说明如下。

- 输出 区域：用于设置钣金放样的输出类型。
  - ：用于冲压成型输出的钣金放样，效果如图 7.2.47 所示。
  - ：用于折弯成形输出的钣金放样，此类钣金件完全由平面或者圆柱面折弯组成的过度形状，效果如图 7.2.47 所示。

步骤03 定义特征的截面轮廓以及输出类型。在系统 选择第一个打开或关闭的截面轮廓 的提示下，选取图 7.2.48 所示的草图 1 为截面轮廓 1；然后选取图 7.2.48 示的草图 2 为截面轮廓 2，并在对话框中确认"冲压成型"按钮 被选中。

步骤04 单击"钣金放样"对话框中的 确定 按钮，完成特征的创建。

图 7.2.45 创建钣金放样特征

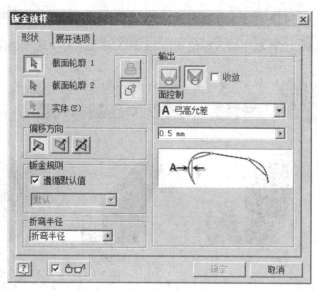

图 7.2.46 "钣金放样"对话框

图 7.2.47 折弯成形输出类型

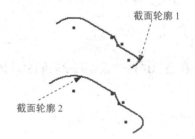

图 7.2.48 定义截面轮廓

7.3 折弯钣金体

7.3.1 折叠

钣金折叠是将钣金的平面区域沿指定的直线弯曲某个角度。

钣金折叠特征包括如下三个要素。

- ◆ 折叠角度：折叠折弯的弯曲程度。
- ◆ 折叠半径：折叠处的内半径或外半径。
- ◆ 折叠应用曲线：确定折弯位置和折叠形状的几何线。

下面以图 7.3.1 所示的模型为例，说明创建折叠的一般过程。

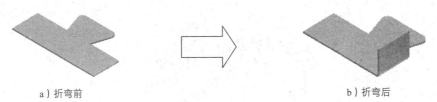

图 7.3.1　折叠的一般过程

步骤 01　打开文件 D:\inv19\work\ch07.03.01\fold.ipt。

步骤 02　绘制折弯线。选取图 7.3.2 所示的模型表面作为草图平面，绘制图 7.3.3 所示的截面草图。

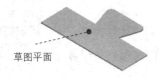

图 7.3.2　选取草图平面

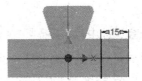

图 7.3.3　截面草图

步骤 03　选择命令。单击 钣金 功能选项卡 创建 区域中的"折叠"按钮 折叠，系统弹出图 7.3.4 所示的"折叠"对话框。

步骤 04　选取折弯线。选取图 7.3.5 所示的直线作为折弯线。

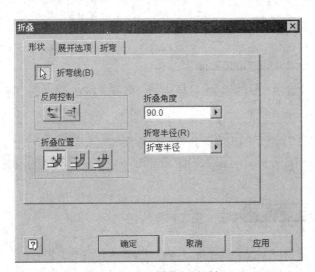

图 7.3.4　"折叠"对话框

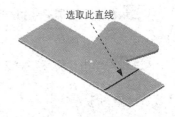

图 7.3.5　选取折弯线

步骤 05　定义折弯属性。在"折叠"对话框 反向控制 区域单击"反转到对侧"按钮 ，使折叠方向如图 7.3.6 所示；在 折叠位置 区域选中"折弯中心线"按钮 ；在 折叠角度 文本框中输入数值 90；

图 7.3.6 折叠方向

步骤06 单击"折叠"对话框中的 确定 按钮,完成特征的创建。

7.3.2 展开

在钣金设计中,如果需要在钣金件的折叠区域创建剪切或孔等特征,首先用展开命令可以取消折弯钣金件的折叠特征,然后就可以在展开的折叠区域创建剪切或孔等特征。

下面以图 7.3.7 所示的模型为例,说明展开特征的一般过程。

a)展开前　　　　　　　　　　　　　　　　　　b)展开后

图 7.3.7 钣金展开

步骤01 打开文件 D:\inv19\work\ch07.03.02\ unfold.ipt。

步骤02 选择命令。单击 钣金 功能选项卡 修改 ▼ 区域中的"展开"按钮 展开,系统弹出"展开"对话框。

步骤03 选取基础参考。选取图 7.3.7a 所示的内表面为基础参考面。

步骤04 选取要展开的折弯面。在"展开"对话框 展开几何图元(B) 区域单击 添加所有折弯 按钮。

步骤05 单击"展开"对话框中的 确定 按钮,完成特征的创建。

7.3.3 重新折叠

将展开后钣金壁部分或全部折弯回来(图 7.3.8),就是钣金的重新折叠。

下面以图 7.3.8c 所示的模型为例,说明重新折叠的一般过程。

a）原钣金件　　　　　　b）展开钣金件　　　　　　c）钣金的重新折叠

图 7.3.8　钣金的重新折叠

步骤01　打开文件 D:\inv19\work\ch07.03.03\cancel.ipt。

步骤02　选择命令。单击 钣金 功能选项卡 修改▼ 区域中的"重新折叠"按钮 重新折叠，系统弹出"重新折叠"对话框。

步骤03　选取基础参考。在系统的提示下，选取图 7.3.9 所示的模型表面。

步骤04　选取要重新折叠的展开的折叠面。在系统 选择要重新折叠的展开的折弯面 的提示下，选取图 7.3.10 所示的折叠特征。

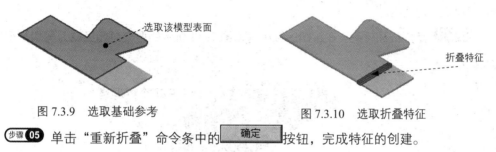

图 7.3.9　选取基础参考　　　　　　图 7.3.10　选取折叠特征

步骤05　单击"重新折叠"命令条中的 确定 按钮，完成特征的创建。

7.4　钣金的其他处理方法

通过前几节的学习，已经熟悉了一些钣金设计的命令，应用这些命令来完成整个钣金件的设计还是不够的，下面将结合实例讲解钣金设计的其余命令。

7.4.1　剪切

剪切是沿着垂直于草图平面，以一组连续的曲线作为裁剪的轮廓线进行拉伸裁剪。剪切与实体拉伸切除特征的结果大致相同。

下面以图 7.4.1 所示的模型为例，说明创建剪切的一般过程。

图 7.4.1　创建剪切特征

步骤01　打开文件 D:\inv19\work\ch07.04.01\remove。

步骤02　定义剪切特征的截面草图。

（1）选择命令。单击 钣金 功能选项卡 草图 区域中的 按钮。

（2）选取草图平面。在系统 选择平面以创建草图或选择现有草图以进行编辑 的提示下，选取图 7.4.2 所示的面作为草图平面，进入草图绘制环境。

（3）绘制图 7.4.3 所示的截面草图。

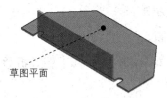

图 7.4.2　选取草图平面

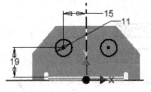

图 7.4.3　截面草图

（4）单击 草图 功能选项卡 退出 区域中的"完成草图"按钮，退出草图绘制环境。

步骤03 选择命令。单击 钣金 功能选项卡 修改 区域中的"剪切"按钮，系统弹出"剪切"对话框。

步骤04 定义截面轮廓。在绘图区域中选取图 7.4.4 所示的两个封闭区域为剪切特征的截面轮廓。

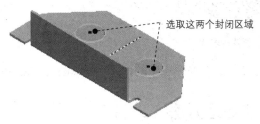

图 7.4.4　定义截面轮廓

步骤05 定义剪切参数。在"剪切"对话框 范围 区域中的下拉列表中选择 贯通 选项，将方向设置为"方向2"类型 。

步骤06 单击"剪切"对话框中的 确定 按钮，完成特征的创建。

7.4.2　孔

孔特征包含简单孔、螺纹孔、沉孔等，其生成孔特征的操作步骤与零件模块完全一致，在这里不再赘述。

7.4.3　拐角圆角

拐角圆角特征即对钣金件在厚度方向上倒圆角。下面以图 7.4.5 所示的模型为例，来说明创建拐角圆角特征的一般操作过程。

步骤01 打开文件 D:\inv19\work\ch07.04.03\Break-corner。

步骤02 选择命令。单击 钣金 功能选项卡 修改 区域中的"拐角圆角"按钮 拐角圆角，系统弹出图 7.4.6 所示的"拐角圆角"对话框。

步骤03 定义拐角圆角的参数。

（1）选取图 7.4.7 所示的四条模型边线为圆角参照边。

a）拐角圆角前　　　　　　　　　　　　　　b）拐角圆角后

图 7.4.5　创建拐角圆角

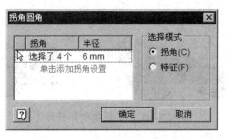

图 7.4.6　"拐角圆角"对话框

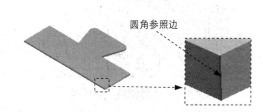

图 7.4.7　定义拐角圆角参照边

图 7.4.6 所示的"拐角圆角"对话框中的部分按钮说明如下。

- 拐角：定义用于圆角的一组钣金拐角。
- 半径：用于指定一组选定拐角的半径。
- 选择模式 区域：用于设置改变从拐角组中添加或删除拐角的方法。
- 拐角(C)：选中该复选框用于选择或者删除单个拐角特征。
- 特征(F)：选中该复选框用于选择或删除某个特征的所有拐角。

（2）定义拐角圆角属性。在"拐角圆角"对话框中输入半径值为 5。

步骤04 单击"拐角圆角"对话框中的 确定 按钮，完成拐角圆角特征的创建。

7.4.4　拐角倒角

拐角倒角特征可以对钣金件表面棱边或厚度方向的棱边进行倒角。下面以图 7.4.8 所示的模型为例，来说明创建拐角倒角特征的一般操作过程。

步骤01 打开文件 D:\inv19\work\ch07.04.04\wall.ipt。

步骤02 选择命令。单击 钣金 功能选项卡 修改 区域中的"拐角倒角"按钮，系统弹出图7.4.9所示的"拐角倒角"对话框。

图 7.4.8　创建拐角倒角

步骤03　定义拐角倒角的参数。

（1）选取图 7.4.10 所示的两条模型边线为倒角参照边。

（2）在"拐角倒角"对话框 倒角边长 文本框中输入数值 4.0。

图 7.4.9　"拐角倒角"对话框

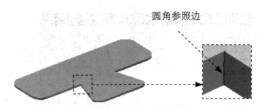

图 7.4.10　定义拐角倒角参照边

步骤04　单击"拐角倒角"对话框中的 确定 按钮，完成拐角倒角特征的创建。

 当用户在一条边缘上创建了一个"倒斜角"特征后，倒角后的边缘仍可以进行倒角。建议用户在整个钣金设计的最后阶段，完成所有的倒角。

7.4.5　拐角接缝

拐角接缝可以修改两个相邻弯边特征间的缝隙并创建一个止裂口，在创建拐角接缝时需要确定希望封闭的两个折弯中的一个折弯。

下面以图 7.4.11 所示的模型为例，说明创建拐角接缝特征的一般操作过程。

图 7.4.11　创建拐角接缝特征

步骤01 打开文件 D:\inv19\work\ch07.04.05\coner-joint.ipt。

步骤02 选择命令。单击 钣金 功能选项卡 修改 ▼ 区域中的"拐角接缝"按钮 ，系统弹出图 7.4.12 所示的"拐角接缝"对话框。

步骤03 定义拐角接缝参照边。在系统 选择边 的提示下，依次选取图 7.4.13 所示的边线 1 与边线 2 作为参照。

步骤04 定义接缝参数，在"拐角接缝"对话框 接缝 区域选中 ⊙ 面边距离 复选框，单击"交迭"按钮 ，在 0-1 文本框中输入数值 1.0，在 间隙(G) 文本框中输入数值 0.1，其余参数接受系统默认设置。

步骤05 单击"拐角接缝"对话框中的 确定 按钮，完成图 7.4.14 所示的特征的创建。

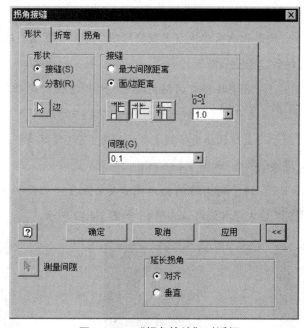

图 7.4.12 "拐角接缝"对话框

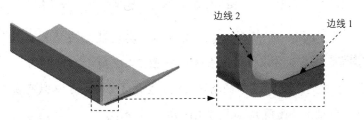

图 7.4.13 定义拐角接缝参照边

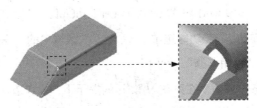

图 7.4.14 创建拐角接缝特征

图 7.4.12 所示的"拐角接缝"对话框中的各按钮说明如下。

- **形状** 区域：选择模型的边并指定是否接缝拐角。
- **接缝** 区域：用于控制接缝间隙交迭类型、间隙距离值以及交迭百分比等。
- **最大间隙距离**：使用该选项创建拐角接缝间隙，可以与使用物理检测标尺方式一致的方式对其进行测量。
- **面边距离**：使用该选项创建拐角接缝间隙，可以测量从与选定的第一条边相邻的面到选定的第二条边的距离。
- （对称间隙）：用于将当前的拐角接缝类型设置为"对称间隙"（只有在选中 **最大间隙距离** 后才可以使用该选项），如图 7.4.15 所示。
- "交迭"：用于将当前的拐角接缝类型设置为"交迭"（只有在选中 **最大间隙距离** 后才可以使用该选项），如图 7.4.16 所示。
- "反向交迭"：用于将当前的拐角接缝类型设置为"反向交迭"（只有在选中 **最大间隙距离** 后才可以使用该选项），如图 7.4.17 所示。

图 7.4.15 "对称间隙"类型　　图 7.4.16 "交迭"类型　　图 7.4.17 "反向交迭"类型

- "无交迭"：用于将当前的拐角接缝类型设置为"无交迭"（只有在选中 **面边距离** 后才可以使用该选项），如图 7.4.18 所示。
- "交迭"：用于将当前的拐角接缝类型设置为"交迭"（只有在选中 **面边距离** 后才可以使用该选项），如图 7.4.19 所示。
- "反向交迭"：用于将当前的拐角接缝类型设置为"反向交迭"（只有在选中 **面边距离** 后才可以使用该选项），如图 7.4.20 所示。

第 7 章 钣金设计

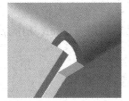  

图 7.4.18 "无交迭"类型　　图 7.4.19 "交迭"类型　　图 7.4.20 "反向交迭"类型

-  "百分比交迭":使用 0~1 的小数值来定义交迭部分占凸缘厚度的百分比,只有将交迭类型指定为交迭或反向交迭时,该选项有效。
- 间隙(G):用于指定拐角接缝的边之间(或面与边之间)的距离。
- 延长拐角:用于指定拐角如何延长。
- 对齐:用于投影第一个平板使其与第二个平板对齐。
- 垂直:用于投影第一个平板使其与第二个平板垂直。

7.5 钣金冲压

本节将详细介绍 Inventor 2019 软件中创建冲压特征的一般过程,冲压工具是预先定义好的冲压型孔以及冲压成型特征。当需要使用该特征时,需保证在已有板的基础上创建一个草图点,并以该草图点为基准选取冲压工具,最后将其插入。通过本节提供的一些具体范例的操作,读者可以掌握钣金设计中冲压特征的创建方法。

7.5.1 冲压工具

在冲压特征的创建过程中冲压工具的选择尤其重要,有了一个很好的冲压工具才可以创建完美的冲压特征。在 Inventor 2019 中用户可以直接使用软件提供的冲压工具或将其修改后使用,也可按要求自已创建冲压工具。本节将详细讲解使用冲压工具的几种方法。

1. **软件提供的冲压工具**

单击 钣金 功能选项卡 修改 ▼ 区域中的"冲压工具"按钮 ,系统弹出"冲压工具目录"对话框,在此对话框中可以浏览该文件夹中的冲压工具。

若选取要使用的冲压工具并打开,此时系统弹出"冲压工具"对话框,在此对话框中可以定义冲压工具的几何中心、角度以及大小规格。

2. 自定义冲压工具

冲压工具的定制相对来说比较简单，首先要创建出该特征，然后利用 iFeature 功能就可以定制冲压工具了。

下面以图 7.5.1 所示的冲压工具为例，讲述冲压工具定制的一般操作过程。

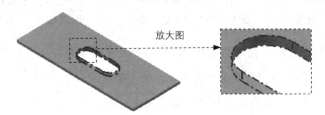

图 7.5.1　冲压工具

步骤 01　新建一个零件模型，进入零件设计环境。

步骤 02　创建图 7.5.2 所示的拉伸 1。在 创建 区域中单击 按钮，系统弹出"创建拉伸"对话框。单击"创建拉伸"对话框中的 创建二维草图 按钮，选取 XY 平面作为草图平面，绘制图 7.5.3 所示的截面草图。单击 草图 选项卡 返回到三维 区域中的 按钮，给定拉伸高度值为 1。单击对话框中的 确定 按钮，完成特征的创建。

图 7.5.2　拉伸 1

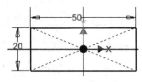

图 7.5.3　截面草图

步骤 03　创建图 7.5.4 所示的拉伸 2。在 创建 区域中单击 按钮，系统弹出"创建拉伸"对话框。单击"创建拉伸"对话框中的 创建二维草图 按钮，选取图 7.5.5 所示的模型表面作为草图平面，绘制图 7.5.6 所示的截面草图。单击 草图 选项卡 返回到三维 区域中的 按钮，在"拉伸"对话框中单击 按钮，然后在 范围 下拉列表中选择 贯通 选项。单击 确定 按钮，完成特征的创建。

图 7.5.4　拉伸 2

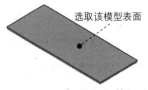

图 7.5.5　选取草图平面

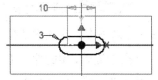

图 7.5.6　截面草图

在图 7.4.6 所示的草图中的原点位置要绘制一个定位参考点。

步骤04 创建冲压工具。

（1）选择命令。选择 管理 选项卡 编写 区域中的"提取 iFeature"命令 , 系统弹出"提取 iFeature"对话框。

（2）定义提取类型。在"提取 iFeature"对话框 类型 区域选中 ⦿ 钣金冲压 iFeature 单选项。

 选中 ⦿ 钣金冲压 iFeature 单选项之后，制造 与 深度 区域具备激活，以便定义冲压工具的制造信息与深度信息。

（3）选取需要提取为冲压工具的特征。在图形区域或者浏览器中选取 步骤02 中创建的剪切特征，选取完成后，在"提取 iFeature"对话框中会自动提取选择的特征的自定义参数，如图 7.5.7 所示。

（4）添加并定义尺寸参数。

① 在"提取 iFeature"对话框 所选特征 区域选中 x= d4 [3 mm]，然后单击 >> 按钮。

② 参照上一步，将 x= d5 [10 mm] 与 x= d7 [0.0 deg] 添加至 尺寸参数 列表。

③ 在"提取 iFeature"对话框 尺寸参数 区域中，将"d4"提示设置为"宽度"；将"d5"提示设置为"长度"；将"d7"提示设置为"拔模角度"；完成如图 7.5.7 所示。

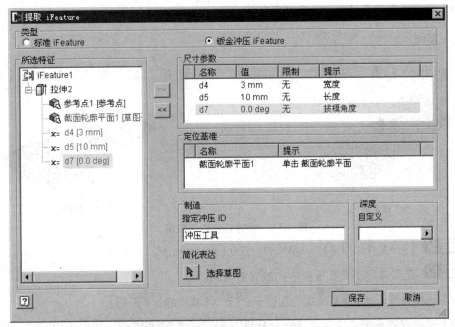

图 7.5.7 "提取 iFeature"对话框

（5）定义定位基准。采用系统默认的定位基准。

（6）定义冲压工具的制造信息。在"提取 iFeature"对话框 制造 区域的 指定冲压ID 文本框中输入"冲压工具"，其他参数采用系统默认设置。

（7）定义冲压工具的深度信息。不指定深度信息。

 对于冲压工具，可以不指定，Inventor 将默认为冲压工具定义的厚度参数。当然我们也可以指定每个冲压工具冲裁的深度。

步骤05 保存冲压工具。单击"提取 iFeature"对话框中的 保存 按钮，系统弹出"另存为"对话框，选择冲压工具的保存路径，输入冲压工具的名称，单击 保存 按钮，完成冲压工具的创建。

7.5.2 创建冲压特征的一般过程

1. 一般过程

使用系统中自带的冲压工具，应用到钣金零件上创建冲压特征的一般过程如下。

（1）定义冲压工具在钣金中的放置参考点。

（2）选择冲压工具命令，找到合适的冲压工具。

（3）定义冲压工具的中心、角度及规格。

2. 实例

下面以图 7.5.8 所示的模型为例，说明用"创建的冲压工具"创建冲压特征的一般过程。

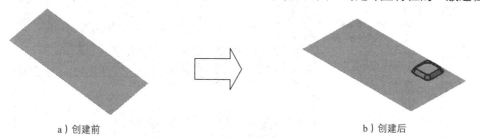

a）创建前　　　　　　　　　　　b）创建后

图 7.5.8　创建钣金冲压特征

步骤01 打开文件 D:\inv19\work\ch07.05.02\sm-form.ipt。

步骤02 定义冲压工具在钣金中的放置参考点。

（1）选择命令。单击 钣金 功能选项卡 草图 区域中的 按钮。

（2）选取草图平面。在系统 选择平面以创建草图或选择现有草图以进行编辑 的提示下，选取图 7.2.9 所示的模型表面作为草图平面，进入草图绘制环境。

（3）绘制图 7.5.10 所示的截面草图。

（4）单击 草图 功能选项卡 退出 区域中的"完成草图"按钮 ✓，退出草图绘制环境。

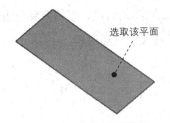

图 7.5.9 定义草图平面

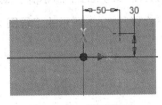

图 7.5.10 截面草图

步骤03 选择命令。单击 钣金 功能选项卡 修改 ▼ 区域中的"冲压工具"按钮，系统弹出"冲压工具目录"对话框。

步骤04 选取冲压工具。在"冲压工具目录"对话框中选取图 7.5.11 所示的冲压工具，单击 打开(O) 按钮，系统弹出"冲压工具"对话框。

图 7.5.11 "冲压工具目录"对话框

步骤05 定义冲压工具参数。在"冲压工具"对话框中单击 几何图元 选项卡，在此选项卡中可以设置冲压工具的中心及角度，本例中我们接受系统默认设置；单击 规格 选项卡，在此选项卡中可以设置冲压工具的大小，本例中我们也接受系统默认设置。

步骤06 单击 完成 按钮，完成冲压的创建。

7.6 创建钣金工程图的方法

钣金工程图的创建方法与一般零件基本相同，所不同的是钣金件的工程图需要创建平面展开图。创建钣金工程图时，系统会自动创建一个"平板形式"的配置，该配置用于创建钣金件展开状态的视图。所以，在创建带折弯特征的钣金工程图的时候，不需要展开钣金件。

下面以图 7.6.1 所示的工程图为例，说明创建钣金工程图的一般过程。

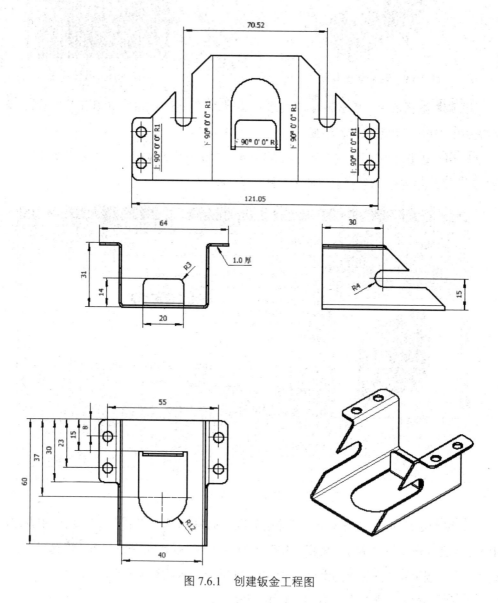

图 7.6.1 创建钣金工程图

1. 创建视图

（一）创建主视图

步骤01 打开文件 D:\inv19\work\ch07.06\ sheet-drawing.idw。

步骤02 选择命令。单击 放置视图 选项卡 创建 区域中的"基础视图"按钮 ，系统弹出"工程视图"对话框。

步骤03 选择零件模型。在"工程视图"对话框中单击"打开现有文件"按钮 ，系统弹出"打开"对话框，在 查找范围(I) 下拉列表中选择目录 D:\inv19\work\ch07.06，然后选择 sheet-drawing.ipt，单击 打开(O) 按钮。

步骤04 定义视图参数。

（1）定义视图方向。在图纸区将模型调整至图 7.6.2 所示的方向。

（2）定义视图比例。在 比例 文本框中输入比例 1:1。

（3）定义视图样式。在 样式(T) 区域中选中"不显示隐藏线"选项 。

（4）定义显示选项。在"工程视图"对话框中单击 显示选项 选项卡，选中 相切边 复选项。

步骤05 放置视图。在"工程视图"对话框中单击 确定 按钮，完成视图的创建，然后将视图移至合适的位置，如图 7.6.3 所示。

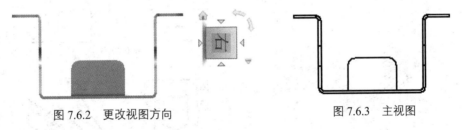

图 7.6.2　更改视图方向　　　　　图 7.6.3　主视图

（二）创建投影视图

步骤01 放置投影视图。在主视图的正右方单击，生成左视图；在主视图的正下方单击，生成俯视图。

步骤02 在图纸区右击，系统弹出快捷菜单，选择 创建(C) 命令完成操作，如图 7.6.4 所示。

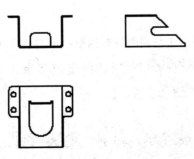

图 7.6.4　创建投影视图

(三）创建轴测图

步骤01 选择命令。单击 放置视图 选项卡 创建 区域中的"基础视图"按钮，系统弹出"工程视图"对话框。

步骤02 选择零件模型。在"工程视图"对话框中单击"打开现有文件"按钮，系统弹出"打开"对话框，在 查找范围(I): 下拉列表中选择目录 D:\inv19\work\ch07.06，然后选择 sheet-drawing.ipt，单击 打开(O) 按钮。

步骤03 定义视图参数。

（1）定义视图样式。在 样式(T) 区域中选中"不显示隐藏线"选项。

（2）定义显示选项。在"工程视图"对话框中单击 显示选项 选项卡，选中 相切边 复选项。

（3）更改视图方向。将模型调整至图 7.6.5 所示的方位。

步骤04 放置视图。在"工程视图"对话框中单击 确定 按钮，完成视图的创建，然后将视图移至合适的位置，如图 7.6.6 所示。

图 7.6.5 定义视图方向

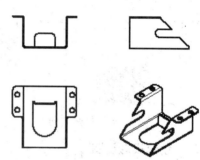

图 7.6.6 创建轴测图

（四）创建展开视图

步骤01 创建展开视图。

（1）选择命令。单击 放置视图 选项卡 创建 区域中的"基础视图"按钮，系统弹出"工程视图"对话框。

（2）选择零件模型。在"工程视图"对话框中单击"打开现有文件"按钮，系统弹出"打开"对话框，在 查找范围(I): 下拉列表中选择目录 D:\inv19\work\ch07.06，然后选择 sheet-drawing.ipt，单击 打开(O) 按钮。

步骤02 定义视图参数。

（1）定义视图样式。在 钣金视图 区域选择 展开模式 选项，在 样式(T) 区域中选中"不显示隐藏线"选项。

（2）定义显示选项。在"工程视图"对话框中单击 显示选项 选项卡，选中 ☑ 相切边 复选项。

（3）更改视图方向。将模型调整至图 7.6.7 所示的方位。

步骤 05 放置视图。在"工程视图"对话框中单击 确定 按钮，完成视图的创建，然后将视图移至合适的位置，如图 7.6.8 所示。

图 7.6.7　更改视图方向

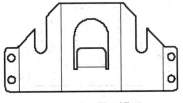
图 7.6.8　展开视图

（五）创建中心标记

步骤 01 选择命令。单击 标注 功能选项卡 符号 区域中的"中心标记"命令 ⊕ 。

步骤 02 选取标记对象。依次选取图 7.6.9 所示的 12 个圆弧边线，结果如图 7.6.10 所示。

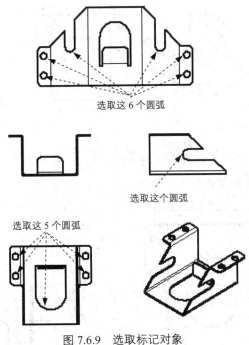
图 7.6.9　选取标记对象

（六）创建尺寸标记

步骤 01 创建通用尺寸标注。单击 标注 功能选项卡 尺寸 区域中的"尺寸"按钮 ┌┐ ，标注图 7.6.11 所示的尺寸。

步骤02 创建基线尺寸标注。单击 标注 功能选项卡 尺寸 区域中的"基线"按钮 基线 ，标注图 7.6.12 所示主视图上的基线尺寸。

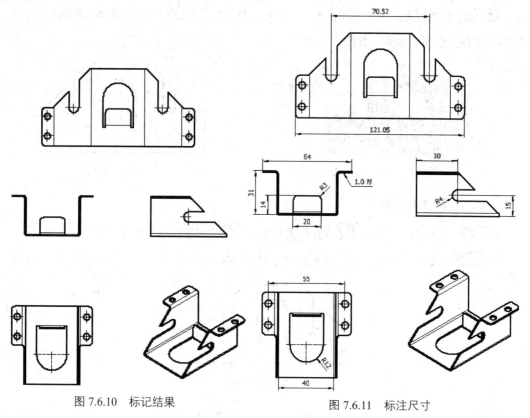

图 7.6.10 标记结果　　　　图 7.6.11 标注尺寸

步骤03 创建引线标注。单击 标注 功能选项卡 文本 区域中的"指引线文本"按钮 ，创建图 7.6.13 所示的引线标注。

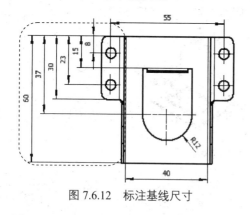
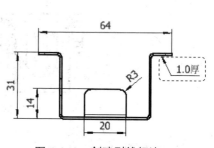

图 7.6.12 标注基线尺寸　　　图 7.6.13 创建引线标注

步骤 04 创建图 7.6.14 所示的折弯标注。单击 标注 功能选项卡 特征注释 区域中的"折弯"按钮 凹折弯 ，依次选取图 7.6.15 所示的五条折弯线。

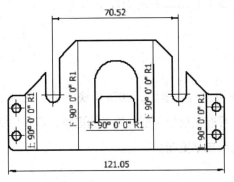

图 7.6.14 折弯标注

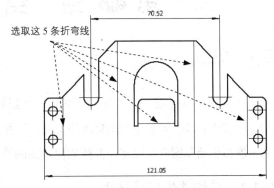

图 7.6.15 选取标注对象

学习拓展： 扫码学习更多视频讲解。

讲解内容： 主要包含钣金设计的背景知识，钣金的基本概念，常见的钣金产品及工艺流程，钣金设计工作界面，典型钣金案例的设计方法。通过这些内容的学习，读者可以了解钣金设计的特点以及钣金设计与一般零件设计的区别，并能掌握一般钣金产品的设计思路和流程。

第8章 结构件生成器

8.1 概述

结构件生成器是 Inventor 中专门设计金属钢架结构的模块,在该模块中系统提供了 ANSI、DIN、GB 等多个国家标准的型材库,用户可以直接使用型材库中的型材,调入型材的长度由原始草图框架决定,并随原始框架的改变而自动更新。

8.1.1 结构件生成器环境

1. 进入结构件生成器环境。

在部件或焊接环境中,依次单击 设计 ➡ 结构件▼ 即可进入结构件生成器环境,如图 8.1.1 所示。

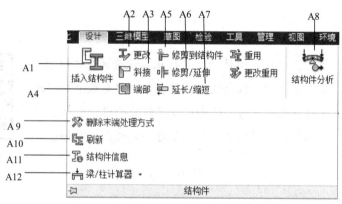

图 8.1.1 结构件生成器

"焊件"工具栏各按钮说明如下。

A1(插入结构件):用于定义要插入部件的结构件。

A2(更改结构件):用于编辑结构件的特性和控制结构件相对于模型的位置。

A3(斜接拐角):用于在结构件之间用一个或者多个斜切作为末端处理方式。

A4(端部):用于从一个结构件中删减材料以便与另外一个结构件相匹配。

A5(修剪到结构件):用于在两个结构件末端修剪和延伸它们。

A6(修剪/延伸到面):用于将多个结构件修剪或延伸到模型面。

A7(延长/缩短结构件):用于延伸或收缩结构件。

A8（结构件分析）：激活分析环境以及部件中的结构件。

A9（删除末端处理方式）：用于将结构件恢复到被修改前的初始创建状态。

A10（刷新）：用于在编辑和更新资源中心族表或模板后，刷新资源中心的现有结构件。

A11（结构件信息）：用于提供结构件部分信息，包括物理特性和工程特性，以及其在模型上的插入位置和方向。

A12（梁柱计算器）：用于在 Autodesk Inventor 中启动计算器来检查梁和柱的载荷。

2.结构件生成器的主要功能。

结构件生成器功能主要包括插入结构件、更改、斜接、端部、修剪到结构件、修剪/延伸、删除末端处理方式、结构件信息、计算器以及结构件分析等功能。

8.1.2 利用结构件生成器进行结构设计的一般过程

（1）新建一个"零件"文件，进入建模环境。

（2）通过二维草绘或三维草绘功能创建出结构框架草图。

（3）新建一个"装配"文件，调入包含结构框架草图的零件。

（4）根据框架草图创建结构件。

（5）对结构件进行剪裁或延伸。

8.2 结构框架

金属结构件的设计应当从骨架模型开始，并将其放置到一个装配模型中。骨架模型是用来确定结构件的位置与初始长度的，在装配体中骨架模型可以有一个，也可以有多个，当编辑骨架模型时，结构件生成器会自动更新与骨架模型相关联的结构件成员。

8.2.1 3D 草图的创建

在创建结构件时，经常使用 3D 草图来布局结构件的框架草图，结构件中的 3D 草图可以包括直线、圆弧、样条曲线和椭圆弧。在管道及电力模块中，管筒和电缆系统中的 3D 草图可以通过样条曲线来创建，通过控制样条曲线的控制棒、数量和相切控制点来改变样条曲线的形状。

3D 草图中的样条曲线主要用于软管（管筒）和电缆的线路布置，通过控制样条曲线的控制点位置、数量和相切控制点来改变样条曲线的形状。下面以图 8.2.1 所示样条曲线为例，讲述 3D 草图中样条曲线的创建过程。

步骤 01　打开文件 D:\inv19\work\ch08.02.01\free-curve.ipt。

步骤 02　新建 3D 草图。在 三维模型 选项卡 草图 区域单击 按钮。

步骤 03　创建样条曲线。在 绘制 区域中单击 下的 样条曲线 按钮，然后单击 样条曲线插值 按钮。绘制图 8.2.2 所示的样条曲线（捕捉到两直线的端点），单击 按钮。

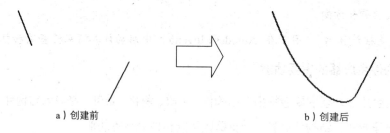

图 8.2.1　样条曲线

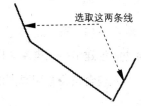

图 8.2.2　创建样条曲线

步骤 04　投影相关图形元素。单击 绘制 区域中的"包含几何图元"按钮 ，然后选取图 8.2.2 所示的两条直线为要投影的对象。

步骤 05　转换图元线性。首先选中上步创建的两条直线，然后单击 格式 区域中的"构造"按钮 。

步骤 06　创建相切约束。选择样条曲线分别与两条直线相切，结果如图 8.2.1b 所示。

步骤 07　单击 退出 区域中的"完成草图"按钮 ，退出 3D 草图绘制环境。

步骤 08　保存文件。选择下拉菜单 文件 ➡ 另存为 命令，命名为 free-curve-ok 即可保存模型。

8.2.2　布局结构框架草图

结构框架草图布局的好与坏直接影响到整个钢架结构的质量与外观，布局出一个完美的结构框架草图是创建结构钢架的基础。结构框架草图的布局可以在 2D 或 3D 草图绘制环境中进行，如果钢架结构比较复杂，可考虑用 3D 草图。下面将分别讲解这两种布局框架草图的过程。

1. 布局 2D 草图的一般过程

下面以图 8.2.3 所示的框架草图来说明布局 2D 草图的一般过程。

步骤01 新建一个零件模型文件，进入建模环境。

步骤02 选择命令。在 三维模型 选项卡 草图 区域单击 按钮。

步骤03 定义草图基准面。选择 XY 平面为草图平面。

步骤04 绘制草图。在草绘环境中绘制图 8.2.3 所示的草图。

步骤05 在 三维模型 选项卡 退出 区域单击 按钮，退出草图设计环境。

步骤06 至此，2D 草图创建完毕。选择下拉菜单 文件 ➝ 保存 命令，将模型命名为 2D-sketch，保存草图模型。

2. 布局 3D 草图的一般过程

下面以图 8.2.4 所示的框架草图来说明布局 3D 草图的一般过程。

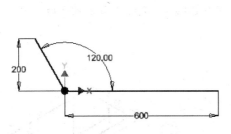
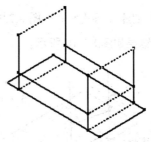

图 8.2.3 框架草图（2D 草图）　　　图 8.2.4 框架草图（3D 草图）

步骤01 新建一个零件模型文件，进入建模环境。

步骤02 选择命令。在 三维模型 选项卡 草图 区域单击"开始三维草图"按钮 。

步骤03 首先将视图调整到主视图的状态，然后在浏览器中选中 X 轴、Y 轴、Z 轴与原点并右击，在系统弹出的快捷菜单中选中 可见性(V) 命令，结果如图 8.2.5 所示。

步骤04 绘制直线。在 绘制 区域中单击"直线"命令按钮 ，绘制图 8.2.6 所示的 4 条直线。

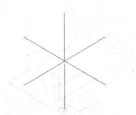
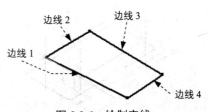

图 8.2.5 显示坐标轴与原点　　　图 8.2.6 绘制直线

步骤 05 创建几何关系。如图 8.2.6 所示，约束边线 1 与 X 轴重合，边线 2 与 Y 轴重合，边线 3 与边线 1 平行，边线 4 与边线 2 平行，结果如图 8.2.7 所示。

步骤 06 创建尺寸约束。选择 草图 选项卡 约束▼ 区域中的"尺寸"命令 ，添加并修改尺寸，结果如图 8.2.8 所示。

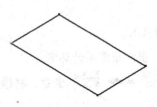

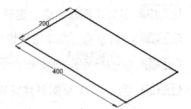

图 8.2.7　创建几何关系　　　　　　　　图 8.2.8　创建尺寸约束

步骤 07 绘制直线。在 绘制▼ 区域中单击"直线"命令按钮，绘制图 8.2.9 所示的 4 条直线。

步骤 08 创建几何关系。如图 8.2.9 所示，约束边线 1、边线 2 与 Z 轴平行，边线 3 与边线 4 平行，结果如图 8.2.10 所示。

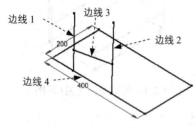

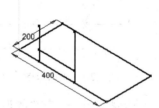

图 8.2.9　绘制直线　　　　　　　　图 8.2.10　创建几何关系

步骤 09 创建尺寸约束。选择 草图 选项卡 约束▼ 区域中的"尺寸"命令，添加并修改尺寸，结果如图 8.2.11 所示。

步骤 10 绘制直线。在 绘制▼ 区域中单击"直线"命令按钮，绘制图 8.2.12 所示的 3 条直线。

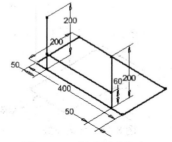

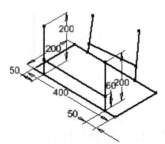

图 8.2.11　创建尺寸约束　　　　　　　　图 8.2.12　绘制直线

步骤 11 绘制构造线。首先将 格式 区域的"构造"按钮 按下,然后单击 绘制 区域中的"直线"按钮,绘制图 8.2.13 所示的 6 条构造线。

步骤 12 创建几何关系。参照图 8.2.14 添加必要的几何约束。

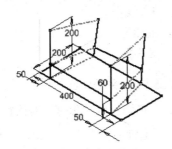
图 8.2.13 绘制构造线

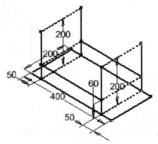
图 8.2.14 添加几何约束

步骤 13 在 三维模型 选项卡 退出 区域单击 按钮,退出草图设计环境。

步骤 14 至此,3D 草图创建完毕。选择下拉菜单 文件 ➡ 保存 命令,将模型命名为 3D-sketch,保存零件模型。

8.3 插入结构件

8.3.1 在 2D 结构框架中插入结构件

下面以图 8.3.1 所示的模型为例,介绍在 2D 结构框架中"插入结构件"的一般创建过程。

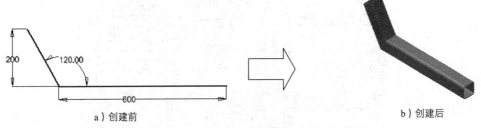

a) 创建前　　　　　　　　　　　　　　　b) 创建后

图 8.3.1 在 2D 结构框架中插入结构件

步骤 01 新建一个装配文件,进入装配环境。

步骤 02 插入一个包含结构框架的零件。在 装配 选项卡 零部件 区域单击 按钮,系统弹出"装入零部件"对话框;在 D:\inv19.1\work\ch08.03.01 目录下选取 2D-sketch.ipt,然后单击 打开(O) 按钮;在绘图区域中右击,选择 在原点处固定放置(G) 命令,按键盘上的 Esc 键,将模型放置在装配环境中。

步骤 03 选择命令。在 设计 选项卡 结构件 区域单击"插入结构件"按钮,系统弹出图 8.3.2 所示的"结构件生成器"对话框。

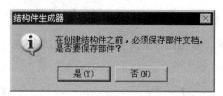

图 8.3.2 "结构件生成器"对话框

步骤 04 单击"结构件生成器"对话框中的 是(Y) 按钮，系统弹出"另存为"对话框，在 文件名(N): 文本框中输入 frame，单击 保存 按钮，在弹出的"保存"对话框中单击 确定 按钮，此时系统弹出图 8.3.3 所示的"插入"对话框。

图 8.3.3 所示"插入"对话框各选项的说明如下。

◆ 结构件选择 区域：用于指定结构件的原始条件，并且所有参数都是在下拉列表中进行选择。

● 标准 下拉列表：用于指定结构件的工程标准，有 GB、ISO、ANSI 和其他常用的标准。

● 族 下拉列表：用于指定结构件的类型。选择的标准类型不同，结构件的类型也会不同。比如 GB 的类型就包括 H 形、T 形、方形和矩形等，最终结果如图 8.3.4 所示。

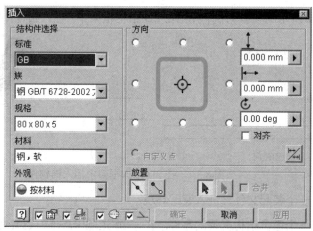

图 8.3.3 "插入"对话框

● 规格 下拉列表：用于指定结构件成员的尺寸规格。规格是由资源中心的规格所决定的。

● 材料 下拉列表：用于指定结构件成员的材料。

● 外观 下拉列表：用于指定结构件成员显示的颜色样式。其下拉列表中列出了

Inventor 能支持的所有颜色清单，默认值是"按材料"。

◆ 方向 区域：用于确定结构件成员与模型的对齐方式。

● 插入点：用于指定当前位置与当前型材的相对位置关系，用户可以在系统提供的 9 个插入点位置中选择一个合适的位置，效果如图 8.3.5 所示。

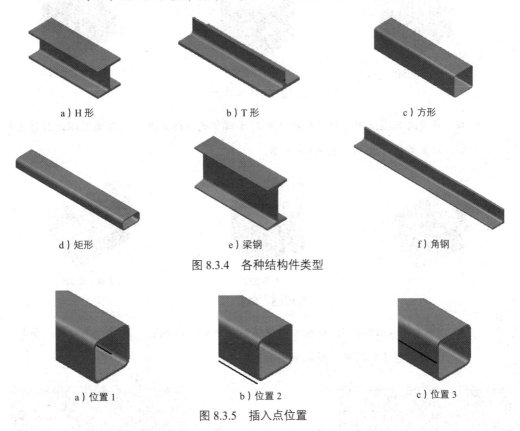

图 8.3.4 各种结构件类型

图 8.3.5 插入点位置

● 截面示意图：用于表达结构件成员的法向截面，只有在类型与尺寸规格都选好后，这个图样才能关联改变。

● 竖直偏移文本框：用于指定结构件和模型之间的垂直距离。距离值可以是正值也可以是负值，效果如图 8.3.6 所示。

a）偏移正值

b）不偏移

c）偏移负值

图 8.3.6 竖直偏移

- 水平偏移文本框：用于指定结构件和模型之间的水平距离。距离值可以是正值也可以是负值，效果如图 8.3.7 所示。

图 8.3.7　水平偏移

- 角度文本框：用于指定结构件相对于模型的旋转角度。角度值可以是正值也可以是负值，效果如图 8.3.8 所示。

a）旋转 30°　　　　　　b）不旋转　　　　　　c）旋转负 30°

图 8.3.8　角度

- （镜像结构件）：在反方向镜像结构件并显示预览。这对于不对称的型材位置的调整非常有用，效果如图 8.3.9 所示。

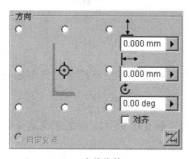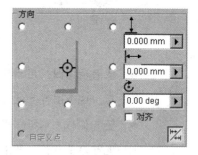

a）镜像前　　　　　　　　　　　　　　6）镜像后

图 8.3.9　镜像结构件

◆ 放置 区域：用于定义结构件成员在装配中的位置与原始长度。

- （在边上插入结构件）选项：用于将结构件放置到原定的边上。选取的边可以是二维直线、三维线段、三维圆弧和三维样条线等，我们可以一次选择多条边来创建多个结构件成员。

- （在点之间插入结构件）选项：用于将结构件放置到选定的起点与端点之间。需要注意的是，装配环境下的草图点不能参与结构件的创建。
- ☐ 合并：如果一次选择的多条边是连续的，勾选"合并"复选框可以将依附于连续边上插入的结构件合并为一个结构件成员，效果如图8.3.10所示。

 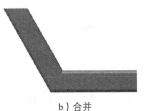

a）不合并　　　　　　　　　　　　　　　b）合并

图8.3.10　合并

◆ ☑ （提示输入文件名）：如果勾选此复选框，在单击两次"确定"后，将会弹出"结构件命名"对话框，在该对话框中显示了默认结构件成员的文件名和位置。如果不勾选此复选框，系统将自动处理。

◆ ☑ 文本框：选中该选项，将更新结构件的零件代号与资源中心同步。

◆ ☑ 选项：如果勾选此复选框，可用于将中心线添加到选择集。

◆ ☑ 复选框：如果勾选此复选框，可用于将构造线添加到选择集。

步骤05 结构件选择。在"插入"对话框 结构件选择 区域的 标准 下拉列表选取 GB 选项；在 族 下拉列表选取 钢 GB/T 6728-2002 方形 - 通用冷弯空心型钢 - 尺寸、外形、重量及允许偏差 选项；在 规格 下拉列表选取 80 x 80 x 5 选项。

步骤06 定义结构件成员与模型的对齐方式。在"插入"对话框 方向 区域中设置图8.3.11所示的参数。

步骤07 定义结构件在装配体中的位置。在绘图区域中依次选取图8.3.12所示的两条直线并选中 ☑ 合并 复选项。

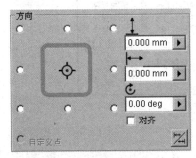 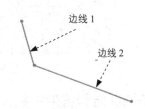

图8.3.11　定义对齐方式　　　　　图8.3.12　定义结构件在装配中的位置

步骤08 单击 确定 按钮，系统弹出图 8.3.13 所示的"创建新结构件"对话框。

图 8.3.13 "创建新结构件"对话框

步骤09 单击 确定 按钮，系统弹出图 8.3.14 所示的"结构件命名"对话框。

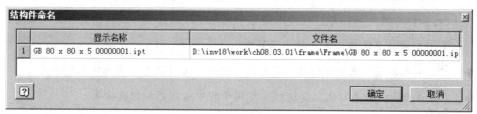

图 8.3.14 "结构件命名"对话框

步骤10 单击 确定 按钮，完成插入结构件的创建。

步骤11 选择下拉菜单 文件 ➡ 保存 命令，系统弹出图 8.3.15 所示的"保存"对话框，单击 确定 按钮，即可保存装配模型。

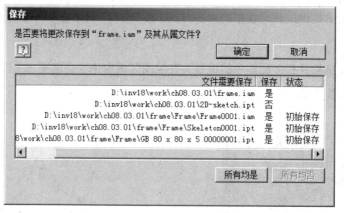

图 8.3.15 "保存"对话框

8.3.2 在 3D 结构框架中插入结构件

下面以图 8.3.16 所示的模型为例，介绍在 3D 结构框架中"插入结构件"的一般创建过程。

第 8 章 结构件生成器

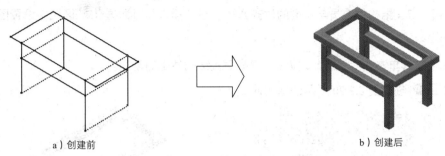

a）创建前　　　　　　　　　　　　　　b）创建后

图 8.3.16　在 3D 结构框架中插入结构件

步骤01　新建一个装配文件，进入装配环境。

步骤02　插入一个包含结构框架的零件。在 装配 选项卡 零部件 区域单击 按钮，系统弹出"装入零部件"对话框；在 D:\inv19.1\work\ch08.03.02 目录下选取 3D-sketch.ipt，然后单击 打开(O) 按钮；在绘图区域中右击选择 在原点处固定放置(G) 命令，按键盘上的 Esc 键，将模型放置在装配环境中。

步骤03　创建图 8.3.17 所示的结构件 1。

（1）选择命令。在 设计 选项卡 结构件 区域单击"插入结构件"按钮 ，系统弹出"结构件生成器"对话框。

（2）单击"结构件生成器"对话框中的 是(Y) 按钮，系统弹出"另存为"对话框，在 文件名(N): 文本框中输入 frame02，单击 保存 按钮，在弹出的"保存"对话框中单击 确定 按钮，此时系统弹出"插入"对话框。

（3）结构件选择。在"插入"对话框 结构件选择 区域的 标准 下拉列表选取 GB 选项；在 族 下拉列表选取 钢 GB/T 6728-2002 方形 - 通用冷弯空心型钢 - 尺寸、外形、重量及允许偏差 选项；在 规格 下拉列表选取 30 x 30 x 2 选项。

（4）定义结构件在装配体中的位置。在"插入"对话框中取消选中 复选框，然后在绘图区域中依次选取图 8.3.18 所示的四条直线并选中 合并 复选项。

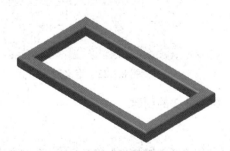
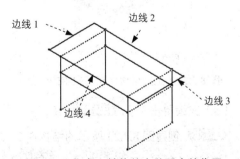

图 8.3.17　创建结构件 1　　　　　图 8.3.18　定义结构件在装配中的位置

（5）定义结构件成员与模型的对齐方式。在"插入"对话框 方向 区域中设置图 8.3.19 所示的参数。

（6）连续单击 3 次 确定 按钮，完成插入结构件 1 的创建。

步骤04 创建图 8.3.20 所示的结构件 2。

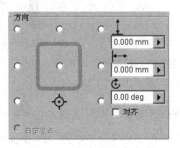

图 8.3.19　定义对齐方式　　　　图 8.3.20　创建结构件 2

（1）选择命令。在 设计 选项卡 结构件 ▼ 区域单击"插入结构件"按钮 ，系统弹出"插入"对话框。

（2）结构件选择。在"插入"对话框 结构件选择 区域的 标准 下拉列表选取 GB 选项；在 族 下拉列表选取 钢 GB/T 6728-2002 方形 - 通用冷弯空心型钢 - 尺寸、外形、重量及允许偏差 选项；在 规格 下拉列表选取 30 x 30 x 2 选项。

（3）定义结构件在装配体中的位置。在"插入"对话框取消选中 复选框，然后在绘图区域中依次选取图 8.3.21 所示的两条直线。

（4）定义结构件成员与模型的对齐方式。在"插入"对话框 方向 区域中设置图 8.3.22 所示的参数。

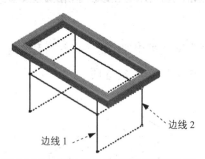
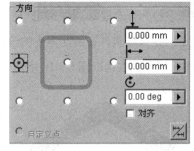

图 8.3.21　定义结构件在装配中的位置　　　　图 8.3.22　定义对齐方式

（5）连续单击 2 次 确定 按钮，完成插入结构件 2 的创建。

步骤05 创建图 8.3.23 所示的结构件 3。

（1）选择命令。在 设计 选项卡 结构件 ▼ 区域单击"插入结构件"按钮 ，系统弹出"插入"对话框。

（2）结构件选择。在"插入"对话框 结构件选择 区域的 标准 下拉列表选取 GB 选项；在 族 下拉列表选取 钢 GB/T 6728-2002 方形 - 通用冷弯空心型钢 - 尺寸、外形、重量及允许偏差 选项；在 规格 下拉列表选取 30 x 30 x 2 选项。

（3）定义结构件在装配体中的位置。在"插入"对话框取消选中 复选框，然后在绘图区域中依次选取图 8.3.24 所示的两条直线。

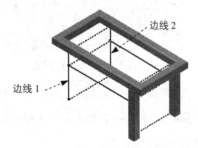

图 8.3.23　创建结构件 3　　　　图 8.3.24　定义结构件在装配中的位置

（4）定义结构件成员与模型的对齐方式。在"插入"对话框 方向 区域中设置图 8.3.25 所示的参数。

（5）连续单击 2 次 确定 按钮，完成插入结构件 3 的创建。

步骤06 创建图 8.3.26 所示的结构件 4。

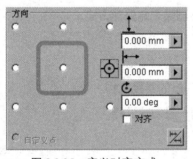

图 8.3.25　定义对齐方式　　　　图 8.3.26　创建结构件 4

（1）选择命令。在 设计 选项卡 结构件 区域单击"插入结构件"按钮 ，系统弹出"插入"对话框。

（2）结构件选择。在"插入"对话框 结构件选择 区域的 标准 下拉列表选取 GB 选项；在 族 下拉列表选取 钢 GB/T 6728-2002 方形 - 通用冷弯空心型钢 - 尺寸、外形、重量及允许偏差 选项；在 规格 下拉列表选取 30 x 30 x 2 选项。

（3）定义结构件成员与模型的对齐方式。在"插入"对话框 方向 区域中设置图 8.3.27 所示的参数。

（4）定义结构件在装配体中的位置。在"插入"对话框取消选中 复选框，然后在绘图区域中依次选取图 8.3.28 所示的两条直线。

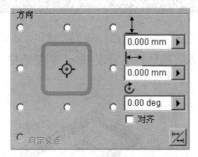

图 8.3.27 定义对齐方式

图 8.3.28 定义结构件在装配中的位置

（5）连续单击 2 次 确定 按钮，完成插入结构件 4 的创建。

步骤07 选择下拉菜单 文件 ➡ 保存 命令，系统弹出"保存"对话框，单击 确定 按钮，即可保存装配模型。

8.4 结构件的末端处理方式

在使用结构生成器进行金属钢架结构的设计过程中，结构件接头处的末端处理是必不可少的功能，在 Inventor 中可以使用很多命令对结构件的端部进行处理。末端处理方式主要包括斜接、修剪到结构件、修剪/延伸、延长/缩短与删除末端处理方式。

8.4.1 斜接

斜接就是在选定的两个结构件之间产生指定间隙的斜接机构。

下面以图 8.4.1 所示的模型为例，说明斜接的一般创建过程。

a) 创建前   b) 创建后

图 8.4.1 斜接

步骤01 打开文件 D:\inv19\work\ch08.04.01\beveled-joint.iam。

步骤02 选择命令。在 设计 选项卡 结构件 ▼ 区域单击"斜接"按钮 斜接，系统弹出图 8.4.2 所示的"斜接"对话框。

步骤03 定义斜接类型与参数。在"斜接"对话框中选中"在两端斜切"单选项，在

"斜切尺寸界限"文本框中输入数值0。

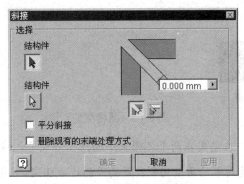

图 8.4.2 "斜接"对话框

步骤04 定义要斜接的结构件。依次选取图 8.4.3 所示的结构件 1 与结构件 2。

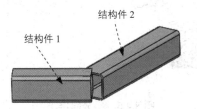

图 8.4.3 定义要斜接的结构件

步骤05 单击对话框中的 确定 按钮,完成斜接的创建。

步骤06 选择下拉菜单 文件 → 另存为 命令,并将其命名为 beveled-joint-ok。

图 8.4.2 所示的"斜接"对话框中各选项的说明如下。

◆ 斜接尺寸界限文本框:用于选择或者输入两个结构件成员斜接之间的距离,值不能为负,如图 8.4.4 所示。

a) 间距为 0

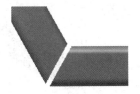

b) 间距为 10

图 8.4.4 斜切间距

◆ (在两端斜接):用于在两个结构件上分别创建一半斜接间距的斜接机构来产生间隙,如图 8.4.5a 所示。

◆ (在一端斜接):用于在第一个结构件上创建与斜接尺寸界线相等的间隙,如图

8.4.5b 所示。

a）在两端斜接　　　　　　　　　　　　　　b）在一段斜接

图 8.4.5　斜接类型

◆ ☐ 平分斜接：主要用在两个不同大小的结构件成员之间的斜接，当勾选此选项时，在交点处创建简单的角度切割。结构件的边步相交，如图 8.4.6a 所示；当不勾选此选项时，将计算对边斜角交叉的合适角度，该设置是默认值，如图 8.4.6b 所示。

a）平分斜接　　　　　　　　　　　　　　b）不平分斜接

图 8.4.6　平分斜接

◆ ☐ 删除现有的末端处理方式：如果选择此选项，将在执行命令前删除斜接的现有末端处理方式。

8.4.2 修剪到结构件

修剪到结构件就是在选定的两个结构件端部进行修剪和延伸的操作。

下面以图 8.4.7 所示的模型为例，说明修剪到结构件的一般创建过程。

a）创建前　　　　　　　　　　　　　　　　b）创建后

图 8.4.7　修剪到结构件

步骤 01　打开文件 D:\inv19\work\ch08.04.02\Trim-reach-conformation.iam。

步骤 02　选择命令。在 设计 选项卡 结构件▼ 区域单击"修剪到结构件"按钮 修剪到结构件，系统弹出图 8.4.8 所示的"修剪到结构件"对话框。

步骤 03 定义修剪到结构件参数。在"修剪到结构件"对话框"修剪到水平偏移"文本框中输入数值 0,在"修剪到水平偏移"文本框中也输入数值 0。

步骤 04 定义要修剪的结构件。依次选取图 8.4.9 所示结构件 1 与结构件 2。

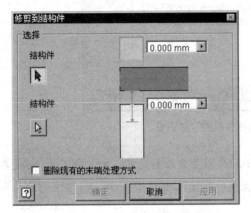
图 8.4.8 "修剪到结构件"对话框

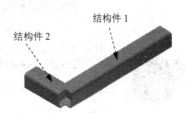
图 8.4.9 定义要修剪的实体

步骤 05 单击对话框中的 确定 按钮,完成修剪到结构件的创建。

步骤 06 选择下拉菜单 文件 → 另存为 命令,并将其命名为 Trim-reach-conformation-ok。

图 8.4.8 所示的"修剪到结构件"对话框中各选项的说明如下。

◆ 修剪的水平距离与垂直距离文本框:用于指定水平与竖直的偏移距离。这里所说的偏移距离是相对于所选结构件的侧边来说的。在 Inventor 中结构件之间的关系有 3 种,包括正交、斜交和平行。

● 正交:是指选定的两个结构件相互垂直,此时水平偏移是以第二个结构件的外侧边线为基准的,垂直偏移是以第一个结构件的内侧边为基准的,效果如图 8.4.10 所示。

● 斜交:是指两个结构件不垂直,效果如图 8.4.11 所示。

图 8.4.10 正交状态

图 8.4.11 斜交状态

● 平行:是指两个结构件相互平行。当两个结构件相互平行时,系统无法进行修剪到结构件的操作,并弹出图 8.4.12 所示的警告对话框。

◆ ▢ 删除现有的末端处理方式：如果选择此选项，将在执行命令前删除现有的末端处理方式。

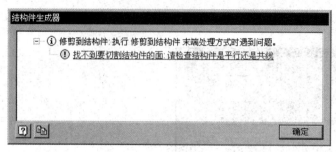

图 8.4.12 "结构件生成器"对话框

在使用该命令时，修剪的水平距离与竖直距离是可以输入负值的，但是在输入负值时可能会出现图 8.4.13 所示的结构不合理的情况，所以用户在使用该命令时需根据实际要求输入数值。

图 8.4.13 修剪不合理的情况

8.4.3 修剪/延伸

修剪/延伸就是将多个结构件修剪或延伸到模型的表面或者工作平面。通过选择的模型表面或工作平面切割结构件。

下面以图 8.4.14 所示的模型为例，说明修剪/延伸的一般创建过程。

a）创建前   b）创建后

图 8.4.14 修剪/延伸

步骤 01 打开文件 D:\inv19\work\ch08.04.03\Trim-extend.iam。

步骤 02 选择命令。在 设计 选项卡 结构件 ▼ 区域单击"修剪/延伸"按钮 修剪/延伸，系统弹出图 8.4.15 所示的"修剪-延伸到面"对话框。

步骤03 定义修剪/延伸的参数。在"修剪-延伸到面"对话框"结构件与面之间的偏移量"文本框中输入数值 0。

步骤04 定义用来修剪或延长的结构件。在绘图区域中选取图 8.4.16 所示的结构件。

步骤05 定义用来剪切或延长的面。在"修剪-延伸到面"对话框中单击 面 下面的"选择"按钮，然后在绘图区域中选取图 8.4.16 所示的面作为要延伸到的面。

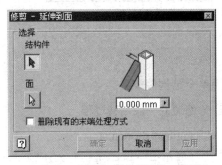

图 8.4.15　"修剪-延伸到面"对话框　　　　图 8.4.16　定义延伸结构件与修剪面

步骤06 单击对话框中的 确定 按钮，完成修剪/延伸的创建。

步骤07 选择下拉菜单 文件 → 另存为 命令，并将其命名为 Trim-extend-ok。

图 8.4.15 所示的"修剪/延伸"对话框中各选项的说明如下。

◆ 结构件：用于定义要剪切或延长的结构件。

◆ 面：用于定义要剪切或延长的结构件的模型表面或工作平面。

◆ "结构件与面之间的偏移量"文本框：选择或输入结构件与模型表面或工作平面之间的偏移距离，效果如图 8.4.17 所示。

a）偏移距离为 0　　　　　　　　　　b）偏移距离为 10

图 8.4.17　结构件与面之间的偏移距离

◆ 删除现有的末端处理方式：如果选择此选项，将在执行命令前删除现有的末端处理方式。

　　　　如果要修剪与延伸的结构件与修剪面平行，系统会弹出图 8.4.18 所示的警告对话框。

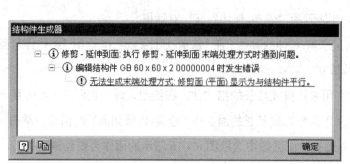

图 8.4.18 "结构件生成器"对话框

8.4.4 延长/缩短

延长/缩短就是用指定的长度来延长或缩短单个结构件成员。

下面以图 8.4.19 所示的模型为例,说明延长/缩短的一般创建过程。

步骤01 打开文件 D:\inv19\work\ch08.04.04\ lengthen-shorten.iam。

步骤02 选择命令。在 设计 选项卡 结构件 ▼ 区域单击"延长/缩短"按钮 延长/缩短,系统弹出图 8.4.20 所示的"延长-缩短结构件"对话框。

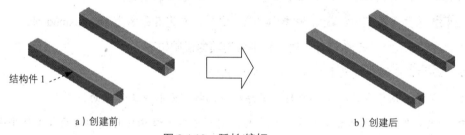

图 8.4.19 延长/缩短

图 8.4.20 "延长-缩短结构件"对话框

步骤03 定义延伸的类型与参数。在"延长-缩短结构件"对话框中选中"向两端延长-缩短结构件"单选项,在"长度"文本框中输入数值 100。

步骤04 定义要延长-缩短的结构件。在绘图区域中选取图 8.4.19 所示的结构件 1。

步骤 05 单击对话框中的 确定 按钮，完成延长-缩短的创建。

步骤 06 选择下拉菜单 文件 → 另存为 命令，并将其命名为 lengthen-shorten-ok。

图 8.4.20 所示的"延伸/缩短"对话框中各选项的说明如下。

- 选择：用于定义要延长或缩短的结构件。

- （向一端延长-缩短结构件）：用于在距离选定位置较近的那一段修改结构件的长度，修改的大小为用户输入的长度尺寸值，效果如图 8.4.21 所示。

a) 创建前 b) 创建后

图 8.4.21 向一端延长-缩短结构件

- （向两端延长-缩短结构件）：用于在选定结构件的两端都修改结构件的长度，两端修改的大小均为用户输入的长度尺寸值，效果如图 8.4.22 所示。

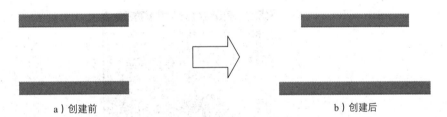

a) 创建前 b) 创建后

图 8.4.22 向两端延长-缩短结构件

- 删除现有的末端处理方式：如果选择此选项，将在执行命令前删除现有的末端处理方式。

 如果要延长或缩短的结构件端部已经存在其他端部处理方式，系统会弹出图 8.4.23 所示的警告对话框。

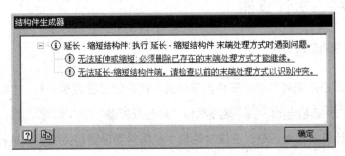

图 8.4.23 "结构件生成器"对话框

8.4.5 删除末端处理方式

删除末端处理方式就是将结构件返回到其初始创建状态。

下面以图 8.4.24 所示的模型为例,说明删除末端处理方式的一般创建过程。

图 8.4.24 删除末端处理方式

步骤01 打开文件 D:\inv19\work\ch08.04.05\delete.iam。

步骤02 选择命令。在 设计 选项卡 结构件 ▼ 区域单击"删除末端处理方式"按钮 删除末端处理方式,系统弹出图 8.4.25 所示的"删除末端处理方式"对话框。

图 8.4.25 "删除末端处理方式"对话框

步骤03 定义要删除末端处理方式的结构件。在绘图区域中选取图 8.4.24 所示的结构件 1。

步骤04 单击对话框中的 确定 按钮,完成删除末端处理方式的创建。

步骤05 选择下拉菜单 文件 ➡ 另存为 命令,并将其命名为 delete -ok。

8.5 梁、柱、板计算器

8.5.1 梁/柱计算器

梁/柱计算器是用来对梁或者压杆类零件进行简易的工程力学分析,并创建相应的应力和变形表达。在 设计 选项卡 结构件 ▼ 区域单击"梁/柱计算器"按钮 梁/柱计算器,系统弹出图 8.5.1 所示的"梁/柱计算器"对话框;在该对话框中根据需要设置相关的参数进行计算。

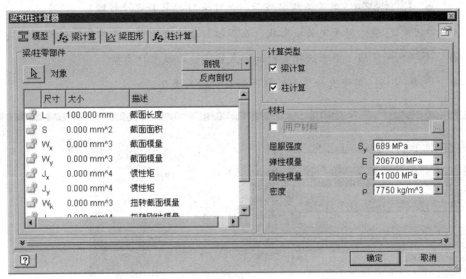

图 8.5.1 "梁/柱计算器"对话框

图 8.5.1 所示的"梁/柱计算器"对话框中部分选项的说明如下。

◆ 模型 选项卡：用于指定零部件的相关参数。

  ● 梁/柱零部件 区域：用于指定零部件。
  ● 计算类型 区域：用于选择要执行的计算类型。
  ● 材料 区域：用于设置零部件的材料以及特性。

◆ 梁计算 选项卡：用于设置计算梁的相关参数。

◆ 梁图形 选项卡：用于查看图形结果。

◆ 柱计算 选项卡：用于设置计算压杆的相关参数。

8.5.2 板计算器

板计算器是使用曲面上均匀分布的载荷或集中在中心处的载荷来计算圆形、方形和矩形的平板。在 设计 选项卡 结构件▼ 区域单击"板计算器"按钮 ↓↓ 板计算器 ，系统弹出图 8.5.2 所示的"板计算器"对话框；在该对话框中根据需要设置相关的参数进行计算。

图 8.5.2 所示的"板计算器"对话框中各选项的说明如下。

◆ 强度计算类型 区域：用于设定强度计算的类型。

  ● 板厚设计：用于为指定载荷和特性设计最小板厚。
  ● 根据指定偏差设计：用于为指定载荷和偏差设计最小厚度和材料值。
  ● 最小材料值设计：用于为指定载荷和尺寸设计最小材料值。

- **强度校核**：用于为指定载荷、尺寸和特性执行强度校验。
◆ **板形状** 区域：用于定义板形状，在下拉列表中有圆形、正方形和矩形三种类型。
◆ **支承类型** 区域：用于选择支持的边或固定边以及支撑类型。
◆ **载荷** 区域：用于选择适当的载荷和载荷输入类型。

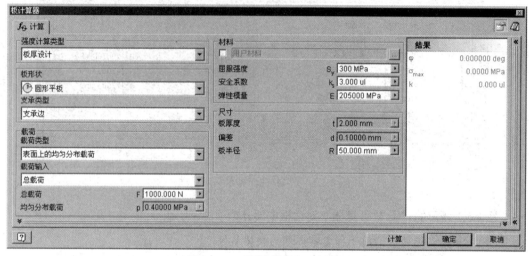

图 8.5.2 "板计算器"对话框

◆ **材料** 区域：用于设置零部件材料以及特性。
◆ **尺寸** 区域：用于概括定义板几何图元所需的所有参数。
◆ **结果** 区域：用于显示计算值和板强度校核。

学习拓展：扫码学习更多视频讲解。
讲解内容：本部分主要讲解了结构件设计的基础理论、背景知识，结构件设计的一般流程，典型结构件设计案例等。

第三篇

Inventor 2019 精通

第 9 章 模型的外观处理与渲染

在产品设计完成后,还要对产品模型进行必要的渲染,这也是产品设计中的一个重要的环节。产品的外观对于产品的宣传有着极大的作用。在过去的产品后期处理中,大多数是通过其他软件来对产品的外观进行处理的。

Inventor 软件有自带的图像处理软件插件 Inventor studio,用于对模型进行渲染。通过对产品模型的表面材质、灯光、场景,以及视角的设置可以使模型外观变得更加逼真。

9.1 模型的外观处理

在创建零件和装配三维模型时,通过调整模型的视觉样式可以使模型显示为不同的线框或着色状态。但是在实际产品的设计中,这些显示状态是远远不够的,因为它们无法表达产品的颜色、光泽、质感等外观特点。而要表达产品的这些外观特点,还需要对模型进行外观设置,如设置模型的颜色、材质(材质的添加可参见本书零件设计章节内容)和外观,然后再进行进一步的渲染处理。

9.1.1 颜色

Inventor 提供的添加颜色效果是指为模型表面赋予某一种特定的颜色,为模型添加或修改外观颜色,只改变模型的外观视觉效果,而不改变其物理特性。

在默认情况下,模型的颜色没有指定。用户可以通过以下方法来定义模型的颜色。

步骤 01 打开文件 D:\inv19\work\ch09.01.01\colour.ipt。

步骤 02 选择命令。在 工具 选项卡 材料和外观 ▼ 区域单击"调整"按钮 调整,系统弹出图 9.1.1 所示的小工具栏。

步骤 03 定义要赋予颜色的零部件。在浏览器中选取 colour.ipt 节点以选取整个零部件。

步骤 04 定义颜色属性。在图 9.1.2 所示的小工具栏中设置模型的颜色，模型将自动显示为编辑后的颜色，如图 9.1.3 所示。

图 9.1.1　小工具栏　　　　　　　　图 9.1.2　小工具栏

步骤 05 单击 ✓ 按钮，完成外观颜色的设置。

图 9.1.3　编辑颜色后的模型

9.1.2　外观

外观效果是指在不改变材质物理属性的前提下，给模型添加近似于外观的视觉效果。下面以图 9.1.4 所示的模型为例讲解零件添加外观的具体步骤。

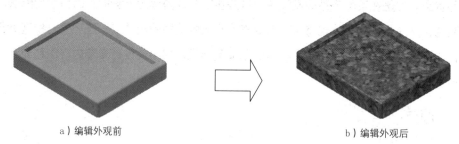

a）编辑外观前　　　　　　　　b）编辑外观后

图 9.1.4　编辑外观

步骤 01 打开模型文件 D:\inv19\work\ch09.01.02\exterior.ipt。

步骤 02 定义要赋予颜色的零部件。在浏览器中选取 exterior.ipt 节点以选取整个零部件。

步骤 03 选择命令。在 工具 选项卡 材料和外观 ▼ 区域单击"外观"按钮 ●，系统弹出

图 9.1.5 所示的"外观浏览器"对话框。

步骤04 定义颜色属性。在图 9.1.5 所示的"外观浏览器"对话框中单击图 9.1.6 所示的"将文件添加到文档"按钮,模型将自动显示为编辑后的外观,如图 9.1.4 所示。

步骤05 单击"外观浏览器"中的"关闭"按钮,完成外观的设置。

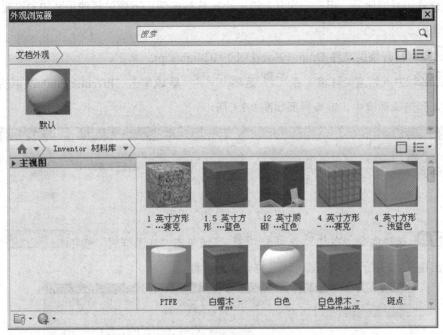

图 9.1.5 "外观浏览器"对话框(一)

图 9.1.6 "外观浏览器"对话框(二)

9.2 光源样式

光源样式是指对象在渲染时的灯光效果。在每一种渲染样式下都可以有很多不同的光源，也就是说一组样式组合起来形成一种光照的效果。在 Inventor 中，系统已经预设了很多种光照样式供我们使用，但是一次只能有一个样式被激活。下面讲解使用系统预设光源样式的操作步骤。

步骤 01　打开模型文件 D:\inv19\work\ch09.02\lights.ipt。

步骤 02　进入到渲染环境。在 环境 选项卡 开始 区域单击"Inventor Studio"按钮，系统进入到渲染环境中，渲染界面如图 9.2.1 所示。

图 9.2.1　"渲染"界面

步骤 03　选择命令。在 渲染 选项卡 场景 区域单击"光源样式"按钮 Studio 光源样式 ，系统弹出图 9.2.2 所示的"Studio 光源样式"对话框。

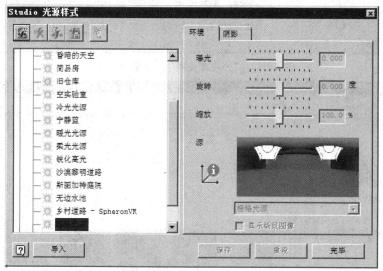

图 9.2.2　"Studio 光源样式"对话框

图 9.2.2 所示"Studio 光源样式"对话框各选项的说明如下。

◆ （新建光源样式）：用于创建一个新的默认的本地样式。

◆ （清除样式）：用于删除选定的本地样式。

◆ （更新样式）：用于将选定本地样式的数据替换为相应全局样式中的数据。要想

第 9 章 模型的外观处理与渲染

使用该命令，本地样式必须已经选择并且自上次从全局样式更新后已发生更改。

◆ ■（保存到样式库中）：用于将选定的本地样式保存到样式库（在磁盘上）中。要想将本地样式保存到样式库中必须满足以下 3 个条件：① 本地样式已经被选择；② 本地样式在项目文件中可读写；③ 本地样式自上次从全局样式更新后已发生更改。

◆ ※（新建光源）：用于打开"光源"对话框，以在选定的光源样式中新建一个光源。

步骤04 选择要使用的光源样式。在"Studio 光源样式"对话框中选中 阿尔卑斯山脉 并右击，在系统弹出的快捷菜单中选择 激活 命令。

步骤05 单击"Studio 光源样式"对话框中的 完毕 按钮，完成光源样式的使用，效果如图 9.2.3 所示。

a）不使用光源样式　　　　　　　　　　　b）使用光源样式

图 9.2.3　光源样式

学习拓展：扫码学习更多视频讲解。

讲解内容：主要包含渲染设计背景知识，渲染技术在各类产品的应用，渲染的方法及流程，典型产品案例的渲染操作流程等。并且以比较直观的方式来讲述渲染中的一些关于光线和布景的专业理论，让读者能快速理解软件中渲染参数的作用和设置方法。

第 10 章 动画设计

10.1 Inventor 动画导入

10.1.1 进入与退出 Inventor 动画环境

步骤01 打开文件 D:\inv19\work\ch10.01\intervene-explode.iam。

步骤02 进入动画环境。在"环境"选项卡"开始"区域单击"Inventor Studio"按钮，系统进入到动画环境中。

步骤03 退出动画环境。在"渲染"选项卡"退出"区域单击"完成"按钮。

10.1.2 动画环境界面

动画环境界面如图 10.1.1 所示。

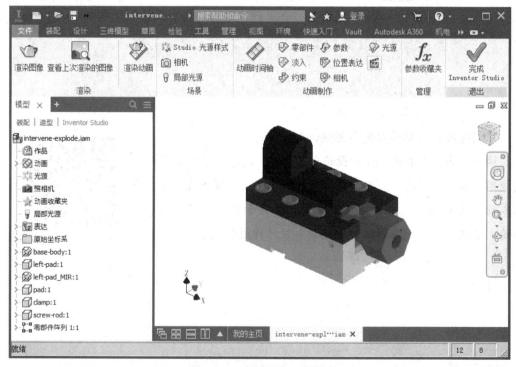

图 10.1.1 "动画"环境界面

10.2 动画时间轴

动画时间轴用来指定构成动画的每个操作的持续时间,并按照时间轴中的顺序播放动画。

在 Inventor Studio 环境中,选择 渲染 选项卡 动画制作 区域中的"动画时间轴"命令,系统弹出图 10.2.1 所示的"动画时间轴"对话框,在"动画时间轴"对话框中单击"展开操作编辑器"按钮,可查看完整的动画时间轴,如图 10.2.2 所示。

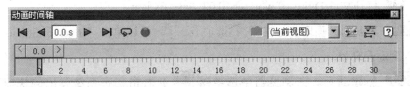

图 10.2.1 "动画时间轴"对话框(一)

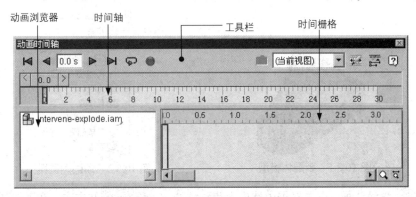

图 10.2.2 "动画时间轴"对话框(二)

图 10.2.2 所示动画时间轴界面的工具栏如图 10.2.3 所示,对其中的选项说明如下。

图 10.2.3 动画时间轴界面工具栏

- ◆ :将时间轴上的时间转至起始处。
- ◆ :反向播放动画,在播放动画时更改为"停止动画"按钮。
- ◆ 2.1 s :用于查看或者设置当前时间。
- ◆ :播放动画,在播放动画时更改为"停止动画"按钮。
- ◆ :将当前时间轴上的时间转至结束处。
- ◆ :连续循环播放动画。
- ◆ :用于打开"渲染动画"对话框录制动画。

◆ ▦：用于打开"动画选项"对话框。

◆ ▦：用于显示和隐藏用于动画的"操作编辑器"和浏览器。

10.3 零部件动画

零部件动画是通过改变一个或者多个零部件的位置或角度来制作的动画。下面以图 10.3.1 所示的装配体模型为例，讲解零部件动画的操作过程。

步骤01 打开文件 D:\inv19\work\ch10.03\glass-fix.iam。

步骤02 进入到动画环境。在 环境 选项卡 开始 区域单击"Inventor Studio"按钮 ，系统进入到动画环境。

步骤03 新建动画。在浏览器中选中 动画 并右击，在系统弹出的快捷菜单中选择 新建动画 命令，系统产生"动画 1"将其改名为"零部件动画"，如图 10.3.2 所示。

图 10.3.1 装配体模型

图 10.3.2 动画浏览器

步骤04 激活动画。在浏览器中选中上步创建的 零部件动画 并右击，在系统弹出的快捷菜单中选择 激活 命令。

步骤05 抑制影响零部件运动的装配约束。在浏览器中右击 配合:1 节点，在弹出的快捷菜单中选择 抑制 命令。

步骤06 选择命令。在 渲染 选项卡 动画制作 区域单击"零部件"按钮 零部件，系统弹出图 10.3.3 所示的"零部件动画制作"对话框。

步骤07 定义要制作动画的零部件。在绘图区域中选取图 10.3.4 所示的零部件。

步骤08 定义动画的类型与位置。

（1）在"零部件动画制作"对话框中单击"位置"按钮 ，系统弹出图 10.3.5 所示的小工具栏。

（2）在绘图区域选取图 10.3.6 所示的箭头，然后在小工具栏的 X 文本框中输入数值 15。

（3）单击 ✓ 按钮，系统返回到"零部件动画制作"对话框，在 时间 区域的 结束 文本框中输入数值 6，单击 确定 按钮。

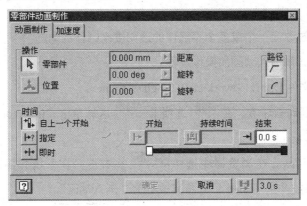

图 10.3.3 "零部件动画制作"对话框

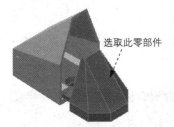

图 10.3.4 定义要制作动画的零部件

图 10.3.5 小工具栏

步骤 09 定义动画总时间。在"动画时间轴"对话框中单击"动画选项"按钮，系统弹出图 10.3.7 所示的"动画选项"对话框；设置图 10.3.7 所示的参数，单击 确定 按钮。

步骤 10 查看动画效果。在"动画时间轴"对话框中单击 按钮，然后单击 按钮即可查看动画。

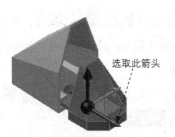

图 10.3.6 定义方向箭头

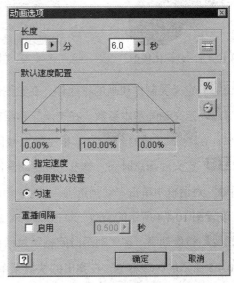

图 10.3.7 "动画选项"对话框

275

10.4 渐入动画

渐入动画是通过改变一个或多个零部件的透明度来制作的动画。下面以图 10.4.1 所示的装配体模型为例,讲解渐入动画的操作过程。

步骤 01 打开文件 D:\inv19\work\ch10.04\glass-fix.iam。

步骤 02 进入到动画环境。在 环境 选项卡 开始 区域单击"Inventor Studio"按钮 ,系统进入到动画环境。

步骤 03 新建动画。在浏览器中选中 动画 并右击,在系统弹出的快捷菜单中选择 新建动画 命令,系统产生"动画 1",将其改名为"渐入动画"。

步骤 04 激活动画。在浏览器中选中上步创建的 渐入动画 并右击,在系统弹出的快捷菜单中选择 激活 命令。

步骤 05 选择命令。在 渲染 选项卡 动画制作 区域单击"淡入"按钮 淡入,系统弹出图 10.4.2 所示的"淡显动画制作"对话框。

图 10.4.1 装配体模型

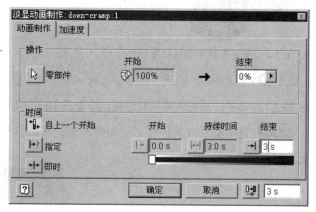
图 10.4.2 "淡显动画制作"对话框

步骤 06 定义要制作动画的零部件。在绘图区域中选取图 10.4.3 所示的零部件。

步骤 07 定义动画基本参数。在"淡显动画制作"对话框 操作 区域的 结束 文本框中输入数值 0%;在 时间 区域的 结束 文本框中输入数值 3。

步骤 08 定义动画总时间。单击"淡显动画制作"对话框的 确定 按钮,然后在"动画时间轴"对话框中单击"动画选项"按钮 ,系统弹出图 10.4.4 所示的"动画选项"对话框;设置图 10.4.4 所示的参数,单击 确定 按钮。

步骤 09 镜像动画。在"动画时间轴"对话框中单击"展开操作编辑器"按钮 ,然后在图 10.4.5 所示的区域右击,在弹出的快捷菜单中选择 镜像 命令。

第 10 章 动画设计

步骤 10 查看动画效果。在"动画时间轴"对话框中单击 按钮，然后单击 按钮即可查看动画。

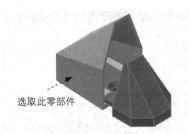
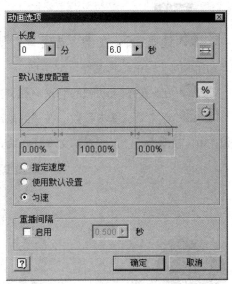

图 10.4.3 定义要制作动画的零部件　　图 10.4.4 "动画选项"对话框

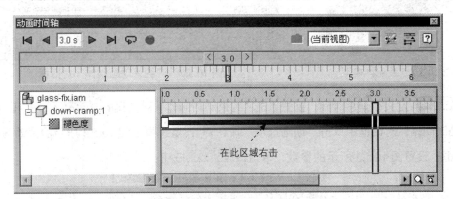

图 10.4.5 "动画时间轴"对话框

10.5 约束动画

约束动画是通过改变装配体中的约束参数，来生成一些直观、形象的动画。下面以图 10.5.1 所示的装配体模型为例，讲解约束动画的操作过程。

步骤 01 打开文件 D:\inv19\work\ch10.05\constraint.iam。

步骤 02 进入到动画环境。在 环境 选项卡 开始 区域单击"Inventor Studio"按钮 ，系统进入到动画环境。

步骤 03 新建动画。在浏览器中选中 动画 并右击，在系统弹出的快捷菜单中选择

277

新建动画 命令,系统产生"动画1",将其改名为"约束动画"。

步骤04 激活动画。在浏览器中选中上步创建的 约束动画 并右击,在系统弹出的快捷菜单中选择 激活 命令。

步骤05 选择命令。在 渲染 选项卡 动画制作 区域单击"约束"按钮 约束 ,系统弹出图10.5.2所示的"约束动画制作"对话框。

步骤06 定义要参与动画的约束。在浏览器中选取 配合:4 作为要参与动画的约束。

步骤07 定义动画基本参数。在"约束动画制作"对话框 操作 区域的 结束 文本框中输入数值130;在 时间 区域的 结束 文本框中输入数值5。

图10.5.1 装配体模型

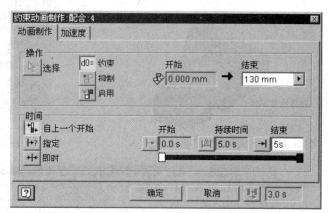

图10.5.2 "约束动画制作"对话框

步骤08 定义动画总时间。首先单击"约束动画制作"对话框的 确定 按钮,然后在"动画时间轴"对话框中单击"动画选项"按钮 ,系统弹出图10.5.3所示的"动画选项"对话框;设置图10.5.3所示的参数,单击 确定 按钮。

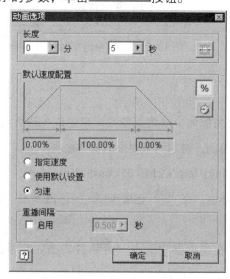

图10.5.3 "动画选项"对话框

步骤 09 查看动画效果。在"动画时间轴"对话框中单击 |◄ 按钮，然后单击 ► 按钮即可查看动画。

10.6 参数动画

参数动画是通过改变零件或者装配的参数，使模型发生改变而产生的动画效果。下面以图 10.6.1 所示模型为例，讲解参数动画的操作过程。

步骤 01 打开文件 D:\inv19\work\ch10.06\parameter.ipt。

步骤 02 导出参数。在 管理 选项卡 参数 ▼ 区域单击 "fx 参数" 按钮 f_x，系统弹出图 10.6.2 所示的 "参数" 对话框，设置图 10.6.2 所示的参数，单击 完毕 按钮，完成参数的导出。

步骤 03 进入到动画环境。在 环境 选项卡 开始 区域单击 "Inventor Studio" 按钮，系统进入到动画环境。

步骤 04 将导出的参数添加至收藏夹。在 渲染 选项卡 管理 区域单击 "fx 参数收藏夹" 按钮 f_x，系统弹出图 10.6.3 所示的 "参数收藏夹" 对话框，选中图 10.6.3 所示的复选框，单击 确定 按钮。

图 10.6.1 零件模型

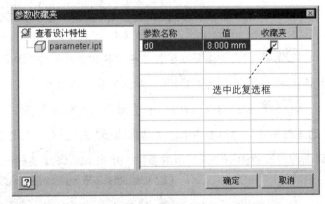

图 10.6.3 "参数收藏夹"对话框

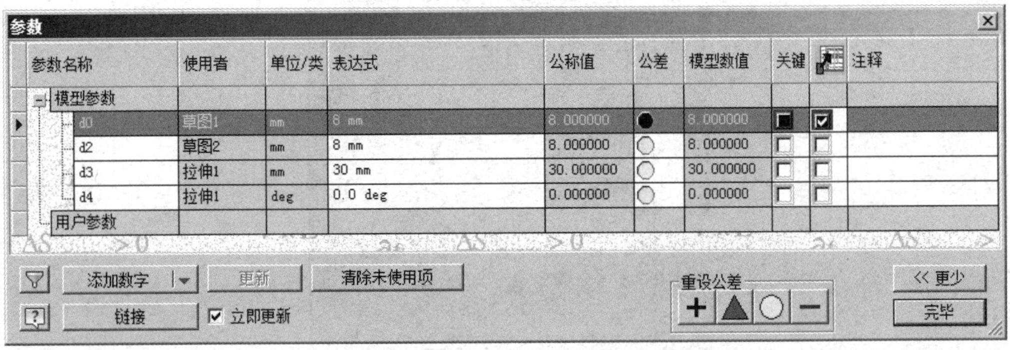

图 10.6.2 "参数"对话框

步骤 05 新建动画。在浏览器中选中 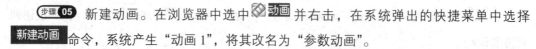动画 并右击，在系统弹出的快捷菜单中选择 新建动画 命令，系统产生"动画1"，将其改名为"参数动画"。

步骤 06 激活动画。在浏览器中选中上步创建的 参数动画 并右击，在系统弹出的快捷菜单中选择 激活 命令。

步骤 07 选择命令。在 渲染 选项卡 动画制作 区域单击"参数"按钮 参数，系统弹出图 10.6.4 所示的"参数动画制作"对话框。

步骤 08 定义收藏夹。在浏览器中选取 f_x d0 作为要参与动画的参数。

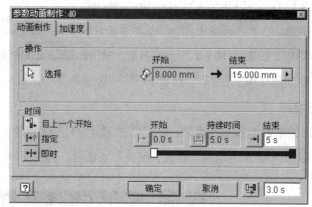

图 10.6.4 "参数动画制作"对话框

步骤 09 定义动画基本参数。在"参数动画制作"对话框 操作 区域的 结束 文本框中输入数值 15；在 时间 区域的 结束 文本框中输入数值 5。

步骤 10 定义动画总时间。首先单击"参数动画制作"对话框的 确定 按钮，然后在"动画时间轴"对话框中单击"动画选项"按钮，系统弹出图 10.6.5 所示的"动画选项"对话框；设置图 10.6.5 所示的参数，单击 确定 按钮。

图 10.6.5 "动画选项"对话框

步骤 11 查看动画效果。在"动画时间轴"对话框中单击 按钮，然后单击 按钮即可查看动画。

10.7 相机动画

相机动画又称为视角动画，是通过对视角变化的控制从而生成视角变换的动画效果。下面以图 10.7.1 所示的装配体模型为例，讲解相机动画的操作过程。

步骤 01 打开文件 D:\inv19\work\ch10.07\ Camera.iam。

步骤 02 进入到动画环境。在 环境 选项卡 开始 区域单击"Inventor Studio"按钮 ，系统进入到动画环境。

步骤 03 新建动画。在浏览器中选中 动画 并右击，在系统弹出的快捷菜单中选择 新建动画 命令，系统产生"动画 1"，将其改名为"相机动画"。

步骤 04 激活动画。在浏览器中选中上步创建的 相机动画 并右击，在系统弹出的快捷菜单中选择 激活 命令。

步骤 05 选择命令。在 渲染 选项卡 动画制作 区域单击"相机"按钮 相机 ，系统弹出"照相机动画制作"对话框。

步骤 06 定义动画基本参数。单击 转盘 选项卡，设置图 10.7.2 所示的参数。

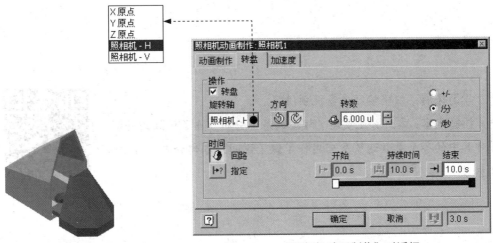

图 10.7.1 装配体模型　　图 10.7.2 "照相机动画制作"对话框

步骤 07 定义动画总时间。单击"照相机动画制作"对话框的 确定 按钮，然后在"动画时间轴"对话框中单击"动画选项"按钮 ，系统弹出图 10.7.3 所示的"动画选项"对话框；设置图 10.8.3 所示的参数，单击 确定 按钮。

步骤08 调整至相机视图。在"动画时间轴"对话框"添加相机操作"下拉列表中选择 照相机1 选项。

步骤09 查看动画效果。在"动画时间轴"对话框中单击 按钮,然后单击 按钮即可查看动画。

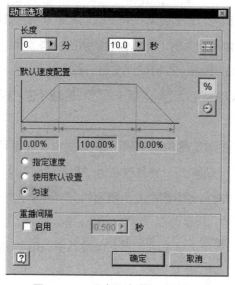

图 10.7.3 "动画选项"对话框

学习拓展:扫码学习更多视频讲解。

讲解内容:本部分主要对"模型的基本分析"作了详细的讲解,并对其中的各个参数选项及应用作了做了说明。本部分内容可供读者参考。

第 **11** 章 机构运动仿真与分析

11.1 机构运动仿真基础

在 Inventor 的运动仿真模块中,可以对一个装配体中的零部件运动进行运动仿真,也可以对装配体在载荷条件下进行动态仿真。需要注意的是,运动仿真只能在装配环境下使用。

11.2 机构运动仿真环境

11.2.1 进入/退出 Inventor 运动仿真环境

要进入 Inventor 运动仿真模块,必须先新建或打开一个装配模型。下面以一个装配模型为例,说明进入机构模块的操作过程。

步骤01 打开文件 D:\inv19\work\ch11.02\intervene-explode.iam。

步骤02 进入运动仿真模块。在 环境 选项卡 开始 区域单击"运动仿真"按钮 ,系统进入到运动仿真模块中,此时界面如图 11.2.1 所示。

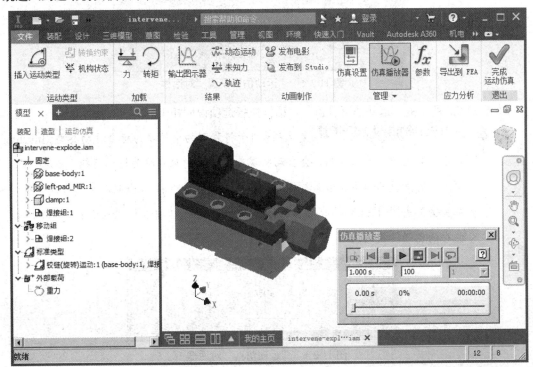

图 11.2.1 运动仿真界面

步骤03 退出运动仿真模块。在 运动仿真 选项卡 退出 区域单击"完成"按钮 。

11.2.2 运动仿真环境基础参数设置

在进入到运动仿真模块之后,一般都要设置一些基础的参数。下面介绍其操作的一般过程。

步骤01 选择 运动仿真 选项卡 管理▼ 区域的"仿真设置"命令 ,系统弹出图 11.2.2 所示的"运动仿真设置"对话框。

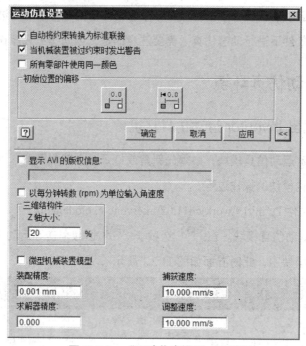

图 11.2.2 "运动仿真设置"对话框

图 11.2.2 所示的"运动仿真设置"对话框中各选项说明如下。

- ☑ 自动将约束转换为标准联接 复选项:用于将装配约束转换为标准运动类型。Inventor 在进入到运动仿真模块后,会自动将现有的装配约束转换为运动连接。当选中此选项时,用户便不能添加后面要讲的"基本运动类型约束";当取消勾选该复选项时,系统会弹出图 11.2.3 所示的"运动仿真"对话框;单击 否 按钮,删除所有现存的已经转换的约束。

图 11.2.3 "运动仿真"对话框

- ☑ **当机械装置被过约束时发出警告** 复选项：用于如果机构被过约束时，将促使软件在自动转换所有配合前向用户发出警告并将约束插入标准运动类型。对于新装配，该选项在默认情况下是选中的。

- ☐ **所有零部件使用同一颜色** 复选项：用于将预定义的颜色分配给各个移动组。该选项有助于分析零部件关系。若要使零部件返回它们通常情况下分配的颜色，则需要在设置对话框中取消选中该复选框或在"移动组"节点中单击鼠标右键并选择"所有零部件使用同一颜色"。

- **初始位置的偏移** 区域选项的说明如下。
  - 用于将所有自由度的初始位置设置为 0，而不更改机构的实际位置。该功能对于在输出图示器中查看以 0 开头的可变打印非常有用。
  - 用于将所有自由度的初始位置重设为在构造运动类型坐标系的过程中指定的初始位置。

- ☑ **显示 AVI 的版权信息** 复选项：用于显示生成的 AVI 文件的版权信息。

- ☑ **以每分钟转数 (rpm) 为单位输入角速度** 复选项：用于以 rpm 为单位输入角速度。

- **Z 轴大小** 文本框：用于在图形窗口中设置部件 Z 轴的长度。

- ☑ **微型机械装置模型** 复选项：用于调整模型精度以专门适用于微型机械装置值。当激活"微型机械装置模型"后，质量必须大于 1e-20 kg 或者惯性大于 1e-32 kg.m^2。高斯精度设置为 1e-32。

- **装配精度** 文本框：此文本框仅适用于封闭回路和 2D Contact（接触）实例。
  - 2D Contact：定义接触点之间允许的最大距离。默认值为 1e-6m = 1 μm。
  - 封闭回路：与 2D Contact 相同，但还可具有角度约束。

- **求解器精度** 文本框：用于使用五阶 Runge-Kutta 积分法对动态表达式求积分。

- **捕获速度** 文本框：该参数帮助求解器在产生恒定接触结果前限制较小反弹的数量。

- **调整速度** 文本框：通过速度调整参数进行调整。在 2D Contact 中，使用实际非线性库仑摩擦定律。在运动类型和 3D Contact 中，为了达到简单的目的和避免超静态情况，将使用正规化的库仑定律。

步骤 02 在"运动仿真设置"对话框中根据需要修改相应的参数。

11.3 基本运动类型

在 Inventor 运动仿真环境中，系统会自动将装配中的约束转换成基本运动约束，此时便不能再添加基本运动约束。因此在学习本节之前，需要在运动仿真设置对话框中取消选中 □ 自动将约束转换为标准联接 复选项，这样就可以添加基本的运动约束。

11.3.1 空间自由运动

空间自由运动类型可以创建六个自由度。此类型可为通用运动类型或其他没有约束的实体（例如球形）创建模型，下面举例说明。

步骤01 打开文件 D:\inv19\work\ch11.03.01\Freedom-motion.iam。

步骤02 进入到运动仿真环境。在 环境 选项卡 开始 区域单击"运动仿真"按钮 ，系统进入到运动仿真环境。

步骤03 选择命令。在 运动仿真 选项卡 运动类型 区域单击"插入运动类型"按钮，系统弹出图 11.3.1 所示的"插入运动类型"对话框。

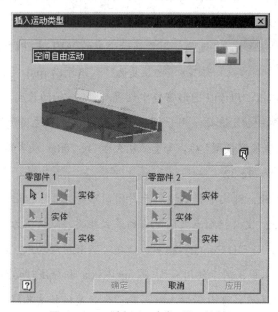

图 11.3.1 "插入运动类型"对话框

步骤04 定义运动类型。在"插入运动类型"对话框"运动类型"列表中选择 空间自由运动 选项。

步骤05 指定第一个零部件的运动类型坐标系。

（1）定义运动类型坐标系的原点。在绘图区域中选取图 11.3.2 所示的点作为运动类型坐标系的原点，完成后如图 11.3.3 所示。

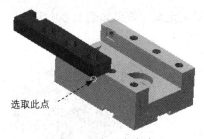

图 11.3.2 定义参考点

图 11.3.3 完成后

（2）定义运动类型坐标系的 Z 轴。在绘图区域中选取图 11.3.4 所示的模型边线作为运动类型坐标系的 Z 轴方向。

（3）定义运动类型坐标系的 X 轴。在绘图区域中选取图 11.3.5 所示的模型边线作为运动类型坐标系的 X 轴方向。

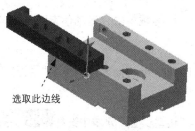

图 11.3.4 定义 Z 轴方向

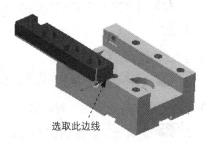

图 11.3.5 定义 X 轴方向

步骤06 指定第二个零部件的运动类型坐标系。

（1）定义运动类型坐标系的原点。在绘图区域中选取图 11.3.6 所示的点作为运动类型坐标系的原点。

（2）定义运动类型坐标系的 Z 轴。在绘图区域中选取图 11.3.7 所示的模型边线作为运动类型坐标系的 Z 轴方向。

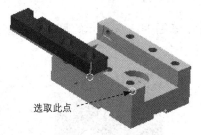

图 11.3.6 定义坐标系的原点

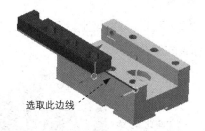

图 11.3.7 定义 Z 轴方向

（3）定义运动类型坐标系的 X 轴。在绘图区域中选取图 11.3.8 所示的模型边线作为运动类型坐标系的 X 轴方向。

步骤07 单击 确定 按钮,完成空间自由运动的定义,效果如图11.3.9所示。

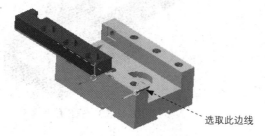

图 11.3.8 定义 X 轴方向　　　　　　　图 11.3.9 完成定义

11.3.2 铰链(旋转)运动

铰链(旋转)运动提供一个旋转自由度,可以实现零件相对的移动。

步骤01 打开文件 D:\inv19\work\ch11.03.02\Whirl-motion.iam。

步骤02 进入到运动仿真环境。在 环境 选项卡 开始 区域单击"运动仿真"按钮,系统进入到运动仿真环境。

步骤03 选择命令。在 运动仿真 选项卡 运动类型 区域单击"插入运动类型"按钮,系统弹出"插入运动类型"对话框。

步骤04 定义运动类型。在"插入运动类型"对话框"运动类型"列表中选择 铰链(旋转)运动 选项。

步骤05 指定第一个零部件的运动类型坐标系。

(1)定义运动类型坐标系的 Z 轴。在绘图区域中选取图 11.3.10 所示的圆弧面作为运动类型坐标系的 Z 轴方向。

Z 轴方向必须为此铰链(旋转)原点的旋转轴。

(2)定义运动类型坐标系的原点。在绘图区域中选取图 11.3.11 所示的圆弧作为运动类型坐标系的原点。

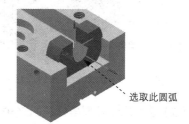

图 11.3.10 定义 Z 轴方向　　　　　　　图 11.3.11 定义原点

（3）定义运动类型坐标系的 X 轴。在绘图区域中选取图 11.3.12 所示的模型边线作为运动类型坐标系的 X 轴方向。

步骤06 指定第二个零部件的运动类型坐标系。

（1）定义运动类型坐标系的 Z 轴。在绘图区域中选取图 11.3.13 所示的圆弧面作为运动类型坐标系的 Z 轴方向。

图 11.3.12　定义 X 轴方向　　　　　　图 11.3.13　定义 Z 轴方向

（2）定义运动类型坐标系的原点。在绘图区域中选取图 11.3.14 所示的圆弧作为运动类型坐标系的原点。

（3）定义运动类型坐标系的 X 轴。在绘图区域中选取图 11.3.15 所示的模型边线作为运动类型坐标系的 X 轴方向，单击 按钮，调整 X 轴的正方向。

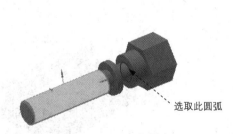 

图 11.3.14　定义原点　　　　　　图 11.3.15　定义 X 轴方向

步骤07 单击 确定 按钮，完成铰链（旋转）运动的定义，效果如图 11.3.16 所示。

11.3.3 平移运动

平移运动与传统意义上的"在平面上做运动"不同，平移运动是指沿着指定的 Z 轴方向移动，所以也可以称为"直线运动"。

步骤01 打开文件 D:\inv19\work\ch11.03.03\unassuming-motion.iam。

步骤02 进入到运动仿真环境。在 环境 选项卡 开始 区域单击"运动仿真"按钮 ，系统进入到运动仿真环境。

步骤03 选择命令。在 运动仿真 选项卡 运动类型 区域单击"插入运动类型"按钮，系统弹出"插入运动类型"对话框。

步骤04 定义运动类型。在"插入运动类型"对话框"运动类型"列表中选择 平移 选项。

步骤05 指定第一个零部件的运动类型坐标系。

（1）定义运动类型坐标系的 Z 轴。在绘图区域中选取图 11.3.17 所示的边线作为运动类型坐标系的 Z 轴方向。

图 11.3.16　完成定义

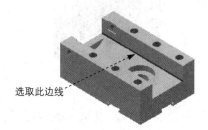

图 11.3.17　定义 Z 轴方向

（2）定义运动类型坐标系的原点。在绘图区域中选取图 11.3.18 所示的点作为运动类型坐标系的原点。

（3）定义运动类型坐标系的 X 轴。在绘图区域中选取图 11.3.19 所示的模型边线作为运动类型坐标系的 X 轴方向。

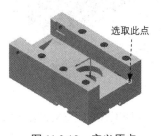

图 11.3.18　定义原点

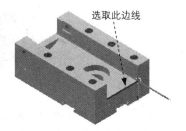

图 11.3.19　定义 X 轴方向

步骤06 指定第二个零部件的运动类型坐标系。

（1）定义运动类型坐标系的 Z 轴。在绘图区域中选取图 11.3.20 所示的边线作为运动类型坐标系的 Z 轴方向的参考。

（2）定义运动类型坐标系的原点。在绘图区域中选取图 11.3.21 所示的点作为运动类型坐标系的原点。

（3）定义运动类型坐标系的 X 轴。在绘图区域中选取图 11.3.22 所示的模型边线作为运动类型坐标系的 X 轴方向，单击 按钮调整 X 轴的正方向。

图 11.3.20　定义 Z 轴方向

图 11.3.21　定义原点

步骤 07　单击 确定 按钮，完成平移运动的定义，效果如图 11.3.23 所示。

图 11.3.22　定义 X 轴方向

图 11.3.23　完成定义

11.3.4　柱面运动

柱面运动与旋转运动有些相似，柱面连接既可以绕轴线转动，也可以沿轴线平移。

柱面运动可以提供一个平移自由度和一个旋转自由度。

步骤 01　打开文件 D:\inv19\work\ch11.03.04\cylinder.iam。

步骤 02　进入到运动仿真环境。在 环境 选项卡 开始 区域单击"运动仿真"按钮，系统进入到运动仿真环境。

步骤 03　选择命令。在 运动仿真 选项卡 运动类型 区域单击"插入运动类型"按钮，系统弹出"插入运动类型"对话框。

步骤 04　定义运动类型。在"插入运动类型"对话框"运动类型"列表中选择 柱面运动 选项。

步骤 05　指定第一个零部件的运动类型坐标系。

（1）定义运动类型坐标系的 Z 轴。在绘图区域中选取图 11.3.24 所示的圆弧面作为运动类型坐标系的 Z 轴方向参考。

（2）定义运动类型坐标系的原点。在绘图区域中选取图 11.3.25 所示的点作为运动类型坐标系的原点参考。

（3）定义运动类型坐标系的 X 轴。采用系统默认的 X 轴方向。

图 11.3.24 定义 Z 轴方向

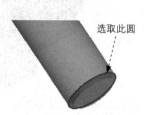

图 11.3.25 定义原点

步骤06 指定第二个零部件的运动类型坐标系。

（1）定义运动类型坐标系的 Z 轴。在"插入运动类型"对话框中单击图 11.3.26 所示的 按钮，然后在绘图区域中选取图 11.3.27 所示的圆弧面作为运动类型坐标系的 Z 轴方向的参考。

（2）定义运动类型坐标系的原点。在绘图区域中选取图 11.3.28 所示的圆弧作为运动类型坐标系的原点参考。

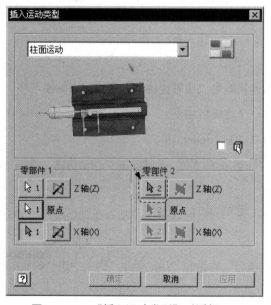

图 11.3.26 "插入运动类型"对话框

图 11.3.27 定义 Z 轴方向

图 11.3.28 定义原点

（3）定义运动类型坐标系的 X 轴。采用系统默认的 X 轴方向。

步骤07 单击 确定 按钮，完成柱面运动的定义，效果如图 11.3.29 所示。

11.3.5 球面运动

球面运动可以使零件绕着某一个约束点沿任意方向转动。

步骤01 打开文件 D:\inv19\work\ch11.03.05\ball.iam。

步骤02 进入到运动仿真环境。在 环境 选项卡 开始 区域单击"运动仿真"按钮 ，系统进入到运动仿真环境。

步骤03 选择命令。在 运动仿真 选项卡 运动类型 区域单击"插入运动类型"按钮 ，系统弹出"插入运动类型"对话框。

步骤04 定义运动类型。在"插入运动类型"对话框"运动类型"列表中选择 球面运动 选项。

步骤05 指定第一个零部件的运动类型坐标系。

（1）定义运动类型坐标系的原点。在绘图区域中选取图 11.3.30 所示的球面作为运动类型坐标系的原点参考，

图 11.3.29 完成定义

图 11.3.30 定义原点

（2）定义运动类型坐标系的 Z 轴。采用系统默认的 Z 轴方向。

（3）定义运动类型坐标系的 X 轴。采用系统默认的 X 轴方向。

步骤06 指定第二个零部件的运动类型坐标系。

（1）定义运动类型坐标系的原点。在"插入运动类型"对话框中单击图 11.3.31 所示的 按钮，然后在绘图区域中选取图 11.3.32 所示的点作为运动类型坐标系的原点，

（2）定义运动类型坐标系的 Z 轴。采用系统默认的 Z 轴方向。

（3）定义运动类型坐标系的 X 轴。采用系统默认的 X 轴方向。

步骤07 单击 确定 按钮，完成球面运动的定义，效果如图 11.3.33 所示。

11.3.6 平面运动

平面运动可以使零件在一个平面内移动，也可以绕着垂直于该平面的轴线转动；平面运动可以提供两个平移自由度和一个旋转自由度。

步骤 01　打开文件 D:\inv19\work\ch11.03.06\planar.iam。

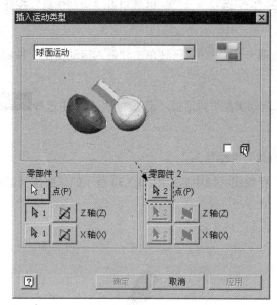

图 11.3.32　定义原点

图 11.3.31　"插入运动类型"对话框

图 11.3.33　完成定义

步骤 02　进入到运动仿真环境。在 环境 选项卡 开始 区域单击"运动仿真"按钮 ，系统进入到运动仿真环境。

步骤 03　选择命令。在 运动仿真 选项卡 运动类型 区域单击"插入运动类型"按钮 ，系统弹出"插入运动类型"对话框。

步骤 04　定义运动类型。在"插入运动类型"对话框"运动类型"列表中选择 平面运动 选项。

步骤 05　指定第一个零部件的运动类型坐标系。

（1）定义运动类型坐标系的平面。在绘图区域中选取图 11.3.34 所示的模型表面作为运动类型坐标系的平面参考。

（2）定义运动类型坐标系的原点。采用系统默认的原点。

（3）定义运动类型坐标系的 X 轴。采用系统默认的 X 轴方向。

步骤 06　指定第二个零部件的运动类型坐标系。

（1）定义运动类型坐标系的平面。在"插入运动类型"对话框中单击 零部件 2 区域的 按钮，然后在绘图区域中选取图 11.3.35 所示的模型表面作为运动类型坐标系的平面参考。

（2）定义运动类型坐标系的原点。采用系统默认的原点。

（3）定义运动类型坐标系的 X 轴。采用系统默认的 X 轴方向。

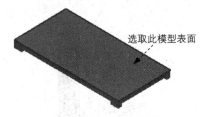
图 11.3.34 定义平面

图 11.3.35 定义原点

步骤 07 单击 确定 按钮,完成平面运动的定义,效果如图 11.3.36 所示。

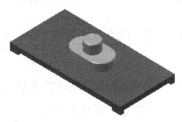
图 11.3.36 完成定义

11.3.7 球面圆槽运动

球面圆槽运动可以使零件在选定的点处向任何方向转动,也可以沿着选定的轴线移动;球面圆槽运动可以提供三个旋转自由度和一个平移自由度。

步骤 01 打开文件 D:\inv19\work\ch11.03.07\Sphere-notch.iam。

步骤 02 进入到运动仿真环境。在 环境 选项卡 开始 区域单击"运动仿真"按钮 ,系统进入到运动仿真环境。

步骤 03 选择命令。在 运动仿真 选项卡 运动类型 区域单击"插入运动类型"按钮 ,系统弹出"插入运动类型"对话框。

步骤 04 定义运动类型。在"插入运动类型"对话框"运动类型"列表中选择 球面圆槽运动 选项。

步骤 05 指定第一个零部件的运动类型坐标系。

(1)定义运动类型坐标系的 Z 轴。在绘图区域中选取图 11.3.37 所示的工作轴作为运动类型坐标系的 Z 轴方向。

(2)定义运动类型坐标系的原点。采用系统默认的原点。

(3)定义运动类型坐标系的 X 轴。采用系统默认的 X 轴方向。

步骤 06 指定第二个零部件的运动类型坐标系。

(1)定义运动类型坐标系的原点。在绘图区域中选取图 11.3.38 所示的球面作为运动类型坐标系的原点参考。

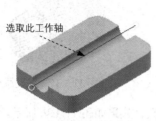

图 11.3.37　定义 Z 轴方向

图 11.3.38　定义坐标系的原点

（2）定义运动类型坐标系的 Z 轴。在绘图区域中选取图 11.3.39 所示的边线作为运动类型坐标系的 Z 轴方向。

（3）定义运动类型坐标系的 X 轴。采用系统默认的 X 轴方向。

步骤07　单击 确定 按钮，完成球面圆槽运动的定义，效果如图 11.3.40 所示。

图 11.3.39　定义 Z 轴方向

图 11.3.40　完成定义

11.3.8　线面运动

线面运动可以使零件 1 上的一条直线落在零件 2 的平面上平动；线面运动可以提供两个旋转自由度和两个平移自由度。

步骤01　打开文件 D:\inv19\work\ch11.03.08\line-face.iam。

步骤02　进入到运动仿真环境。在 环境 选项卡 开始 区域单击"运动仿真"按钮 ，系统进入到运动仿真环境。

步骤03　选择命令。在 运动仿真 选项卡 运动类型 区域单击"插入运动类型"按钮 ，系统弹出"插入运动类型"对话框。

步骤04　定义运动类型。在"插入运动类型"对话框"运动类型"列表中选择 线-面运动 选项。

步骤05　指定第一个零部件的运动类型坐标系。

（1）定义运动类型坐标系的平面。在绘图区域中选取图 11.3.41 所示的模型表面作为运动类型坐标系的平面。

（2）定义运动类型坐标系的原点。采用系统默认的原点。

（3）定义运动类型坐标系的 X 轴。单击"插入运动类型"对话框 零部件1 区域 X轴(X) 前的 ▶1 按钮，然后在绘图区域中选取图 11.3.42 所示的边线作为运动类型坐标系的 X 轴方向。

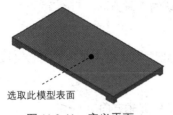

图 11.3.41　定义平面

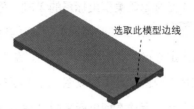

图 11.3.42　定义坐标系的 X 轴方向

步骤06　指定第二个零部件的运动类型坐标系。

（1）定义运动类型坐标系的 Z 轴。在绘图区域中选取图 11.3.43 所示的边线作为运动类型坐标系的 Z 轴方向。

（2）定义运动类型坐标系的原点。采用系统默认的原点。

（3）定义运动类型坐标系的 X 轴。采用系统默认的 X 轴方向。

步骤07　单击 确定 按钮，完成线面运动的定义，效果如图 11.3.44 所示。

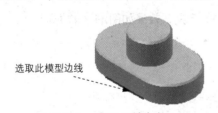

图 11.3.43　定义 Z 轴方向

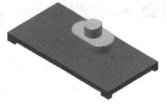

图 11.3.44　完成定义

11.3.9　点面运动

点面运动可以使零件 1 上的一个点落在零件 2 的平面上平动。下面举例说明。

步骤01　打开文件 D:\inv19\work\ch11.03.09\point-face.iam。

步骤02　进入到运动仿真环境。在 环境 选项卡 开始 区域单击"运动仿真"按钮 ，系统进入到运动仿真环境。

步骤03　选择命令。在 运动仿真 选项卡 运动类型 区域单击"插入运动类型"按钮 ，系统弹出"插入运动类型"对话框。

步骤04　定义运动类型。在"插入运动类型"对话框"运动类型"列表中选择 点-面运动 选项。

步骤 05 指定第一个零部件的运动类型坐标系。

（1）定义运动类型坐标系的平面。在绘图区域中选取图 11.3.45 所示的模型表面作为运动类型坐标系的平面。

（2）定义运动类型坐标系的原点。采用系统默认的原点。

（3）定义运动类型坐标系的 X 轴。采用系统默认的 X 轴方向。

步骤 06 指定第二个零部件的运动类型坐标系。

（1）定义运动类型坐标系的点。在"插入运动类型"对话框中单击 零部件 2 区域的 按钮，然后在绘图区域中选取图 11.3.46 所示的点。

（2）定义运动类型坐标系的 Z 轴。采用系统默认的 Z 轴方向。

（3）定义运动类型坐标系的 X 轴。采用系统默认的 X 轴方向。

图 11.3.45 定义平面　　　　图 11.3.46 定义坐标系的点

步骤 07 单击 确定 按钮，完成点面运动的定义，效果如图 11.3.47 所示。

图 11.3.47 完成定义

11.3.10 焊接连接

焊接连接是将两个零件粘接在一起，焊接在一起的两个零部件之间将不会有任何的相对运动。

举例说明如下。

步骤 01 打开文件 D:\inv19\work\ch11.03.10\jointing.iam。

步骤 02 进入到运动仿真环境。在 环境 选项卡 开始 区域单击"运动仿真"按钮 ，系统进入到运动仿真环境。

步骤 03 选择命令。在 运动仿真 选项卡 运动类型 区域单击"插入运动类型"按钮，系统弹出"插入运动类型"对话框。

步骤 04 定义运动类型。在"插入运动类型"对话框"运动类型"列表中选择 焊接连接 选项。

步骤 05 指定第一个零部件的运动类型坐标系。

（1）定义运动类型坐标系的 Z 轴。在绘图区域中选取图 11.3.48 所示的圆柱面作为运动类型坐标系 Z 轴方向参考。

（2）定义运动类型坐标系的原点。选取图 11.3.49 所示的圆作为运动类型坐标系的原点参考。

（3）定义运动类型坐标系的 X 轴。采用系统默认的 X 轴方向。

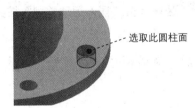
图 11.3.48　定义坐标系的 Z 轴

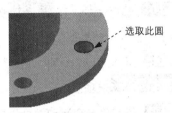
图 11.3.49　定义坐标系的原点

步骤 06 指定第二个零部件的运动类型坐标系。

（1）定义运动类型坐标系的 Z 轴。在"插入运动类型"对话框中单击 零部件 2 区域的 按钮，然后在绘图区域中选取图 11.3.50 所示的圆柱面作为运动类型坐标系 Z 轴方向参考。

（2）定义运动类型坐标系的原点。选取图 11.3.51 所示的圆作为运动类型坐标系的原点参考。

（3）定义运动类型坐标系的 X 轴。采用系统默认的 X 轴方向。

图 11.3.50　定义坐标系的 Z 轴　　图 11.3.51　定义坐标系的原点　　图 11.3.52　完成定义

步骤 07 单击 确定 按钮，完成点面运动的定义，效果如图 11.3.52 所示。

11.4 机构运动类型

11.4.1 齿轮齿条运动

齿轮齿条运动实际上是添加"一个圆柱沿着一条直线滚动"、"一个圆柱沿着一个平面滚动"或者"一个圆沿着一个平面滚动"的运动约束，并不一定是严格意义上的齿轮与齿条的运动。

举例说明如下。

步骤01 打开文件 D:\inv19\work\ch11.04.01\gear-rack.iam。

步骤02 进入到运动仿真环境。在 环境 选项卡 开始 区域单击"运动仿真"按钮 ，系统进入到运动仿真环境。

步骤03 选择命令。在 运动仿真 选项卡 运动类型 区域单击"插入运动类型"按钮，系统弹出"插入运动类型"对话框。

步骤04 定义运动类型。在"插入运动类型"对话框"运动类型"列表中选择 传动:齿轮齿条运动 选项。

步骤05 指定第一个运动类型坐标系。

（1）定义运动类型坐标系的轴/平面。在绘图区域中选取图 11.4.1 所示的模型表面。

（2）定义运动类型坐标系的原点。采用系统默认的原点。

（3）定义运动类型坐标系的 X/Z 轴。采用系统默认的 X/Z 轴方向。

步骤06 指定第二个运动类型坐标系。

（1）定义圆柱体。在"插入运动类型"对话框中单击 圆柱体 区域的 按钮，然后在绘图区域中选取图 11.4.2 所示的圆柱面。

图 11.4.1 定义坐标系的轴/平面

图 11.4.2 定义圆柱体

（2）定义运动类型坐标系的原点。采用系统默认的原点。

步骤07 单击 确定 按钮，完成齿轮齿条运动的定义。

11.4.2 外齿轮啮合运动

外齿轮啮合运动实际上是添加"一个圆柱沿着另外一个圆柱滚动"的运动约束,需要注意的是,两个零件并不一定需要真实的齿轮。

举例说明如下。

步骤01 打开文件 D:\inv19\work\ch11.04.02\external-gear.iam。

步骤02 进入到运动仿真环境。在 环境 选项卡 开始 区域单击"运动仿真"按钮,系统进入到运动仿真环境。

步骤03 选择命令。在 运动仿真 选项卡 运动类型 区域单击"插入运动类型"按钮,系统弹出"插入运动类型"对话框。

步骤04 定义运动类型。在"插入运动类型"对话框"运动类型"列表中选择 传动:外齿轮啮合运动 选项。

步骤05 指定第一个运动类型坐标系。

(1)定义零部件1的圆柱体。在绘图区域中选取图11.4.3所示的模型表面。

(2)定义零部件1的原点。采用系统默认的原点。

步骤06 指定第二个运动类型坐标系。

(1)定义零部件 2 的圆柱体。在"插入运动类型"对话框中单击 零部件2 区域的 按钮,然后在绘图区域中选取图11.4.4所示的圆柱面。

(2)定义零部件2的原点。采用系统默认的原点。

步骤07 单击 确定 按钮,完成外齿轮啮合运动的定义。

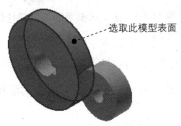

图 11.4.3 定义零部件 1 的圆柱体

图 11.4.4 定义零部件 2 的圆柱体

11.4.3 内齿轮啮合运动

内齿轮啮合运动与外齿轮运动一样也是添加"一个圆柱沿着另外一个圆柱滚动"的运动约束,只不过内齿轮啮合运动是内圆柱面在外圆柱面内部滚动。

举例说明如下。

步骤01 打开文件 D:\inv19\work\ch11.04.03\inside-gear.iam。

步骤02 进入到运动仿真环境。在 环境 选项卡 开始 区域单击"运动仿真"按钮 ，系统进入到运动仿真环境。

步骤03 选择命令。在 运动仿真 选项卡 运动类型 区域单击"插入运动类型"按钮，系统弹出"插入运动类型"对话框。

步骤04 定义运动类型。在"插入运动类型"对话框"运动类型"列表中选择 传动:内齿轮啮合运动 选项。

步骤05 指定第一个运动类型坐标系。

（1）定义外部零部件的圆柱体。在绘图区域中选取图 11.4.5 所示的模型表面。

（2）定义外部零部件的原点。采用系统默认的原点。

步骤06 指定第二个运动类型坐标系。

（1）定义内部零部件的圆柱体。在"插入运动类型"对话框中单击 内部零部件 区域的 按钮，然后在绘图区域中选取图 11.4.6 所示的圆柱面。

（2）定义内部零部件的原点。采用系统默认的原点。

步骤07 单击 确定 按钮，完成内齿轮啮合运动的定义。

图 11.4.5　定义外部零部件的圆柱体　　　图 11.4.6　定义内部零部件的圆柱体

11.4.4　皮带运动

皮带运动是机械传动中比较常见的一种传动形式，在 Inventor 中可以真实地模拟皮带运动。

举例说明如下。

步骤01 打开文件 D:\inv19\work\ch11.04.04\strap-transmission.iam。

步骤02 进入到运动仿真环境。在 环境 选项卡 开始 区域单击"运动仿真"按钮，系统进入到运动仿真环境。

步骤03 选择命令。在 运动仿真 选项卡 运动类型 区域单击"插入运动类型"按钮，系统弹出"插入运动类型"对话框。

步骤04 定义运动类型。在"插入运动类型"对话框"运动类型"列表中选择 皮带 选项。

步骤05 指定第一个运动类型坐标系。

（1）定义零部件1的圆柱体。在绘图区域中选取图11.4.7所示的模型表面。

（2）定义零部件1的原点。采用系统默认的原点。

（3）定义零部件1的 X 轴。采用系统默认的 X 轴方向。

步骤06 指定第二个运动类型坐标系。

（1）定义零部件2的圆柱体。在"插入运动类型"对话框中单击 零部件2 区域的 按钮，然后在绘图区域中选取图11.4.8所示的圆柱面。

（2）定义零部件2的原点。采用系统默认的原点。

（3）定义零部件2的 X 轴。采用系统默认的 X 轴方向。

步骤07 单击 确定 按钮，完成皮带运动的定义。

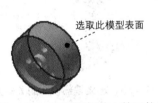

图 11.4.7 定义零部件1的圆柱体　　　图 11.4.8 定义内部零部件的圆柱体

11.4.5 螺旋运动

螺旋运动可以实现一个部件绕另一个部件作相对的螺旋运动，一般用于模拟螺母在螺杆上的运动。

举例说明如下。

步骤01 打开文件 D:\inv19\work\ch11.04.05\screw-asm.iam。

步骤02 进入到运动仿真环境。在 环境 选项卡 开始 区域单击"运动仿真"按钮 ，系统进入到运动仿真环境。

步骤03 选择命令。在 运动仿真 选项卡 运动类型 区域单击"插入运动类型"按钮 ，系统弹出"插入运动类型"对话框。

步骤04 定义运动类型。在"插入运动类型"对话框"运动类型"列表中选择 螺旋运动 选项。

步骤05 指定第一个运动类型坐标系。

（1）定义零部件1的 Z 轴。在绘图区域中选取图11.4.9所示的模型表面。

（2）定义零部件1的原点。采用系统默认的原点。

（3）定义零部件 1 的 X 轴。采用系统默认的 X 轴方向。

步骤06 指定第二个运动类型坐标系。

（1）定义零部件 2 的圆柱体。在"插入运动类型"对话框中单击 零部件 2 区域的 按钮，然后在绘图区域中选取图 11.4.10 所示的圆柱面。

（2）定义零部件 2 的原点。采用系统默认的原点。

（3）定义零部件 2 的 X 轴。采用系统默认的 X 轴方向。

步骤07 定义节距。在"插入运动类型"对话框 节距 文本框中输入数值 2。

步骤08 单击 确定 按钮，完成螺旋运动的定义。

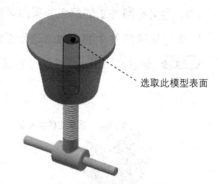

图 11.4.9　定义零部件 1 的 Z 轴方向　　　　图 11.4.10　定义零部件 2 的 Z 轴方向

11.5　受力类型

11.5.1　弹簧/阻尼器/千斤顶

在 Inventor 运动仿真环境中，我们不能够操作真实的弹簧运动，因此当需要添加弹簧时，只能添加虚拟的弹簧连接。

举例说明如下。

步骤01 打开文件 D:\inv19\work\ch11.05.01\spring-asm.iam。

步骤02 进入到运动仿真环境。在 环境 选项卡 开始 区域单击"运动仿真"按钮，系统进入到运动仿真环境。

步骤03 选择命令。在 运动仿真 选项卡 运动类型 区域单击"插入运动类型"按钮，系统弹出"插入运动类型"对话框。

步骤04 定义运动类型。在"插入运动类型"对话框"运动类型"列表中选择 弹簧/阻尼器/千斤顶 选项。

步骤05 指定第一个点。在绘图区域中选取图 11.5.1 所示的点作为第一个点。

步骤 06 指定第二个点。在绘图区域中选取图 11.5.2 所示的点作为第二个点。

步骤 07 单击 确定 按钮，完成弹簧的定义，结果如图 11.5.3 所示。

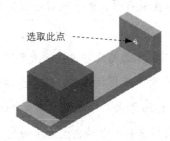

图 11.5.1 定义第一个点

步骤 08 定义弹簧属性。

（1）在浏览器 > 受力类型 节点下 弹簧/阻尼器/千斤顶:2 (base:1, slide:1) 并右击，在弹出的快捷菜单中选择 特性(P) 命令。

（2）在系统弹出"螺旋弹簧"对话框中设置图 11.5.4 所示的参数，单击 确定 按钮。

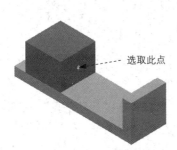

图 11.5.2 定义第二个点

图 11.5.3 完成弹簧的定义

图 11.5.4 "螺旋弹簧"对话框

图 11.5.4 所示的"螺旋弹簧"对话框中各选项说明如下。

◆ 抑制传动器 复选项：当选中此选项时用于进行所有计算时将该运动类型排除在外。

◆ 刚度 文本框：用于设置弹簧的刚度。

◆ 自由长度 文本框：用于设置弹簧不施加任何力时的长度。

305

- ◆ 阻尼 文本框：用于设置弹簧阻尼。
- ◆ 类型 下拉列表：用于设置弹簧/阻尼器/千斤顶的类型。
- ◆ 尺寸 区域：用于设置螺旋弹簧、弹簧或弹簧阻尼器的半径。
- ◆ 特性 区域选项的说明如下。
  - 面数 文本框：用于设置螺旋弹簧、弹簧或弹簧阻尼器的面数。
  - 匝数 文本框：用于设置螺旋弹簧、弹簧或弹簧阻尼器的匝数。
  - 钢丝半径 文本框：用于设置构成螺旋弹簧或弹簧阻尼器的钢丝的半径。
- ◆ 透明度：用于调整图形窗口中运动类型的透明度。
- ◆ "更改颜色"按钮：用于打开 Microsoft 的"颜色"窗口，可以选择运动类型的颜色。
- ◆ 比例 文本框：用于设置约束条件矢量的比例。
- ◆ "显示颜色"按钮：用于打开 Microsoft 的"颜色"窗口，可以选择约束条件矢量显示时的颜色。

11.5.2　3D Contact（接触）

3D Contact 就是模拟两个零件之间的刚性接触不穿透。

举例说明如下。

步骤 01　打开文件 D:\inv19\work\ch11.05.02\contact.iam。

步骤 02　进入到运动仿真环境。在 环境 选项卡 开始 区域单击"运动仿真"按钮，系统进入到运动仿真环境。

步骤 03　选择命令。在 运动仿真 选项卡 运动类型 区域单击"插入运动类型"按钮，系统弹出"插入运动类型"对话框。

步骤 04　定义运动类型。在"插入运动类型"对话框"运动类型"列表中选择 3D Contact 选项。

步骤 05　指定第一个零部件。在绘图区域中选取图 11.5.5 所示的第一个零部件。

步骤 06　指定第二个零部件。在绘图区域中选取图 11.5.6 所示的第二个零部件。

图 11.5.5　定义第一个零部件

图 11.5.6　定义第二个零部件

步骤 07 单击 确定 按钮，完成 3D Contact 的定义。

步骤 08 定义 3D Contact 属性。

（1）在浏览器 > 受力类型 节点下选中 3D Contact:2 (roll:1, base:1) 并右击，在弹出的快捷菜单中选择 特性(P) 命令。

（2）在系统弹出的"3D Contact"对话框中设置图 11.5.7 所示的参数，单击 确定 按钮。

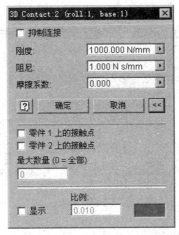

图 11.5.7 "3D Contact"对话框

图 11.5.7 所示的"3D Contact"对话框中各选项说明如下。

◆ 抑制连接 复选项：当选中此选项时用于在进行所有计算时将运动类型排除在外。

◆ 零件 1 上的接触点 复选项：用于指明此运动类型的第一个零部件上的接触点在图形窗口中可见。

◆ 零件 2 上的接触点 复选项：用于指明此连接的第二个零部件上的接触点在图形窗口中可见。

◆ 最大数量 (0 = 全部) 文本框：用于设置要显示的接触点的最大数目。

11.6 添加驱动

驱动即机构的原动力，在 Inventor 中任何机构都会有一个原动力，并且所有的运动约束都可以被驱动。

举例说明如下。

步骤 01 打开文件 D:\inv19\work\ch11.06\adjunction-drive.iam。

步骤02 进入到运动仿真环境。在 环境 选项卡 开始 区域单击"运动仿真"按钮 ，系统进入到运动仿真环境。

步骤03 添加驱动。

（1）在运动仿真浏览器中右击 铰链(旋转)运动:1 (impeller_4, plank_1)，在系统弹出的快捷菜单中选择 特性(P) 选项。

（2）系统弹出图 11.6.1 所示的"铰链（旋转）运动"对话框，在 常规 选项卡中采用系统默认的参数。

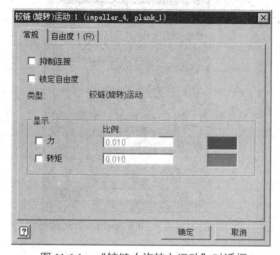

图 11.6.1 "铰链（旋转）运动"对话框

图 11.6.1 所示的"铰链（旋转）运动"对话框中各选项说明如下。

◆ 抑制连接 复选项：在选中此选项后，在后续的仿真中就不会考虑此运动约束。

◆ 锁定自由度 复选项：用于锁定运动类型中的所有自由度。在仿真过程中，锁定的自由度不会移动。

◆ 类型：用于显示运动类型。用户不能修改该值。

◆ 显示 区域：用于在图形窗口中显示力和转矩矢量。

● 力 复选框：用于显示力矢量。

● 转矩 复选框：用于显示转矩矢量。

● 比例：文本框：用于调整矢量在图形窗口中的大小。

● "更改颜色"：用于打开 Microsoft 的"颜色"对话框，以便为矢量选择颜色。

（3）单击"铰链（旋转）运动"对话框中的 自由度1(R) 选项卡，单击"编辑驱动条件"按钮 ，选中该对话框中的 ☑启用驱动条件 按钮，设置如图 11.6.2 所示的参数。

图 11.6.2 所示的"铰链（旋转）运动"对话框中各选项说明如下。

- ◆ 位置 单选项：用于将位置强制为时间的函数。
- ◆ 速度 单选项：用于将速度强制为时间的函数。
- ◆ 加速度 单选项：用于将加速度强制为时间的函数。

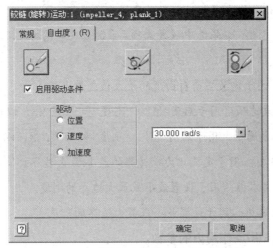

图 11.6.2 "铰链（旋转）运动"对话框

在图 11.6.2 所示的"铰链（旋转）运动"对话框中除了能够添加驱动之外，还可以定义自由度的初始条件与作用力/反作用力参数。下面将分别介绍。

① 定义约束的初始条件。

在图 11.6.2 所示的"铰链（旋转）运动"对话框中单击"编辑初始条件"按钮，此时对话框如图 11.6.3 所示。

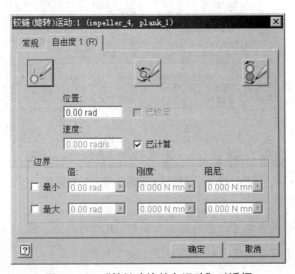

图 11.6.3 "铰链（旋转）运动"对话框

图 11.6.3 所示的"铰链(旋转)运动"对话框中各选项说明如下。

◆ 位置 文本框：用于定义当前自由度的初始位置。
◆ 已锁定 复选项：用于将当前自由度锁定在该位置。
◆ 速度 文本框：用于定义当前自由度的初始速度。
◆ 已计算 复选框：如果选中该复选项，系统会在考虑物理环境的条件下自动计算初始速度。
◆ 边界 区域：用于定义当前自由度的最大值或最小值。
  ● 最小 复选项：用于启用"值"、"刚度"和"阻尼"框，以便用户输入最小值。
  ● 最大 复选框：用于启用"值"、"刚度"和"阻尼"框，以便用户输入最大值。
  ● 值 文本框：用于定义此力或转矩的最小/最大边界。
  ● 刚度 文本框：用于设置最小或最大边界的刚度。
  ● 阻尼 文本框：用于设置最小或最大边界的阻尼。

② 定义约束的作用/反作用力的参数。

在图 11.6.3 所示的"铰链(旋转)运动"对话框中单击"编辑铰链转矩"按钮，此时对话框如图 11.6.4 所示。

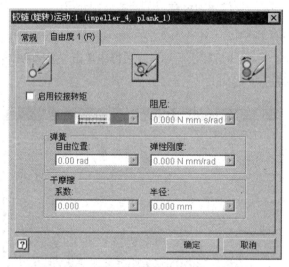

图 11.6.4 "铰链(旋转)运动"对话框

如果当前自由度为转动自由度，此时对话框如图 11.6.4 所示；如果当前自由度为平移自由度，对话框如图 11.6.5 所示。

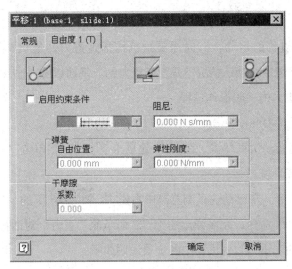

图 11.6.5 "平移"对话框

图 11.6.3 与图 11.6.4 所示对话框中各选项说明如下。

- 启用铰接转矩 与 启用约束条件 复选框文本框：用于激活约束条件或铰接转矩，并启用此对话框中的参数。

- 文本框：用于定义在仿真过程中力或转矩的值。

- 阻尼 文本框：用于定义粘性阻尼。

- 弹簧 区域：设置弹簧的参数。
  - 自由位置 文本框：用于定义弹簧的自由长度。
  - 弹性刚度 复选框：用于定义弹簧的弹性刚度。

- 干摩擦 区域：用于定义摩擦的参数。
  - 系数 文本框：用于定义干摩擦的系数。此系数的范围为 0~2。
  - 半径 文本框：用于定义转动轴的半径。此文本框只在"编辑铰链转矩"时可用。

（4）单击 确定 按钮，完成驱动的添加。

在浏览器中，被施加约束的运动约束图标上会有绿色的"#"号。

11.7 添加外部载荷

在机构运动仿真中，为了更加真实地模拟机构的运动，往往需要在机构中添加一些外部载荷，在 Inventor 中能够添加的外部载荷主要包括：重力、力与力矩。

11.7.1 重力

为了真实模拟机构的运动，有时需要给机构指定重力，使机构受到重力的影响。在 Inventor 运动仿真环境中，默认情况下是没有重力的。下面以图 11.7.1 所示的装配体为例，讲解在滑块上添加重力的一般操作过程。

步骤 01 打开文件 D:\inv19\work\ch11.07.01\gravity.iam。

步骤 02 进入到运动仿真环境。在 环境 选项卡 开始 区域单击"运动仿真"按钮 ，系统进入到运动仿真环境。

步骤 03 选择命令。在运动仿真浏览器中右击 外部载荷 下的 重力，在弹出的快捷菜单中选择 定义重力 命令，系统弹出图 11.7.2 所示的"重力"对话框。

图 11.7.2 所示的"重力"对话框中各选项说明如下。

- 抑制：抑制重力以便在后续仿真中不予考虑。在默认情况下，重力处于抑制状态，此时在浏览器中重力图标为白色。当重力被激活时，重力图标为黄色。
- 实体 单选项：用于启用 实体 区域中的"方向"和"值"参数。
- 矢量分量 单选框：用于在矢量分量区域中输入重力的方向与大小。

图 11.7.1 装配体模型

图 11.7.2 "重力"对话框

步骤 04 定义重力的方向与大小。在绘图区域选取图 11.7.3 所示的模型表面作为重力方向参考面，方向如图 11.7.4 所示（若方向不同可单击 按钮进行调整），在"重力"对话框 实体 区域的 值 文本框中设置重力的大小（此处采用系统默认即可）。

在选择几何实体指定重力方向时，选取的实体必须为固定的零部件，否则系统会弹出图 11.7.5 所示的"报警"对话框。

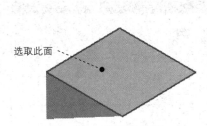
图 11.7.3 定义参考面

图 11.7.4 重力方向

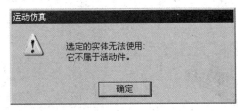
图 11.7.5 "运动仿真"对话框

步骤 05 单击 确定 按钮，完成重力的添加。

11.7.2 力

在运动仿真中，为了能够使机构运动起来，我们可以添加驱动，实际上除了添加驱动之外，我们还可以在机构合适的位置添加一个外力使机构运动起来。

下面以图 11.7.6 所示的装配体为例，讲解在滑块上添加一个力的一般操作过程。

步骤 01 打开文件 D:\inv19\work\ch11.07.02\power.iam。

步骤 02 进入到运动仿真环境。在 环境 选项卡 开始 区域单击"运动仿真"按钮 ，系统进入到运动仿真环境。

步骤 03 选择命令。在 运动仿真 选项卡 加载 区域单击"力"按钮 ，系统弹出图 11.7.7 所示的"力"对话框。

图 11.7.7 所示的"力"对话框中各选项说明如下。

- 位置：用于指定力的顶点。
- 方向：用于指定与调整力的方向。
- 大小 文本框：用于设置力的大小。
- "固定载荷方向"按钮 ：用于表示力的方向不随零件的运动而发生改变。
- "关联载荷方向"按钮 ：用于表示力的方向会随着零件的运动而发生改变。
- ☑ 使用矢量分量：用于禁用"大小"和"方向"参数并抑制为这些参数设置的所有值，

当选中该复选框时,将启用 Fx、Fy 和 Fz 框或者 Tx、Ty 和 Tz 框。

图 11.7.6 装配体模型

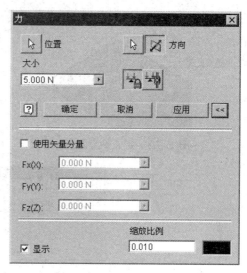

图 11.7.7 "力"对话框

步骤 04 定义力的三要素。

(1)定义的力的位置。在绘图区域中选取图 11.7.8 所示的点作为力的位置点。

(2)定义力的方向。在绘图区域中选取图 11.7.9 所示的模型边线,单击 按钮调整力的方向,完成如图 11.7.10 所示。

(3)定义力的大小。在"力"对话框的 大小 文本框中输入数值 5。

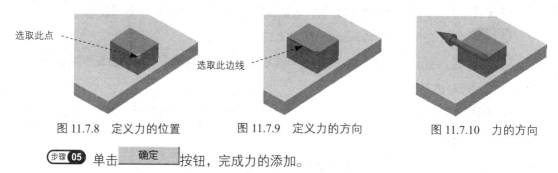

图 11.7.8 定义力的位置　　图 11.7.9 定义力的方向　　图 11.7.10 力的方向

步骤 05 单击 确定 按钮,完成力的添加。

11.7.3 转矩

下面以图 11.7.11 所示的装配体为例,讲解添加一个转矩的一般操作过程。

步骤 01 打开文件 D:\inv19\work\ch11.07.03\convey - distance.iam。

步骤 02 进入到运动仿真环境。在 环境 选项卡 开始 区域单击"运动仿真"按钮 ,系统进入到运动仿真环境。

步骤03 选择命令。在 运动仿真 选项卡 加载 区域单击"转矩"按钮，系统弹出图 11.7.12 所示的"转矩"对话框。

图 11.7.11 装配体模型

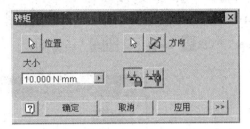

图 11.7.12 "转矩"对话框

步骤04 定义转矩参数。

（1）定义转矩的位置。在绘图区域中选取图 11.7.13 所示的圆弧。

（2）定义力的方向。在绘图区域中选取图 11.7.14 所示的圆弧面，结果如图 11.7.15 所示。

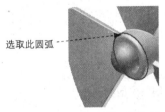

图 11.7.13 定义转矩的位置

图 11.7.14 定义转矩的方向

图 11.7.15 转矩的方向

（3）定义力的大小。在"转矩"对话框中 大小 文本框中输入数值 10。

步骤05 单击 确定 按钮，完成转矩的添加。

11.8 输出图示器

我们做运动仿真并不只是想查看其运动过程，欣赏自己制作的精美动画，最主要的目的应该是用制作的动画和运动仿真来模拟实际的运动，从而进一步对产品或机构进行深入的分析，得到一些技术参数，让我们更了解产品，为以后产品的改进提供技术数据。

下面以图 11.8.1 所示的装配为例，对弹簧所受的力进行分析。

步骤01 打开文件 D:\inv19\work\ch11.08\Export-consequence.iam。

步骤02 进入运动仿真环境。在 环境 选项卡 开始 区域单击"运动仿真"按钮，系统进入到运动仿真环境。

步骤03 运行仿真。在"仿真播放器"对话框中单击 按钮。

步骤 04 选择命令。在 `运动仿真` 选项卡 `结果` 区域单击"输出图示器"按钮，系统弹出图 11.8.2 所示的"运动仿真-输出图示器"对话框。

步骤 05 查看受力图示表。在"输出图示器"浏览器中依次展开 `Export-consequence` ➡ `受力联接` ➡ `弹簧/阻尼器/千斤顶:2 (导柱:1, 导套:1)` ➡ `力` ➡ ☑ `力[Z]`，结果如图 11.8.2 所示。

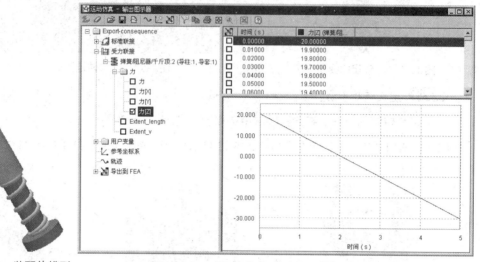

图 11.8.1 装配体模型　　图 11.8.2 "运动仿真-输出图示器"对话框

学习拓展：扫码学习更多视频讲解。

讲解内容：主要包含机构运动仿真的背景知识、概念及作用，一般方法和流程等，特别是对机构运动仿真中的连杆、运动副、驱动等基本概念讲解的非常详细。

第 12 章　有限元结构分析

12.1　概述

在现代先进制造领域中，我们经常会碰到的问题是计算和校验零部件的强度、刚度以及对机器整体或部件进行结构分析等。

一般情况下，我们运用力学原理已经得到了它们的基本方程和边界条件，但是能用解析方法求解的只是少数方程，性质比较简单，边界条件比较规则的问题。绝大多数工程技术问题很少有解析解。

处理这类问题通常有两种方法：

一种是引入简化假设，使达到能用解析解法求解的地步，求得在简化状态下的解析解，这种方法并不总是可行的，通常可能导致不正确的解答。

另一种途径是保留问题的复杂性，利用数值计算的方法求得问题的近似数值解。

随着电子计算机的飞跃发展和广泛使用，已逐步趋向于采用数值方法来求解复杂的工程实际问题，而有限元法是这方面的一个比较新颖并且十分有效的数值方法。

有限元法是根据变分法原理来求解数学物理问题的一种数值计算方法。由于工程上的需要，特别是高速电子计算机的发展与应用，有限元法才在结构分析矩阵方法基础上，迅速地发展起来，并得到越来越广泛的应用。

有限元法所以能得到迅速发展和广泛应用，除了高速计算机的出现与发展提供了充分有利的条件以外，还与有限元法本身所具有的优越性分不开。其中主要有：

（1）可完成一般力学中无法解决的对复杂结构的分析问题。

（2）引入边界条件的办法简单，为编制通用化的程序带来了极大的简化。

（3）有限元法不仅适用于复杂的几何形状和边界条件，而且能应用于复杂的材料性质问题。它还成功地用来求解如热传导、流体力学以及电磁场、生物力学等领域的问题，几乎适用于求解所有关于连续介质和场的问题。

有限元法的应用与电子计算机紧密相关，由于该法采用矩阵形式表达，便于编制计算机程序，可以充分利用高速电子计算机所提供的方便。因而，有限元法已被公认为工程分析的有效工具，受到普遍重视。随着机械产品日益向高速、高效、高精度和高度自动化技术方向发展，有限元法在现代先进制造技术的作用和地位也越来越显著，它已经成为现代机械产品设计中一种重要的且必不可少的工具。

12.2 有限元分析环境

12.2.1 进入/退出有限元分析环境

步骤01 打开文件 D:\inv19\work\ch12.02.01\analysis.ipt。

步骤02 进入有限元分析环境。在 环境 选项卡 开始 区域单击"应力分析"按钮 ，系统进入到有限元分析环境中。

步骤03 退出有限元分析环境。在 分析 选项卡 退出 区域单击"完成"按钮 ✓。

12.2.2 有限元分析的工作界面

打开文件 D:\inv19\work\ch12.02.02\analysis.SLDPRT。进入到有限元分析环境，双击浏览器中的 Mises 等效应力 后，结果如图 12.2.1 所示。

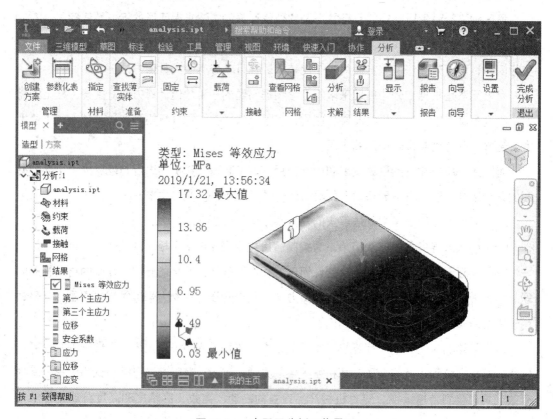

图 12.2.1 有限元分析工作界面

12.2.3 有限元分析选项设置

在开始一个分析项目之前，应该对有限元分析环境进行预设置，包括分析类型、求解器以及网格的默认设置等。

步骤01 选择 分析 选项卡 设置 区域的"应力分析设置"命令，系统弹出"应力分析设置"对话框。

步骤02 在"应力分析设置"对话框中单击 常规 选项卡，此时对话框如图 12.2.2 所示。

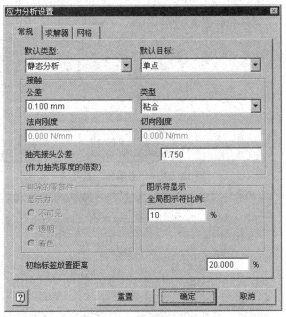

图 12.2.2 "常规"选项卡

步骤03 在"应力分析设置"对话框中单击 求解器 选项卡，此时对话框如图 12.2.3 所示，可以设置求解器的默认参数。

步骤04 在"应力分析设置"对话框中单击 网格 选项卡，此时对话框如图 12.2.4 所示，可以设置网格的默认参数。

12.2.4 有限元分析一般过程

在 Inventor 中进行有限元分析的一般过程如下。

步骤01 新建一个几何模型文件或直接打开一个现有的几何模型文件，作为有限元分析的几何对象。

步骤02 进入有限元分析环境。在 环境 选项卡 开始 区域单击"应力分析"按钮，系统进入到有限元分析环境中。

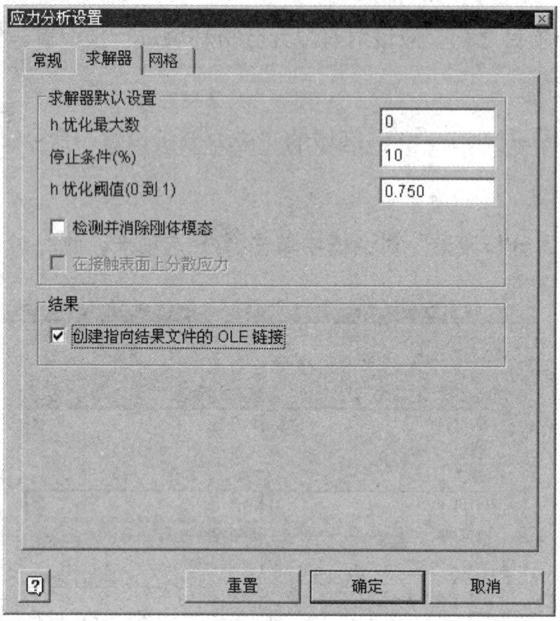

图 12.2.3 "求解器"选项卡

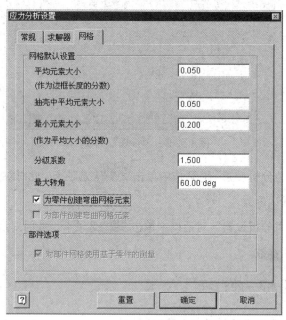

图 12.2.4 "网格"选项卡

步骤03 新建一个分析。选择 分析 选项卡 管理 区域的"创建方案"命令，新建一个分析。

步骤 04 指定材料。选择 分析 选项卡 材料 区域的"指定"命令，给分析对象指定材料。

步骤 05 添加约束。选择 分析 选项卡 约束 区域中的命令，给分析对象添加约束。

步骤 06 添加外部载荷。选择 分析 选项卡 载荷▼ 区域中的命令，给分析对象添加载荷。

步骤 07 划分网格。选择 分析 选项卡 网格 区域中的"参看网格"命令，系统自动划分网格。

步骤 08 求解。选择 分析 选项卡 求解 区域中的"分析"命令，对有限元模型的计算工况进行求解。

步骤 09 查看和评估结果。显示结果图解，对图解结果进行分析，评估设计是否符合要求。

12.3 Inventor 零件有限元分析的一般过程

下面以图 12.3.1 所示的零件模型为例，介绍有限元分析的一般过程。

图 12.3.1 所示是一材料为合金钢的零件，在零件的上表面（面 1）上施加 800N 的力，零件侧面（面 2）是固定面，在这种情况下分析该零件的应力、应变及位移分布，分析零件在这种情况下是否会被破坏。

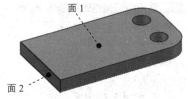

图 12.3.1 分析对象

12.3.1 打开模型文件并进入分析环境

步骤 01 打开文件 D:\inv19\work\ch12.03\analysis.SLDPRT。

步骤 02 进入有限元分析环境。在 环境 选项卡 开始 区域单击"应力分析"按钮，系统进入到有限元分析环境中。

步骤 03 新建一个分析。选择 分析 选项卡 管理 区域的"创建方案"命令，系统弹出图 12.3.2 所示的"新建分析"对话框。

步骤 04 定义算例类型。采用系统默认的分析名称，在"新建分析"对话框的 分析类型 区域中选中 ⊙ 静态分析 单选项。

选择不同的算例类型，可以进行不同类型的有限元分析。

步骤05 单击对话框中的 按钮，完成新建分析的操作。

 新建一个分析后，应力分析浏览器如图 12.3.3 所示。在有限元分析过程中，对分析参数以及分析对象的修改，都可以在浏览器中进行，另外，分析结果的查看，也要在浏览器中进行。

图 12.3.2 所示的"新建分析"对话框中各选项说明如下。

- 名称(N) 文本框：用于指定新建分析的名称。
- 设计目标(O) 下拉列表：用于指定仿真的目标。
  - 单点：在分析过程中，所有尺寸均保持不变，因此只需计算一次。新仿真默认采用此类型。
  - 驱动尺寸：在分析过程中，某些尺寸的值可以在一定范围内法向改变，因此 Inventor 需要在这个范围内进行多次计算，进而对我们的设计进行优化。

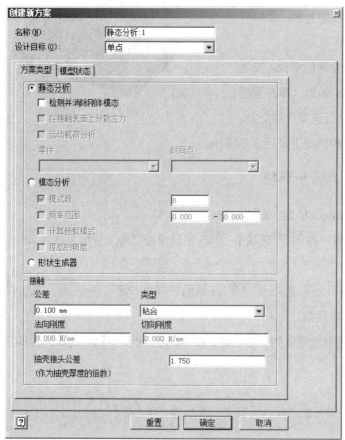

图 12.3.2 "创建新方案"对话框

图 12.3.3 浏览器

◆ `静态分析`：用于分析无运动的模型。
  - `检测并消除刚体模态` 复选框：当勾选此选项时，将不考虑刚体的运动，即将零件放入到力学中的理想条件中，此时如果没有外力作用零件是不会变形的。
  - `在接触表面上分散应力` 复选框：此选项只在分析装配体时可用；由于接触零件的材料不同，导致应力中某些零件可能是不连续的。
  - `运动载荷分析` 复选框：此选项只在分析装配体时可用；选中此选项可转移运动仿真中单个零件的运动载荷。

◆ `模态分析`：用于确定模型振动的固有频率。
  - `模式数` 复选框：对于"结构频率"，请输入发现的共振频率数。
  - `频率范围` 复选框：使用此选项，需要输入模态频率的频率范围。
  - `计算预载模式` 复选框：选择此选项可计算模型上的应力，然后计算模式以获得预应力条件。
  - `提高的精度` 复选项：用于将计算的频率值精度提高一个数量级。

◆ `接触`：用于设置装配体组件之间的关系。
  - `公差` 文本框：用于设置自动检测中要考虑的面之间或边之间的最大距离；如果面或者边的距离大于所输入的值，将不会参与自动接触分析。
  - `类型` 下拉列表：用于从接触类型列表中，选择仿真构建接触时自动生成的类型。
  - `公差` 文本框：用于输入等效的法向刚度值。仅适用于"弹簧"接触。
  - `切向刚度` 文本框：用于输入等效的切向刚度值。仅适用于"弹簧"接触。
  - `抽壳接头公差` 文本框：用于指定连接中间曲面内间隙的抽壳间隙与抽壳厚度之间的最大比例。

12.3.2 指定材料

步骤01 选择 `分析` 选项卡 `材料` 区域的"指定"命令，系统弹出图 12.3.4 所示的"指定材料"对话框。

步骤02 在对话框中单击 `材料...` 按钮，系统弹出图 12.3.5 所示的"材料浏览器"对话框。

步骤03 在 `Inventor 材料库` 区域中单击图 12.3.5 所示的"将材质添加到文档"按钮 或者双击材料，将材料应用到模型。

步骤04 单击对话框中的"关闭"按钮,系统返回到"指定材料"对话框,单击 按钮,完成指定材料的操作。

> 如果需要的材料在材料列表中没有提供,可以根据需要自定义材料,具体操作请参看本书零件设计章节相关内容。

图 12.3.4 "指定材料"对话框

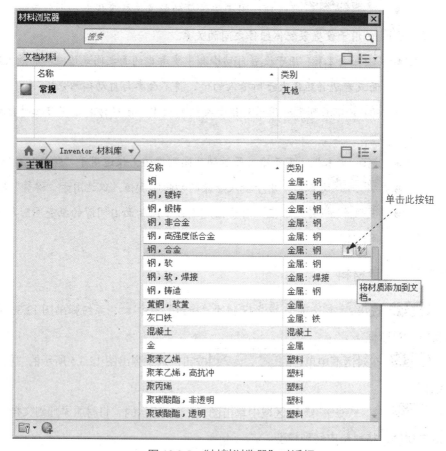

图 12.3.5 "材料浏览器"对话框

12.3.3 添加约束

进行静态分析，模型必须添加合理约束，在 Inventor 中提供了 3 种约束类型来约束模型。

步骤01 选择 分析 选项卡 约束 区域中的"固定"命令 ，系统弹出图 12.3.6 所示的"固定约束"对话框。

步骤02 定义固定面。选取图 12.3.7 所示的模型表面为固定面，即将该面完全固定。

步骤04 单击对话框中的 确定 按钮，完成外部载荷力的添加。

> **说明** 添加固定约束后，就完全限制了模型的空间运动，此模型在没有弹性变形的情况下是无法移动的。

图 12.3.6 所示的"固定约束"对话框中各选项说明如下。

- ◆ 位置：用于选择面、边或顶点以指定约束的位置。
- ◆ 使用矢量分量 复选项：用于使用矢量分量定义位移。
  - • x 文本框：输入沿 x 轴的适当的位移大小。
  - • y 文本框：输入沿 y 轴的适当的位移大小。
  - • z 文本框：输入沿 z 轴的适当的位移大小。
- ◆ 显示图示符 复选框：用于开启约束矢量图示符的可见性。
- ◆ 名称(N)：用于指定约束的名称。

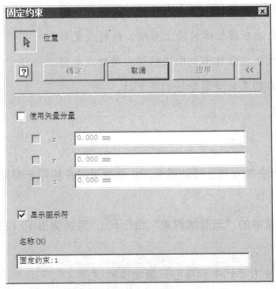

图 12.3.6 "固定约束"对话框

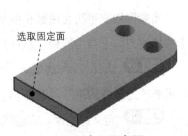

图 12.3.7 定义固定面

在 Inventor 约束类型中，除了固定约束，用户还可以添加销约束与无摩擦约束，下面将分别介绍。

1. 销约束

销约束是指在选定的圆柱面上应用转动约束。

步骤01　选择 分析 选项卡 约束 区域中的"销约束"命令，系统弹出图 12.3.8 所示的"孔销连接"对话框。

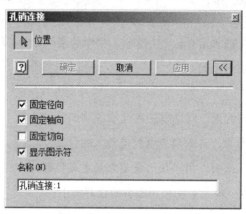

图 12.3.8　"孔销连接"对话框

步骤02　定义约束面。在绘图区域选取要约束的圆柱面即可添加该约束。

图 12.3.8 所示的"孔销连接"对话框中各选项说明如下。

- ◆ 位置：用于选择要应用该约束的圆柱面。
- ◆ 固定径向 复选框：使圆柱面无法在圆柱体径向上移动、旋转或变形。
- ◆ 固定轴向 复选框：使圆柱面无法在圆柱体轴向上移动、旋转或变形。
- ◆ 固定切向 复选框：使圆柱面无法在圆柱体切向上移动、旋转或变形。
- ◆ 显示图示符 复选框：用于开启约束矢量图示符的可见性。
- ◆ 名称(N)：用于指定约束的名称。

2. 无摩擦约束

无摩擦约束可防止曲面在曲面相对的法向方向上移动或变形。曲面可以在应用无摩擦约束的切线方向上自由旋转、移动或变形。

步骤01　选择 分析 选项卡 约束 区域中的"无摩擦约束"命令，系统弹出图 12.3.9 所示的"无摩擦约束"对话框。

步骤02　定义约束面。在绘图区域中选取要约束的面即可添加该约束。

第12章 有限元结构分析

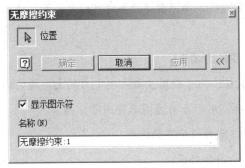

图 12.3.9 "无摩擦约束"对话框

12.3.4 添加外部载荷

在模型中添加约束后,必须向模型中添加载荷才能进行有限元分析,在 Inventor 中提供了多种载荷,载荷可以添加到模型的点、线和面上。

步骤01 选择 分析 选项卡 载荷 区域中的"力"命令 ,系统弹出图 12.3.10 所示的"力"对话框。

步骤02 定义载荷面。在图形区选取图 12.3.11 所示的模型表面为载荷面。

步骤03 定义力参数。在对话框的 大小 文本框中输入力的大小值为 800N,其他选项采用系统默认设置值。

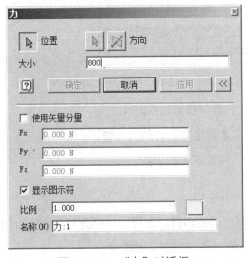

图 12.3.10 "力"对话框

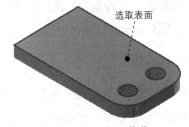

图 12.3.11 定义载荷面

步骤04 单击对话框中的 确定 按钮,完成外部载荷力的添加。

图 12.3.10 所示的"力"对话框中各选项说明如下。

◆ 位置:用于指定对其应用载荷的面、边或顶点。

- 方向：用于确定力的方向。选择的参考可以是平面、圆柱面、边线、工作轴或工作面。
- 大小 文本框：用于指定力的大小。
- 使用矢量分量 复选框：用于使用坐标系确定力的大小与方向。
- 显示图示符 复选框：用于开启力图示符的可见性。
- 比例 文本框：用于指定力图示符的比例。
- ：用于指定力图示符的颜色。
- 名称(N)：用于指定载荷的名称。

Inventor 中的其他外部载荷如下所述。

1. 压力

在 Inventor 中压力确切地说应该是压强，压强是均匀分布于整个表面，并且压力的方向始终是面的法向方向。

步骤01 选择 分析 选项卡 载荷 区域中的"压力"命令，系统弹出图 12.3.12 所示的"压力"对话框。

图 12.3.12 "压力"对话框

步骤02 定义载荷面。在绘图区域中选取要添加载荷的面。

步骤03 定义力参数。在对话框的 大小 文本框中输入力的大小值。

步骤04 单击对话框中的 确定 按钮，完成压力的添加。

2. 轴承载荷

轴承载荷在其所能支持的力的大小和方向上差别迥异。力可以主要是轴向（推力轴承）或是径向。轴承载荷只能添加到圆柱面上，力的大小分布是不均匀的。

步骤01 选择 分析 选项卡 载荷 区域中的"轴承载荷"命令，系统弹出图 12.3.13 所示的"轴承载荷"对话框。

步骤02 定义载荷面。在绘图区域中选取要添加载荷的圆柱面。

步骤03 定义力参数。在对话框的 大小 文本框中输入力的大小值。

步骤04 单击对话框中的 确定 按钮,完成轴承载荷的添加。

图 12.3.13 "轴承载荷"对话框

3. 力矩

力矩是使物体可以绕着力矩的中心进行旋转,力矩的大小是力乘以距离,力矩只能作用于表面上。

步骤01 选择 分析 选项卡 载荷 ▼ 区域中的"力矩"命令 ↻,系统弹出"力矩"对话框。

步骤02 定义载荷面。在绘图区域中选取要添加载荷的表面。

步骤03 定义力参数。在对话框的 大小 文本框中输入力的大小值。

步骤04 单击对话框中的 确定 按钮,完成力矩的添加。

4. 重力

重力是用于向整个模型应用重力载荷。

步骤01 选择 分析 选项卡 载荷 ▼ 区域中的"重力"命令,系统弹出图 12.3.14 所示的"重力"对话框。

图 12.3.14 "重力"对话框

步骤02 定义重力方向。在绘图区域中选取一个参考以定义重力的方向。

步骤03 定义重力大小。采用系统默认的值。

步骤04 单击对话框中的 确定 按钮,完成重力的添加。

12.3.5 划分网格

模型在开始分析之前的最后一步就是网格划分,模型将被自动划分成有限个单元。网格密度直接影响分析结果精度。单元越小,离散误差越低,但相应的网格划分和解算时间也越长。

步骤01 设置网格参数。

（1）选择 分析 选项卡 网格 区域中的"网格设置"命令，系统弹出图 12.3.15 所示的"网格设置"对话框。

（2）在"网格设置"对话框 平均元素大小 文本框中输入数值 0.05，其余参数接受系统默认设置。

（3）单击 确定 按钮，完成网格的设置。

图 12.3.15 所示的"网格设置"对话框中各选项说明如下。

- 平均元素大小 文本框：用于指定网格元素节点之间的平均距离。
- 最小元素大小 文本框：用于指定网格节点之间的最小距离。
- 分级系数 文本框：用于在粗略和细致区域之间转换所需的相邻网格边的最大比例。
- 最大转角 文本框：用于指定圆弧的最大角。
- ☑ 创建弯曲网格元素 复选项：用于创建具有弯曲边和面的网格。

步骤02 划分网格。选择 分析 选项卡 网格 区域中的"查看网格"命令，系统自动划分网格，结果如图 12.3.16 所示。

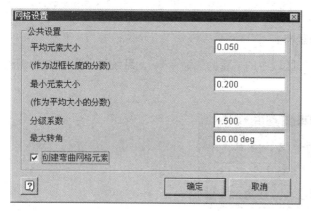

图 12.3.15 "网格设置"对话框

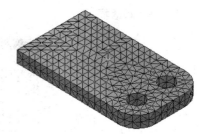

图 12.3.16 划分网格

12.3.6 求解分析

网格划分完成后就可以进行求解了。

步骤01 选择 分析 选项卡 求解 区域中的"分析"命令，系统弹出图 12.3.17 所示的"分析"对话框。

步骤02 单击 运行 按钮进行求解，求解结束之后，在浏览器的结果下面生成应力、位移和应变等图解，如图 12.3.18 所示。

第**12**章 有限元结构分析

图 12.3.17 "分析"对话框

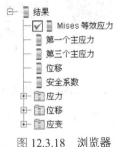

图 12.3.18 浏览器

12.3.7 结果查看与评估

求解完成后,就可以查看结果图解,并对结果进行评估。

步骤01 在浏览器中右击 Mises 等效应力,系统弹出图 12.3.19 所示的快捷菜单,在弹出的快捷菜单中确认 激活(A) 被选中,系统显示图 12.3.20 所示的 Mises 等效应力图解。

图 12.3.19 快捷菜单

图 12.3.20 Mises 等效应力图解

应力(vonMises)图解一般为默认显示图解,即解算结束之后显示出来的就是该图解,所以,一般情况下,该步操作可以省略。

Autodesk Inventor 2019 快速入门、进阶与精通（升级版）

 从结果图解中可以看出，在该种工况下，零件能够承受的最大应力为17MPa，而该种材料（前面定义的合金钢）的最大屈服应力为620MPa，即在该种工况下，零件可以安全工作。

步骤02 在浏览器中右击 第一个主应力 ，在弹出的快捷菜单中选中 激活(A) ，系统显示图 12.3.21 所示的第一个主应力图解。

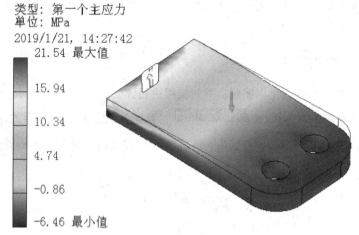

图 12.3.21　第一个主应力图解

步骤03 在浏览器中右击 第三个主应力 ，在弹出的快捷菜单中选中 激活(A) ，系统显示图 12.3.22 所示的第三个主应力图解。

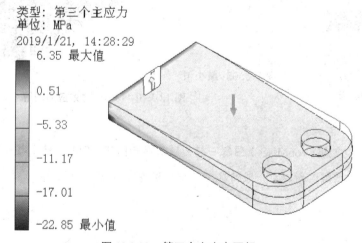

图 12.3.22　第三个主应力图解

说明 位移（合位移）图解反映零件在该种工况下发生变形的趋势，从图解中可以看出，在该种工况下，零件发生变形的最大位移是 0.07mm，变形位移是非常小的，这种变形在实际中也是观察不到的，在图解中看到的变形实际上是放大后的效果。

步骤04 在浏览器中右击 位移，在弹出的快捷菜单中选中 激活(A)，系统显示图 12.3.23 所示的位移图解。

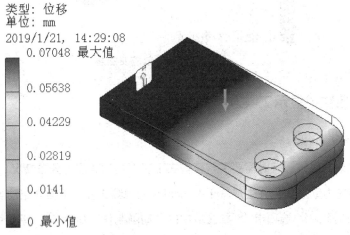

图 12.3.23 位移图解

步骤05 在浏览器中右击 安全系数，在弹出的快捷菜单中选中 激活(A)，系统显示图 12.3.24 所示的安全系数图解。

步骤06 在浏览器中右击 应变 选项卡下的 等效应变，在弹出的快捷菜单中选中 激活(A)，系统显示图 12.3.25 所示的等效应变图解。

图 12.3.24 安全系数图解

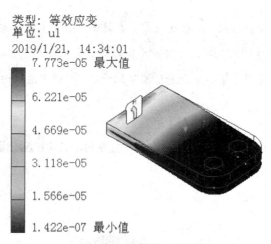

图 12.3.25 等效应变图解

12.3.8 其他结果显示工具及报告文件

1．动画结果

在评估结果的时候，有时需要了解模型在工况下的动态应力分布情况，使用"动画"工具，可以观察应力动态变化并生成基于 Windows 的视频文件。下面介绍动画的操作方法。

步骤01 选择 分析 选项卡 结果 区域中的"动画制作"命令，系统弹出图 12.3.26 所示的"结果动画制作"对话框。

步骤02 保存并观看动画。

（1）在"结果动画制作"对话框的 速度 下拉列表中选 正常 选项，在 步长 文本框中输入数值 10。

（2）单击 按钮，系统弹出"另存为"对话框，选择保存路径。

（3）单击 保存(S) 按钮，系统弹出图 12.3.27 所示的"视频压缩"对话框，在 压缩程序(C): 下拉列表中选 全帧(非压缩的) 选项，单击 确定 按钮，观看动画效果。

（4）单击对话框中的 确定 按钮，完成动画的制作。

图 12.3.26 "结果动画制作"对话框

图 12.3.27 "视频压缩"对话框

2. 检查

在评估结果的时候，有时需要知道实体上某一特定位置的参数值，使用 检查 工具，可以探测某一位置上的应力值。下面介绍检查的使用方法。

步骤01 选择 分析 选项卡 结果 区域中的"检查"命令 检查。

步骤02 定义检查位置。在图12.3.28所示的模型位置单击，如图12.3.28所示。

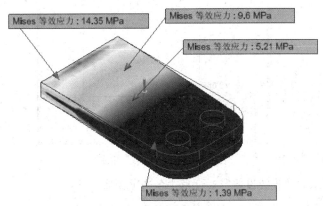

图 12.3.28 检查结果

3. 收敛

收敛命令是指在对话框内显示分析的结果。下面介绍收敛的使用方法。

步骤01 定义收敛位置。单击 分析 选项卡 网格 区域中的"收敛设置"按钮 ，系统弹出图12.3.29所示的"收敛设置"对话框，设置图12.3.29所示的参数，单击 确定 按钮。

步骤02 选择 分析 选项卡 结果 区域中的"收敛"命令 收敛，结果如图12.3.30所示。

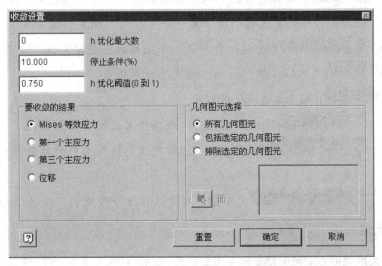

图 12.3.29 "收敛设置"对话框

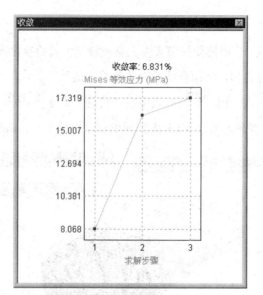

图 12.3.30 "收敛"结果

图 12.3.29 所示的"收敛设置"对话框中各选项说明如下：

- **h 优化最大数** 文本框：用于指定收敛所需的 h 优化循环的最大数目。系统默认值为 0；如果值大于 2，将会显示一个对话框，增加优化数目可能会降低性能；当值为 1 时，如果满足停止条件，则优化过程可能在达到最大数之前停止。
- **停止条件(%)** 文本框：用于当最后的两次结果之间的差小于指定的值时会停止优化。
- **h 优化阈值(0 到 1)** 文本框：用于指定优化阈值（0~1 之间）。
- **要收敛的结果** 区域主要选项说明如下。
  - **Mises 等效应力** 复选框：将"Mises 等效应力"指定为结果成员。
  - **第一个主应力** 复选框：将"第一个主应力"指定为结果成员。
  - **第三个主应力** 复选框：将"第三个主应力"指定为结果成员。
  - **位移** 复选框：将"位移"指定为结果成员。
- **几何图元选择** 区域主要选项说明如下。
  - **所有几何图元** 区域：指定为收敛条件考虑所有几何图元。
  - **包括选定的几何图元** 下拉列表：指定仅包括列表中的项来作为收敛条件中的集合。
  - **排除选定的几何图元** 文本框：指定从收敛条件中的集合排除列表中的项。

4. 最大值

用于查看图形窗口中最大结果的大小与位置。单击 **分析** 选项卡 **显示** 区域中的"最大值"

按钮 ，结果如图 12.3.31 所示。

5. 最小值

用于查看图形窗口中最小结果的大小与位置。单击 分析 选项卡 显示 区域中的"最小值"按钮 ，结果如图 12.3.32 所示。

图 12.3.31　最大值　　　　　　　　　图 12.3.32　最小值

6. 着色样式

在 Inventor 着色样式下拉列表中有"平滑着色"、"轮廓着色"与"无着色"三个选项。当将着色样式设置为"平滑着色"时，结果如图 12.3.33；当将着色样式设置为"轮廓着色"时，结果如图 12.3.34 所示；当将着色样式设置为"无着色"时，结果如图 12.3.35。

图 12.3.33　平滑着色　　　　图 12.3.34　轮廓着色　　　　图 12.3.35　无着色

7. 调整位移显示

在大多数情况下，真实的几何图元变形与整个模型大小相比是很微小的。为了了解发生变形的位置,提供了一种自动化的放大效果。调整位移选项提供了未变行、实际、调整后 x 0.5、调整后 x 1、调整后 x 2 与调整后 x 5 这 6 种显示选项，其效果如图 12.3.36 所示。

8. 生成分析报告

在完成各项分析以及评估结束之后，一般需要生成一份完整的分析报告，以方便查阅、演示或存档。使用 工具，可以采用任何预先定义的报表样式出版成 HTML 或 WORD 格式的报告文件。下面介绍其操作方法。

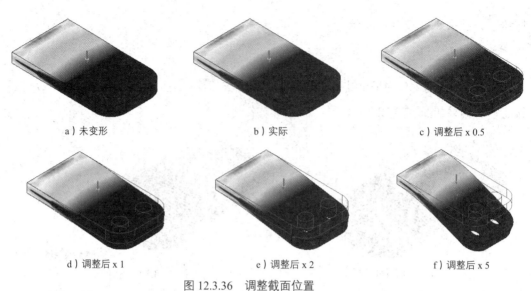

a）未变形　　　　　　　　b）实际　　　　　　　c）调整后 x 0.5

d）调整后 x 1　　　　　　e）调整后 x 2　　　　　f）调整后 x 5

图 12.3.36　调整截面位置

步骤01　单击 分析 选项卡 报告 区域中的"报告"按钮，系统弹出如图 12.3.37 所示的报告对话框。

步骤02　对话框中各项设置如图 12.3.37 所示。

步骤03　单击对话框中的 确定 按钮，系统弹出图 12.3.38 所示的"应力分析报告"对话框，显示报表生成进度。

图 12.3.37　"报告"对话框　　　　图 12.3.38　"应力分析报告"对话框

步骤04　选择下拉菜单 文件  保存 命令，保存分析结果。

第四篇

Inventor 2019 实际综合应用案例

第 13 章 Inventor 零件设计实际综合应用

13.1 零件设计案例 1——儿童玩具勺

案例概述

本案例主要运用了实体拉伸、切削、倒圆角、抽壳、旋转和加强筋等命令,其中玩具勺的手柄部造型通过实体切削倒圆角再进行抽壳而成,构思巧妙。零件模型及浏览器如图 13.1.1 所示。

步骤01 新建零件模型,进入建模环境。

步骤02 创建图 13.1.2 所示的拉伸特征 1。

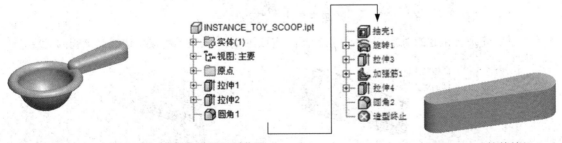

图 13.1.1 零件模型及浏览器   图 13.1.2 拉伸特征 1

(1)选择命令。在 创建 区域中单击 按钮,系统弹出"创建拉伸"对话框。

（2）定义特征的截面草图。单击"创建拉伸"对话框中的按钮，选取 XZ 平面作为草图平面，进入草绘环境。绘制图 13.1.3 所示的截面草图。

（3）定义拉伸属性。单击 草图 选项卡 返回到三维 区域中的 按钮，将拉伸方向设置为"不对称"类型 ，在"拉伸"对话框 范围 区域中的两个下拉列表中均选择 距离 选项，在两个"距离"下拉列表中分别输入数值 70 和 5。

（4）单击"拉伸"对话框中的 确定 按钮，完成拉伸特征 1 的创建。

步骤03 创建图 13.1.4 所示的拉伸特征 2。

（1）选择命令。在 创建 区域中单击 按钮，系统弹出"创建拉伸"对话框。

（2）定义特征的截面草图。单击"创建拉伸"对话框中的 创建二维草图 按钮，选取 XY 平面作为草图平面，进入草绘环境，绘制图 13.1.5 所示的截面草图，单击 按钮。

（3）定义拉伸属性。再次单击 创建 区域中 按钮，首先将布尔运算设置为"求差"类型 ，在 范围 区域中的下拉列表中选择 贯通 选项，将拉伸方向设置为"对称"类型 。

（4）单击"拉伸"对话框中的 确定 按钮，完成拉伸特征 2 的创建。

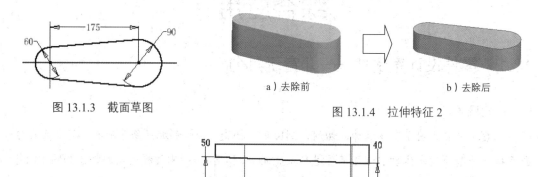

图 13.1.3　截面草图　　　　　　　图 13.1.4　拉伸特征 2

图 13.1.5　截面草图

步骤04 创建图 13.1.6 所示的倒圆特征 1。

（1）选择命令。在 修改 区域中单击 按钮。

（2）选取要倒圆的对象。在系统的提示下，选取图 13.1.6a 所示的模型边线为倒圆的对象。

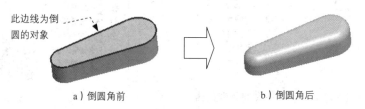

图 13.1.6　倒圆特征 1

（3）定义倒圆参数。在"倒圆角"小工具栏"半径 R"文本框中输入数值 20。
（4）单击"圆角"对话框中的 确定 按钮完成倒圆特征 1 的定义。

步骤 05 创建图 13.1.7 所示的抽壳特征 1。
（1）选择命令。在 修改 区域中单击 抽壳 按钮。
（2）定义薄壁厚度。在"抽壳"对话框 厚度 文本框中输入薄壁厚度值为 5。
（3）选择要移除的面。在系统 选择要去除的表面 的提示下，选择图 13.1.7a 所示的模型表面为要移除的面。
（4）单击"抽壳"对话框中的 确定 按钮，完成抽壳特征 1 的创建。

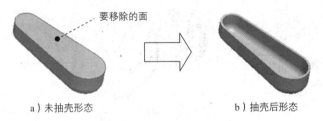

a）未抽壳形态　　　　　　　　b）抽壳后形态

图 13.1.7　抽壳特征 1

步骤 06 创建图 13.1.8 所示的旋转特征 1。

图 13.1.8　旋转特征 1

（1）选择命令。在 创建 区域中单击 按钮，系统弹出"创建旋转"对话框。
（2）定义特征的截面草图。单击"创建旋转"对话框中的 创建二维草图 按钮，选取 XY 平面为草图平面，进入草绘环境，绘制图 13.1.9 所示的截面草图。
（3）定义旋转属性。单击 草图 选项卡 返回到三维 区域中的 按钮，在 范围 区域的下拉列表中选中 全部 选项。
（4）单击"旋转"对话框中的 确定 按钮，完成旋转特征 1 的创建。

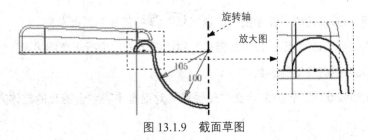

图 13.1.9　截面草图

步骤07 创建图 13.1.10 所示的拉伸特征 3。

（1）选择命令。在 创建▼ 区域中单击 按钮，系统弹出"创建拉伸"对话框。

（2）定义特征的截面草图。单击"创建拉伸"对话框中的 创建二维草图 按钮，选取 XZ 平面作为草图平面，进入草绘环境，绘制图 13.1.11 所示的截面草图，单击 按钮。

（3）定义拉伸属性。再次单击 创建▼ 区域中 按钮，首先将布尔运算设置为"求差"类型 ，在 范围 区域中的下拉列表中选择 距离 选项，在"距离"下拉列表中输入数值20，将拉伸方向设置为"方向1"类型 。

（4）单击"拉伸"对话框中的 确定 按钮，完成拉伸特征 3 的创建。

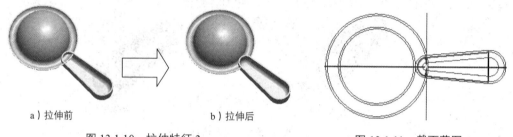

a）拉伸前　　　　b）拉伸后

图 13.1.10　拉伸特征 3　　　　　　　　　图 13.1.11　截面草图

步骤08 创建草图 1。

（1）在 三维模型 选项卡 草图 区域单击 按钮，然后选择 XY 平面为草图平面，系统进入草图设计环境。

（2）绘制图 13.1.12 所示的草图，单击 按钮，退出草绘环境。

步骤09 创建图 13.1.13 所示的加强筋特征 1。

（1）选择命令，在 创建▼ 区域中单击 加强筋 按钮。

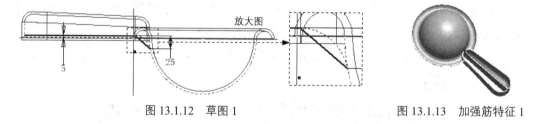

图 13.1.12　草图 1　　　　　　　　　图 13.1.13　加强筋特征 1

（2）指定加强筋轮廓。在绘图区域选取 步骤08 中创建的截面草图。

（3）指定加强筋的类型。在"加强筋"对话框单击"平行于草图平面"按钮 。

（4）定义加强筋特征的参数。

① 定义加强筋的拉伸方向。在"加强筋"对话框中将结合图元的拉伸方向设置为"方

向2"类型 。

② 定义加强筋的厚度。在 厚度 文本框中输入数值7,将加强筋的生成方向设置为"双向"类型 ,其余参数接受系统默认设置。

（5）单击"加强筋"对话框中的 确定 按钮,完成加强筋特征1的创建。

步骤10 创建图13.1.14所示的拉伸特征4。

（1）选择命令。在 创建▼ 区域中单击 按钮,系统弹出"创建拉伸"对话框。

（2）定义特征的截面草图。单击"创建拉伸"对话框中的 创建二维草图 按钮,选取 XY 平面作为草图平面,进入草绘环境,绘制图13.1.15所示的截面草图,单击 按钮。

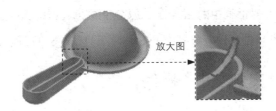

图13.1.14 拉伸特征4

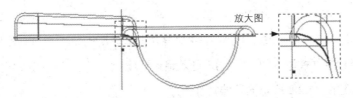

图13.1.15 截面草图

（3）定义拉伸属性。再次在 创建▼ 区域中单击 按钮,首先将布尔运算设置为"求差"类型 ,在 范围 区域中的下拉列表中选择 介于两面之间 选项,依次选择加强筋的两个侧面（如图13.1.16所示的面1与面2）。

（4）单击"拉伸"对话框中的 确定 按钮,完成拉伸特征4的创建。

图13.1.16 定义拉伸深度范围

步骤11 创建图13.1.17所示的倒圆特征2。

（1）选择命令。在 修改▼ 区域中单击 按钮。

(2)选取要倒圆的对象。在系统的提示下,选取图13.1.17a所示的模型边线为倒圆的对象。

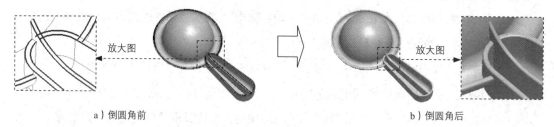

图 13.1.17 倒圆特征 2

(3)定义倒圆参数。在"倒圆角"小工具栏"半径 R"文本框中输入数值 1.5。

(4)单击"圆角"对话框中的 确定 按钮完成倒圆特征 2 的定义。

步骤12 保存零件模型文件,命名为 INSTANCE_TOY_SCOOP。

13.2 零件设计案例 2——操作杆

案例概述

该案例的创建方法是一种典型的"搭积木"式的方法,大部分命令也都是一些基本命令(如拉伸、镜像、旋转、阵列、孔、倒圆角等),但要提醒读者注意其中"筋"特征创建的方法和技巧。

步骤01 新建零件模型(图 13.2.1),进入建模环境。

步骤02 创建图 13.2.2 所示的拉伸特征 1。

(1)选择命令。在 创建 ▼ 区域中单击 按钮,系统弹出"创建拉伸"对话框。

(2)定义特征的截面草图。单击"创建拉伸"对话框中的 创建二维草图 按钮,选取 XZ 平面作为草图平面,进入草绘环境,绘制图 13.2.3 所示的截面草图。

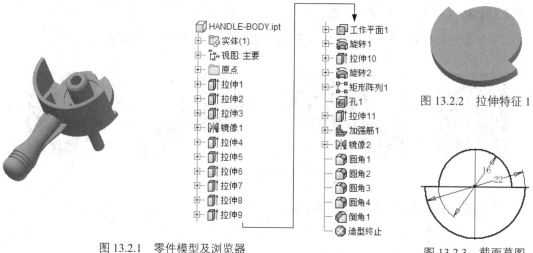

图 13.2.1 零件模型及浏览器

图 13.2.2 拉伸特征 1

图 13.2.3 截面草图

第 13 章 Inventor 零件设计实际综合应用

（3）定义拉伸属性。单击 草图 选项卡 返回到三维 区域中的 按钮，在"拉伸"对话框 范围 区域中的下拉列表中选择 距离 选项，在"距离"下拉列表中输入数值 2，将拉伸类型设置为"方向 1"类型 。

（4）单击"拉伸"对话框中的 确定 按钮，完成拉伸特征 1 的创建。

步骤 03 创建图 13.2.4 所示的拉伸特征 2。

（1）选择命令。在 创建 区域中单击 按钮，系统弹出"创建拉伸"对话框。

（2）定义特征的截面草图。单击"创建拉伸"对话框中的 创建二维草图 按钮，选取图 13.2.5 所示的模型表面作为草图平面，进入草绘环境，绘制图 13.2.6 所示的截面草图。

（3）定义拉伸属性。单击 草图 选项卡 返回到三维 区域中的 按钮，在"拉伸"对话框 范围 区域中的下拉列表中选择 距离 选项，在"距离"下拉列表中输入数值 10，将拉伸类型设置为"方向 1"类型 。

（4）单击"拉伸"对话框中的 确定 按钮，完成拉伸特征 2 的创建。

 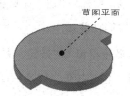 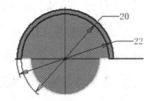

图 13.2.4　拉伸特征 2　　　图 13.2.5　定义草图平面　　　图 13.2.6　截面草图

步骤 04 创建图 13.2.7 所示的拉伸特征 3。

（1）选择命令。在 创建 区域中单击 按钮，系统弹出"创建拉伸"对话框。

（2）定义特征的截面草图。单击"创建拉伸"对话框中的 创建二维草图 按钮，选取图 13.2.8 所示的模型表面作为草图平面，进入草绘环境，绘制图 13.2.9 所示的截面草图。

（3）定义拉伸属性。单击 草图 选项卡 返回到三维 区域中的 按钮，在"拉伸"对话框 范围 区域中的下拉列表中选择 距离 选项，在"距离"下拉列表中输入数值 8，将拉伸类型设置为"方向 1"类型 。

（4）单击"拉伸"对话框中的 确定 按钮，完成拉伸特征 3 的创建。

 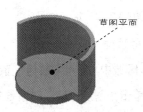 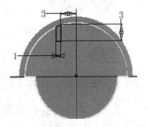

图 13.2.7　拉伸特征 3　　　图 13.2.8　定义草图平面　　　图 13.2.9　截面草图

步骤 05 创建图 13.2.10 所示的镜像 1。

（1）选择命令，在 阵列 区域中单击"镜像"按钮 。

（2）选取要镜像的特征。在图形区中选取要镜像复制的拉伸特征 3（或在浏览器中选择"拉伸 3"特征）。

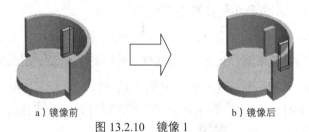

a）镜像前　　　　　　　　b）镜像后

图 13.2.10　镜像 1

（3）定义镜像中心平面。单击"镜像"对话框中的 镜像平面 按钮，然后选取 YZ 平面作为镜像中心平面。

（4）单击"镜像"对话框中的 确定 按钮，完成镜像操作。

步骤 06 创建图 13.2.11 所示的拉伸特征 4。

（1）选择命令。在 创建 区域中单击 按钮，系统弹出"创建拉伸"对话框。

（2）定义特征的截面草图。单击"创建拉伸"对话框中的 创建二维草图 按钮，选取图 13.2.12 所示的模型表面作为草图平面，进入草绘环境，绘制图 13.2.13 所示的截面草图。

（3）定义拉伸属性。单击 草图 选项卡 返回到三维 区域中的 按钮，在"拉伸"对话框 范围 区域中的下拉列表中选择 距离 选项，在"距离"下拉列表中输入数值 1，将拉伸类型设置为"方向 1"类型 。

（4）单击"拉伸"对话框中的 确定 按钮，完成拉伸特征 4 的创建。

　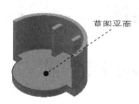　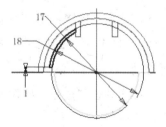

图 13.2.11　拉伸特征 4　　图 13.2.12　定义草图平　　图 13.2.13　截面草图

步骤 07 创建图 13.2.14 所示的拉伸特征 5。

（1）选择命令。在 创建 区域中单击 按钮，系统弹出"创建拉伸"对话框。

（2）定义特征的截面草图。单击"创建拉伸"对话框中的 创建二维草图 按钮，选取 XZ 平面作为草图平面，进入草绘环境，绘制图 13.2.15 所示的截面草图。

（3）定义拉伸属性。单击 草图 选项卡 返回到三维 区域中的 按钮，在"拉伸"对话框 范围 区域中的下拉列表中选择 距离 选项，在"距离"下拉列表中输入数值 1.5，将拉伸类型设置为"方向 1"类型 。

（4）单击"拉伸"对话框中的 确定 按钮，完成拉伸特征 5 的创建。

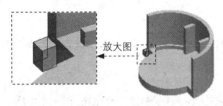
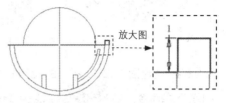

图 13.2.14　拉伸特征 5　　　　　　　图 13.2.15　截面草图

步骤 08 创建图 13.2.16 所示的拉伸特征 6。

（1）选择命令。在 创建 区域中单击 按钮，系统弹出"创建拉伸"对话框。

（2）定义特征的截面草图。单击"创建拉伸"对话框中的 创建二维草图 按钮，选取图 13.2.17 所示的模型表面作为草图平面，进入草绘环境，绘制图 13.2.18 所示的截面草图。

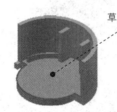
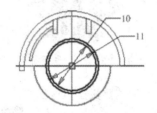

图 13.2.16　拉伸特征 6　　图 13.2.17　定义草图平面　　图 13.2.18　截面草图

（3）定义拉伸属性。单击 草图 选项卡 返回到三维 区域中的 按钮，在"拉伸"对话框 范围 区域中的下拉列表中选择 距离 选项，在"距离"下拉列表中输入数值 0.5，将拉伸类型设置为"方向 1"类型 。

（4）单击"拉伸"对话框中的 确定 按钮，完成拉伸特征 6 的创建。

步骤 09 创建图 13.2.19 所示的拉伸特征 7。

（1）选择命令。在 创建 区域中单击 按钮，系统弹出"创建拉伸"对话框。

（2）定义特征的截面草图。单击"创建拉伸"对话框中的 创建二维草图 按钮，选取图 13.2.20 所示的模型表面作为草图平面，进入草绘环境。绘制图 13.2.21 所示的截面草图。

（3）定义拉伸属性。单击 草图 选项卡 返回到三维 区域中的 按钮，在"拉伸"对话框 范围 区域中的下拉列表中选择 距离 选项，在"距离"下拉列表中输入数值 9，将拉伸类型设置为"方向1"类型 。

（4）单击"拉伸"对话框中的 确定 按钮，完成拉伸特征7的创建。

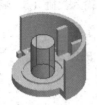

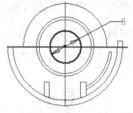

图 13.2.19 拉伸特征7　　　图 13.2.20 定义草图平面　　　图 13.2.21 截面草图

步骤 10 创建图 13.2.22 所示的拉伸特征8。

（1）选择命令。在 创建 区域中单击 按钮，系统弹出"创建拉伸"对话框。

（2）定义特征的截面草图。单击"创建拉伸"对话框中的 创建二维草图 按钮，选取图 13.2.23 所示的模型表面作为草图平面，进入草绘环境，绘制图 13.2.24 所示的截面草图。

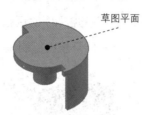
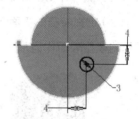

图 13.2.22 拉伸特征8　　　图 13.2.23 定义草图平面　　　图 13.2.24 截面草图

（3）定义拉伸属性。单击 草图 选项卡 返回到三维 区域中的 按钮，在"拉伸"对话框 范围 区域中的下拉列表中选择 距离 选项，在"距离"下拉列表中输入数值5，将拉伸类型设置为"方向1"类型 。

（4）单击"拉伸"对话框中的 确定 按钮，完成拉伸特征8的创建。

步骤 11 创建图 13.2.25 所示的拉伸特征9。

（1）选择命令。在 创建 区域中单击 按钮，系统弹出"创建拉伸"对话框。

（2）定义特征的截面草图。单击"创建拉伸"对话框中的 创建二维草图 按钮，选取图 13.2.26 所示的模型表面作为草图平面，进入草绘环境，绘制图 13.2.27 所示的截面草图。

（3）定义拉伸属性。单击 草图 选项卡 返回到三维 区域中的 按钮，在"拉伸"对话框 范围 区域中的下拉列表中选择 距离 选项，在"距离"下拉列表中输入数值 12，将拉伸类型设置为"方向1"类型 。

（4）单击"拉伸"对话框中的 确定 按钮，完成拉伸特征9的创建。

第13章 Inventor 零件设计实际综合应用

图 13.2.25 拉伸特征 9

图 13.2.26 定义草图平

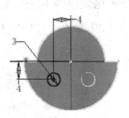
图 13.2.27 截面草图

步骤12 创建图 13.2.28 所示的工作平面 1。

（1）选择命令，在 定位特征 区域中单击"平面"按钮 下的 平面，选择 从平面偏移 命令。

（2）定义参考平面，在绘图区域选取 XZ 平面作为参考平面。

（3）定义偏移距离与方向，在"基准面"小工具栏的下拉列表中输入要偏距的距离值为 5。偏移方向为 Y 轴正方向。

（4）单击 ✓ 按钮，完成工作平面 1 的创建。

步骤13 创建图 13.2.29 所示的旋转特征 1。

（1）选择命令。在 创建 区域中单击 按钮，系统弹出"创建旋转"对话框。

（2）定义特征的截面草图。单击"创建旋转"对话框中的 创建二维草图 按钮，选取工作平面 1 平面为草图平面，进入草绘环境，绘制图 13.2.30 所示的截面草图。

图 13.2.28 工作平面 1

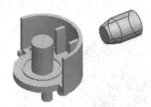
图 13.2.29 旋转特征 1

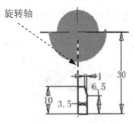
图 13.2.30 截面草图

（3）定义旋转属性。单击 草图 选项卡 返回到三维 区域中的 按钮，在 范围 区域的下拉列表中选中 全部 选项。

（4）单击"旋转"对话框中的 确定 按钮，完成旋转特征 1 的创建。

步骤14 创建图 13.2.31 所示的拉伸特征 10。

（1）选择命令。在 创建 区域中单击 按钮，系统弹出"创建拉伸"对话框。

（2）定义特征的截面草图。单击"创建拉伸"对话框中的 创建二维草图 按钮，选取图 13.2.32 所示的平面为草图平面，进入草绘环境，绘制图 13.2.33 所示的截面草图。

（3）定义拉伸属性。单击 草图 选项卡 返回到三维 区域中的 按钮，在"拉伸"对话框范围区域中的下拉列表中选择选项，选择图 13.2.34 所示的模型表面。

（4）单击"拉伸"对话框中的 确定 按钮，完成拉伸特征 10 的创建。

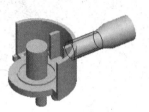

图 13.2.31　拉伸特征 10

图 13.2.32　定义草图平面

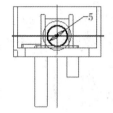

图 13.2.33　截面草图

图 13.2.34　选取拉伸终止面

步骤15 创建图 13.2.35 所示的旋转特征 2。

（1）选择命令。在 创建▼ 区域中单击 按钮，系统弹出"创建旋转"对话框。

（2）定义特征的截面草图。单击"创建旋转"对话框中的 创建二维草图 按钮，选取工作平面 1 为草图平面，进入草绘环境，绘制图 13.2.36 所示的截面草图。

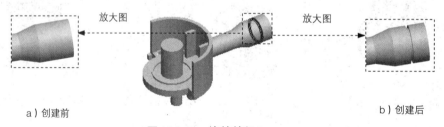

a）创建前　　　　　　　　　　　　　　b）创建后

图 13.2.35　旋转特征 2

（3）定义旋转属性。单击 草图 选项卡 返回到三维 区域中的 按钮，在"旋转"对话框中将布尔运算设置为"求差"类型 ，在 范围 区域的下拉列表中选中 全部 选项。

（4）单击"旋转"对话框中的 确定 按钮，完成旋转特征 2 的创建。

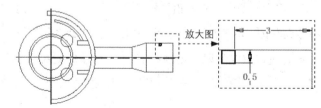

图 13.2.36　截面草图

第 13 章 Inventor 零件设计实际综合应用

步骤 16 创建图 13.2.37 所示的矩形阵列 1。

（1）选择命令，在 阵列 区域中单击 按钮。

（2）选择要阵列的特征。在图形区中选取旋转特征 2（或在浏览器中选择"旋转 2"特征）。

（3）定义阵列参数。

① 定义阵列方向。在"矩形阵列"对话框中单击 方向1 区域中的 按钮，然后在浏览器中选取"Z 轴"为矩形阵列方向。

② 定义阵列实例数。在 方向1 区域的 按钮后的文本框中输入数值 3。

③ 定义阵列间距。在 方向1 区域的 按钮后的文本框中输入数值 1。

（4）单击 确定 按钮，完成矩形阵列的创建。

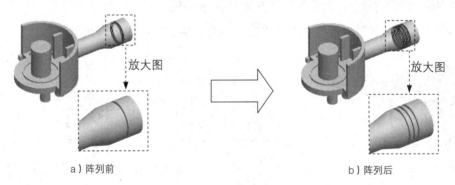

a）阵列前　　　　　　　　　　　b）阵列后

图 13.2.37　矩形阵列 1

步骤 17 创建图 13.2.38 所示的孔 1。

（1）选择命令，在 修改 区域中单击"孔"按钮 。

（2）定义孔的放置方式及参考。选取图 13.2.39 所示的面及图 13.2.40 所示的边为放置的参考。

（3）定义孔的类型及样式。在"孔"对话框 类型 选项组中确认"简单孔"按钮 与"无"按钮 被选中。

图 13.2.38　孔 1　　　图 13.2.39　定义孔的放置面　　　图 13.2.40　定义孔的放置参考

（4）定义孔的参数。在"孔"对话框 ▼尺寸 选项组 终止方式 区域中选择 Ⅰ（距离）选项；在 孔底 区域中选择 ∪（角度）选项；在"孔"对话框孔预览图像区域输入孔的直径值为 3，深度值为 6。

（5）单击"孔"对话框中的 确定 按钮，完成孔的创建。

步骤 18 创建图 13.2.41 所示的拉伸特征 11。

（1）选择命令。在 创建 ▼ 区域中单击 按钮，系统弹出"创建拉伸"对话框。

（2）定义特征的截面草图。单击"创建拉伸"对话框中的 创建二维草图 按钮，选取 XZ 平面作为草图平面，进入草绘环境，绘制图 13.2.42 所示的截面草图，单击 ✓ 按钮。

（3）定义拉伸属性。再次单击 创建 ▼ 区域中 按钮，然后选取图 13.2.42 所示的圆形区域为截面轮廓，然后将布尔运算设置为"求差"类型 ，在 范围 区域中的下拉列表中选择 贯通 选项，将拉伸方向设置为"方向1"类型 。

（4）单击"拉伸"对话框中的 确定 按钮，完成拉伸特征 11 的创建。

图 13.2.41　拉伸特征 11

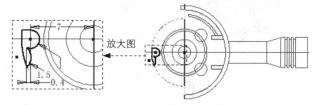

图 13.2.42　截面草图

步骤 19 创建草图 1。

（1）在 三维模型 选项卡 草图 区域单击 按钮，然后选择工作平面 1 作为草图平面，系统进入草图设计环境。

（2）绘制图 13.2.43 所示的草图，单击 ✓ 按钮，退出草绘环境。

步骤 20 创建图 13.2.44 所示的加强筋 1。

（1）选择命令，在 创建 ▼ 区域中单击 加强筋 按钮。

（2）指定加强筋轮廓。在绘图区域选取 **步骤 19** 中创建的截面草图。

（3）指定加强筋的类型。在"加强筋"对话框中单击"平行于草图平面"按钮 。

（4）定义加强筋特征的参数。

① 定义加强筋的拉伸方向。在"加强筋"对话框中将结合图元的拉伸方向设置为"方向 2"类型 。

② 定义加强筋的厚度。在 厚度 文本框中输入数值 0.6，将加强筋的生成方向设置为"双

第 13 章 Inventor 零件设计实际综合应用

向"[图标]",其余参数接受系统默认设置。

(5)单击"加强筋"对话框中的 确定 按钮,完成加强筋特征的创建。

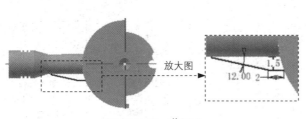

图 13.2.43 草图 1

图 13.2.44 加强筋 1

步骤 21 创建图 13.2.45 所示的镜像 2。

(1)选择命令,在[阵列]区域中单击"镜像"按钮[图标]。

(2)选取要镜像的特征。在图形区中选取要镜像复制的加强筋特征(或在浏览器中选择"加强筋 1"特征)。

(3)定义镜像中心平面。单击"镜像"对话框中的[镜像平面]按钮,然后选取 YZ 平面作为镜像中心平面。

(4)单击"镜像"对话框中的 确定 按钮,完成镜像操作。

步骤 22 后面的详细操作过程请参见随书资源中 video\ch13.02\reference\文件下的语音视频讲解文件 HANDLE-BODY-r01.exe。

图 13.2.45 镜像 2

13.3 零件设计案例 3——支架

案例概述

本案例介绍了一个支架的创建过程,读者可以掌握实体的拉伸、抽壳、旋转、镜像和倒圆角等特征的应用。该零件模型及浏览器如图 13.3.1 所示。

步骤 01 新建一个零件模型文件,进入建模环境。

步骤 02 创建图 13.3.2 所示的拉伸特征 1。在[创建▼]区域中单击[图标]按钮,单击[创建二维草图]按钮,选取 XY 平面作为草图平面,绘制图 13.3.3 所示的截面草图,在"拉伸"对

353

话框 范围 区域中的下拉列表中选择 距离 选项,在"距离"下拉列表中输入数值3,并将拉伸方向设置为"方向1"类型 ,单击"拉伸"对话框中的 确定 按钮,完成拉伸特征1的创建。

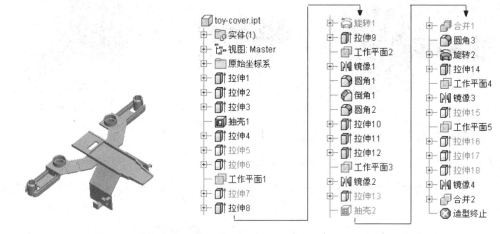

图 13.3.1　零件模型及浏览器

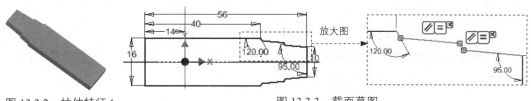

图 13.3.2　拉伸特征 1　　　　　　　图 13.3.3　截面草图

步骤 03 创建图 13.3.4 所示的拉伸特征 2。在 创建 区域中单击 按钮,选取 XZ 平面作为草图平面,绘制图 13.3.5 所示的截面草图,在"拉伸"对话框将布尔运算设置为"求差"类型 ,然后在 范围 区域中的下拉列表中选择 贯通 选项,将拉伸方向设置为"对称"类型 。单击"拉伸"对话框中的 确定 按钮,完成拉伸特征 2 的创建。

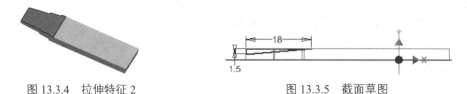

图 13.3.4　拉伸特征 2　　　　　　　图 13.3.5　截面草图

步骤 04 创建图 13.3.6 所示的拉伸特征 3。在 创建 区域中单击 按钮,选取 XZ 平面作为草图平面,绘制图 13.3.7 所示的截面草图,在"拉伸"对话框将布尔运算设置为"求差"类型 ,然后在 范围 区域中的下拉列表中选择 贯通 选项,将拉伸方向设置为"对称"类型 。单击"拉伸"对话框中的 确定 按钮,完成拉伸特征 3 的创建。

图 13.3.6 拉伸特征 3　　　　　　　　图 13.3.7 截面草图

步骤 05 创建图 13.3.8 所示的抽壳特征 1。在 修改 ▼ 区域中单击 抽壳 按钮，在"抽壳"对话框 厚度 文本框中输入薄壁厚度值为 1.0；选择图 13.3.9a 所示的模型表面为要移除的面；单击"抽壳"对话框中的 确定 按钮，完成抽壳特征 1 的创建。

步骤 06 创建图 13.3.9 所示的拉伸特征 4。在 创建 ▼ 区域中单击 按钮，选取图 13.3.9 所示的模型表面作为草图平面，绘制图 13.3.10 所示的截面草图，在"拉伸"对话框将布尔运算设置为"求差"类型 ，然后在 范围 区域中的下拉列表中选择 贯通 选项，将拉伸方向设置为"方向 2"类型 ，单击"拉伸"对话框中的 确定 按钮，完成拉伸特征 4 的创建。

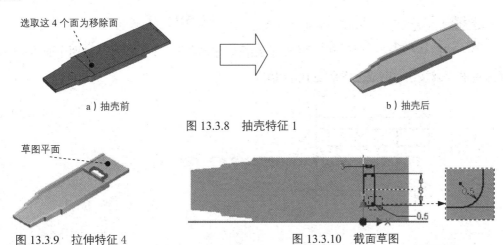

图 13.3.9 拉伸特征 4　　　　　　　　图 13.3.10 截面草图

步骤 07 创建图 13.3.11 所示的拉伸特征 5。在 创建 ▼ 区域中单击 按钮，单击 创建二维草图 按钮，选取图 13.3.11 所示的模型表面作为草图平面，绘制图 13.3.12 所示的截面草图，在"拉伸"对话框将布尔运算设置为"新建实体"类型 ，在"拉伸"对话框 范围 区域中的下拉列表中选择 距离 选项，在"距离"下拉列表中输入数值 1，并将拉伸方向设置为"方向 2"类型 ，单击"拉伸"对话框中的 确定 按钮，完成拉伸特征 5 的创建。

步骤 08 创建图 13.3.13 所示的拉伸特征 6。在 创建 ▼ 区域中单击 按钮，单击 创建二维草图 按钮，选取图 13.3.14 所示的模型表面作为草图平面，绘制图 13.3.15 所示的截面草图，在"拉伸"对话框 范围 区域中的下拉列表中选择 距离 选项，在"距离"下拉列表中输入数值 10,并将拉伸方向设置为"方向 2"类型 ,单击"拉伸"对话框中的 按钮,完成拉伸特征 6 的创建。

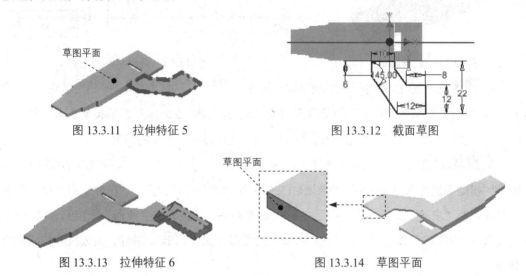

图 13.3.11 拉伸特征 5　　　　　图 13.3.12 截面草图

图 13.3.13 拉伸特征 6　　　　　图 13.3.14 草图平面

步骤 09 创建图 13.3.16 所示的工作平面 1。在 定位特征 区域中单击"平面"按钮 下的 平面 ,选择 在两个平行平面之间的中间面 命令;在绘图区域选取图 13.3.17 所示的两个面为参考,然后单击 按钮,完成工作平面 1 的创建。

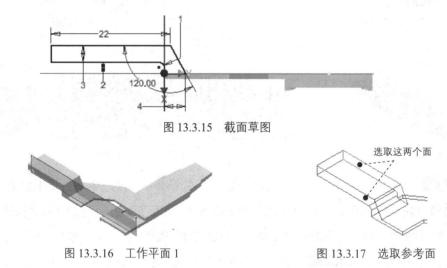

图 13.3.15 截面草图

图 13.3.16 工作平面 1　　　　　图 13.3.17 选取参考面

步骤 10 创建图 13.3.18 所示的拉伸特征 7。在 创建 区域中单击 按钮,选取工作平面 1 作为草图平面,绘制图 13.3.19 所示的截面草图,在"拉伸"对话框将布尔运算设置为"求差"类型 ,然后在 范围 区域中的下拉列表中选择 距离 选项,在"距离"下拉列表中输入数值 8,并将拉伸方向设置为"对称"类型 ,单击"拉伸"对话框中的 确定按钮，完成拉伸特征 7 的创建。

图 13.3.18　拉伸特征 7

图 13.3.19　截面草图

步骤 11　创建图 13.3.20 所示的拉伸特征 8。在 创建 ▼ 区域中单击 按钮，选取图 13.3.20 所示的面作为草图平面，绘制图 13.3.21 所示的截面草图，在"拉伸"对话框将布尔运算设置为"求差"类型 ，然后在 范围 区域中的下拉列表中选择 贯通 选项，将拉伸方向设置为"方向 2"类型 ，单击"拉伸"对话框中的 确定 按钮，完成拉伸特征 8 的创建。

图 13.3.20　拉伸特征 8

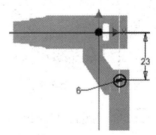

图 13.3.21　截面草图

步骤 12　创建图 13.3.22 所示的旋转特征 1。在 创建 ▼ 区域中选择 命令，选取工作平面 1 为草图平面，绘制图 13.3.23 所示的截面草图；在"旋转"对话框 范围 区域的下拉列表中选中 全部 选项；单击"旋转"对话框中的 确定 按钮，完成旋转特征 1 的创建。

图 13.3.22　旋转特征 1

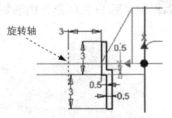

图 13.3.23　截面草图

步骤 13　创建图 13.3.24 所示的拉伸特征 9。在 创建 ▼ 区域中单击 按钮，选取图 13.3.24 所示的面作为草图平面，绘制图 13.3.25 所示的截面草图，在"拉伸"对话框将布尔运算设置为"求差"类型 ，然后在 范围 区域中的下拉列表中选择 距离 选项，在"距离"下拉列表中输入数值 0.3，将拉伸方向设置为"方向 2"类型 ，单击"拉伸"对话框中的 确定 按钮，完成拉伸特征 9 的创建。

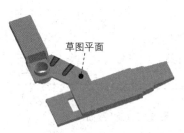
图 13.3.24 拉伸特征 9

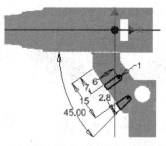
图 13.3.25 截面草图

步骤 14 创建图 13.3.26 所示的工作平面 2。在 定位特征 区域中单击"平面"按钮 下的 平面 ，选择 在两个平行平面之间的中间面 命令；在绘图区域选取图 13.3.27 与图 13.3.28 所示的面为参考，然单击 按钮，完成工作平面 2 的创建。

图 13.3.26 工作平面 2

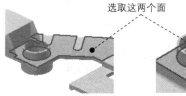
图 13.3.27 参考平面　　图 13.3.28 参考平面

步骤 15 创建图 13.3.29 所示的镜像 1。在 阵列 区域中单击"镜像"按钮 ，选取"拉伸 9"为要镜像的特征，然后选取工作平面 1 作为镜像中心平面，单击"镜像"对话框中的 确定 按钮，完成镜像操作。

步骤 16 创建图 13.3.30 所示的圆角 1。圆角半径值为 0.15。

步骤 17 创建图 13.3.31 所示的倒角 1。倒角值为 0.2。

步骤 18 创建图 13.3.32 所示的圆角 2。圆角半径值为 4。

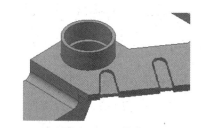
图 13.3.29 镜像 1

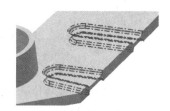
图 13.3.30 圆角 1

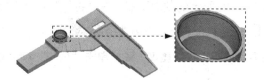
图 13.3.31 倒角 1

图 13.3.32 圆角 2

步骤 19 创建图 13.3.33 所示的拉伸特征 10。在 创建 区域中单击 按钮，选取图 13.3.34 所示的面作为草图平面，绘制图 13.3.35 所示的截面草图，在"拉伸"对话框将布尔运算设置为"求差"类型 ，将拉伸方向设置为"不对称"类型 ；在"拉伸"对话框 范围 区域中的两个下拉列表中均选择 距离 选项，在两个"距离"下拉列表中分别输入数值 2 和 3；单击"拉伸"对话框中的 确定 按钮，完成拉伸特征 10 的创建。

步骤 20 创建图 13.3.36 所示的拉伸特征 11。在 创建 区域中单击 按钮，选取图 13.3.37 所示的面作为草图平面，绘制图 13.3.38 所示的截面草图，在"拉伸"对话框将布尔运算设置为"求差"类型 ，然后在 范围 区域中的下拉列表中选择 贯通 选项，将拉伸方向设置为"方向 2"类型 ，单击"拉伸"对话框中的 确定 按钮，完成拉伸特征 11 的创建。

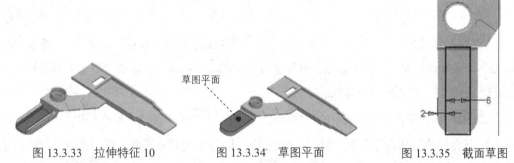

图 13.3.33 拉伸特征 10　　图 13.3.34 草图平面　　图 13.3.35 截面草图

步骤 21 创建图 13.3.39 所示的拉伸特征 12。在 创建 区域中单击 按钮，选取图 13.3.40 所示的面作为草图平面，绘制图 13.3.41 所示的截面草图，在"拉伸"对话框将布尔运算设置为"求差"类型 ，将拉伸方向设置为"不对称"类型 。在"拉伸"对话框 范围 区域中的两个下拉列表中均选择 距离 选项，在两个"距离"下拉列表中分别输入数值 2.5 和 3，单击"拉伸"对话框中的 确定 按钮，完成拉伸特征 12 的创建。

图 13.3.36 拉伸特征 11　　图 13.3.37 草图平面　　图 13.3.38 截面草图

步骤 22 创建图 13.3.42 所示的工作平面 3。在 定位特征 区域中单击"平面"按钮 下的 平面 ，选择 在两个平行平面之间的中间面 命令；在绘图区域选取图 13.3.43 与图 13.3.44 所示的面为参考，然单击 按钮，完成工作平面 3 的创建。

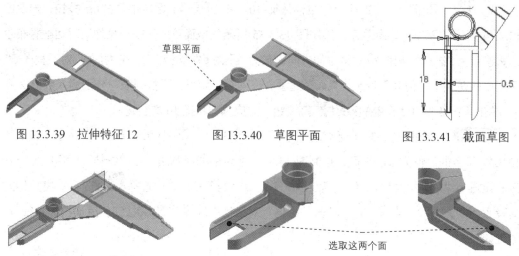

图 13.3.39 拉伸特征 12　　图 13.3.40 草图平面　　图 13.3.41 截面草图

图 13.3.42 工作平面 3　　图 13.3.43 参考平面　　图 13.3.44 参考平面

步骤 23 创建图 13.3.45 所示的镜像 2。在 阵列 区域中单击"镜像"按钮 ，选取"拉伸 12"为要镜像的特征，然后选取工作平面 3 作为镜像中心平面，单击"镜像"对话框中的 确定 按钮，完成镜像 2 操作。

步骤 24 创建图 13.3.46 所示的拉伸特征 13。在 创建 区域中单击 按钮，选取图 13.3.46 所示的模型表面为草图平面，绘制图 13.3.47 所示的截面草图，在"拉伸"对话框将布尔运算设置为"新建实体"类型 ，在 范围 区域中的下拉列表中选择 距离 选项，在"距离"下拉列表中输入数值 8，并将拉伸方向设置为"方向 2"类型 ，单击"拉伸"对话框中的 确定 按钮，完成拉伸特征 13 的创建。

图 13.3.45 镜像 2　　图 13.3.46 拉伸特征 13　　图 13.3.47 截面草图

步骤 25 创建图 13.3.48 所示的抽壳特征 2。在 修改 区域中单击 抽壳 按钮，在"抽壳"对话框 厚度 文本框中输入薄壁厚度值为 1.0；选择图 13.3.48a 所示的模型表面为要移除的面；单击"抽壳"对话框中的 确定 按钮，完成抽壳特征 2 的创建。

步骤 26 合并特征。在 修改 区域中单击 合并 按钮，依次选择图 13.3.49 所示的目标体与图 13.3.50 所示的工具体，单击对话框中的 确定 按钮，完成合并特征的创建。

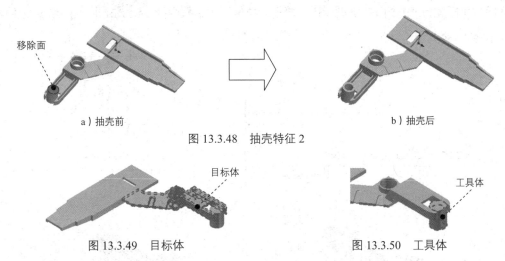

a）抽壳前　　　　　　　　　　　　　　　b）抽壳后

图 13.3.48　抽壳特征 2

图 13.3.49　目标体　　　　　　　　　图 13.3.50　工具体

步骤 27　创建图 13.3.51 所示的圆角 3。圆角半径值为 1。

步骤 28　创建图 13.3.52 所示的旋转特征 2。在 创建 ▼ 区域中选择 命令，选取工作平面 3 为草图平面，绘制图 13.3.53 所示的截面草图；在"旋转"对话框 范围 区域的下拉列表中选中 角度 选项；在"角度"下拉列表中输入数值 20，并将旋转方向设置为"对称"类型 ，单击"旋转"对话框中的 确定 按钮，完成旋转特征 2 的创建。

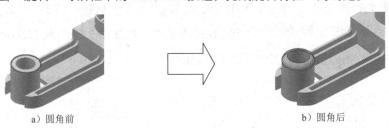

a）圆角前　　　　　　　　　　　　　　　b）圆角后

图 13.3.51　圆角 3

图 13.3.52　旋转特征 2

步骤 29　创建图 13.3.54 所示的拉伸特征 14。在 创建 ▼ 区域中单击 按钮，选取图 13.3.55 所示的模型表面作为草图平面，绘制图 13.3.56 所示的截面草图，在"拉伸"对话框将布尔运算设置为"求差"类型 ，然后在 范围 区域中的下拉列表中选择 贯通 选项，将拉伸方向设置为"方向1"类型 ![icon]，单击"拉伸"对话框中的 确定 按钮，完成拉伸特征14的创建。

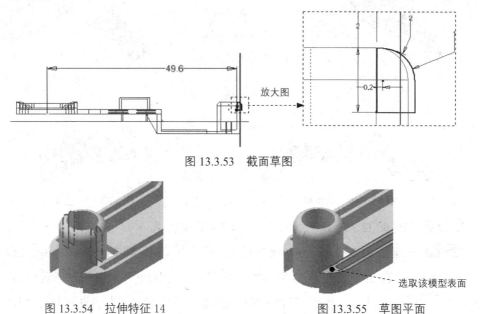

图13.3.53　截面草图

图13.3.54　拉伸特征14　　　　图13.3.55　草图平面

步骤30　创建图13.3.57所示的工作平面4。在 定位特征 区域中单击"平面"按钮 下的 平面 ，选择 在两个平行平面之间的中间面 命令；在绘图区域选取图13.3.58与图13.3.59所示的面为参考，然单击 按钮，完成工作平面4的创建。

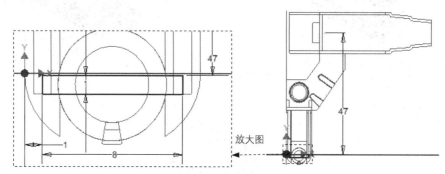

图13.3.56　截面草图

步骤31　创建图13.3.60所示的镜像3。在 阵列 区域中单击"镜像"按钮 ，选取"旋转2"为要镜像的特征，然后选取工作平面4作为镜像中心平面，单击"镜像"对话框中的 确定 按钮，完成镜像3操作。

步骤32　创建图13.3.61所示的拉伸特征15。在 创建 区域中单击 按钮，选取图13.3.62所示的模型表面为草图平面，绘制图13.3.63所示的截面草图，在"拉伸"对话框 范围区域中的下拉列表中选择 距离 选项,在"距离"下拉列表中输入数值 18,并将拉伸方向设置为"方向 1"类型 ,单击"拉伸"对话框中的 确定 按钮,完成拉伸特征 15 的创建。

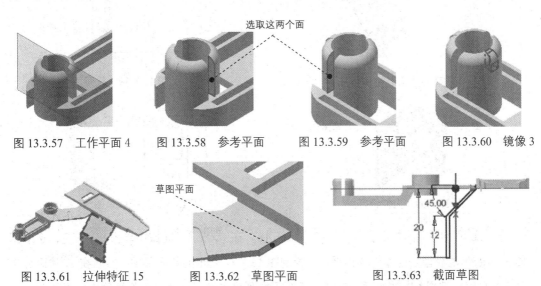

图 13.3.57　工作平面 4　　图 13.3.58　参考平面　　图 13.3.59　参考平面　　图 13.3.60　镜像 3

图 13.3.61　拉伸特征 15　　　　图 13.3.62　草图平面　　　　图 13.3.63　截面草图

步骤 33　创建图 13.3.64 所示的工作平面 5。在 定位特征 区域中单击"平面"按钮 下的 平面 ,选择 在两个平行平面之间的中间面 命令;在绘图区域选取图 13.3.65 与图 13.3.66 所示的面为参考,然后单击 按钮,完成工作平面 5 的创建。

步骤 34　创建图 13.3.67 所示的拉伸特征 16。在 创建 区域中单击 按钮,选取工作平面 5 作为草图平面,绘制图 13.3.68 所示的截面草图,然后在 范围 区域中的下拉列表中选择 距离 选项,在"距离"下拉列表中输入数值 4,将拉伸方向设置为"对称"类型 ,单击"拉伸"对话框中的 确定 按钮,完成拉伸特征 16 的创建。

步骤 35　创建图 13.3.69 所示的拉伸特征 17。在 创建 区域中单击 按钮,选取图 13.3.69 所示的模型表面作为草图平面,绘制图 13.3.70 所示的截面草图,然后在 范围 区域中的下拉列表中选择 距离 选项,在"距离"下拉列表中输入数值 2,将拉伸方向设置为"方向 2"类型 ,单击"拉伸"对话框中的 确定 按钮,完成拉伸特征 17 的创建。

图 13.3.64　工作平面 5　　　　图 13.3.65　参考平面　　　　图 13.3.66　参考平面

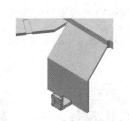

图 13.3.67 拉伸特征 16

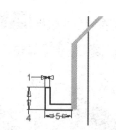

图 13.3.68 截面草图

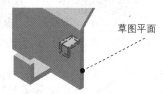

图 13.3.69 拉伸特征 17

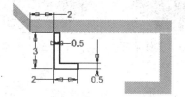

图 13.3.70 截面草图

步骤 36 创建图 13.3.71 所示的拉伸特征 18。在 创建 区域中单击 按钮，选取图 13.3.71 所示的模型表面作为草图平面，绘制图 13.3.72 所示的截面草图，然后在 范围 区域中的下拉列表中选择 距离 选项，在"距离"下拉列表中输入数值 2，将拉伸方向设置为"方向 1"类型 ，单击"拉伸"对话框中的 确定 按钮，完成拉伸特征 18 的创建。

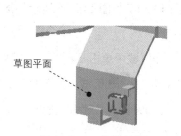

图 13.3.71 拉伸特征 18

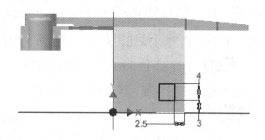

图 13.3.72 截面草图

步骤 37 创建图 13.3.73 所示的镜像 4。在 阵列 区域中单击"镜像"按钮 ，在镜像对话框中单击"镜像实体"按钮 ，在绘图区域中选取图 13.3.74 所示的实体为要镜像的实体特征。然后选取 XZ 平面作为镜像中心平面，单击"镜像"对话框中的 确定 按钮，完成镜像 4 操作。

图 13.3.73 镜像 4

图 13.3.74 选取要镜像的实体特征

步骤 38　合并特征。在 修改▼ 区域中单击 合并 按钮，依次选择图 13.3.75 所示的目标体与图 13.3.76 所示的工具体，单击对话框中的 确定 按钮，完成合并特征的创建。

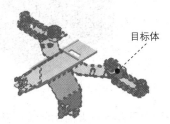
图 13.3.75　目标体

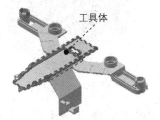
图 13.3.76　工具体

步骤 39　保存零件模型。

13.4　零件设计案例 4——塑料框

案例概述

本案例介绍了一款塑料筐的三维模型设计过程，主要讲述实体拉伸、圆角、拔模、放样、扫掠、加强筋、边倒圆等特征命令的应用。希望通过此应用的学习使读者对该命令有更好的理解。零件模型及相应的浏览器如图 13.4.1 所示。

本例前面的详细操作过程请参见学习资源 video 文件夹中对应章节的语音视频讲解文件。

步骤 01　打开文件 D:\inv19\work\ch13\case_ex.ipt。

步骤 02　创建图 13.4.2 所示的抽壳特征 1。在 修改▼ 区域中单击 抽壳 按钮，在"抽壳"对话框 厚度 文本框中输入薄壁厚度值为 15.0；选择图 13.4.3 所示的模型表面为要移除的面；单击"抽壳"对话框中的 确定 按钮，完成抽壳特征的创建。

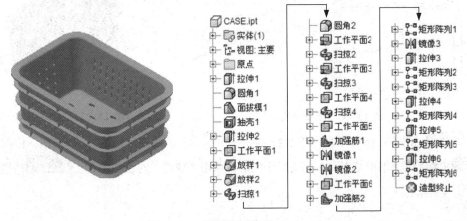
图 13.4.1　模型与浏览器

 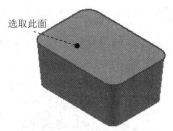

图 13.4.2　抽壳特征 1　　　　　　　图 13.4.3　定义移除面

步骤 03 创建图 13.4.4 所示的拉伸特征 2。在"创建"区域中单击 按钮,选取图 13.4.5 所示的模型表面作为草图平面,绘制图 13.4.6 所示的截面草图,在"拉伸"对话框将布尔运算设置为"求和"类型，然后在"范围"区域中的下拉列表中选择"距离"选项,在"距离"下拉列表中输入数值 10,将拉伸方向设置为"方向 2"类型，单击"拉伸"对话框中的"确定"按钮,完成拉伸特征 2 的创建。

 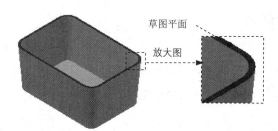

图 13.4.4　拉伸特征 2　　　　　　　图 13.4.5　草图平面

步骤 04 创建图 13.4.7 所示的工作平面 1（本步的详细操作过程请参见随书资源中 video\ch13.04\reference\文件下的语音视频讲解文件 case-r02.exe）。

步骤 05 创建图 13.4.8 所示的草图 1（建模环境）。在"三维模型"选项卡"草图"区域单击按钮,选取工作平面 1 作为草图平面,绘制图 13.4.9 所示的草图（草绘环境）。

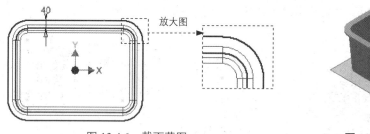 

图 13.4.6　截面草图　　　　　　　图 13.4.7　工作平面 1

步骤 06 创建图 13.4.10 所示的放样 1。在"创建"区域中单击"放样"按钮,依次选取 **步骤 05** 中绘制的草图 1 与图 13.4.11 所示的面,单击"放样"对话框中的"确定"按钮,完成特征的创建。

第 13 章 Inventor 零件设计实际综合应用

图 13.4.8 草图 1（建模环境）

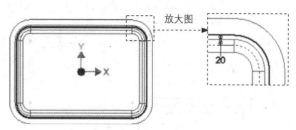

图 13.4.9 草图（草绘环境）

图 13.4.10 放样 1

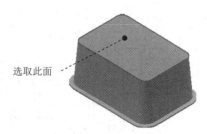

图 13.4.11 选取截面

步骤07 创建图 13.4.12 所示的草图 2。在 三维模型 选项卡 草图 区域单击 按钮，选取图 13.4.13 所示的模型表面作为草图平面，绘制图 13.4.12 所示的草图。

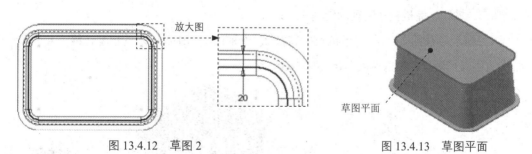

图 13.4.12 草图 2　　　　　　　　　图 13.4.13 草图平面

步骤08 创建图 13.4.14 所示的草图 3。在 三维模型 选项卡 草图 区域单击 按钮，选取 XZ 平面作为草图平面，绘制图 13.4.14 所示的草图。

步骤09 创建图 13.4.15 所示的放样 2。在 创建 区域中单击 放样 按钮，在"放样"对话框中将布尔运算设置为"求差"类型 ，然后依次选取 步骤07 中绘制的草图 2 与 步骤08 中绘制的草图 3，单击"放样"对话框中的 确定 按钮，完成特征的创建。

步骤10 创建图 13.4.16 所示的草图 4。在 三维模型 选项卡 草图 区域单击 按钮，选取 XY 平面作为草图平面，绘制图 13.4.16 所示的草图。

步骤11 创建图 13.4.17 所示的三维草图 1。在 三维模型 选项卡 草图 区域单击 开始创建三维草图 按钮，通过"包括几何图元"命令，绘制图 13.4.17 所示的三维草图。

367

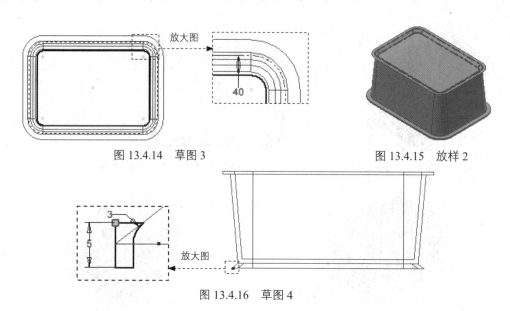

图 13.4.14 草图 3　　　　　　　　　图 13.4.15 放样 2

图 13.4.16 草图 4

步骤 12 创建图 13.4.18 所示的扫掠 1。在 创建 区域中单击"扫掠"按钮 扫掠，选取三维草图 1 所示线作为扫掠轨迹，在"扫掠"对话框中将布尔运算设置为"求差"类型 ，在 类型 区域的下拉列表中选择 路径 ，其他参数接受系统默认，单击"扫掠"对话框中的 确定 按钮，完成扫掠特征的创建。

步骤 13 创建图 13.4.19 所示的倒圆特征 2。选取图 13.4.19a 所示的模型边线（共 5 条边链）为倒圆的对象，输入倒圆角半径值 10.0。

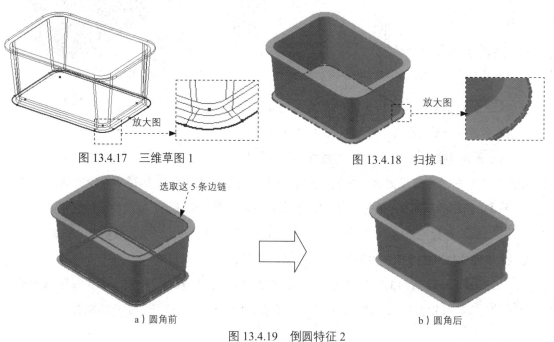

图 13.4.17 三维草图 1　　　　　　　图 13.4.18 扫掠 1

a）圆角前　　　　　　　　　　b）圆角后

图 13.4.19 倒圆特征 2

步骤 14 创建图 13.4.20 所示的工作平面 2（注：具体参数和操作参见随书资源）。

步骤 15 创建图 13.4.21 所示的三维草图 2。在 三维模型 选项卡 草图 区域单击 开始创建三维草图 按钮，通过"相交曲线"命令，选取工作平面 2 与图 13.4.22 所示的模型表面（共 8 个面）为相交的几何图元。

  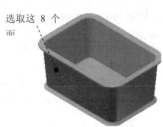

图 13.4.20　工作平面 2　　　图 13.4.21　三维草图 2　　　图 13.4.22　定义相交图元

步骤 16 创建图 13.4.23 所示的草图 5。在 三维模型 选项卡 草图 区域单击 按钮，选取 XY 平面作为草图平面，绘制图 13.4.23 所示的草图。

步骤 17 创建图 13.4.24 所示的扫掠 2。在 创建 区域中单击"扫掠"按钮 扫掠，选取三维草图 2 所示线作为扫掠轨迹，在"扫掠"对话框中将布尔运算设置为"求和"类型，在 类型 区域的下拉列表中选择 路径，其他参数接受系统默认，单击"扫掠"对话框中的 确定 按钮，完成扫掠特征的创建。

步骤 18 创建图 13.4.25 所示的工作平面 3。在 定位特征 区域中单击"平面"按钮 下的 平面，选择 从平面偏移 命令；选取工作平面 2 作为参考平面，输入要偏距的距离值为 –90；单击 按钮，完成工作平面 3 的创建。

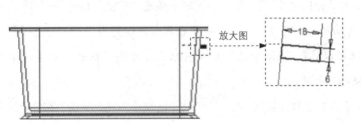 

图 13.4.23　草图 5　　　　　　　　　　　图 13.4.24　扫掠 2

步骤 19 创建图 13.4.26 所示的三维草图 3。具体操作可参照 **步骤 15**。

图 13.4.25　工作平面 3　　　　　图 13.4.26　三维草图 3

步骤20 创建图 13.4.27 所示的草图 6（本步的详细操作过程请参见学习资源 video 文件夹中对应章节的语音视频讲解文件）。

步骤21 创建图 13.4.28 所示的扫掠 3。在 创建 区域中单击"扫掠"按钮 扫掠，选取三维草图 3 所示线作为扫掠轨迹，在"扫掠"对话框中将布尔运算设置为"求和"类型，在 类型 区域的下拉列表中选择 路径，其他参数接受系统默认，单击"扫掠"对话框中的 确定 按钮，完成扫掠特征的创建。

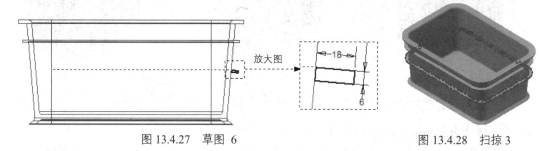

图 13.4.27　草图 6　　　　　　　　　图 13.4.28　扫掠 3

步骤22 创建图 13.4.29 所示的工作平面 4。在 定位特征 区域中单击"平面"按钮 下的 平面，选择 从平面偏移 命令；选取工作平面 3 作为参考平面，输入要偏距的距离值为 −100；单击 按钮，完成工作平面 4 的创建。

步骤23 创建图 13.4.30 所示的三维草图 4。具体操作可参照 步骤15 。

步骤24 创建图 13.4.31 所示的草图 7。在 三维模型 选项卡 草图 区域单击 按钮，选取 XY 平面作为草图平面，绘制图 13.4.31 所示的草图。

步骤25 创建图 13.4.32 所示的扫掠 4。在 创建 区域中单击"扫掠"按钮 扫掠，选取三维草图 4 所示线作为扫掠轨迹，在"扫掠"对话框中将布尔运算设置为"求和"类型，在 类型 区域的下拉列表中选择 路径，其他参数接受系统默认，单击"扫掠"对话框中的 确定 按钮，完成扫掠特征的创建。

步骤26 创建图 13.4.33 所示的工作平面 5。在 定位特征 区域中单击"平面"按钮 下的 平面，选择 从平面偏移 命令；选取 XY 平面作为参考平面，输入要偏距的距离值为 80；单击 按钮，完成工作平面 5 的创建。

图 13.4.29　工作平面 4　　　　　　　　图 13.4.30　三维草图 4

第 13 章 Inventor 零件设计实际综合应用

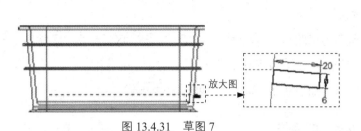

图 13.4.31 草图 7　　　　　　　　　　图 13.4.32 扫掠 4

步骤 27　创建图 13.4.34 所示的草图 8。在 三维模型 选项卡 草图 区域单击 按钮，选取工作平面 5 作为草图平面，绘制图 13.4.34 所示的草图。

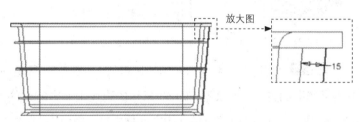

图 13.4.33 工作平面 5　　　　　　　　图 13.4.34 草图 8

步骤 28　创建图 13.4.35 所示的加强筋 1。在 创建 区域中单击 加强筋 按钮，将加强筋的类型设置为"平行于草图平面" 方向，拉伸方向为"方向 1"类型 ，然后在 厚度 文本框中输入数值 5.0，并将加强筋的生成方向设置为"双向"类型 ，其余参数接受系统默认设置，单击"加强筋"对话框中的 确定 按钮，完成加强筋特征的创建。

步骤 29　创建图 13.4.36 所示的镜像 1。在 阵列 区域中单击"镜像"按钮 ，选取"加强筋 1"为要镜像的特征，然后选取 XY 平面作为镜像中心平面，单击"镜像"对话框中的 确定 按钮，完成镜像操作。

步骤 30　创建图 13.4.37 所示的镜像 2。在 阵列 区域中单击"镜像"按钮 ，选取"加强筋 1"与"镜像 1"为要镜像的特征，然后选取 YZ 平面作为镜像中心平面，单击"镜像"对话框中的 确定 按钮，完成镜像操作。

图 13.4.35 加强筋 1　　　　图 13.4.36 镜像 1　　　　图 13.4.37 镜像 2

371

步骤 31 创建图 13.4.38 所示的工作平面 6（本步的详细操作过程请参见学习资源 video 文件夹中对应章节的语音视频讲解文件）。

步骤 32 创建图 13.4.39 所示的草图 9。在 三维模型 选项卡 草图 区域单击 按钮，选取工作平面 6 作为草图平面，绘制图 13.4.39 所示的草图。

步骤 33 创建图 13.4.40 所示的加强筋 2。具体操作可参照 步骤 28 。

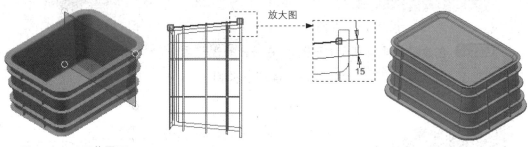

图 13.4.38　工作平面 6　　　图 13.4.39　草图 9　　　图 13.4.40　加强筋 2

步骤 34 创建图 13.4.41 所示的矩形阵列 1。在 阵列 区域中单击 按钮，选取加强筋 2 作为要阵列的特征，选取图 13.4.42 所示的边线 1 为方向 1 的参考边线，阵列方向可参考图 13.4.42 所示。在 方向1 区域的 文本框中输入数值 3；在 文本框中输入数值 200，单击 确定 按钮，完成矩形阵列 1 的创建。

步骤 35 创建图 13.4.43 所示的镜像 3。在 阵列 区域中单击"镜像"按钮 ，选取"加强筋 2"与"矩形阵列 1"为要镜像的特征，然后选取 XY 平面作为镜像中心平面，单击"镜像"对话框中的 确定 按钮，完成镜像 3 操作。

步骤 36 创建图 13.4.44 所示的拉伸特征 3。在 创建 区域中单击 按钮，选取 XY 平面作为草图平面，绘制图 13.4.45 所示的截面草图，在"拉伸"对话框将布尔运算设置为"求差"类型 ，然后在 范围 区域中的下拉列表中选择 距离 选项，在"距离"下拉列表中输入数值 600，将拉伸方向设置为"对称"类型 ，单击"拉伸"对话框中的 确定 按钮，完成拉伸特征 3 的创建。

图 13.4.41　矩形阵列 1

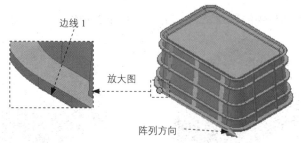

图 13.4.42　定义阵列边线与方向

图 13.4.43 镜像 3

图 13.4.44 拉伸特征 3

步骤 37 创建图 13.4.46 所示的矩形阵列 2。在 阵列 区域中单击 按钮，选取拉伸特征 3 作为要阵列的特征，选取图 13.4.47 所示的边线 1 为方向 1 的参考边线，阵列方向可参考图 13.4.47 所示；在 方向1 区域的 ○○○ 文本框中输入数值 10，在 ◇ 文本框中输入数值 40；选取图 13.4.47 所示的边线 2 为方向 2 的参考边线，阵列方向可参考图 13.4.47 所示；在 方向2 区域的 ○○○ 文本框中输入数值 2，在 ◇ 文本框中输入数值 40；单击 确定 按钮，完成矩形阵列 2 的创建。

图 13.4.45 截面草图

图 13.4.46 矩形阵列 2

步骤 38 创建图 13.4.48 所示的矩形阵列 3。在 阵列 区域中单击 按钮，选取拉伸特征 3 与矩形阵列 2 作为要阵列的特征，选取图 13.4.47 所示的边线 2 为方向 2 的参考边线，阵列方向可参考图 13.4.47 所示的方向 2，在 方向1 区域的 ○○○ 文本框中输入数值 2，在 ◇ 文本框中输入数值 90；单击 确定 按钮，完成矩形阵列 3 的创建。

步骤 39 创建图 13.4.49 所示的拉伸特征 4。在 创建 区域中单击 按钮，选取 YZ 平面作为草图平面，绘制图 13.4.50 所示的截面草图，在"拉伸"对话框将布尔运算设置为"求差"类型 ，然后在 范围 区域中的下拉列表中选择 距离 选项，在"距离"下拉列表中输入数值 700，将拉伸方向设置为"对称"类型 ，单击"拉伸"对话框中的 确定 按钮，完成拉伸特征 4 的创建。

步骤 40 创建图 13.4.51 所示的矩形阵列 4。在 阵列 区域中单击 按钮，选取拉伸特征

4 作为要阵列的特征，选取图 13.4.52 所示的边线 1 为方向 1 的参考边线，阵列方向可参考图 13.4.52 所示；在 方向1 区域的 文本框中输入数值 3，在 ◇ 文本框中输入数值 50，选取图 13.4.52 所示的边线 2 为方向 2 的参考边线，阵列方向可参考图 13.4.52 所示；在 方向2 区域的 文本框中输入数值 4，在 ◇ 文本框中输入数值 50，单击 确定 按钮，完成矩形阵列 4 的创建。

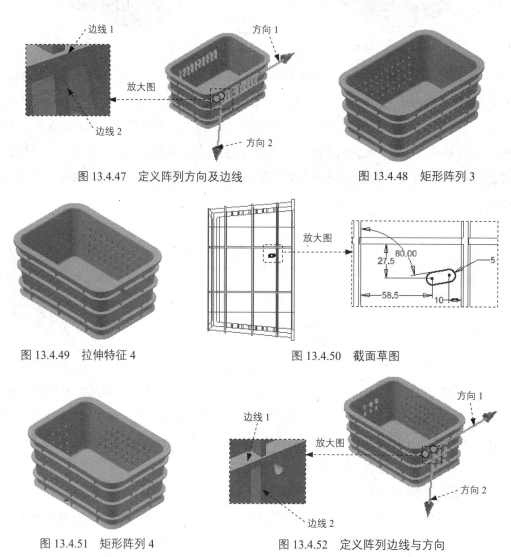

图 13.4.47　定义阵列方向及边线　　　图 13.4.48　矩形阵列 3

图 13.4.49　拉伸特征 4　　　图 13.4.50　截面草图

图 13.4.51　矩形阵列 4　　　图 13.4.52　定义阵列边线与方向

步骤 41 后面的详细操作过程请参见学习资源 video 文件夹中对应章节的语音视频讲解文件。

13.5 零件设计案例 5——排气管

案例概述:

该案例中使用的命令较多，主要运用了拉伸、扫掠、放样、圆角及抽壳等命令。设计思路是先创建互相交叠的拉伸、扫掠、放样特征，再对其进行抽壳，从而得到模型的主体结构。其中扫掠和放样的综合使用是重点，务必保证草图的正确性，否则此后的圆角将难以创建。该零件模型如图 13.5.1 所示。

本案例的详细操作过程请参见随书资源中 video 文件下的语音视频文件。模型文件为 D:\inv19\work\ch13.05\main_housing.ipt。

13.6 零件设计案例 6——削笔器

案例概述

本案例讲述的是削笔器（铅笔刀）的设计过程，首先通过旋转、镜像、拉伸等命令设计出模型的整体轮廓，再通过扫掠命令设计出最终模型。零件模型如图 13.6.1 所示。

图 13.5.1 零件模型　　　　　　图 13.6.1 零件模型

本案例的详细操作过程请参见随书资源中 video 文件下的语音视频文件。模型文件为 D:\inv19\work\ch13.06\PENCIL_SHARPENER.ipt。

学习拓展： 扫码学习更多视频讲解。

讲解内容： 零件设计实例精选，包含六十多个各行各业零件设计的全过程讲解。讲解中，首先分析了设计的思路以及建模要点，然后对设计操作步骤作了详细的演示，最后对设计方法和技巧作了的总结。

第 14 章 Inventor 工程图设计实际综合应用

14.1 案例概述

此案例以一个机械基础——基座为载体讲述 Inventor 2019 工程图创建的一般过程。希望通过此例的学习读者能对 Inventor 工程图的制作有比较清楚的认识。完成后的工程图如图 14.1.1 所示。

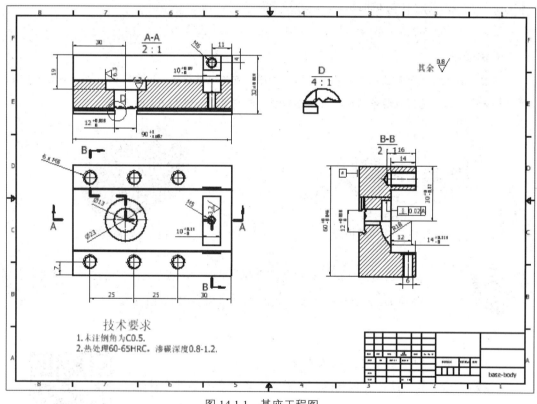

图 14.1.1 基座工程图

14.2 新建工程图

新建一个工程图文件。选择下拉菜单 文件 ➡ 新建 ➡ 工程图 DWG 命令，系统自动进入工程图设计环境。

14.3 创建视图

任务01 创建基本视图

步骤01 选择命令。单击 放置视图 选项卡 创建 区域中的"基础视图"按钮，系统弹出"工程视图"对话框。

步骤02 选择零件模型。在"工程视图"对话框中单击"打开现有文件"按钮，系统弹出"打开"对话框，在 查找范围(I): 下拉列表中选择目录 D:\inv19\work\ch14，然后选择 base-body.ipt，单击 打开(O) 按钮。

步骤03 定义视图参数。

（1）定义视图方向。在图纸区将视图方向调整为前视图。

（2）定义视图比例。在 比例 文本框中输入比例值 2:1，如图 14.3.1 所示。

（3）定义视图样式。在 样式(T) 区域中选中"不显示隐藏线"选项，

步骤04 单击"工程视图"对话框中的 确定 按钮，完成操作，创建主视图如图 14.3.2 所示。然后将视图移至合适的位置。

图 14.3.1 "视图/比例标签"区域

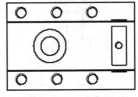

图 14.3.2 创建主视图

任务02 创建剖面视图 A-A（图 14.3.3）

步骤01 选择命令。单击 放置视图 功能选项卡 创建 区域中的"剖视"按钮。

步骤02 选取剖切父视图。在系统 选择视图或视图草图 的提示下，选取主视图作为剖切的父视图。

步骤03 绘制剖切线。绘制图 14.3.4 所示的直线作为剖切线，绘制完成后右击选择 继续(C) 命令，系统弹出"剖视图"对话框。

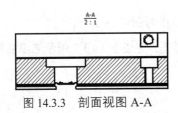

图 14.3.3 剖面视图 A-A

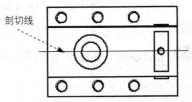

图 14.3.4 选择剖切位置

步骤 04 在"剖视图"对话框的 视图标识符 文本框中输入视图标识符 A。

步骤 05 放置视图。在图纸区选择合适的位置单击,生成全剖视图。

任务 03 创建剖面视图 B-B(图 14.3.5)

步骤 01 选择命令。单击 放置视图 功能选项卡 创建 区域中的"剖视"按钮 。

步骤 02 选取剖切父视图。在系统 选择视图或视图草图 的提示下,选取主视图作为剖切的父视图。

步骤 03 绘制剖切线。绘制图 14.3.6 所示的直线作为剖切线,绘制完成后右击选择 继续(C) 命令,系统弹出"剖视图"对话框。

步骤 04 在"剖视图"对话框的 视图标识符 文本框中输入视图标识符 B,在 方式 区域中选择 ⊙ 投影视图 选项。

步骤 05 放置视图。在图纸区选择合适的位置单击,生成全剖视图。

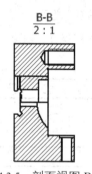
图 14.3.5 剖面视图 B-B

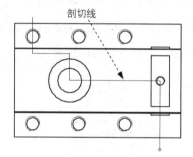
图 14.3.6 绘制剖切线

任务 04 创建局部视图

步骤 01 选择命令。单击 放置视图 功能选项卡 创建 区域中的"局部视图"按钮 。

步骤 02 选取父视图。在系统 选择视图 的提示下,选取图 14.3.7 中的主视图作为局部视图的父视图,系统弹出"局部视图"对话框。

步骤 03 在"剖视图"对话框的 视图标识符 文本框中输入视图标识符 D。在 缩放比例 文本框中输入比例值 4:1,在 镂空形状 选择 按钮。

步骤 04 绘制局部范围。绘制图 14.3.8 所示的圆作为剖切范围。

步骤 05 放置视图。在图纸区选择合适的位置单击,完成图 14.3.7 所示局部视图的创建。

第14章 Inventor 工程图设计实际综合应用

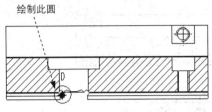

图 14.3.7 定义视图范围　　　　图 14.3.8 创建局部视图

14.4 为视图添加中心线

任务 01 创建中心标记

步骤 01 选择命令。单击 标注 功能选项卡 符号 区域中的"中心标记"命令。

步骤 02 选取标记对象。依次选取图 14.4.1 所示的 9 个圆弧边线，结果如图 14.4.2 所示。

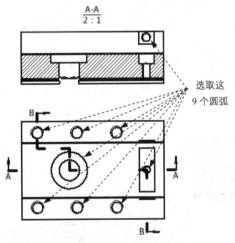
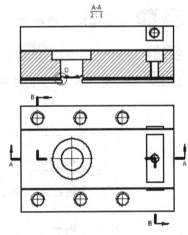

图 14.4.1 选取标记对象　　　　图 14.4.2 标记结果

任务 02 创建轴线

步骤 01 选择命令。单击 标注 功能选项卡 符号 区域中的"中心线"命令。

步骤 02 选取轴线的位置参考。依次选取图 14.4.3 所示的两个点作为轴线的位置参考。

步骤 03 在图形区右击，选择 创建(C) 命令。完成轴线的创建。

步骤 04 创建其他 4 根轴线，结果如图 14.4.4 所示。

379

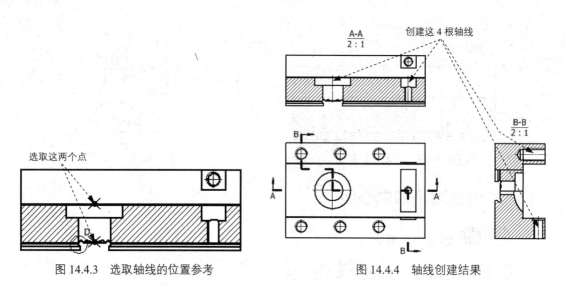

图 14.4.3　选取轴线的位置参考　　　　图 14.4.4　轴线创建结果

14.5　创建尺寸标注

任务 01　创建通用尺寸标注

步骤 01　选择命令。单击 标注 功能选项卡 尺寸 区域中的"尺寸"按钮 。

步骤 02　标注图 14.5.1 所示的通用尺寸。

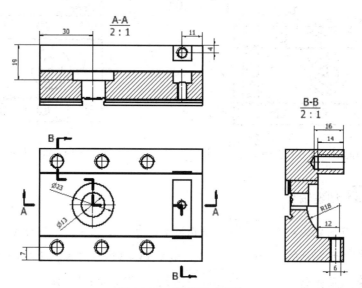

图 14.5.1　通用尺寸标注

任务 02　创建连续尺寸标注

步骤 01　选择命令。单击 标注 功能选项卡 尺寸 区域中的"连续"按钮 连续尺寸 。

步骤 02 依次选取图 14.5.2 所示的圆心 1、圆心 2、圆心 3 和直线 1。

步骤 03 在图纸区右击鼠标选择 继续(C) 命令，然后选择合适的位置放置尺寸。

步骤 04 在图纸区右击鼠标选择 创建(C) 命令，完成图 14.5.3 所示连续尺寸标注的创建。

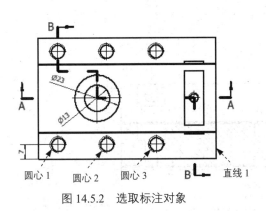

图 14.5.2 选取标注对象

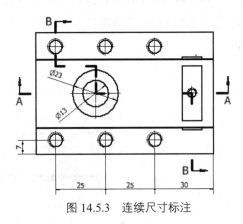

图 14.5.3 连续尺寸标注

任务 03 创建螺纹标注

步骤 01 选择命令。单击 标注 功能选项卡 特征注释 区域中的"孔和螺纹"按钮。

步骤 02 创建图 14.5.4 所示的三个螺纹标注，并修改其尺寸属性至图 14.5.5 所示的结果。

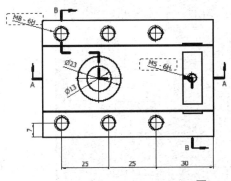

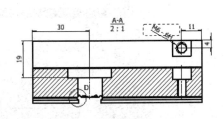

图 14.5.4 三个螺纹标注

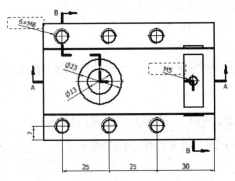

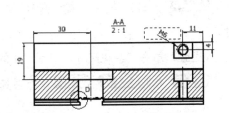

图 14.5.5 修改尺寸属性

任务 04　创建尺寸公差标注

步骤 01　选择命令。单击 标注 功能选项卡 尺寸 区域中的"尺寸"按钮。

步骤 02　选取图 14.5.6 所示的两条直线,直线 1 和直线 2,选择合适的位置单击,系统弹出图 14.5.7 所示的"编辑尺寸"对话框。

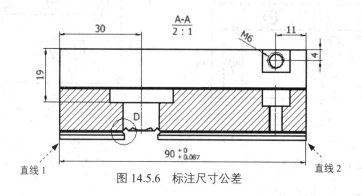

图 14.5.6　标注尺寸公差

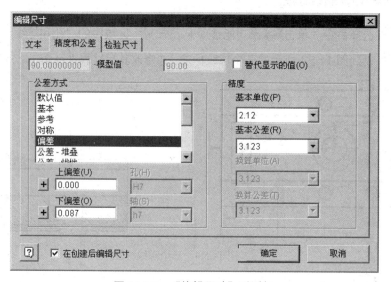

图 14.5.7　"编辑尺寸"对话框

步骤 03　定义公差。在"编辑尺寸"对话框的 精度和公差 选项卡中设置图 14.5.7 所示的参数。

步骤 04　单击"编辑尺寸"对话框中的 确定 按钮,完成尺寸公差的标注。

步骤 05　参照 步骤 01 ~ 步骤 04,标注其余尺寸公差,结果如图 14.5.8 所示。

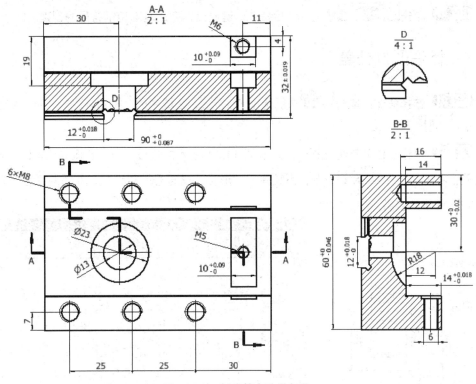

图 14.5.8 创建其余公差标注

14.6 添加基准特征符号

步骤01 选择命令。单击 标注 功能选项卡 符号 区域中的 ▼ 按钮，选择"基准标识符号"命令 。

步骤02 放置基准特征符号。选取图 14.6.1 所示的边线，移动鼠标指针，在合适的位置处单击两次，系统弹出"文本格式"对话框。

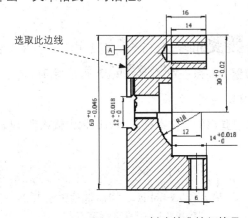

图 14.6.1 创建基准特征符号

步骤 03 单击 确定 按钮,然后按 Esc 键退出,完成基准特征符号的创建。

14.7 标注形位公差

步骤 01 选择命令。单击 标注 功能选项卡 符号 区域中的 ▼ 按钮,选择"形位公差符号"命令 ⊕.1 。

步骤 02 放置形位公差特征符号。选取图 14.7.1 所示的边线,单击合适的位置以放置形位公差,右击,选择 继续(C) 命令,系统弹出"形位公差符号"对话框,在该对话框中设置图 14.7.2 所示的参数。

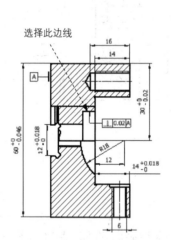

图 14.7.1 标注形位公差

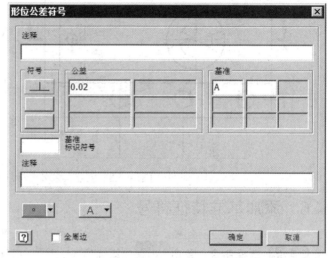

图 14.7.2 设置形位公差参数

步骤 03 单击 确定 按钮,然后按 Esc 键完成形位公差的标注。

14.8 添加注释文本 1

步骤 01 选择命令。选择 标注 功能选项卡 文本 区域中的"文本"命令 A 。

步骤 02 定义注释文本位置。在系统 在某处或两角处单击 的提示下单击图纸区的合适位置,系统弹出图 14.8.2 所示的"文本格式"对话框。

步骤 03 创建文本。在系统弹出的"文本格式"对话框中输入图 14.8.1 所示的注释文本。

技术要求
1. 未注倒角为C0.5。
2. 热处理60-65HRC,渗碳深度0.8-1.2。

图 14.8.1 创建注释文本

第14章 Inventor 工程图设计实际综合应用

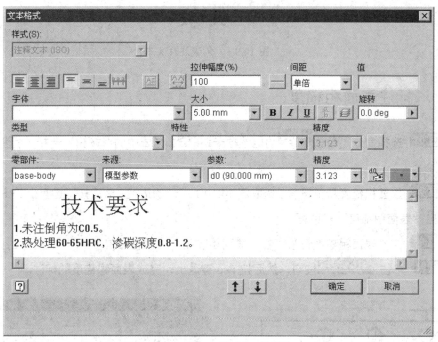

图 14.8.2 "文本格式"对话框

步骤04 设定文本格式。

（1）在图 14.8.2 所示的注释文本中选取图 14.8.3 所示的文本 1，将文本大小设置为 7。

（2）在图 14.8.2 所示的注释文本中选取图 14.8.4 所示的文本 2，将文本大小设置为 5。

图 14.8.3 选取文本 1 　　　图 14.8.4 选取文本 2

步骤05 单击 确定 按钮，然后按 Esc 键退出，完成注释文本的创建。

14.9 添加注释文本 2

步骤01 选择命令。选择 标注 功能选项卡 文本 区域中的"文本"命令 A。

步骤02 定义注释文本位置。在合适的位置单击鼠标，系统弹出"文本格式"对话框。

步骤03 创建文本。在系统弹出的"文本格式"对话框中输入"其余"。

步骤04 设定文本格式。选中上部创建的文本，将其文本大小设置为 7。

步骤05 单击 确定 按钮，然后按 Esc 键退出，完成注释文本的创建，如图 14.9.1 所示。

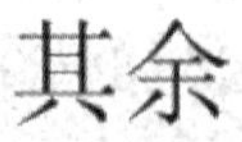

图 14.9.1 创建注释文本

14.10 标注表面粗糙度

步骤01 选择命令。单击 标注 功能选项卡 符号 区域中的 ▼ 按钮，选择"粗糙度"命令 √ 。

步骤02 放置粗糙度特征符号。选取图 14.10.1 所示的边线，然后按下键盘上的 Enter 键，系统弹出"表面粗糙度"对话框。

步骤03 定义表面粗糙度符号。在"表面粗糙度"对话框设置图 14.10.2 所示的参数。

步骤04 单击 确定 按钮，然后按 Esc 键退出，完成表面粗糙度的标注。

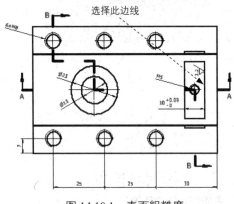

图 14.10.1 表面粗糙度

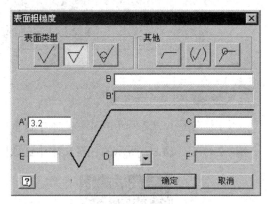

图 14.10.2 "表面粗糙度"对话框

步骤05 创建图 14.10.3 所示的表面粗糙度。

步骤06 创建图 14.10.4 所示的表面粗糙度。

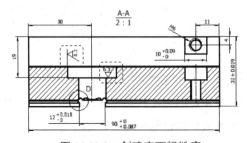

图 14.10.3 创建表面粗糙度

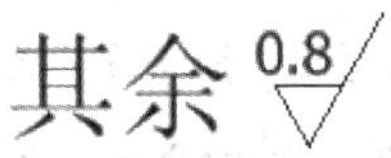

图 14.10.4 创建表面粗糙度

第 15 章 Inventor 曲面设计实际综合应用

15.1 曲面设计案例 1——连接臂

案例概述

本案例介绍了一个连接臂的创建过程,主要运用了旋转、拉伸、圆角、偏移曲面等命令。该零件模型及浏览器如图 15.1.1 所示。

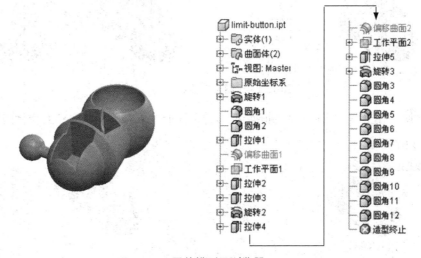

图 15.1.1 零件模型及浏览器

步骤01 启动 Inventor 软件,选择 文件 下的 新建 ➡ 零件 零件模板,系统自动进入零件设计环境。

步骤02 创建图 15.1.2 所示的旋转特征 1。在 创建 区域中单击 按钮,系统弹出"创建旋转"对话框。单击 创建二维草图 按钮,选取 XZ 平面为草图平面,绘制图 15.1.3 所示的截面草图。单击 草图 选项卡 返回到三维 区域中的 按钮,选择图 15.1.3 所示的边线作为旋转轴,在 范围 区域的下拉列表中选中 全部 选项。单击"旋转"对话框中的 确定 按钮,完成旋转特征 1 的创建。

步骤03 创建图 15.1.4 所示的倒圆特征 1。

(1)选择命令。在 修改 区域中单击 按钮。

（2）选取要倒圆的对象。在系统的提示下，选取图 15.1.4a 所示的模型边线为倒圆的对象。

（3）定义倒圆参数。在"倒圆"小工具栏"半径 R"文本框中输入数值 0.5。

（4）单击"圆角"对话框中的 按钮，完成倒圆特征的创建。

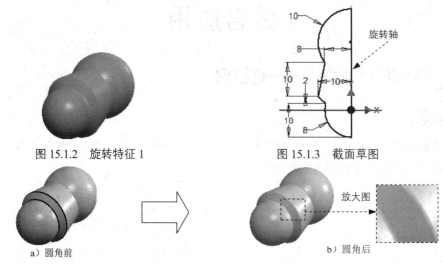

图 15.1.2　旋转特征 1　　　　　　　　图 15.1.3　截面草图

图 15.1.4　倒圆特征 1

步骤 04　创建图 15.1.5 所示的倒圆特征 2。选取图 15.1.5a 所示的模型边线为倒圆的对象，输入倒圆角半径值 1。

图 15.1.5　倒圆特征 2

步骤 05　创建图 15.1.6 所示的拉伸特征 1。

（1）选择命令。在 创建▼ 区域中单击 按钮，系统弹出"创建拉伸"对话框。

（2）定义特征的截面草图。单击"创建拉伸"对话框中的 按钮，选取 XZ 平面作为草图平面，进入草绘环境，绘制图 15.1.7 所示的截面草图，单击 按钮。

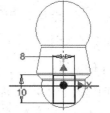

图 15.1.6　拉伸特征 1　　　　　　　　图 15.1.7　截面草图

第 15 章　Inventor 曲面设计实际综合应用

（3）定义拉伸属性。再次在 创建 区域中单击 按钮，选取图 15.1.7 所示的圆形区域为截面轮廓，然后将布尔运算设置为"求差"类型 ，在 范围 区域中的下拉列表中选择 贯通 选项，将拉伸方向设置为"方向 2"类型 。

（4）单击"拉伸"对话框中的 确定 按钮，完成拉伸特征 1 的创建。

步骤 06　创建偏移曲面 1。在 修改 区域中单击"加厚/偏移"按钮 ，选取图 15.1.8 所示的曲面为偏移曲面。在"加厚/偏移"对话框 输出 区域中选择"曲面"选项 ，定义偏移距离，在"加厚/偏移"对话框 距离 文本框中输入数值 0.5，将偏移方向设置为"方向 2" ，单击 确定 按钮，完成偏移曲面 1 的创建。

步骤 07　创建图 15.1.9 所示的工作平面 1。在 定位特征 区域中单击"平面"按钮 下的 平面 ，选择 从平面偏移 命令；选取 XZ 平面作为参考平面，输入要偏距的距离值−20；单击 按钮，完成工作平面 1 的创建。

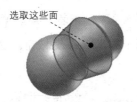
图 15.1.8　选取此曲面

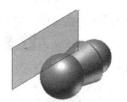
图 15.1.9　工作平面 1

步骤 08　创建图 15.1.10 所示的拉伸特征 2。在 创建 区域中单击 按钮，单击"创建拉伸"对话框中的 创建二维草图 按钮，选取工作平面 1 作为草图平面，绘制图 15.1.11 所示的截面草图，在 范围 区域的下拉列表中选择 到 选项，选取偏移曲面 1 作为拉伸终止面。单击 更多 按钮，取消选中 最短方式 选项，单击"拉伸"对话框中的 确定 按钮，完成拉伸特征 2 的创建。

图 15.1.10　拉伸特征 2

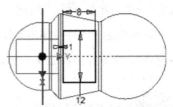
图 15.1.11　截面草图

步骤 09　创建图 15.1.12 所示的拉伸特征 3。在 创建 区域中单击 按钮，单击"创建拉伸"对话框中的 创建二维草图 按钮，选取 XZ 平面作为草图平面，绘制图 15.1.13 所示的截面草图，在"拉伸"对话框将布尔运算设置为"求差"类型 ，然后在 范围 区域中的下

拉列表中选择 距离 选项，在"距离"下拉列表中输入数值 2，将拉伸方向设置为"方向 1"类型 ，单击"拉伸"对话框中的 确定 按钮，完成拉伸特征 3 的创建。

图 15.1.12 拉伸特征 3

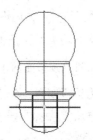

图 15.1.13 截面草图

步骤 10 创建图 15.1.14 所示的旋转特征 2。在 创建 区域中单击 按钮，系统弹出"创建旋转"对话框。单击 创建二维草图 按钮，选取 YZ 平面为草图平面，进入草绘环境，绘制图 15.1.15 所示的截面草图。单击 草图 选项卡 返回到三维 区域中的 按钮，选择图 15.1.15 所示的边线作为旋转轴，在"旋转"对话框中将布尔运算设置为"求差"类型 ，在 范围 区域的下拉列表中选中 全部 选项，单击"旋转"对话框中的 确定 按钮，完成旋转特征 2 的创建。

图 15.1.14 旋转特征 2

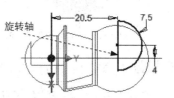

图 15.1.15 截面草图

步骤 11 创建图 15.1.16 所示的拉伸特征 4。在 创建 区域中单击 按钮，选取图 15.1.17 所示的模型表面作为草图平面，绘制图 15.1.18 所示的截面草图，在"拉伸"对话框将布尔运算设置为"求差"类型 ，然后在 范围 区域中的下拉列表中选择 距离 选项，在"距离"下拉列表中输入数值 2，将拉伸方向设置为"方向 2"类型 ，单击"拉伸"对话框中的 确定 按钮，完成拉伸特征 4 的创建。

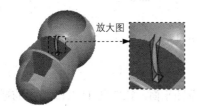

图 15.1.16 拉伸特征 4

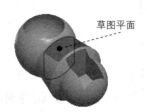

图 15.1.17 草图平面

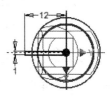

图 15.1.18 截面草图

步骤 12 创建图 15.1.19 偏移曲面 2。在 修改 区域中单击"加厚/偏移"按钮，选取图 15.1.20 所示的曲面为偏移曲面，在"加厚/偏移"对话框 输出 区域中选择"曲面"选项，定义偏移距离，在"加厚/偏移"对话框 距离 文本框中输入数值 4.5，设置偏移方向为"方向 2"类型，单击 确定 按钮，完成偏移曲面 2 的创建。

图 15.1.19 偏移曲面 2

图 15.1.20 选取偏移参考

步骤 13 创建图 15.1.21 所示的工作平面 2。在 定位特征 区域中单击"平面"按钮下的 平面，选择 从平面偏移 命令；选取 XZ 平面作为参考平面，输入要偏距的距离值为 20；单击 按钮，完成工作平面 2 的创建。

步骤 14 创建图 15.1.22 所示的拉伸特征 5。在 创建 区域中单击 按钮，单击"创建拉伸"对话框中的 创建二维草图 按钮，选取工作平面 2 作为草图平面，绘制图 15.1.23 所示的截面草图，在"拉伸"对话框将布尔运算设置为"求差"类型，然后在 范围 区域的下拉列表中选择 到 选项，选取偏移曲面 2 作为拉伸终止面，单击"拉伸"对话框中的 确定 按钮，完成拉伸特征 5 的创建。

图 15.1.21 工作平面 2

图 15.1.22 拉伸特征 5

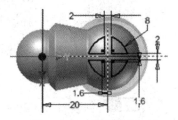
图 15.1.23 截面草图

步骤 15 创建图 15.1.24 所示的旋转特征 3。在 创建 区域中单击 按钮，系统弹出"创建旋转"对话框。单击 创建二维草图 按钮，选取 XZ 平面为草图平面，进入草绘环境，绘制图 15.1.25 所示的截面草图，单击 草图 选项卡 返回到三维 区域中的 按钮，选择图 15.1.25 所示的边线作为旋转轴，在 范围 区域的下拉列表中选中 全部 选项，单击"旋转"对话框中的 确定 按钮，完成旋转特征 3 的创建。

步骤 16 创建图 15.1.26 所示的圆角 3，圆角半径值为 0.3。

步骤 17 创建图 15.1.27 所示的圆角 4，圆角半径值为 0.2。

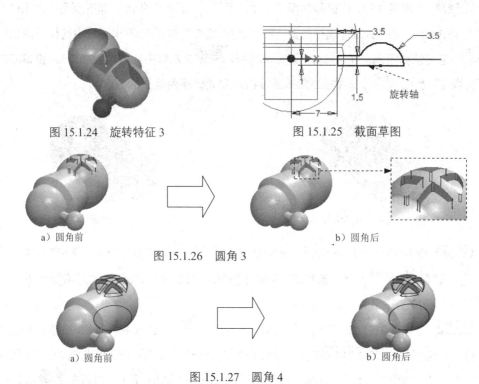

图 15.1.24 旋转特征 3　　　　　图 15.1.25 截面草图

图 15.1.26 圆角 3

图 15.1.27 圆角 4

步骤18 创建图 15.1.28 所示的圆角 5，圆角半径值为 0.4。

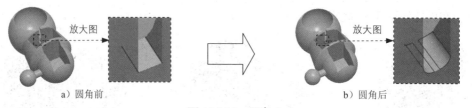

图 15.1.28 圆角 5

步骤19 创建图 15.1.29 所示的圆角 6，圆角半径值为 0.2。

图 15.1.29 圆角 6

步骤20 创建图 15.1.30 所示的圆角 7，圆角半径值为 2。

步骤21 创建图 15.1.31 所示的圆角 8，圆角半径值为 0.2。

步骤22 创建图 15.1.32 所示的圆角 9，圆角半径值为 0.1。

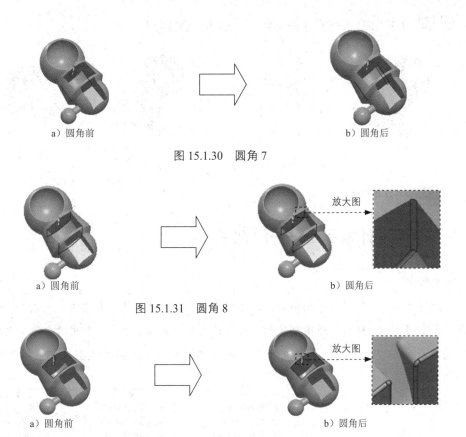

图 15.1.30　圆角 7

图 15.1.31　圆角 8

图 15.1.32　圆角 9

步骤 23　创建图 15.1.33 所示的圆角 10，圆角半径值为 0.2。

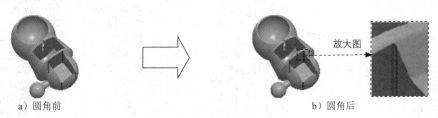

图 15.1.33　圆角 10

步骤 24　创建图 15.1.34 所示的圆角 11，圆角半径值为 0.1。

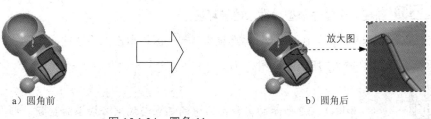

图 15.1.34　圆角 11

步骤25 创建图 15.1.35 所示的圆角 12，圆角半径值为 0.3。

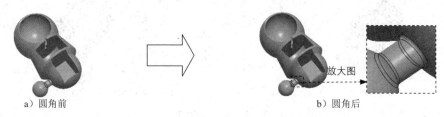

a）圆角前　　　　　　　　　　　　　b）圆角后

图 15.1.35　圆角 12

步骤26 保存零件模型。

15.2　曲面设计案例 2——门把手

案例概述

本案例介绍了一款门把手的曲面设计过程。曲面零件设计的一般方法是先创建一系列草绘曲线和空间曲线，然后利用所创建的曲线构建几个独立的曲面，再利用缝合等工具将独立的曲面变成一个整体面，最后将整体面变成实体模型。零件实体模型及相应的设计树如图 15.2.1 所示。

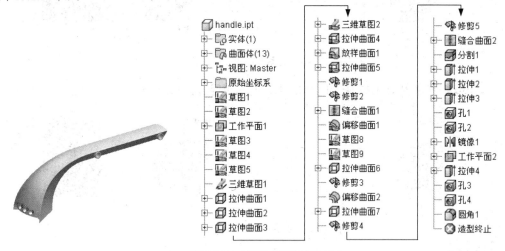

图 15.2.1　零件模型和设计树

步骤01 新建一个零件模型，进入建模环境。

步骤02 创建草图 1。在 三维模型 选项卡 草图 区域单击 按钮，选取 XZ 平面作为草图平面，绘制图 15.2.2 所示的草图。

 如图 15.2.2 所示的样条曲线中的起点与端点必须添加竖直、水平关系。

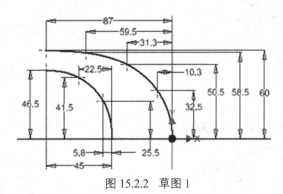

图 15.2.2 草图 1

步骤 03 创建图 15.2.3 草图 2（建模环境）。在 三维模型 选项卡 草图 区域单击 按钮，选取 XY 平面作为草图平面，绘制图 15.2.4 所示的草图 2（草图环境）。

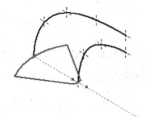

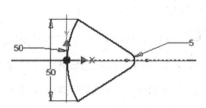

图 15.2.3 草图 2（建模环境）　　　　图 15.2.4 草图 2（草图环境）

步骤 04 创建图 15.2.5 所示的工作平面 1。在 定位特征 区域中单击"平面"按钮 下的 平面，选择 从平面偏移 命令；选取 YZ 平面作为参考平面，输入要偏距的距离值 87；单击 按钮，完成工作平面 1 的创建。

步骤 05 创建图 15.2.6 所示的草图 3（建模环境）。在 三维模型 选项卡 草图 区域单击 按钮，选取工作平面 1 作为草图平面，绘制图 15.2.7 所示的草图 3（草图环境）。

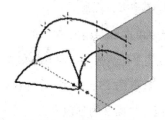
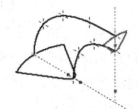
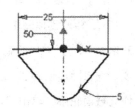

图 15.2.5 工作平面 1　　图 15.2.6 草图 3（建模环境）　　图 15.2.7 草图 3（草图环境）

步骤 06 创建图 15.2.8 所示的草图 4（建模环境）。在 三维模型 选项卡 草图 区域单击 按钮，选取 XZ 平面作为草图平面，绘制图 15.2.9 所示的草图 4（草图环境）。

步骤 07 创建图 15.2.10 所示的草图 5（建模环境）。在 三维模型 选项卡 草图 区域单击 按钮，选取 XY 平面作为草图平面，绘制图 15.2.11 所示的草图 5（草图环境）。

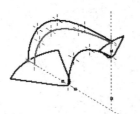

图 15.2.8　草图 4（建模环境）

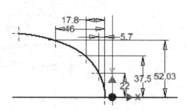

图 15.2.9　草图 4（草图环境）

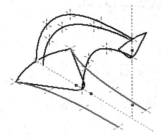

图 15.2.10　草图 5（建模环境）

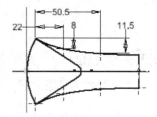

图 15.2.11　草图 5（草图环境）

步骤08 创建图 15.2.12 所示的拉伸曲面 1。在 创建▼ 区域中单击 按钮，在"拉伸"对话框 输出 区域中将输出类型设置为"曲面" ；在 范围 区域的下拉列表中选择 距离 选项，输入距离值 80.0，并将拉伸类型设置为"方向 1"类型 ，选取图 15.2.13 所示的曲线作为截面轮廓，单击"拉伸"对话框中的 确定 按钮，完成拉伸曲面 1 的创建。

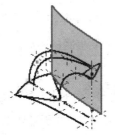

图 15.2.12　拉伸曲面 1

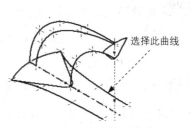

图 15.2.13　选取截面轮廓

步骤09 创建图 15.2.14 所示的拉伸曲面 2。在 创建▼ 区域中单击 按钮，在"拉伸"对话框 输出 区域中将输出类型设置为"曲面" ；在 范围 区域的下拉列表中选择 距离 选项，输入距离值 60.0，并将拉伸类型设置为"对称"类型 ，选取图 15.2.15 所示的曲线作为截面轮廓，单击"拉伸"对话框中的 确定 按钮，完成拉伸曲面 2 的创建。

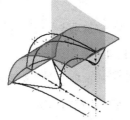

图 15.2.14　拉伸曲面 2

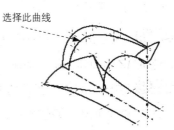

图 15.2.15　选取截面轮廓

步骤 10 创建图 15.2.16 所示的拉伸曲面 3。在 创建 区域中单击 按钮,在"拉伸"对话框 输出 区域中将输出类型设置为"曲面" ;在 范围 区域的下拉列表中选择 距离 选项,输入距离值 80.0,并将拉伸类型设置为"方向 1" 类型 ,选取图 15.2.17 所示的曲线作为截面轮廓,单击"拉伸"对话框中的 确定 按钮,完成拉伸曲面 3 的创建。

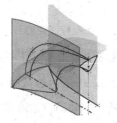
图 15.2.16 拉伸曲面 3

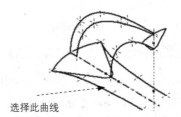
图 15.2.17 选取截面轮廓

步骤 11 创建图 15.2.18 所示的相交曲线 1。单击 草图 区域中的 开始创建二维草图 按钮,选择 开始创建三维草图 命令,系统进入三维草图环境。单击 绘制 区域中的"相交曲线"按钮 ,选取图 15.2.19 所示拉伸曲面 3 与拉伸曲面 2 为相交的对象,单击 确定 按钮,完成相交曲线 1 的创建。

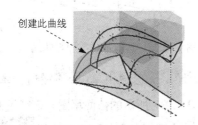
图 15.2.18 相交曲线 1

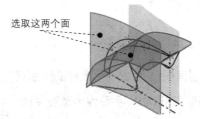
图 15.2.19 选取相交对象

步骤 12 创建图 15.2.20 所示的相交曲线 2。单击 绘制 区域中的"相交曲线"按钮 ,选取图 15.2.21 所示拉伸曲面 1 与拉伸曲面 2 为相交的对象,单击 确定 按钮,完成相交曲线 2 的创建。

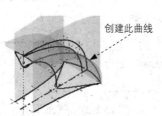
图 15.2.20 相交曲线 2

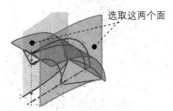
图 15.2.21 选取相交对象

步骤 13 创建图 15.2.22 所示的拉伸曲面 4。在 创建 区域中单击 按钮,在"拉伸"对话框 输出 区域中将输出类型设置为"曲面" ;在 范围 区域的下拉列表中选择 距离 选项,输入距离值 115,并将拉伸类型设置为"方向 1" 类型 ,选取图 15.2.23 所示的草图

3 作为截面轮廓，单击"拉伸"对话框中的 确定 按钮，完成拉伸曲面 4 的创建。

图 15.2.22 拉伸曲面 4

图 15.2.23 选取截面轮廓

步骤 14 创建图 15.2.24 所示的放样曲面 1。在 创建 区域中单击 放样 按钮，在"扫掠"对话框 输出 区域确认"曲面"按钮 被按下，选取图 15.2.25 所示的截面 1 与截面 2，在"扫掠"对话框 轨道 文本框中单击，然后选取图 15.2.25 所示的轨道 1、轨道 2、轨道 3 和轨道 4，在该对话框中单击 确定 按钮，完成放样曲面 1 的创建。

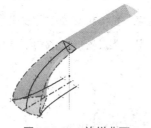

图 15.2.24 放样曲面 1

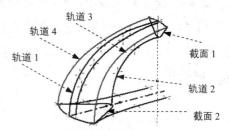

图 15.2.25 选取放样截面与轨道

步骤 15 创建图 15.2.26 所示的拉伸曲面 5。在 创建 区域中单击 按钮，单击 创建二维草图 按钮，选取 XY 平面作为草图平面，绘制图 15.2.27 所示的截面草图，在"拉伸"对话框 输出 区域中将输出类型设置为"曲面" ；在 范围 区域的下拉列表中选择 距离 选项，输入距离值为 70，并将拉伸类型设置为"方向 1"类型 ，单击"拉伸"对话框中的 确定 按钮，完成拉伸曲面 5 的创建。

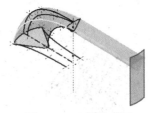

图 15.2.26 拉伸曲面 5

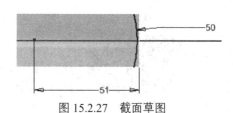

图 15.2.27 截面草图

步骤 16 创建图 15.2.28 所示曲面的修剪 1。在 曲面 区域中单击 按钮；选取 15.2.28a 所示的面 1 作为修剪工具，选取面 2 与面 3 为要删除的面；单击 确定 按钮，完成曲面的修剪。

第 **15** 章 Inventor 曲面设计实际综合应用

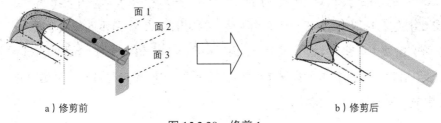

a）修剪前　　　　　　　　　　　　　　　b）修剪后

图 15.2.28　修剪 1

步骤17　创建 15.2.29 所示曲面的修剪 2。在 曲面▼ 区域中单击 按钮；选取 15.2.29 所示的面 1 作为修剪工具，选取面 2 为要删除的面；单击 确定 按钮，完成曲面的修剪。

a）修剪前　　　　　　　　　　　　　　　b）修剪后

图 15.2.29　修剪 2

步骤18　创建图 15.2.30 所示边界嵌片 1。在 曲面▼ 区域中单击 按钮，选取图 15.2.31 所示的模型边线作为边界条件；单击 确定 按钮，完成边界嵌片 1 的创建。

步骤19　创建图 15.2.32 所示的缝合曲面 1。在 曲面▼ 区域中单击 按钮，选取拉伸曲面 4、放样曲面 1、拉伸曲面 5 与边界嵌片 1 作为缝合对象；单击 应用 按钮，单击 完毕 按钮，完成缝合曲面 1 的创建。

图 15.2.30　边界嵌片 1　　　　　　　　　图 15.2.31　选取边界条件

步骤20　创建偏移曲面 1。在 修改▼ 区域中单击"加厚/偏移"按钮 ，选取图 15.2.33 所示的曲面为偏移曲面 1，在"加厚/偏移"对话框 输出 区域中选择"曲面"选项 ，输入偏移距离值为 3，单击 按钮定义偏移方向，单击 确定 按钮，完成偏移曲面 1 的创建。

图 15.2.32　缝合曲面 1　　　　　　　　　图 15.2.33　偏移曲面 1

399

步骤 21 创建图 15.2.34 所示的拉伸曲面 6。在 创建 区域中单击 按钮，单击 创建二维草图 按钮，选取 YZ 平面作为草图平面，绘制图 15.2.35 所示的截面草图，在"拉伸"对话框 输出 区域中将输出类型设置为"曲面" ；在 范围 区域的下拉列表中选择 距离 选项，输入距离值 20，并将拉伸类型设置为"方向 1"类型 ，单击"拉伸"对话框中的 确定 按钮，完成拉伸曲面 6 的创建。

图 15.2.34 拉伸曲面 6

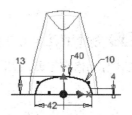
图 15.2.35 截面草图

步骤 22 创建图 15.2.36 所示曲面的修剪 3。在 曲面 区域中单击 按钮；选取图 15.2.36a 所示的面 1（步骤 20 创建的偏移曲面）作为修剪工具，选取面 2 为要删除的面；单击 确定 按钮，完成曲面的修剪 3。

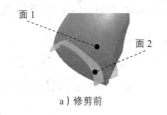

a）修剪前

b）修剪后

图 15.2.36 修剪 3

步骤 23 创建偏移曲面 2。在 修改 区域中单击"加厚/偏移"按钮 ，选取图 15.2.37 所示的曲面为偏移曲面，在"加厚/偏移"对话框 输出 区域中选择"曲面"选项 ，输入偏移距离值 0，单击 确定 按钮，完成偏移曲面 2 的创建。

步骤 24 创建图 15.2.38 所示的拉伸曲面 7。在 创建 区域中单击 按钮，单击 创建二维草图 按钮，选取 YZ 平面作为草图平面，绘制图 15.2.39 所示的截面草图，在"拉伸"对话框 输出 区域中将输出类型设置为"曲面" ；在 范围 区域的下拉列表中选择 距离 选项，输入距离值 20，并将拉伸类型设置为"方向 1"类型 ，单击"拉伸"对话框中的 确定 按钮，完成拉伸曲面 7 的创建。

步骤 25 创建 15.2.40 所示曲面的修剪 4。在 曲面 区域中单击 按钮；选取图 15.2.40a 所示的面 1 作为修剪工具，选取面 2 为要删除的面；单击 确定 按钮，完成曲面的修剪。

第 15 章 Inventor 曲面设计实际综合应用

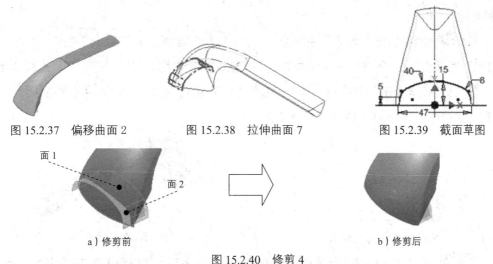

图 15.2.37 偏移曲面 2　　图 15.2.38 拉伸曲面 7　　图 15.2.39 截面草图

图 15.2.40 修剪 4

步骤 26 创建图 15.2.41 所示曲面的修剪 5。在 曲面▼ 区域中单击 按钮；选取图 15.2.41a 所示的面 1 作为修剪工具，选取面 2 为要删除的面；单击 确定 按钮，完成曲面的修剪 5。

图 15.2.41 修剪 5

步骤 27 创建图 15.2.42 所示的放样曲面。在 创建▼ 区域中单击 放样 按钮，选取图 15.2.43 所示的两条边分别作为截面 1 与截面 2，在"扫掠"对话框 输出 区域确认"曲面"按钮 被按下，在该对话框中单击 确定 按钮，完成放样曲面 2 的创建。

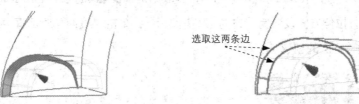

图 15.2.42 放样曲面 2　　　　图 15.2.43 选取放样截面

步骤 28 创建图 15.2.44 所示的缝合曲面 2。在 曲面▼ 区域中单击 按钮，选取偏移曲面 1 与放样曲面 2 作为缝合对象；单击 应用 按钮，单击 完毕 按钮，完成缝合曲面

401

2 的创建。

步骤 29 创建图 15.2.45 所示的分割 1。在 修改 区域中单击 分割 按钮，系统弹出"分割"对话框。在"分割"对话框中将分割类型设置为"修剪实体" 选项，选取缝合曲面 2 作为分割工具，在"分割"对话框中将删除方向设置为"方向 1"类型 ，单击 确定 按钮，完成图 15.2.45 所示的分割 1 的创建。

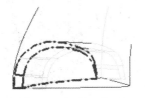
图 15.2.44 缝合曲面 2

图 15.2.45 分割 1

步骤 30 创建图 15.2.46 所示的拉伸特征 1。在 创建 区域中单击 按钮，选取图 15.2.47 所示的模型表面作为草图平面，绘制图 15.2.48 所示的截面草图，在"拉伸"对话框将布尔运算设置为"求差"类型 ，然后在 范围 区域中的下拉列表中选择 距离 选项，在"距离"下拉列表中输入数值 4，将拉伸方向设置为"方向 2"类型 ，单击"拉伸"对话框中的 确定 按钮，完成拉伸特征 1 的创建。

图 15.2.46 拉伸特征 1

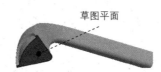
图 15.2.47 定义草图平面

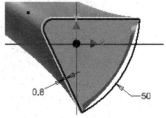
图 15.2.48 截面草图

步骤 31 创建图 15.2.49 所示的拉伸特征 2。在 创建 区域中单击 按钮，选取 YZ 平面作为草图平面，绘制图 15.2.50 所示的截面草图，在"拉伸"对话框将布尔运算设置为"求差"类型 ，然后在 范围 区域中的下拉列表中选择 距离 选项，在"距离"下拉列表中输入数值 8，将拉伸方向设置为"方向 1"类型 ，单击"拉伸"对话框中的 确定 按钮，完成拉伸特征 2 的创建。

图 15.2.49 拉伸特征 2

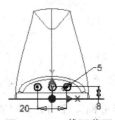
图 15.2.50 截面草图

步骤32 创建图 15.2.51 所示的拉伸特征 3。在"创建"区域中单击按钮，选取图 15.2.51 所示的模型表面作为草图平面，绘制图 15.2.52 所示的截面草图，在"拉伸"对话框将布尔运算设置为"求差"类型，然后在"范围"区域中的下拉列表中选择"距离"选项，在"距离"下拉列表中输入数值 19，将拉伸方向设置为"方向 2"类型，单击"拉伸"对话框中的"确定"按钮，完成拉伸特征 3 的创建。

图 15.2.51 拉伸特征 3

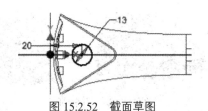

图 15.2.52 截面草图

步骤33 创建图 15.2.53 所示的孔特征 1。

（1）选择命令，在"修改"区域中单击"孔"按钮。

（2）定义孔的放置方式及参考。在系统的提示下选取图 15.2.54 所示的模型表面为孔 2 的放置面，选取图 15.2.54 所示的边线为定位参考。

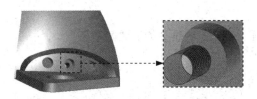

图 15.2.53 孔特征 1

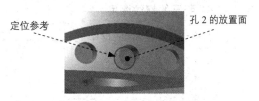

图 15.2.54 定义孔的放置面

（3）定义孔的样式及类型。在"孔"对话框"类型"选项组中确认"螺纹孔"按钮和"无"按钮被选中。

（4）定义孔参数。在"孔"对话框"尺寸"选项组"终止方式"区域中选择"到"选项。选取图 15.2.55 所示的孔的终止面，在"孔"对话框"螺纹"区域设置图 15.2.56 所示的参数，在"孔"对话框孔预览图像区域输入图 15.2.57 所示的螺纹深度。

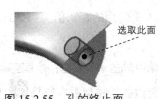

图 15.2.55 孔的终止面

图 15.2.56 定义孔参数

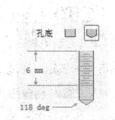

图 15.2.57 螺纹深度

（5）单击"孔"对话框中的 确定 按钮，完成孔特征1的创建。

步骤34 创建图15.2.58所示的孔特征2。

（1）选择命令，在 修改▼ 区域中单击"孔"按钮 。

（2）定义孔的放置方式及参考。在系统的提示下选取图15.2.59所示的模型表面为孔2的放置面，选取图15.2.59所示的边线为定位参考。

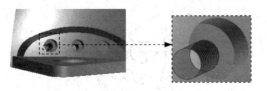

图15.2.58　孔特征2

图15.2.59　定义孔的放置面

（3）定义孔的样式及类型。在"孔"对话框 ▼类型 选项组中确认"螺纹孔"按钮 和"无"按钮 被选中。

（4）定义孔参数。在"孔"对话框 ▼尺寸 选项组 终止方式 区域中选择"距离"选项 。在"孔"对话框 ▼螺纹 区域设置图15.2.60所示的参数，在"孔"对话框孔预览图像区域输入图15.2.61所示的螺纹深度。

（5）单击"孔"对话框中的 确定 按钮，完成孔特征2的创建。

图15.2.60　定义孔参数

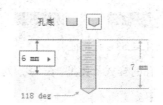

图15.2.61　螺纹深度

步骤35 创建图15.2.62所示的镜像1。在 阵列 区域中单击"镜像"按钮 ，选取"孔2"为要镜像的特征，然后选取XZ平面作为镜像中心平面，单击"镜像"对话框中的 确定 按钮，完成镜像1操作。

步骤36 创建图15.2.63所示的工作平面2。在 定位特征 区域中单击"平面"按钮 下的 平面 ，选择 从平面偏移 命令；选取XZ平面为参考平面，输入要偏距的距离值为-12.5；单击 按钮，完成工作平面2的创建。

步骤37 创建图15.2.64所示的拉伸特征4。在 创建 区域中单击 按钮，选取工作平面2作为草图平面，绘制图15.2.65所示的截面草图，在 范围 区域的下拉列表中选择 到 选项，选取图 15.2.66 所示的终止面，单击"拉伸"对话框中的 确定 按钮，完成拉伸特征 4 的创建。

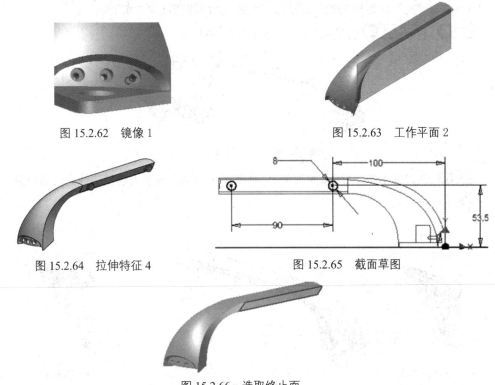

图 15.2.62 镜像 1

图 15.2.63 工作平面 2

图 15.2.64 拉伸特征 4

图 15.2.65 截面草图

图 15.2.66 选取终止面

步骤 38 创建图 15.2.67 所示的孔特征 3。

（1）选择命令，在 修改 ▼ 区域中单击"孔"按钮 。

（2）定义孔的放置方式及参考。在系统的提示下选取图 15.2.68 所示的模型表面为孔 3 的放置面，选取图 15.2.68 所示的边线为定位参考。

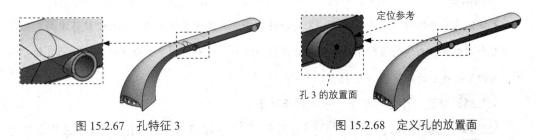

图 15.2.67 孔特征 3

图 15.2.68 定义孔的放置面

（3）定义孔的样式及类型。在"孔"对话框 ▼ 类型 选项组中确认"螺纹孔"按钮 和"无"按钮 被选中。

（4）定义孔参数。在"孔"对话框 ▼尺寸 选项组 终止方式 区域中选择"贯通"选项 ；在"孔"对话框孔预览图像区域输入孔的直径值 6。

（5）单击"孔"对话框中的 确定 按钮，完成孔特征 3 的创建。

步骤 39 参照**步骤 38** 创建图 15.2.69 所示的孔特征 4。

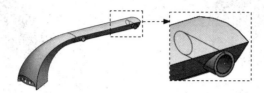

图 15.2.69 孔特征 4

步骤 40 创建图 15.2.70 所示的圆角 1。选取图 15.2.70a 所示的模型边线为圆角对象，输入倒圆角半径值 0.5。

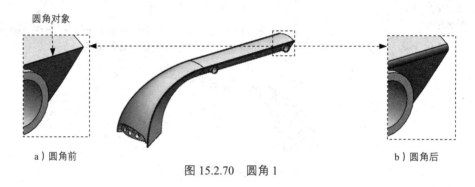

a）圆角前　　　　图 15.2.70 圆角 1　　　　b）圆角后

步骤 41 保存零件模型。

15.3 曲面设计案例 3——休闲座椅

案例概述

本案例主要介绍椅子的设计过程。主要讲解了样条曲线的定位方法，包括创建基准面、约束点位置和调整样条曲线的绘制等，希望读者能勤加练习，从而达到熟练使用样条曲线的目的。零件实体模型及相应的浏览器如图 15.3.1 所示。

步骤 01 新建一个零件模型，进入建模环境。

步骤 02 创建草图 1。在 三维模型 选项卡 草图 区域单击 按钮，选取 XZ 平面作为草图平面，绘制图 15.3.2 所示的草图 1。

草图曲线在上端点处的切线方向为竖直方向。

第 15 章 Inventor 曲面设计实际综合应用

步骤 03 创建图 15.3.3 所示的工作平面 1。在 定位特征 区域中单击"平面"按钮下的 平面，选择 从平面偏移 命令；选取 XZ 平面作为参考平面，输入要偏距的距离值 –160；单击 按钮，完成工作平面 1 的创建。

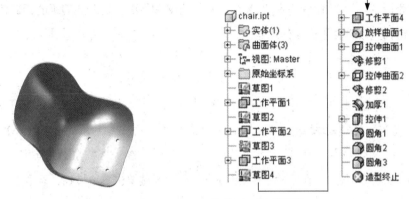

图 15.3.1　零件模型及设浏览器

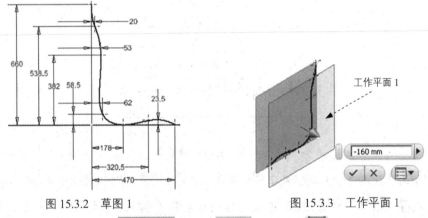

图 15.3.2　草图 1　　　　　　　图 15.3.3　工作平面 1

步骤 04 创建草图 2。在 三维模型 选项卡 草图 区域单击 按钮，选取工作平面 1 作为草图平面，绘制图 15.3.4 所示的草图 2。

步骤 05 创建图 15.3.5 所示的工作平面 2。在 定位特征 区域中单击"平面"按钮下的 平面，选择 从平面偏移 命令；选取 XZ 平面作为参考平面，输入要偏距的距离值 160；单击 按钮，完成工作平面 2 的创建。

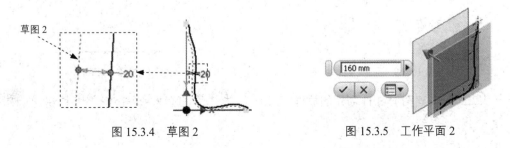

图 15.3.4　草图 2　　　　　　　图 15.3.5　工作平面 2

407

步骤06 创建草图3。在 三维模型 选项卡 草图 区域单击 按钮，选取工作平面2作为草图平面，绘制图15.3.6所示的草图3。

步骤07 创建图15.3.7所示的工作平面3。在 定位特征 区域中单击"平面"按钮 下的 平面，选择 从平面偏移 命令；选取XZ平面作为参考平面，输入要偏距的距离值-270；单击 按钮，完成工作平面3的创建。

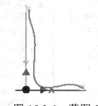

图15.3.6 草图3

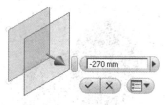

图15.3.7 工作平面3

步骤08 创建草图4。在 三维模型 选项卡 草图 区域单击 按钮，选取工作平面3作为草图平面，绘制图15.3.8所示的草图4。

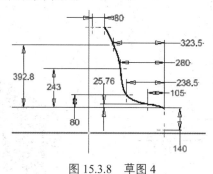

图15.3.8 草图4

步骤09 创建图15.3.9所示的工作平面4。在 定位特征 区域中单击"平面"按钮 下的 平面，选择 从平面偏移 命令；选取XZ平面作为参考平面，输入要偏距的距离值270；单击 按钮，完成工作平面4的创建。

步骤10 创建草图5。在 三维模型 选项卡 草图 区域单击 按钮，选取工作平面4作为草图平面，绘制图15.3.10所示的草图5。

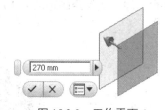

图15.3.9 工作平面4

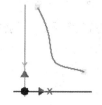

图15.3.10 草图5

步骤11 创建图15.3.11所示的放样曲面1。在 创建 区域中单击 放样 按钮，在 输出区域中选择类型为"曲面"，依次选取图 15.3.12 所示的草图 5、草图 3、草图 1、草图 2 与草图 4 作为截面；单击 确定 按钮，完成放样曲面 1 的创建。

图 15.3.11 放样曲面 1

图 15.3.12 选取截面轮廓

步骤 12　创建图 15.3.13 所示的拉伸曲面 1。在 创建 区域中单击 按钮，单击 创建二维草图 按钮，选取 YZ 平面作为草图平面，绘制图 15.3.14 所示的截面草图，在"拉伸"对话框 输出 区域中将输出类型设置为"曲面"；在 范围 区域的下拉列表中选择 距离 选项，输入距离值 200，并将拉伸类型设置为"方向 2"类型，单击"拉伸"对话框中的 确定 按钮，完成拉伸曲面 1 的创建。

图 15.3.13 拉伸曲面 1

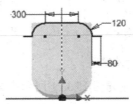
图 15.3.14 截面草图

步骤 13　创建图 15.3.15 所示曲面的修剪 1，在 曲面 区域中单击 按钮；选取拉伸曲面 1 作为修剪工具，选取图 15.3.16 所示的面为要删除的面；单击 确定 按钮，完成曲面的修剪。

图 15.3.15 修剪 1

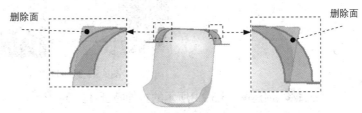
图 15.3.16 选取要删除的面

步骤 14　创建图 15.3.17 所示的拉伸曲面 2。在 创建 区域中单击 按钮，单击 创建二维草图 按钮，选取 XZ 平面作为草图平面，绘制图 15.3.18 所示的截面草图，在"拉伸"对话框 输出 区域中将输出类型设置为"曲面"；在 范围 区域的的下拉列表中选择 距离 选项，输入距离值 600，并将拉伸类型设置为"对称"类型，单击"拉伸"对话框中的 确定 按钮，完成拉伸曲面 2 的创建。

图 15.3.17 拉伸曲面 2

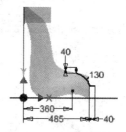
图 15.3.18 截面草图

步骤 15 创建 15.3.19 所示曲面的修剪 2。在 曲面▼ 区域中单击 按钮;选取拉伸曲面 2 作为修剪工具,选取 15.3.20 所示的面为要删除的面;单击 确定 按钮,完成曲面的修剪 2。

图 15.3.19 修剪 2

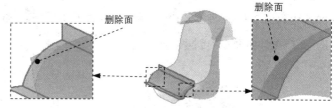

图 15.3.20 修剪 2

步骤 16 创建图 15.3.21 所示曲面的加厚 1。在 修改▼ 区域中单击"加厚/偏移"按钮 ,选取图 15.3.19 所示的整个曲面为要加厚曲面,在"加厚/偏移"对话框 距离 区域中单击 按钮,输入厚度值 5。

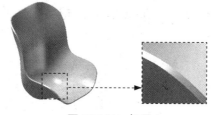

图 15.3.21 加厚 1

步骤 17 创建图 15.3.22 所示的拉伸特征 1。在 创建▼ 区域中单击 按钮,选取 XY 平面作为草图平面,绘制图 15.3.23 所示的截面草图,在"拉伸"对话框将布尔运算设置为"求差"类型 ,然后在 范围 区域中的下拉列表中选择 贯通 选项,将拉伸方向设置为"对称"类型 ,单击"拉伸"对话框中的 确定 按钮,完成拉伸特征 1 的创建。

步骤 18 创建图 15.3.24 所示的圆角 1,圆角半径值为 50。

步骤 19 创建图 15.3.25 所示的圆角 2,圆角半径值为 1。

步骤 20 创建图 15.3.26 所示的圆角 3,圆角半径值为 1。

第 **15** 章 Inventor 曲面设计实际综合应用

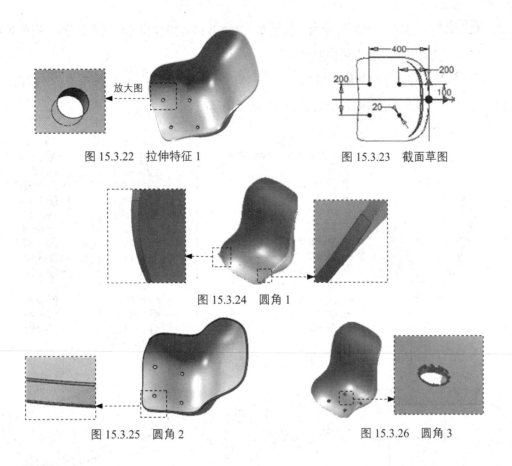

图 15.3.22 拉伸特征 1　　　　　图 15.3.23 截面草图

图 15.3.24 圆角 1

图 15.3.25 圆角 2　　　　　图 15.3.26 圆角 3

步骤 21 保存零件模型。

15.4 曲面设计案例 4——微波炉面板

案例概述

本案例主要讲述一款微波炉面板的设计过程，该设计过程是先用曲面创建面板，然后再将曲面转变为实体面板。通过使用工作平面、拉伸曲面、放样曲面、缝合曲面、加厚和倒圆命令将面板完成。零件模型及浏览器如图 15.4.1 所示。

步骤 01 新建一个零件模型，进入建模环境。

步骤 02 创建图 15.4.2 所示的草图 1。

（1）在 三维模型 选项卡 草图 区域单击 按钮，然后选择 YZ 平面为草图平面，系统进入草图设计环境。

（2）绘制图 15.4.2 所示的草图 1，单击 ✓ 按钮，退出草绘环境。

411

步骤 03　创建图 15.4.3 所示的工作平面 1（本步的详细操作过程请参见学习资源 video 文件夹中对应章节的语音视频讲解文件）。

步骤 04　创建图 15.4.4 所示的草图 2。在 三维模型 选项卡 草图 区域单击 按钮，选取工作平面 1 作为草图平面，绘制图 15.4.5 所示的草图 2。

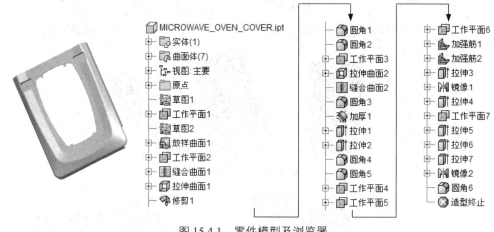

图 15.4.1　零件模型及浏览器

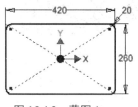

图 15.4.2　草图 1

图 15.4.3　工作平面 1

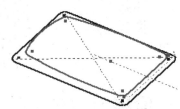

图 15.4.4　草图 2（建模环境）

步骤 05　创建图 15.4.6 所示的放样曲面 1。

（1）选择命令。在 创建 ▼ 区域中单击 放样 按钮，系统弹出"放样"对话框。

（2）定义放样轮廓。在绘图区域选取图 15.4.7 所示的草图 1 与草图 2 为轮廓。

（3）定义输出类型。在"扫掠"对话框 输出 区域确认"曲面"按钮 被按下。

（4）单击 确定 按钮，完成放样曲面的创建。

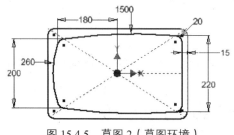

图 15.4.5　草图 2（草图环境）

图 15.4.6　放样曲面 1

步骤 06 创建图 15.4.8 所示的工作平面 2（注：具体参数和操作参见随书资源）。

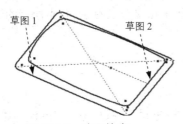
图 15.4.7 选取轮廓

图 15.4.8 工作平面 2

步骤 07 创建图 15.4.9 所示的草图 3。在 三维模型 选项卡 草图 区域单击 按钮，选取工作平面 2 作为草图平面，绘制图 15.4.10 所示的草图 3。

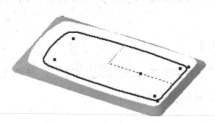
图 15.4.9 草图 3（建模环境）

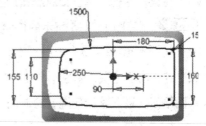
图 15.4.10 草图 3（草图环境）

步骤 08 创建图 15.4.11 所示的放样曲面 1。

（1）选择命令。在 创建 ▼ 区域中单击 放样 按钮，系统弹出"放样"对话框。

（2）定义输出类型。在"扫掠"对话框 输出 区域确认"曲面"按钮 被按下。

（3）定义放样轮廓。在绘图区域选取图 15.4.12 所示的草图 2 与草图 3 为轮廓。

（4）单击 确定 按钮，完成放样曲面的创建。

步骤 09 创建图 15.4.13 所示的边界嵌片 1。

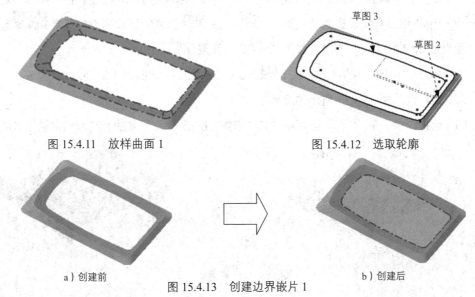

图 15.4.11 放样曲面 1　　　　　　图 15.4.12 选取轮廓

a）创建前　　　　　　　　　　　　b）创建后
图 15.4.13 创建边界嵌片 1

（1）选择命令。在 曲面▼ 区域中单击"修补"按钮，系统弹出"边界嵌片"对话框。

（2）定义边界边。在系统 选择边或草图曲线 的提示下依次选取图 15.4.14 所示的边界为曲面的边界。

（3）单击 确定 按钮，完成边界嵌片的创建。

步骤10 创建缝合曲面 1。

（1）选择命令。在 曲面▼ 区域中单击"缝合"按钮，系统弹出"缝合"对话框。

（2）定义缝合对象。在系统 选择要缝合的实体 的提示下选取放样曲面 1、放样曲面 2 与边界嵌片 1 作为缝合对象。

（3）在该对话框中单击 应用 按钮，单击 完毕 按钮，完成缝合曲面的创建。

步骤11 创建图 15.4.15 所示的拉伸曲面 1。

（1）在 创建▼ 区域中单击 按钮，系统弹出"创建拉伸"对话框。

（2）定义特征的截面草图。单击"创建拉伸"对话框中的 创建二维草图 按钮，选取 YZ 平面作为草图平面，进入草绘环境，绘制图 15.4.16 所示的截面草图。

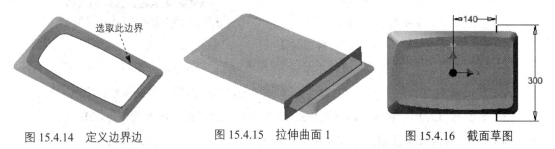

图 15.4.14　定义边界边　　　图 15.4.15　拉伸曲面 1　　　图 15.4.16　截面草图

（3）定义拉伸属性。单击 草图 选项卡 返回到三维 区域中的 按钮，在"拉伸"对话框 输出 区域中将输出类型设置为"曲面" ；在 范围 区域的下拉列表中选择 距离 选项，输入距离值 50.0，并将拉伸方向设置为"对称" 类型 。

（4）单击"拉伸"对话框中的 确定 按钮，完成拉伸曲面 1 的创建。

步骤12 创建图 15.4.17 所示的修剪 1。

（1）选择命令。在 曲面▼ 区域中单击"修剪"按钮，系统弹出"修剪曲面"对话框。

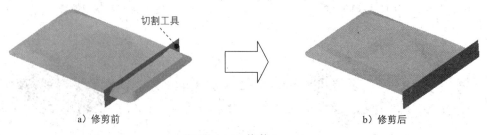

a）修剪前　　　　　　　　　　b）修剪后

图 15.4.17　修剪 1

（2）定义切割工具。在系统 选择曲面、工作平面或草图作为切割工具 的提示下选取图 15.4.17 所示的面为切割工具。

（3）定义要删除的面。在系统 选择要删除的面 的提示下选取图 15.4.18 所示的面为要删除的面。

（4）单击 确定 按钮，完成曲面修剪 1 的创建。

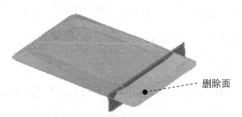

图 15.4.18 定义删除面

步骤 13 创建图 15.4.19 所示的倒圆特征 1。

（1）选择命令。在 修改 ▼ 区域中单击 按钮。

（2）选取要倒圆的对象。在系统的提示下，选取图 15.4.19a 所示的模型边线为倒圆的对象。

（3）定义倒圆参数。在"倒圆角"小工具栏"半径 R"文本框中输入数值 8.0。

（4）单击"圆角"对话框中的 确定 按钮，完成倒圆特征 1 的创建。

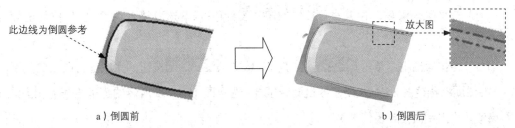

图 15.4.19 倒圆特征 1

步骤 14 创建图 15.4.20 所示的倒圆特征 2。选取图 15.4.20a 所示的模型边线为倒圆的对象，输入倒圆角半径值 10.0。

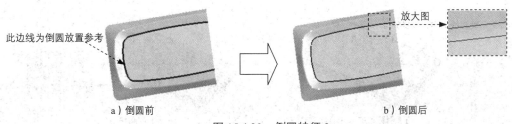

图 15.4.20 倒圆特征 2

步骤 15 创建图 15.4.21 所示的工作平面 3（注：具体参数和操作参见随书资源）。

步骤 16 创建图 15.4.22 所示的拉伸曲面 2。

（1）在 创建▼ 区域中单击 按钮，系统弹出"创建拉伸"对话框。

（2）定义特征的截面草图。单击"创建拉伸"对话框中的 创建二维草图 按钮，选取工作平面 3 作为草图平面，进入草绘环境，绘制图 15.4.23 所示的截面草图。

（3）定义拉伸属性。单击 草图 选项卡 返回到三维 区域中的 按钮，在"拉伸"对话框 输出 区域中将输出类型设置为"曲面"；在 范围 区域的下拉列表中选择 到 选项，选取 YZ 平面为拉伸终止平面。

（4）单击"拉伸"对话框中的 确定 按钮，完成拉伸曲面 2 的创建。

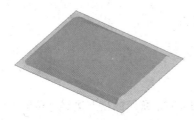
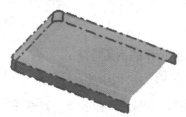

图 15.4.21　工作平面 3　　　图 15.4.22　拉伸曲面 2　　　图 15.4.23　截面草图

步骤 17 创建缝合曲面 2。

（1）选择命令。在 曲面▼ 区域中单击"缝合"按钮 ，系统弹出"缝合"对话框。

（2）定义缝合对象。在系统 选择要缝合的实体 的提示下选取缝合曲面 1 与拉伸曲面 2 作为缝合对象。

（3）在该对话框中单击 应用 按钮，单击 完毕 按钮，完成缝合曲面的创建。

步骤 18 创建图 15.4.24 所示的倒圆特征 3。选取图 15.4.24a 所示的模型边线为倒圆的放置参考，输入倒圆角半径值 8.0。

步骤 19 创建图 15.4.25 所示的加厚 1。

（1）选择命令。在 修改▼ 区域中单击"加厚/偏移"按钮 ，系统弹出"加厚/偏移"对话框。

图 15.4.24　倒圆特征 3

第 15 章 Inventor 曲面设计实际综合应用

（2）定义偏移曲面。在"加厚/偏移"对话框中选中 `缝合曲面` 单选项，然后选取缝合曲面 1 为要加厚的曲面。

（3）定义输出类型。在"加厚/偏移"对话框 `输出` 区域中选择"实体" 。

（4）定义等距偏移距离及方向。在"加厚/偏移"对话框 `距离` 文本框中输入数值 3，将偏移方向设置为"方向 1"类型 （向模型内部）。

（5）单击 `确定` 按钮，完成加厚 1 的创建。

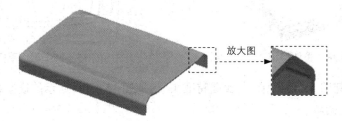

图 15.4.25　加厚 1

步骤 20　创建图 15.4.26 所示的拉伸特征 1。

（1）选择命令。在 `创建` 区域中单击 按钮，系统弹出"创建拉伸"对话框。

（2）定义特征的截面草图。单击"创建拉伸"对话框中的 `创建二维草图` 按钮，选取工作平面 3 作为草图平面，进入草绘环境，绘制图 15.4.27 所示的截面草图。

（3）定义拉伸属性。单击 `草图` 选项卡 `返回到三维` 区域中的 按钮，在"拉伸"对话框 `范围` 区域中的下拉列表中选择 `到表面或平面` 选项，将拉伸方向设置为"方向 1"类型 。

（4）单击"拉伸"对话框中的 `确定` 按钮，完成拉伸特征 1 的创建。

图 15.4.26　拉伸特征 1

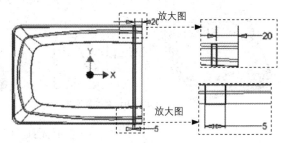

图 15.4.27　截面草图

步骤 21　创建图 15.4.28 所示的拉伸特征 2。

（1）选择命令。在 `创建` 区域中单击 按钮，系统弹出"创建拉伸"对话框。

（2）定义特征的截面草图。单击"创建拉伸"对话框中的 `创建二维草图` 按钮，选取工作平面 3 作为草图平面，进入草绘环境，绘制图 15.4.29 所示的截面草图。

（3）定义拉伸属性。单击 `草图` 选项卡 `返回到三维` 区域中的 按钮，在"拉伸"对话框

417

中将布尔运算设置为"求差"类型 ⬚，在 范围 区域中的下拉列表中选择 贯通 选项，将拉伸方向设置为"方向1"类型 ⬚。

（4）单击"拉伸"对话框中的 确定 按钮，完成拉伸特征2的创建。

图15.4.28 拉伸特征2

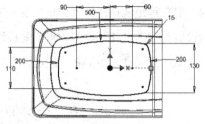
图15.4.29 截面草图

步骤 22 创建图15.4.30所示的倒圆特征4。选取图15.4.30a所示的模型边线为倒圆的对象，输入倒圆角半径值1.0。

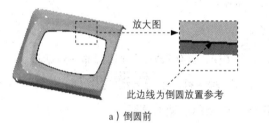

a) 倒圆前　　　　　　　　　　　　　　　　b) 倒圆后

图15.4.30 倒圆特征4

步骤 23 创建图15.4.31所示的倒圆特征5。选取图15.4.31a所示的模型边线为倒圆的对象，输入倒圆角半径值1.0。

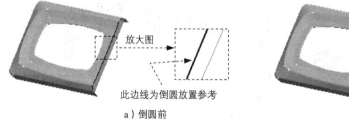
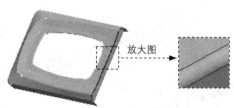

a) 倒圆前　　　　　　　　　　　　　　　　b) 倒圆后

图15.4.31 倒圆特征5

步骤 24 创建图15.4.32所示的工作平面4。在 定位特征 区域中单击"平面"按钮 ⬚ 下的 平面，选择 ⬚ 从平面偏移 命令；选取 XZ 平面作为参考平面，输入要偏距的距离值60；单击 ⬚ 按钮，完成工作平面4的创建。

步骤 25 创建图15.4.33所示的工作平面5（注：具体参数和操作参见随书资源）。

步骤 26 创建图15.4.34所示的工作平面6。在 定位特征 区域中单击"平面"按钮 ⬚ 下的 平面，选择 ⬚ 从平面偏移 命令；选取 XY 平面作为参考平面，输入要偏距的距离值40；单击 ⬚

按钮,完成工作平面 6 的创建。

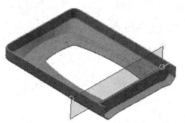
图 15.4.32　工作平面 4

图 15.4.33　工作平面 5

图 15.4.34　工作平面 6

步骤 27　创建图 15.4.35 所示的草图 8。在 三维模型 选项卡 草图 区域单击 按钮,选取工作平面 4 作为草图平面,绘制图 15.4.35 所示的草图 8。

 此草图曲线不需要延伸到实体的内部。

步骤 28　创建图 15.4.36 所示的加强筋 1。

（1）选择命令,在 创建 区域中单击 加强筋 按钮。

（2）指定加强筋轮廓。在绘图区域选取 步骤 27 中创建的草图 8 为加强筋轮廓。

（3）指定加强筋的类型。在"加强筋"对话框单击"平行于草图平面" 按钮。

（4）定义加强筋特征的参数。

① 定义加强筋的拉伸方向。在"加强筋"对话框中将结合图元的拉伸方向设置为"方向 1" 类型 。

② 定义加强筋的厚度。在 厚度 文本框中输入数值 5.0,将加强筋的生成方向设置为"双向" 类型 ,其余参数接受系统默认设置。

（5）单击"加强筋"对话框中的 确定 按钮,完成加强筋特征的创建。

步骤 29　创建图 15.4.37 所示的草图 9。在 三维模型 选项卡 草图 区域单击 按钮,选取工作平面 4 作为草图平面,绘制图 15.4.37 所示的草图 9。

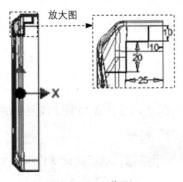
图 15.4.35　草图 8

图 15.4.36　加强筋 1

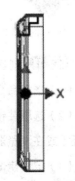
图 15.4.37　草图 9

此草图是通过草图 8 投影而得到的。

步骤30 创建图 15.4.38 所示的加强筋 2。

（1）选择命令，在 创建▼ 区域中单击 加强筋 按钮。

（2）指定加强筋轮廓。在绘图区域选取 步骤29 中创建的草图 9 为加强筋轮廓。

（3）指定加强筋的类型。在"加强筋"对话框单击"平行于草图平面" 按钮。

（4）定义加强筋特征的参数。

① 定义加强筋的拉伸方向。在"加强筋"对话框中将结合图元的拉伸方向设置为"方向 1" 类型 。

② 定义加强筋的厚度。在 厚度 文本框中输入数值 5.0，将加强筋的生成方向设置为"双向" 类型 ，其余参数接受系统默认设置。

（5）单击"加强筋"对话框中的 确定 按钮，完成加强筋特征的创建。

步骤31 创建图 15.4.39 所示的拉伸特征 3。在 创建 区域中单击 按钮，选取工作平面 6 作为草图平面，绘制图 15.4.40 所示的截面草图，在"拉伸"对话框 范围 区域中的下拉列表中选择 距离 选项，在"距离"下拉列表中输入数值 8，并将拉伸方向设置为"对称" 类型 ，单击"拉伸"对话框中的 确定 按钮，完成拉伸特征 3 的创建。

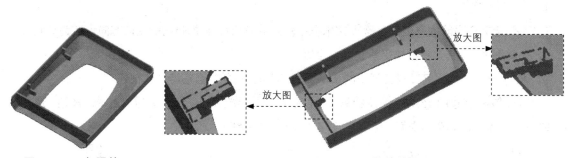

图 15.4.38　加强筋 2　　　　　　　　　图 15.4.39　拉伸特征 3

步骤32 创建图 15.4.41 所示的镜像 1。

（1）选择命令，在 阵列 区域中单击"镜像"按钮 。

（2）选取要镜像的特征。在图形区中选取加强筋 1、加强筋 2 与拉伸 3 为要镜像复制的特征（或在浏览器中选择"加强筋 1"、"加强筋 2"与"拉伸 3"特征）。

（3）定义镜像中心平面。单击"镜像"对话框中的 镜像平面 按钮，然后选取 XY 平面作

第 15 章 Inventor 曲面设计实际综合应用

为镜像中心平面。

（4）单击"镜像"对话框中的 确定 按钮，完成镜像操作。

步骤 33 创建图 15.4.42 所示的拉伸特征 4。在 创建▼ 区域中单击 按钮，选取图 15.4.42 所示的模型表面作为草图平面，绘制图 15.4.43 所示的截面草图，在"拉伸"对话框将布尔运算设置为"求差"类型 ，然后在 范围 区域中的下拉列表中选择 距离 选项，在"距离"下拉列表中输入数值 20，将拉伸方向设置为"方向 2"类型 ，单击"拉伸"对话框中的 确定 按钮，完成拉伸特征 4 的创建。

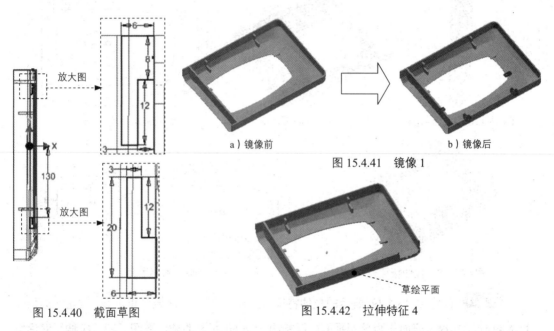

图 15.4.40 截面草图　　图 15.4.42 拉伸特征 4

步骤 34 创建图 15.4.44 所示的工作平面 7（注：具体参数和操作参见随书资源）。

步骤 35 创建图 15.4.45 所示的拉伸特征 5。在 创建▼ 区域中单击 按钮，选取工作平面 7 作为草图平面，绘制图 15.4.46 所示的截面草图，在"拉伸"对话框 范围 区域中的下拉列表中选择 到表面或平面 选项，将拉伸方向设置为"方向 1"类型 ，单击"拉伸"对话框中的 确定 按钮，完成拉伸特征 5 的创建。

步骤 36 创建图 15.4.47 所示的拉伸特征 6。在 创建▼ 区域中单击 按钮，选取 YZ 基准平面作为草图平面，绘制图 15.4.48 所示的截面草图，在"拉伸"对话框将布尔运算设置为"求差"类型 ，然后在 范围 区域中的下拉列表中选择 贯通 选项，将拉伸方向设置"方向 1"类型 ，单击"拉伸"对话框中的 确定 按钮，完成拉伸特征 6 的创建。

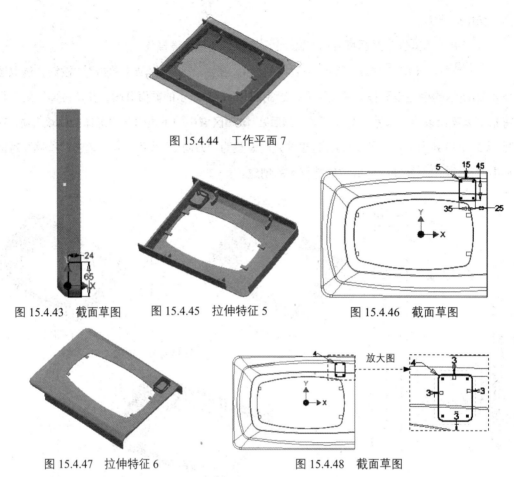

图 15.4.44 工作平面 7

图 15.4.43 截面草图　　图 15.4.45 拉伸特征 5　　图 15.4.46 截面草图

图 15.4.47 拉伸特征 6　　图 15.4.48 截面草图

步骤 37 创建图 15.4.49 所示的拉伸特征 7。在"创建"区域中单击 按钮,选取图 15.4.49 所示的模型表面作为草图平面,绘制图 15.4.50 所示的截面草图,在"拉伸"对话框将布尔运算设置为"求差"类型 ,然后在"范围"区域中的下拉列表中选择"到"选项,将拉伸方向设置为"方向 1"类型 ,单击"拉伸"对话框中的"确定"按钮,完成拉伸特征 7 的创建。

步骤 38 创建图 15.4.51 所示的镜像 2。

(1)选择命令,在"阵列"区域中单击"镜像"按钮 。

(2)选取要镜像的特征。在图形区中选取拉伸 5、拉伸 6 与拉伸 7 为要镜像复制的特征(或在浏览器中选择"拉伸 5"、"拉伸 6"与"拉伸 7"特征)。

(3)定义镜像中心平面。单击"镜像"对话框中的"镜像平面"按钮,然后选取 XY 平面作为镜像中心平面。

(4)单击"镜像"对话框中的"确定"按钮,完成镜像操作。

第 15 章 Inventor 曲面设计实际综合应用

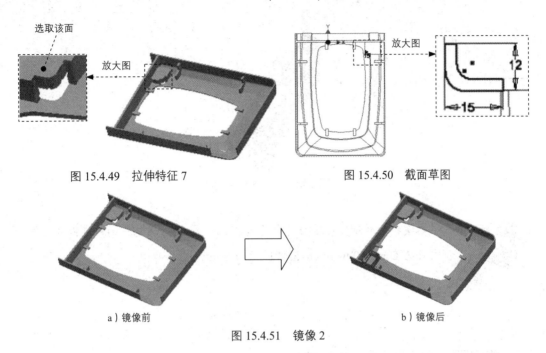

图 15.4.49　拉伸特征 7　　　　图 15.4.50　截面草图

图 15.4.51　镜像 2

步骤 39 创建图 15.4.52 所示的倒圆特征 6。选取图 15.4.52a 所示的模型边线为倒圆的对象，输入倒圆角半径值 2.0。

图 15.4.52　倒圆特征 6

步骤 40 至此，零件模型创建完毕。选择下拉菜单 ![] → ![保存] 命令，命名为 MICROWAVE_OVEN_COVER，即可保存零件模型。

15.5　曲面设计案例 5——瓶子

案例概述

本案例模型较复杂，在其设计过程中充分运用了旋转曲面、边界嵌片、投影到曲面、阵列和螺旋扫掠等命令。零件模型如图 15.5.1 所示。

图 15.5.1 零件模型

本案例的详细操作过程请参见随书资源中 video 文件下的语音视频文件。模型文件为 D:\inv19\work\ch15.05\BOTTLE.ipt。

学习拓展：扫码学习更多视频讲解。

讲解内容：主要包含二维草图的绘制思路、流程与技巧总结，另外还有二十多个来自实际产品设计中草图案例的讲解。草图是创建三维实体特征的基础，掌握高效的草图绘制技巧，有助于提高零件设计的效率。

学习拓展：扫码学习更多视频讲解。

讲解内容：曲面设计实例精选。本部分首先对常用的曲面设计思路和方法进行了系统的总结，然后讲解了数十个典型曲面产品设计的全过程，并每个产品的设计要点都进行了深入剖析。

第 16 章 Inventor 钣金设计实际综合应用

16.1 钣金零件设计案例 1——卷尺头

案例概述

本案例详细讲解了图 16.1.1 所示卷尺头的创建过程，主要应用了轮廓旋转、剪切和拐角圆角命令。钣金件模型及浏览器如图 16.1.1 所示。

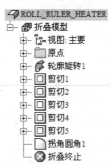

图 16.1.1 钣金件模型及浏览器

步骤01 新建文件。选择下拉菜单 文件 → 新建 → 新建从模板列表创建文件 命令，系统弹出"新建文件"对话框。在 ▼ 零件 - 创建二维和三维对象 区域中，选取模板类型为"Sheet Metal.ipt"，单击 创建 按钮。

步骤02 定义钣金厚度。单击 钣金 功能选项卡 设置 ▼ 区域中的"钣金默认设置"按钮 ，系统弹出"钣金默认设置"对话框；在 钣金规则(S) 下拉列表中选择 默认_mm 选项，取消选中 □ 使用规则中的厚度(R) 复选框，在 厚度(T) 文本框中输入数值为 0.3，其他参数接受系统默认设置，单击 确定 按钮。

步骤03 创建图 16.1.2 所示的轮廓旋转特征 1。

（1）定义特征的截面草图。

① 选择命令。单击 钣金 功能选项卡 草图 区域中的 按钮。

② 选取草图平面。选取 XY 平面为草图平面，在草图环境中绘制图 16.1.3 所示的截面草图。

③ 单击 钣金 功能选项卡 退出 区域中"完成草图"按钮 ，退出草图绘制环境。

（2）选择命令。单击 钣金 功能选项卡 创建 区域中的 轮廓旋转 按钮。

（3）定义轮廓旋转属性及参数。

① 定义截面轮廓。系统自动选取图 16.1.3 所示的轮廓。

② 定义旋转轴。系统自动选取图 16.1.3 所示的轴作为旋转轴。

③ 定义材料加厚方向。采用系统默认加厚方向。

④ 定义旋转角度及方向。在"轮廓旋转"对话框 旋转角度 区域的文本框中输入角度值 60，并单击"对称"按钮 。

图 16.1.2 轮廓旋转特征 1

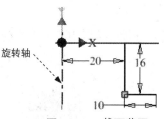
图 16.1.3 截面草图

（4）单击 确定 按钮，完成特征的创建。

步骤 04 创建图 16.1.4 所示的剪切特征 1。

（1）定义特征的截面草图。

① 选择命令。单击 钣金 功能选项卡 草图 区域中的 按钮。

② 选取草图平面。选取 YZ 平面为草图平面，在草图环境中绘制图 16.1.5 所示的截面草图。

图 16.1.4 剪切特征 1

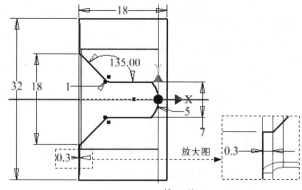
图 16.1.5 截面草图

③ 单击 钣金 功能选项卡 退出 区域中的"完成草图"按钮 ，退出草图绘制环境。

（2）选择命令。单击 钣金 功能选项卡 修改 区域中的"剪切"按钮 。

(3)定义剪切属性及参数。在"剪切"对话框 范围 区域中的下拉列表中选择 贯通 选项，其他采用系统默认设置。

(4)单击 确定 按钮，完成特征的创建。

步骤05 创建图16.1.6所示的剪切特征2。

(1)定义特征的截面草图。

① 选择命令。单击 钣金 功能选项卡 草图 区域中的 按钮。

② 选取草图平面。选取图16.1.6所示的模型表面为草图平面，在草图环境中绘制图16.1.7所示的截面草图。

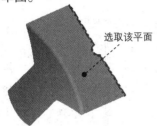

图16.1.6 剪切特征2

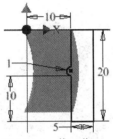

图16.1.7 截面草图

③ 单击 钣金 功能选项卡 退出 区域中的"完成草图"按钮 ，退出草图绘制环境。

(2)选择命令。单击 钣金 功能选项卡 修改 区域中的"剪切"按钮 。

(3)定义剪切属性及参数。在"剪切"对话框 范围 区域中的下拉列表中选择 距离 选项，并定义其距离值为"厚度"，其他采用系统默认设置。

(4)单击 确定 按钮，完成特征的创建。

步骤06 创建图16.1.8所示的剪切特征3。

(1)选择命令。单击 钣金 功能选项卡 草图 区域中的 按钮。

① 选取草图平面。选取图16.1.8所示的模型表面为草图平面，在草图环境中绘制图16.1.9所示的截面草图。

图16.1.8 剪切特征3

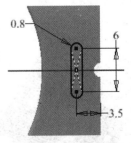

图16.1.9 截面草图

② 单击 钣金 功能选项卡 退出 区域中的"完成草图"按钮 ，退出草图绘制环境。

（2）选择命令。单击 钣金 功能选项卡 修改 ▼ 区域中的"剪切"按钮 □。

（3）定义剪切属性及参数。在"剪切"对话框 范围 区域中的下拉列表中选择 距离 选项，并定义其距离值为"厚度"，其他采用系统默认设置。

（4）单击 确定 按钮，完成特征的创建。

步骤07 创建图 16.1.10 所示的剪切特征 4。

（1）选择命令。单击 钣金 功能选项卡 草图 区域中的 按钮。

① 选取草图平面。选取 YZ 平面为草图平面，在草图环境中绘制图 16.1.11 所示的截面草图。

图 16.1.10　剪切特征 4

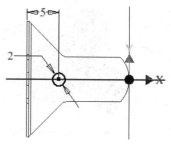

图 16.1.11　截面草图

② 单击 钣金 功能选项卡 退出 区域中的"完成草图"按钮 ✓，退出草图绘制环境。

（2）选择命令。单击 钣金 功能选项卡 修改 ▼ 区域中的"剪切"按钮 □。

（3）定义剪切属性及参数。在"剪切"对话框 范围 区域中的下拉列表中选择 贯通 选项，其他采用系统默认设置。

（4）单击 确定 按钮，完成特征的创建。

步骤08 创建图 16.1.12 所示的剪切特征 5。

（1）选择命令。单击 钣金 功能选项卡 草图 区域中的 按钮。

① 选取草图平面。选取 YZ 平面为草图平面，在草图环境中绘制图 16.1.13 所示的截面草图。

图 16.1.12　剪切特征 5

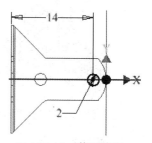

图 16.1.13　截面草图

② 单击 钣金 功能选项卡 退出 区域中的"完成草图"按钮 ✓ ，退出草图绘制环境。

（2）选择命令。单击 钣金 功能选项卡 修改 ▼ 区域中的"剪切"按钮 □ 。

（3）定义剪切属性及参数。在"剪切"对话框 范围 区域中的下拉列表中选择 贯通 选项，其他采用系统默认设置。

（4）单击 确定 按钮，完成特征的创建。

步骤09 创建图 16.1.14 所示的拐角圆角特征 1。

（1）选择命令。单击 钣金 功能选项卡 修改 ▼ 区域中的 拐角圆角 按钮。

（2）定义拐角圆角的参数。选取图 16.1.14 所示的四条模型边线为圆角参照边，在"拐角圆角"对话框中输入半径值为 0.5。

（3）单击 确定 按钮，完成特征的创建。

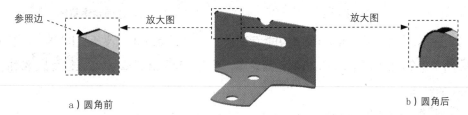

a）圆角前 b）圆角后

图 16.1.14 拐角圆角特征 1

步骤10 保存钣金件模型文件，并命名为 ROLL_RULER_HEATER。

16.2 钣金零件设计案例 2——钣金支架

案例概述

本案例讲解了钣金支架的设计过程，主要运用了平板、凸缘、异形板、剪切、折叠、展开及重新折叠命令。钣金件模型及浏览器如图 16.2.1 所示。

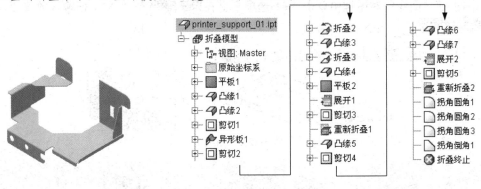

图 16.2.1 钣金件模型及浏览器

步骤01 新建文件。选择下拉菜单 文件 ➡ 新建 ➡ 新建 从模板列表创建文件 命令，系统弹出"新建文件"对话框。在 ▼ 零件－创建二维和三维对象 区域中，选取模板类型为"Sheet Metel.ipt"，单击 创建 按钮。

步骤02 创建图 16.2.2 所示的平板 1。

（1）定义平板截面轮廓。在 三维模型 选项卡 草图 区域单击 按钮，选取 XY 平面作为草图平面，绘制图 16.6.3 所示的截面轮廓草图。

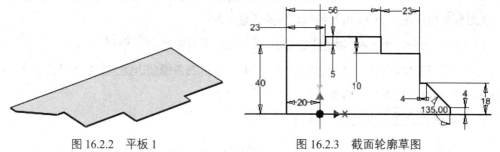

图 16.2.2 平板 1　　　　　　　图 16.2.3 截面轮廓草图

（2）创建平板特征。单击 钣金 功能选项卡 创建 区域中的"平板"按钮 ，系统自动选取（1）中创建的草图作为平板的截面轮廓，单击"面"对话框中的 确定 按钮，完成平板 1 的创建。

步骤03 创建图 16.2.4 所示的凸缘 1。

（1）选择命令。单击 钣金 功能选项卡 创建 区域中的"凸缘"按钮 。

（2）选取附着边。选取图 16.2.5 所示的模型边线为凸缘的附着边，单击 按钮调整材料的生成方向。

（3）定义凸缘属性。在"凸缘"对话框的 高度范围 区域的下拉列表中选 距离 选项，并输入距离值 3；在 凸缘角度(A) 文本框中输入数值 90；在 高度基准 区域中将"从两个外侧面的交线折弯"按钮 按下，在 折弯位置 区域中将"折弯面范围之内"按钮 按下。

（4）在"凸缘"对话框中单击 折弯 选项卡，在 释压宽度(A)(W) 文本框输入数值 2，在 释压深度(B)(D) 文本框中输入数值 1。

（5）单击 确定 按钮，完成凸缘 1 的创建。

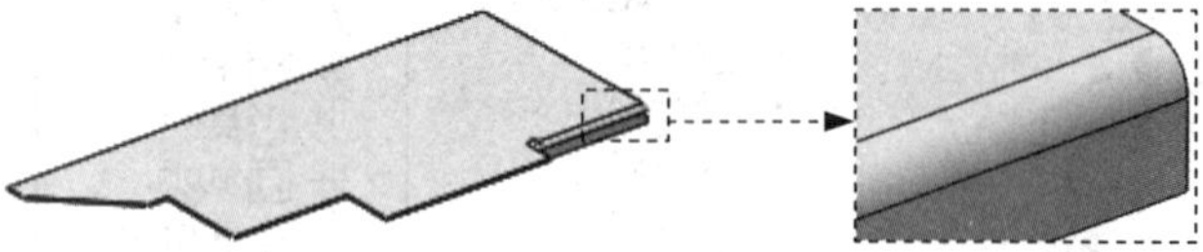

图 16.2.4 凸缘 1

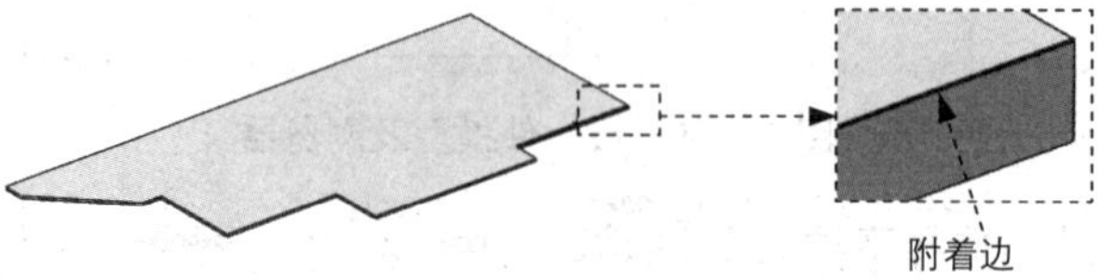

附着边

图 16.2.5 附着边

步骤 04 创建图 16.2.6 所示的凸缘 2。单击 钣金 功能选项卡 创建 区域中的"凸缘"按钮；选取图 16.2.7 所示的模型边线为凸缘的附着边，单击 按钮调整材料的生成方向；在"凸缘"对话框 高度范围 区域的下拉列表中选择 距离 选项，并输入距离值 10，在 折弯位置 区域中将"折弯面范围之内"按钮 按下；单击 确定 按钮，完成凸缘 2 的创建。

图 16.2.6　凸缘 2　　　　　　　图 16.2.7　附着边

步骤 05 创建图 16.2.8 所示的剪切 1。

（1）定义特征的截面轮廓。在 三维模型 选项卡 草图 区域单击 按钮，选取图 16.2.9 所示的模型表面作为草图平面，绘制图 16.2.10 所示的截面轮廓草图。

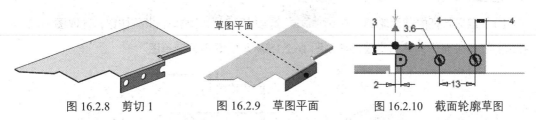

图 16.2.8　剪切 1　　　图 16.2.9　草图平面　　　图 16.2.10　截面轮廓草图

（2）创建剪切特征。单击 钣金 功能选项卡 修改 区域中的"剪切"按钮；选取（1）中创建的草图作为截面轮廓；单击 确定 按钮，完成剪切 1 的创建。

步骤 06 创建图 16.2.11 所示的异形板 1。

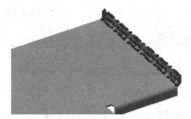

图 16.2.11　异形板 1

（1）定义异形板截面轮廓。在 三维模型 选项卡 草图 区域单击 按钮，选取 XZ 平面作为草图平面，绘制图 16.2.12 所示的截面轮廓草图。

（2）创建异形板特征。单击 钣金 功能选项卡 创建 区域中的"异形板"按钮，选取（1）中创建的草图作为截面轮廓，选取图 16.2.13 所示的模型边线；单击"异形板"对话框中的 确定 按钮，完成异形板 1 的创建。

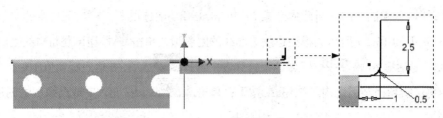

图 16.2.12 截面轮廓草图

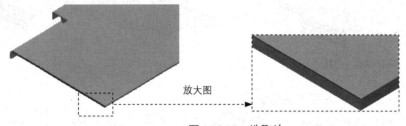

图 16.2.13 选取边

步骤 07 创建图 16.2.14 所示的剪切 2。

（1）定义特征的截面轮廓。在 三维模型 选项卡 草图 区域单击 按钮，选取图 16.2.14 所示的模型表面作为草图平面，绘制图 16.2.15 所示的截面轮廓草图。

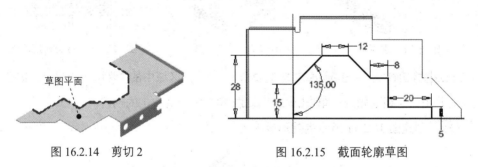

图 16.2.14 剪切 2　　　　　　　图 16.2.15 截面轮廓草图

（2）创建剪切特征。单击 钣金 功能选项卡 修改 ▼ 区域中的"剪切"按钮 ；选取（1）中创建的草图作为截面轮廓；单击 确定 按钮，完成剪切 2 的创建。

步骤 08 创建图 16.2.16 所示的折叠 1。

（1）定义折弯线。在 三维模型 选项卡 草图 区域单击 按钮，选取图 16.2.16 所示的模型表面作为草图平面，绘制图 16.2.17 所示的折弯线。

图 16.2.16 折叠 1

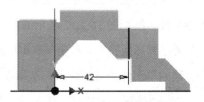

图 16.2.17 绘制的折弯线

（2）创建折叠特征。单击 钣金 功能选项卡 创建 区域中的"折叠"按钮 折叠，选取（1）中创建的直线作为折弯线；通过调整 反向控制 区域的"反转到对侧"方向按钮 与"反向"按钮 ，使折弯方向如图 16.2.18 所示；在 折叠位置 区域选中"折弯中心线"按钮 ；在 折叠角度 文本框中输入数值 90；在 折弯半径(R) 文本框中输入折弯半径；单击 确定 按钮，完成折叠 1 的创建。

步骤09 创建图 16.2.19 所示的凸缘 3。单击 钣金 功能选项卡 创建 区域中的"凸缘"按钮 ；选取图 16.2.20 所示的模型边线为凸缘的附着边；在"凸缘"对话框中 高度范围 区域的下拉列表中选择 距离 选项，并输入距离值 4，在 折弯位置 区域中将"折弯面范围之内"按钮 按下；单击 确定 按钮，完成凸缘 3 的创建。

图 16.2.18 定义折弯方向

图 16.2.19 凸缘 3

步骤10 创建图 16.2.21 所示的折叠 2。

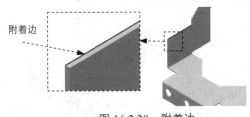

图 16.2.20 附着边

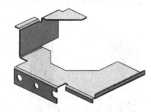

图 16.2.21 折叠 2

（1）定义折弯线。在 三维模型 选项卡 草图 区域单击 按钮，选取图 16.2.22 所示的模型表面作为草图平面，绘制图 16.2.23 所示的折弯线。

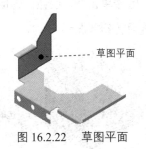

图 16.2.22 草图平面

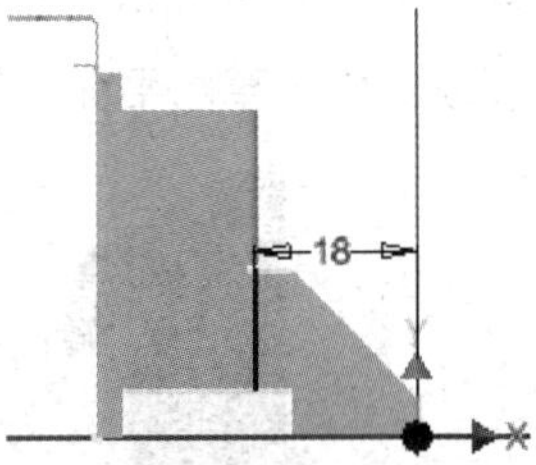

图 16.2.23 绘制的折弯线

433

（2）创建折叠特征。单击 钣金 功能选项卡 创建 区域中的"折叠"按钮 折叠，选取（1）中创建的直线作为折弯线，通过调整 反向控制 区域的"反转到对侧"方向按钮 与"反向"按钮，使折弯方向如图 16.2.24 所示；在 折叠位置 区域选中"折弯中心线"按钮；在 折叠角度 文本框中输入数值 90；在 折弯半径(R) 文本框中输入折弯半径；单击 确定 按钮，完成折叠 2 的创建。

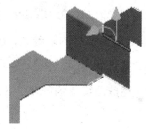

图 16.2.24 定义折弯方向

步骤 11 创建图 16.2.25 所示的凸缘 4。单击 钣金 功能选项卡 创建 区域中的"凸缘"按钮；选取图 16.2.25 所示的模型边线为凸缘的附着边，在"凸缘"对话框的 高度范围 区域的下拉列表中选择 距离 选项，并输入距离值 32，在 折弯位置 区域中将"相邻面折弯"按钮 按下；单击 << 按钮，在 宽度范围 区域的 类型(T) 下拉列表中选择 宽度 选项，输入宽度值 19；选中 偏移 复选框，单击 按钮，选择图 16.2.26 所示的点作为偏移参考，在偏移量文本框中输入数值 0；单击 确定 按钮，完成凸缘 4 的创建。

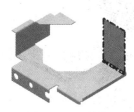 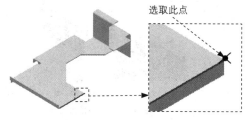

图 16.2.25 凸缘 4　　　　　图 16.2.26 定义凸缘参数

步骤 12 创建图 16.2.27 所示的平板 1。

（1）定义平板截面轮廓。在 三维模型 选项卡 草图 区域单击 按钮，选取图 16.2.28 所示的模型表面作为草图平面，绘制图 16.2.29 所示的截面轮廓草图。

 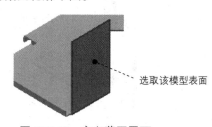

图 16.2.27 平板 1　　　　　图 16.2.28 定义草图平面

（2）创建平板特征。单击 钣金 功能选项卡 创建 区域中的"平板"按钮，系统自动选取（1）中创建的作为平板的截面轮廓，在"面"对话框 形状 区域通过单击"偏移"按钮 偏移(O) 将钣金材料方向调整至图 16.2.30 所示的方向；单击"面"对话框中的 确定 按钮，完成平板 1 的创建。

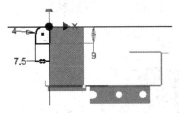

图 16.2.29　截面轮廓草图

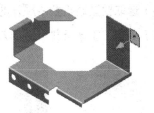

图 16.2.30　定义材料方向

步骤 13　创建图 16.2.31 所示的展开 1。

（1）选择命令。单击 钣金 功能选项卡 修改 区域中的 展开 按钮。

（2）选取基础参考。选取图 16.2.32 所示的模型表面为基础参考面。

（3）选取要展开的几何图元。选取图 16.2.32 所示的边线为要展开的边线。

（4）单击 确定 按钮，完成展开 1 的创建。

图 16.2.31　展开 1

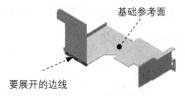

图 16.2.32　定义展开的特征

步骤 14　创建图 16.2.33 所示的剪切 3。

（1）定义特征的截面轮廓。在 三维模型 选项卡 草图 区域单击 按钮，选取图 16.2.33 所示的模型表面作为草图平面，绘制图 16.2.34 所示的截面草图。

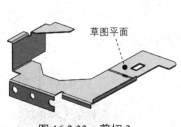

图 16.2.33　剪切 3

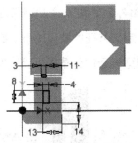

图 16.2.34　截面草图

（2）创建剪切特征。单击 钣金 功能选项卡 修改 区域中的"剪切"按钮；选取（1）

中创建的草图作为截面轮廓；单击 确定 按钮，完成剪切 3 的创建。

步骤 15 创建图 16.2.35 所示的重新折叠 1

（1）选择命令。单击 钣金 功能选项卡 修改 ▼ 区域中的"重新折叠"按钮 。

（2）选取基础参考。选取图 16.2.35 所示的模型表面。

（3）选取要重新折叠的展开的折叠面。选取图 16.2.36 所示的折叠特征。

（4）单击"重新折叠"命令条中的 确定 按钮，完成重新折叠 1 的创建。

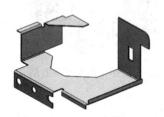

图 16.2.35　重新折叠 1　　　　　图 16.2.36　定义基础参考面及折叠面

步骤 16 创建图 16.2.37 所示的凸缘 5。单击 钣金 功能选项卡 创建 区域中的"凸缘"按钮 ；选取图 16.2.38 所示的模型边线为凸缘的附着边；在"凸缘"对话框中 高度范围 区域的下拉列表中选择 距离 选项，并输入距离值 8；在 高度基准 区域中将"从两个内侧面的交线折弯"按钮 按下，在 折弯位置 区域中将"从相邻面折弯"按钮 按下；单击 确定 按钮，完成凸缘 5 的创建。

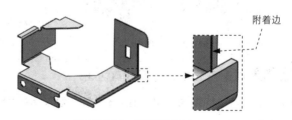

图 16.2.37　凸缘 5　　　　　　　图 16.2.38　定义附着边

步骤 17 创建图 16.2.39 所示的剪切 4。

（1）定义特征的截面轮廓。在 三维模型 选项卡 草图 区域单击 按钮，选取图 16.2.39 所示的模型表面作为草图平面，绘制图 16.2.40 所示的截面草图。

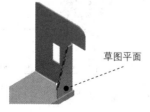

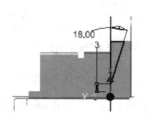

图 16.2.39　剪切 4　　　　　　　图 16.2.40　截面草图

（2）创建剪切特征。单击 钣金 功能选项卡 修改 区域中的"剪切"按钮，选取（1）中创建的草图作为截面轮廓，单击 确定 按钮，完成剪切4的创建。

步骤18 创建图16.2.41所示的凸缘6。单击 钣金 功能选项卡 创建 区域中的"凸缘"按钮，选取图16.2.42所示的模型边线为凸缘的附着边；在"凸缘"对话框的 高度范围 区域的下拉列表中选择 距离 选项，并输入距离值2；在 高度基准 区域中将"从两个内侧面的交线折弯"按钮 按下，在 折弯位置 区域中将"从相邻面折弯"按钮 按下；单击 确定 按钮，完成凸缘6的创建。

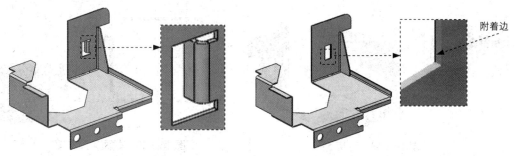

图16.2.41 凸缘6　　　　　图16.2.42 定义附着边

步骤19 创建图16.2.43所示的凸缘7。单击 钣金 功能选项卡 创建 区域中的"凸缘"按钮，选取图16.2.44所示的模型边线为凸缘的附着边；在"凸缘"对话框的 高度范围 区域的下拉列表中选择 距离 选项，并输入距离值14；在 高度基准 区域中将"从两个内侧面的交线折弯"按钮 按下，在 折弯位置 区域中将"从相邻面折弯"按钮 按下，单击 确定 按钮，完成凸缘7的创建。

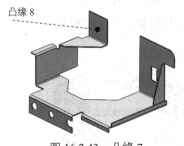 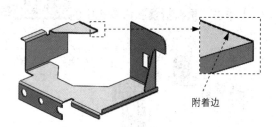

图16.2.43 凸缘7　　　　　图16.2.44 定义附着边

步骤20 创建图16.2.45所示的展开2。单击 钣金 功能选项卡 修改 区域中的 展开 按钮，选取图16.2.46所示的模型表面为基础参考面，选取图16.2.47所示的边线为要展开的边线；单击 确定 按钮，完成展开2的创建。

步骤21 创建图16.2.48所示的剪切5。

（1）定义特征的截面轮廓。在 三维模型 选项卡 草图 区域单击 按钮，选取图16.2.48

所示的模型表面作为草图平面,绘制图 16.2.49 所示的截面轮廓草图。

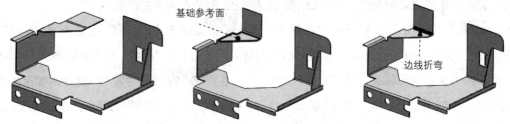

图 16.2.45 展开 2　　　图 16.2.46 定义基础参考　　　图 16.2.47 定义展开的折弯特征

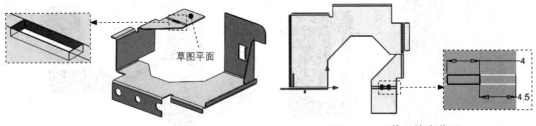

图 16.2.48 剪切 5　　　　　图 16.2.49 截面轮廓草图

（2）创建剪切特征。单击 钣金 功能选项卡 修改 ▼ 区域中的"剪切"按钮 ,选取（1）中创建的草图作为截面轮廓,单击 确定 按钮,完成剪切 5 的创建。

步骤 22　创建图 16.2.50 所示的重新折叠 2。

（1）选择命令。单击 钣金 功能选项卡 修改 ▼ 区域中的"重新折叠"按钮 重新折叠 。

（2）选取基础参考。选取图 16.2.51 所示的模型表面。

（3）选取要重新折叠的展开的折叠面。选取图 16.2.51 所示的折叠特征。

（4）单击"重新折叠"命令条中的 确定 按钮,完成重新折叠 2 的创建。

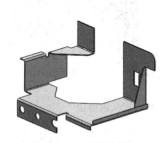
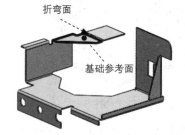

图 16.2.50 重新折叠 2　　　图 16.2.51 定义基础参考面及折弯面

步骤 23　创建图 16.2.52 所示的拐角圆角 1。

（1）选择命令。单击 钣金 功能选项卡 修改 ▼ 区域中的 拐角圆角 按钮。

（2）定义拐角圆角的参数。选取图 16.2.52a 所示的四条模型边线为圆角参照边,在"拐角圆角"对话框中输入半径值为 4。

（3）单击 确定 按钮，完成拐角圆角 1 的创建。

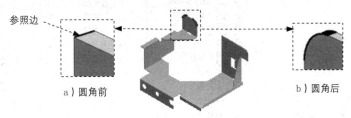

图 16.2.52　拐角圆角 1

步骤 24　创建图 16.2.53 所示的拐角圆角 2，圆角半径值为 2。

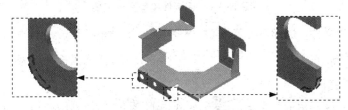

图 16.2.53　拐角圆角 2

步骤 25　创建图 16.2.54 所示的拐角圆角 3，圆角半径值为 1。

步骤 26　创建图 16.2.55 所示的拐角倒角，倒角边长值为 3。

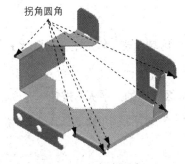

图 16.2.54　拐角圆角 3

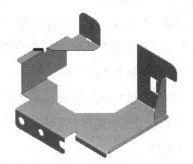

图 16.2.55　拐角倒角

步骤 27　保存模型文件。

16.3　钣金零件设计案例 3——手机 SIM 卡固定架

案例概述

本案例讲解了手机 SIM 卡固定架的设计过程，零件模型是由一些钣金基本特征构成的，其中要注意绘制的折弯线的创建方法。钣金件模型及浏览器如图 16.3.1 所示。

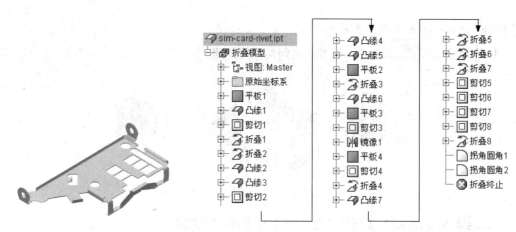

图 16.3.1 钣金件模型及浏览器

步骤01 新建文件。选择下拉菜单 ![] ➡ ![新建] ➡ ![以模板列表创建文件] 命令，系统弹出"新建文件"对话框。在▼ 零件 — 创建二维和三维对象 区域中，选取模板类型为"Sheet Metel.ipt"，单击 创建 按钮。

步骤02 定义钣金厚度。单击 钣金 功能选项卡 设置 ▼ 区域中的"钣金默认设置"按钮，系统弹出"钣金默认设置"对话框；在 钣金规则(S) 下拉列表中选择 默认_mm 选项，取消选中 □ 使用规则中的厚度(R) 复选框，在 厚度(T) 文本框中输入数值为 0.2，其他参数接受系统默认设置，单击 确定 按钮。

步骤03 创建图 16.3.2 所示的平板 1。

（1）定义平板截面轮廓。在 三维模型 选项卡 草图 区域单击 按钮，选取 XY 平面作为草图平面，绘制图 16.3.3 所示的截面轮廓草图。

（2）创建平板特征。单击 钣金 功能选项卡 创建 区域中的"平板"按钮，系统自动选取（1）中创建的草图作为平板的截面轮廓，单击"面"对话框中的 确定 按钮，完成平板 1 的创建。

图 16.3.2 平板 1

图 16.3.3 截面轮廓草图

步骤04 创建图 16.3.4 所示的凸缘 1。

（1）选择命令。单击 钣金 功能选项卡 创建 区域中的"凸缘"按钮。

（2）选取附着边。选取图 16.3.5 所示的模型边线为凸缘的附着边。

（3）定义凸缘属性。在"凸缘"对话框的 高度范围 区域的下拉列表中选择 距离 选项，并输入距离值 1；在 凸缘角度(A) 文本框中输入数值 90；在 折弯半径(B) 文本框中输入数值 0.2；在 高度基准 区域中将"从两个外侧面的交线折弯"按钮 按下，在 折弯位置 区域中将"折弯面范围之内"按钮 按下。

（4）单击 确定 按钮，完成凸缘 1 的创建。

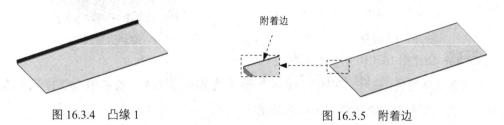

图 16.3.4　凸缘 1　　　　　　　图 16.3.5　附着边

步骤 05 创建图 16.3.6 所示的剪切 1。

（1）定义特征的截面轮廓。在 三维模型 选项卡 草图 区域单击 按钮，选取图 16.3.6 所示的模型表面作为草图平面，绘制图 16.3.7 所示的截面轮廓草图。

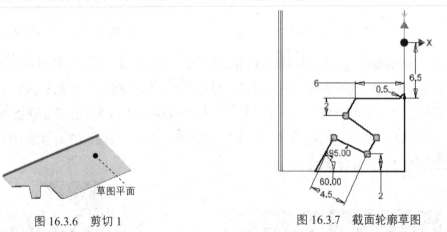

图 16.3.6　剪切 1　　　　　　　图 16.3.7　截面轮廓草图

（2）创建剪切特征。单击 钣金 功能选项卡 修改 区域中的"剪切"按钮 ，选取（1）中创建的草图作为截面轮廓，单击 确定 按钮，完成剪切 1 的创建。

步骤 06 创建图 16.3.8 所示的折叠 1。

（1）定义折弯线。在 三维模型 选项卡 草图 区域单击 按钮，选取图 16.3.8 所示的模型表面作为草图平面，绘制图 16.3.9 所示的折弯线。

（2）创建折叠特征。单击 钣金 功能选项卡 创建 区域中的"折叠"按钮 折叠，选取（1）中创建的直线作为折弯线；在"折叠"对话框 折叠位置 区域选中"折弯起始线"按钮 ；

在 折叠角度 文本框中输入数值 5；在 折弯半径(R) 文本框中输入数值 0.2；单击 确定 按钮，完成折叠 1 的创建。

图 16.3.8　折叠 1　　　　　　　　　　图 16.3.9　绘制折弯线

步骤 07　创建图 16.3.10 所示的折叠 2。

（1）定义折弯线。在 三维模型 选项卡 草图 区域单击 按钮，选取图 16.3.11 所示的模型表面作为草图平面，绘制图 16.3.12 所示的折弯线。

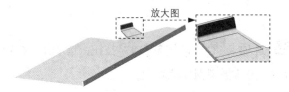
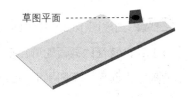

图 16.3.10　折叠 2　　　　　　　　　　图 16.3.11　折弯线草图平面

（2）创建折叠特征。单击 钣金 功能选项卡 创建 区域中的"折叠"按钮 折叠，选取（1）中创建的直线作为折弯线；在"折叠"对话框 折叠位置 区域选中"折弯中心线"按钮 ；在 折叠角度 文本框中输入数值 90；在 折弯半径(R) 文本框中输入数值 0.2；通过调整 反向控制 区域的"反转到对侧"方向按钮 与"反向"按钮 ，使折弯方向如图 16.3.13 所示；单击 确定 按钮，完成折叠 2 的创建。

图 16.3.12　绘制折弯线　　　　　　　　图 16.3.13　定义折弯方向

步骤 08　创建图 16.3.14 所示的凸缘 2。单击 钣金 功能选项卡 创建 区域中的"凸缘"按钮 ，选取图 16.3.15 所示的模型边线为凸缘的附着边。在"凸缘"对话框的 高度范围 区域的下拉列表中选择 距离 选项，并输入距离值 1；在 折弯位置 区域中将"折弯面范围之内"按钮 按下；单击 确定 按钮，完成凸缘 2 的创建。

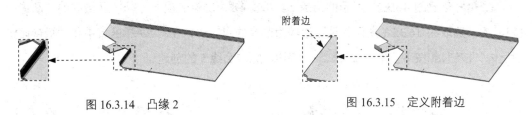

图 16.3.14　凸缘 2　　　　　　　图 16.3.15　定义附着边

步骤 09　创建图 16.3.16 所示的凸缘 3。单击 钣金 功能选项卡 创建 区域中的"凸缘"按钮，选取图 16.3.17 所示的模型边线为凸缘的附着边，其余参数采用系统默认设置，单击 确定 按钮，完成凸缘 3 的创建。

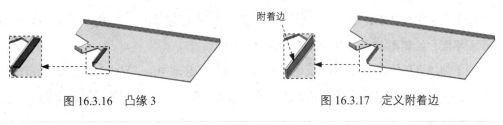

图 16.3.16　凸缘 3　　　　　　　图 16.3.17　定义附着边

步骤 10　创建图 16.3.18 所示的剪切 2。

（1）定义特征的截面轮廓。在 三维模型 选项卡 草图 区域单击 按钮，选取图 16.3.18 所示的模型表面作为草图平面，绘制图 16.3.19 所示的截面轮廓草图。

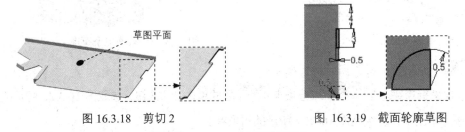

图 16.3.18　剪切 2　　　　　　　图 16.3.19　截面轮廓草图

（2）创建剪切特征。单击 钣金 功能选项卡 修改 区域中的"剪切"按钮；选取（1）中创建的草图作为截面轮廓，单击 确定 按钮，完成剪切 2 的创建。

步骤 11　创建图 16.3.20 所示的凸缘 4。单击 钣金 功能选项卡 创建 区域中的"凸缘"按钮，选取图 16.3.21 所示的模型边线为凸缘的附着边，在 折弯位置 区域中将"从相邻面折弯"按钮 按下，单击 确定 按钮，完成凸缘 4 的创建。

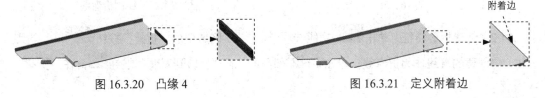

图 16.3.20　凸缘 4　　　　　　　图 16.3.21　定义附着边

步骤 12 创建图 16.3.22 所示的凸缘 5。单击 钣金 功能选项卡 创建 区域中的"凸缘"按钮，选取图 16.3.23 所示的模型边线为凸缘的附着边，在 折弯位置 区域中将"折弯面范围之内"按钮 按下，单击 确定 按钮，完成凸缘 5 的创建。

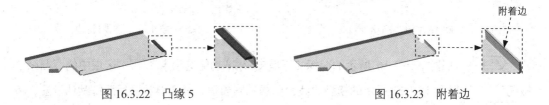

图 16.3.22 凸缘 5　　　　　　　图 16.3.23 附着边

步骤 13 创建图 16.3.24 所示的平板 2。

（1）定义平板截面轮廓。在 三维模型 选项卡 草图 区域单击 按钮，选取 XY 平面作为草图平面，绘制图 16.3.25 所示的截面轮廓草图。

（2）创建平板特征。单击 钣金 功能选项卡 创建 区域中的"平板"按钮，系统自动选取（1）中创建的草图作为平板的截面轮廓，单击"面"对话框中的 确定 按钮，完成平板 2 的创建。

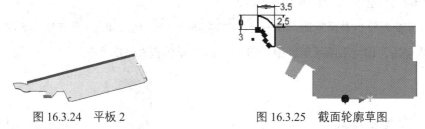

图 16.3.24 平板 2　　　　　　　图 16.3.25 截面轮廓草图

步骤 14 创建图 16.3.26 所示的折叠 3。

（1）定义折弯线。在 三维模型 选项卡 草图 区域单击 按钮，选取图 16.3.26 所示的模型表面作为草图平面，绘制图 16.3.27 所示的折弯线。

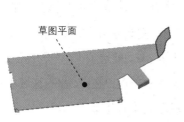 

图 16.3.26 折叠 3　　　　　　　图 16.3.27 绘制折弯线

（2）创建折叠特征。单击 钣金 功能选项卡 创建 区域中的"折叠"按钮 折叠，选取（1）中创建的直线作为折弯线；单击 反向控制 区域中的"反转到对侧"按钮，在"折叠"

对话框 折叠位置 区域选中"折弯起始线"按钮；在 折叠角度 文本框中输入数值 30；在 折弯半径(R) 文本框中输入数值 0.2；单击 确定 按钮，完成折叠 3 的创建。

步骤15 创建图 16.3.28 所示的凸缘 6。

（1）选择命令。单击 钣金 功能选项卡 创建 区域中的"凸缘"按钮。

（2）选取附着边。选取图 16.3.29 所示的模型边线为凸缘的附着边。

（3）定义凸缘属性。在"凸缘"对话框的 高度范围 区域的下拉列表中选择 距离 选项，并输入距离值 3；在 凸缘角度(A) 文本框中输入数值 120；在 折弯半径(B) 文本框中输入数值 0.2；在 高度基准 区域中将"从两个外侧面的交线折弯"按钮 按下，在 折弯位置 区域中将"折弯面范围之内"按钮 按下。

（4）单击 确定 按钮，完成凸缘 6 的创建。

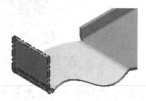
图 16.3.28 凸缘 6

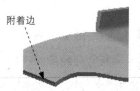
图 16.3.29 定义附着边

步骤16 创建图 16.3.30 所示的平板 3。

（1）定义平板截面轮廓。在 三维模型 选项卡 草图 区域单击 按钮，选取图 16.3.31 所示的模型表面作为草图平面，绘制图 16.3.32 所示的截面草图。

（2）创建平板特征。单击 钣金 功能选项卡 创建 区域中的"平板"按钮，系统自动选取（1）中创建的草图作为平板的截面轮廓，单击"面"对话框中的 确定 按钮，完成平板 3 的创建。

图 16.3.30 平板 3

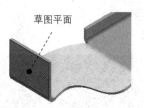
图 16.3.31 草图平面

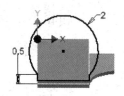
图 16.3.32 截面草图

步骤17 创建图 16.3.33 所示的剪切 3。

（1）定义特征的截面轮廓。在 三维模型 选项卡 草图 区域单击 按钮，选取图 16.3.34 所示的模型表面作为草图平面，绘制图 16.3.35 所示的截面轮廓草图。

（2）创建剪切特征。单击 钣金 功能选项卡 修改 区域中的"剪切"按钮，选取（1）

中创建的草图作为截面轮廓,单击 确定 按钮,完成剪切 3 的创建。

图 16.3.33 剪切 3

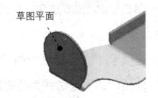
图 16.3.34 草图平面

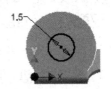
图 16.3.35 截面轮廓草图

步骤 18 创建图 16.3.36 所示的镜像 1。在"阵列"区域中单击"镜像"按钮,选取"平板 2"、"折叠 3"、"凸缘 6"、"平板 3"和"剪切 3"为要镜像的特征,然后选取 XZ 平面作为镜像中心平面,单击"镜像"对话框中的 确定 按钮,完成镜像 1 的操作。

步骤 19 创建图 16.3.37 所示的平板 4。

(1)定义平板截面轮廓。在"三维模型"选项卡"草图"区域单击 按钮,选取图 16.3.38 所示的模型表面作为草图平面,绘制图 16.3.39 所示的截面轮廓草图。

图 16.3.36 镜像 1

(2)创建平板特征。单击"钣金"功能选项卡"创建"区域中的"平板"按钮,系统自动选取(1)中创建的草图作为平板的截面轮廓,单击"面"对话框中的 确定 按钮,完成平板 4 的创建。

图 16.3.37 平板 4

图 16.3.38 草图平面

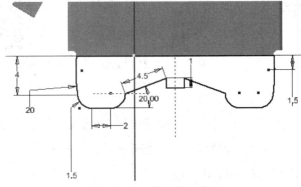
图 16.3.39 截面轮廓草图

步骤 20 创建图 16.3.40 所示的剪切 4。

（1）定义特征的截面轮廓。在 三维模型 选项卡 草图 区域单击 按钮，选取图 16.3.41 所示的模型表面作为草图平面，绘制图 16.3.42 所示的截面轮廓草图。

图 16.3.40 剪切 4

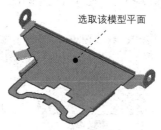

图 16.3.41 定义草图平面

（2）创建剪切特征。单击 钣金 功能选项卡 修改 区域中的"剪切"按钮 ，选取（1）中创建的草图作为截面轮廓，单击 确定 按钮，完成剪切 4 的创建。

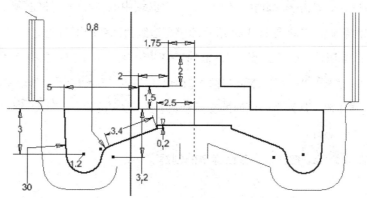

图 16.3.42 截面轮廓草图

步骤 21 创建图 16.3.43 所示的折叠 4。

（1）定义折弯线。在 三维模型 选项卡 草图 区域单击 按钮，选取图 16.3.44 所示的模型表面作为草图平面，绘制图 16.3.45 所示的截面轮廓草图。

图 16.3.43 折叠 4

图 16.3.44 定义草图平面

（2）创建折叠特征。单击 钣金 功能选项卡 创建 区域中的"折叠"按钮 折叠 ，选取

（1）中创建的直线作为折弯线；通过调整 反向控制 区域中的"反转到对侧"方向按钮 与"反向"按钮 ，使折弯方向如图 16.3.46 所示；在"折叠"对话框 折叠位置 区域选中"折弯起始线"按钮 ；在 折叠角度 文本框中输入数值 90；在 折弯半径(R) 文本框中输入数值 0.2；单击 确定 按钮，完成折叠 4 的创建。

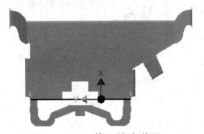

图 16.3.45 截面轮廓草图

图 16.3.46 定义折弯方向

步骤 22 创建图 16.3.47 所示的凸缘 7。

（1）选择命令。单击 钣金 功能选项卡 创建 区域中的"凸缘"按钮 。

（2）选取附着边。选取图 16.3.48 所示的模型边线为凸缘的附着边。

（3）定义凸缘属性。在"凸缘"对话框的 高度范围 区域的下拉列表中选择 距离 选项，并输入距离值 1.5；在 凸缘角度(A) 文本框中输入数值 90；在 折弯半径(B) 下拉列表中选择 折弯半径 ；在 高度基准 区域中将"从两个外侧面的交线折弯"按钮 按下，在 折弯位置 区域中将"折弯面范围之内"按钮 按下。

（4）单击 确定 按钮，完成凸缘 7 的创建。

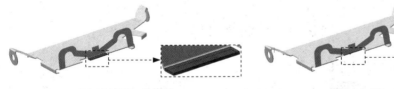

图 16.3.47 凸缘 7　　　　　　　　图 16.3.48 定义附着边

步骤 23 创建图 16.3.49 所示的折叠 5。

（1）定义折弯线。在 三维模型 选项卡 草图 区域单击 按钮，选取图 16.3.50 所示的模型表面作为草图平面，绘制图 16.3.51 所示的折弯线。

图 16.3.49 折叠 5

图 16.3.50 定义草图平面

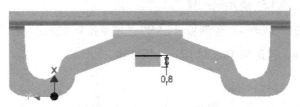

图 16.3.51 绘制折弯线

（2）创建折叠特征。单击 钣金 功能选项卡 创建 区域中的"折叠"按钮 折叠，选取（1）中创建的直线作为折弯线；通过调整 反向控制 "反转到对侧"方向按钮 与"反向"按钮 ，使折叠方向如图 16.3.52 所示；在"折叠"对话框 折叠位置 区域选中"折弯起始线"按钮 ；在 折叠角度 文本框中输入数值 30；在 折弯半径(R) 文本框中输入数值 0.2；单击 确定 按钮，完成折叠 5 的创建。

步骤 24 创建图 16.3.53 所示的折叠 6。

（1）定义折弯线。在 三维模型 选项卡 草图 区域单击 按钮，选取图 16.3.53 所示的模型表面作为草图平面，绘制图 16.3.54 所示的折弯线。

（2）创建折叠特征。单击 钣金 功能选项卡 创建 区域中的"折叠"按钮 折叠，选取（1）中创建的直线作为折弯线；单击 反向控制 区域中的"反转到对侧"按钮 ，在 折叠角度 文本框中输入数值 90；在 折弯半径(R) 文本框中输入数值 0.2；单击 确定 按钮，完成折叠 6 的创建。

图 16.3.52 定义折弯方向

图 16.3.53 折叠 6

图 16.3.54 绘制折弯线

步骤 25　创建图 16.3.55 所示的折叠 7。

（1）定义折弯线。在 三维模型 选项卡 草图 区域单击 按钮，选取图 16.3.56 所示的模型表面作为草图平面，绘制图 16.3.57 所示的折弯线。

图 16.3.55　折叠 7　　　　　　　图 16.3.56　定义草图平面

（2）创建折叠特征。单击 钣金 功能选项卡 创建 区域中的"折叠"按钮 折叠，选取（1）中创建的直线作为折弯线；在 折叠角度 文本框中输入数值 10；在 折弯半径(R) 文本框中输入数值 0.2；单击 确定 按钮，完成折叠 7 的创建。

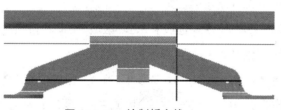

图 16.3.57　绘制折弯线

步骤 26　创建图 16.3.58 所示的剪切 5。

（1）定义特征的截面轮廓。在 三维模型 选项卡 草图 区域单击 按钮，选取图 16.3.59 所示的模型表面作为草图平面，绘制图 16.3.60 所示的截面轮廓草图。

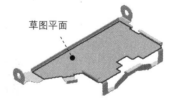

图 16.3.58　剪切 5　　　　　　　图 16.3.59　草图平面

（2）创建剪切特征。单击 钣金 功能选项卡 修改 区域中的"剪切"按钮 ，选取（1）中创建的草图作为截面轮廓，单击 确定 按钮，完成剪切 5 的创建。

步骤 27　创建图 16.3.61 所示的剪切 6。

（1）定义特征的截面轮廓。在 三维模型 选项卡 草图 区域单击 按钮，选取图 16.3.61 所示的模型表面作为草图平面，绘制图 16.3.62 所示的截面轮廓草图。

（2）创建剪切特征。单击 钣金 功能选项卡 修改 区域中的"剪切"按钮 ，选取（1）中创建的草图作为截面轮廓，单击 确定 按钮，完成剪切6的创建。

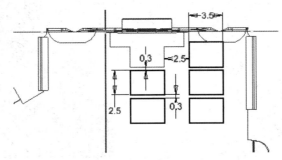

图 16.3.60 截面轮廓草图

图 16.3.61 剪切6

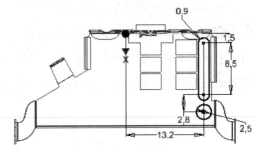

图 16.3.62 截面轮廓草图

步骤 28 创建图 16.3.63 所示的剪切7。

（1）定义特征的截面轮廓。在 三维模型 选项卡 草图 区域单击 按钮，选取图 16.3.63 所示的模型表面作为草图平面，绘制图 16.3.64 所示的截面轮廓草图。

（2）创建剪切特征。单击 钣金 功能选项卡 修改 区域中的"剪切"按钮 ，选取（1）中创建的草图作为截面轮廓，单击 确定 按钮，完成剪切7的创建。

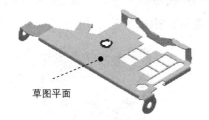

图 16.3.63 剪切7

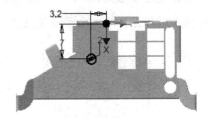

图 16.3.64 截面轮廓草图

步骤 29 创建图 16.3.65 所示的剪切8。

（1）定义特征的截面轮廓。在 三维模型 选项卡 草图 区域单击 按钮，选取图 16.3.65 所示的模型表面作为草图平面，绘制图 16.3.66 所示的截面轮廓草图。

（2）创建剪切特征。单击 钣金 功能选项卡 修改 区域中的"剪切"按钮 ，选取（1）

中创建的草图作为截面轮廓,单击 确定 按钮,完成剪切 8 的创建。

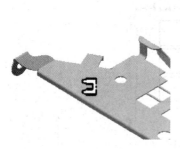
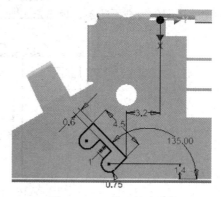

图 16.3.65　剪切 8　　　　　　　　图 16.3.66　截面轮廓草图

步骤30　创建图 16.3.67 所示的折叠 8。

(1)定义折弯线。在 三维模型 选项卡 草图 区域单击 按钮,选取图 16.3.68 所示的模型表面作为草图平面,绘制图 16.3.69 所示的折弯线。

图 16.3.67　折叠 8　　　　　　　　图 16.3.68　定义草图平面

(2)创建折叠特征。单击 钣金 功能选项卡 创建 区域中的"折叠"按钮 折叠,选取(1)中创建的直线作为折弯线;在 折叠角度 文本框中输入数值 90;在 折弯半径(R) 文本框中输入数值 0.2,通过调整 反向控制 "反转到对侧"方向按钮 与"反向"按钮 ,使折弯方向如图 16.3.70 所示;单击 确定 按钮,完成折叠 8 的创建。

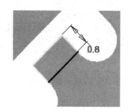

图 16.3.69　绘制折弯线　　　　　　图 16.3.70　定义折弯方向

步骤31　创建圆角,参见随书资源视频录像。
步骤32　保存模型文件。

第 17 章 Inventor 动画设计实际综合应用

案例概述

本案例制作一个夹具组件的拆卸动画。一般来说制作组件拆卸动画都是按照组件实际拆卸的顺序来进行制作的,这也是制作拆卸动画需要特别注意的地方,否则拆卸动画就脱离了实际,操作过程如下。

任务01 动画制作前的准备工作

步骤01 打开文件 D:\inv19\work\ch17\Fixture-asm.iam,装配体模型如图 17.1 所示。

步骤02 抑制影响零部件运动的装配约束。在浏览器中选中 ⊞ 📄 关系 节点下的所有约束,在弹出的快捷菜单中选择 抑制 命令。

步骤03 进入到动画环境。在 环境 选项卡 开始 区域单击"Inventor Studio"按钮 ,系统进入到动画环境。

步骤04 新建动画。在浏览器中选中 动画 并右击,在系统弹出的快捷菜单中选择 新建动画 命令,系统产生"动画 1",如图 17.2 所示。

图 17.1 装配体模型　　　　图 17.2 新建动画

步骤05 激活动画。在浏览器中选中上步创建的 动画1 并右击,在系统弹出的快捷菜单中选择 激活 命令。

任务02 创建动画步骤 1

步骤01 选择命令。在 渲染 选项卡 动画制作 区域单击"零部件"按钮 零部件,系统弹出"零部件动画制作"对话框。

步骤02 定义要制作动画的零部件。在绘图区域中选取图17.3所示的6个螺钉。

步骤03 定义动画的类型与位置。

（1）在"零部件动画制作"对话框中单击"位置"按钮 ，系统弹出图17.4所示的小工具栏。

（2）在绘图区域中选取图17.5所示的箭头，然后在小工具栏的Z文本框中输入数值65，并按Enter键确认，系统返回到"零部件动画制作"对话框。

步骤04 在 时间 区域的 结束 文本框中输入数值5，单击 确定 按钮。

步骤05 查看动画效果。在"动画时间轴"对话框中单击 按钮，然后单击 按钮即可查看动画。

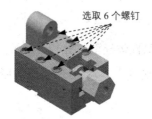

图17.3 定义要制作动画的零部件

图17.4 小工具栏

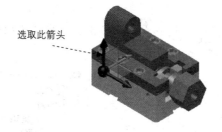

图17.5 定义方向箭头

任务03 创建动画步骤2

步骤01 选择命令。在 渲染 选项卡 动画制作 区域单击"零部件"按钮 零部件，系统弹出"零部件动画制作"对话框。

步骤02 定义要制作动画的零部件。在绘图区域中选取图17.6所示的垫块。

步骤03 定义动画的类型与位置。在"零部件动画制作"对话框中单击"位置"按钮 ，在绘图区域中选取图17.7所示的箭头，然后在小工具栏的Y文本框中输入数值50，并按Enter键确认，系统返回到"零部件动画制作"对话框。

步骤04 在 时间 区域单击"指定"按钮 ，在 开始 文本框中输入数值5，在 结束 文本框中输入数值 8，单击 确定 按钮。

步骤05 查看动画效果。在"动画时间轴"对话框中单击 按钮，然后单击 按钮即可查看动画。

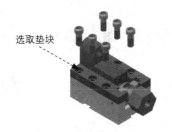

图 17.6 创建动画步骤 2

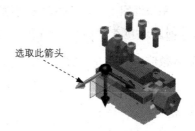

图 17.7 选取箭头

任务04 创建动画步骤 3

步骤01 选择命令。在 渲染 选项卡 动画制作 区域单击"零部件"按钮 零部件，系统弹出"零部件动画制作"对话框。

步骤02 定义要制作动画的零部件。在绘图区域中选取图 17.8 所示的垫块。

步骤03 定义动画的类型与位置。在"零部件动画制作"对话框中单击"位置"按钮，在绘图区域中选取图 17.9 所示的箭头，然后在小工具栏的 Y 文本框中输入数值 50，并按 Enter 键确认，系统返回到"零部件动画制作"对话框。

步骤04 在 时间 区域单击"指定"按钮，在 开始 文本框中输入数值 8，在 结束 文本框中输入数值 11，单击 确定 按钮。

步骤05 查看动画效果。在"动画时间轴"对话框中单击 按钮，然后单击 按钮即可查看动画。

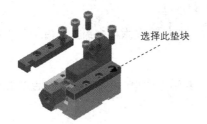

图 17.8 创建动画步骤 3

图 17.9 选取箭头

任务05 创建动画步骤 4

步骤01 选择命令。在 渲染 选项卡 动画制作 区域单击"零部件"按钮 零部件，系统弹出"零部件动画制作"对话框。

455

步骤02 定义要制作动画的零部件。在绘图区域中选取图 17.10 所示的夹具。

步骤03 定义动画的类型与位置。在"零部件动画制作"对话框中单击"位置"按钮，在绘图区域中选取图 17.11 所示的箭头，然后在小工具栏的 X 文本框中输入数值 80，并按 Enter 键确认，系统返回到"零部件动画制作"对话框。

步骤04 在 时间 区域单击"指定"按钮，在 开始 文本框中输入数值 11，在 结束 文本框中输入数值 14，单击 确定 按钮。

步骤05 查看动画效果。在"动画时间轴"对话框中单击 按钮，然后单击 按钮即可查看动画。

图 17.10 创建动画步骤 4

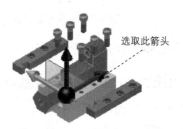
图 17.11 选取箭头

任务06 创建动画步骤 5

步骤01 选择命令。在 渲染 选项卡 动画制作 区域单击"零部件"按钮 零部件，系统弹出"零部件动画制作"对话框。

步骤02 定义要制作动画的零部件。在绘图区域中选取图 17.12 所示的螺杆。

步骤03 定义动画的类型与位置。在"零部件动画制作"对话框中单击"位置"按钮，在绘图区域中选取图 17.13 所示的箭头，然后在小工具栏的 X 文本框中输入数值 30，并按 Enter 键确认，系统返回到"零部件动画制作"对话框。

步骤04 在 时间 区域单击"指定"按钮，在 开始 文本框中输入数值 14，在 结束 文本框中输入数值 16，单击 确定 按钮。

步骤05 查看动画效果。在"动画时间轴"对话框中单击 按钮，然后单击 按钮即可查看动画。

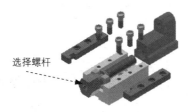
图 17.12 创建动画步骤 5

图 17.13 选取箭头

第17章 Inventor 动画设计实际综合应用

任务 07 创建动画步骤 6

步骤 01 选择命令。在 渲染 选项卡 动画制作 区域单击"零部件"按钮 零部件，系统弹出"零部件动画制作"对话框。

步骤 02 定义要制作动画的零部件。在绘图区域中选取图 17.14 所示的螺杆。

步骤 03 定义动画的类型与位置。在"零部件动画制作"对话框中单击"位置"按钮，在绘图区域中选取图 17.15 所示的箭头，然后在小工具栏的 X 文本框中输入数值 100，并按 Enter 键确认，系统返回到"零部件动画制作"对话框。

步骤 04 在 时间 区域单击"指定"按钮，在 开始 文本框中输入数值 16，在 结束 文本框中输入数值 19，单击 确定 按钮。

步骤 05 查看动画效果。在"动画时间轴"对话框中单击 按钮，然后单击 按钮即可查看动画。

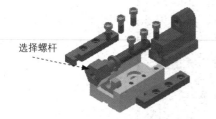
图 17.14 创建动画步骤 6

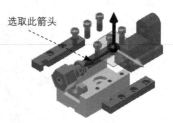
图 17.15 选取箭头

任务 08 创建动画步骤 7

步骤 01 选择命令。在 渲染 选项卡 动画制作 区域单击"零部件"按钮 零部件，系统弹出"零部件动画制作"对话框。

步骤 02 定义要制作动画的零部件。在绘图区域中选取图 17.16 所示的镶块。

步骤 03 定义动画的类型与位置。在"零部件动画制作"对话框中单击"位置"按钮，在绘图区域中选取图 17.17 所示的箭头，然后在小工具栏的 Z 文本框中输入数值 30，并按 Enter 键确认，系统返回到"零部件动画制作"对话框。

步骤 04 在 时间 区域单击"指定"按钮，在 开始 文本框中输入数值 19，在 结束 文本框中输入数值 21，单击 确定 按钮。

步骤 05 查看动画效果。在"动画时间轴"对话框中单击 按钮，然后单击 按钮即可查看动画。

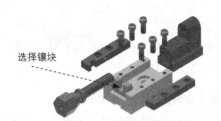 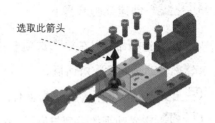

图 17.16 创建动画步骤 7　　　　图 17.17 选取箭头

任务 09 定义动画选项

步骤 01 定义动画总时间。在"动画时间轴"对话框中单击"动画选项"按钮，系统弹出图 17.18 所示的"动画选项"对话框；设置图 17.18 所示的参数，单击 确定 按钮。

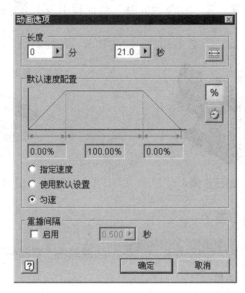

图 17.18 "动画选项"对话框

步骤 02 退出动画环境。在 渲染 选项卡 退出 区域单击"完成"按钮。

步骤 03 保存文件。

第 18 章 Inventor 机构运动仿真实际综合应用

案例概述

本案例讲述了一个拖把运动仿真过程。在定义运动仿真过程中首先要注意机构连接的定义，要根据机构的实际运动情况来进行正确的定义。机构模型如图 18.1 所示。

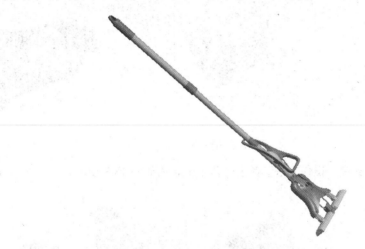

图 18.1 机构模型

1. 新建总装配模型

选择下拉菜单 文件 → 新建 → 部件 命令，系统自动进入装配环境。

2. 组装总机构模型

步骤 01 引入第一个零部件。

在 装配 选项卡 零部件 区域单击 按钮，系统弹出"装入零部件"对话框；在 D:\inv19\work\ch18 下选取文件 SWABBER_ROD_ASM.iam，再单击 打开(O) 按钮；在绘图区域中右击选择 在原点处固定放置(G) 命令，按键盘上的 Esc 键，将模型放置在装配环境中。

步骤 02 引入第二个零部件 SWABBER_COVER.ipt。

① 在 装配 选项卡 零部件 区域单击 按钮，系统弹出"装入零部件"对话框。

② 在 D:\inv19\work\ch18 下选取文件 SWABBER_COVER.ipt，再单击 打开(O) 按钮。

③ 在图形区合适的位置处单击，即可把零件放置到当前位置，放置完成后按键盘上的

Esc 键。

④ 通过旋转与移动命令调整零件方位以便于装配。

步骤03 创建 SWABBER_COVER.ipt 和 SWABBER_ROD_ASM.iam 之间的装配约束。

① 选择命令。单击"装配"选项卡 关系▼ 区域中的"约束"按钮（或在"装配"浏览器栏中右击选择 约束(C) 命令），系统弹出"放置约束"对话框。

② 添加"配合"约束 1。在"放置约束"对话框 部件 选项卡中的 类型 区域中选中"配合"约束，分别选取图 18.2 所示的两个面作为约束面，并确认 按钮被选中，在"放置约束"对话框中单击 应用 按钮，完成第一个装配约束。

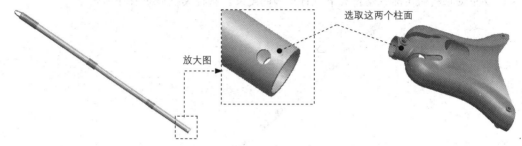

图 18.2 选取配合面

③ 添加"配合"约束。操作方法参照上一步，配合面如图 18.3 所示。

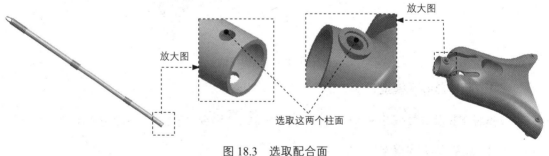

图 18.3 选取配合面

④ 单击"放置约束"对话框的 取消 按钮，完成图 18.4 所示的 SWABBER_COVER.ipt 零件的定位。

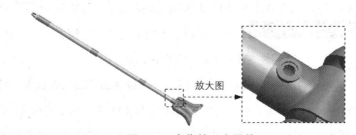

图 18.4 定位第二个零件

步骤 04　引入第三个零部件 HANDLE.ipt。

① 在 装配 选项卡 零部件 区域单击 按钮，系统弹出"装入零部件"对话框。

② 在 D:\inv19\work\ch18 下选取文件 HANDLE.ipt，再单击 打开(O) 按钮。

③ 在图形区合适的位置处单击，即可把零件放置到当前位置，放置完成后按键盘上的 Esc 键。

④ 通过旋转与移动命令调整零件方位以便于装配。

步骤 05　创建 HANDLE.ipt 和 SWABBER_ROD_ASM.iam 之间的装配约束。

① 选择命令。单击"装配"选项卡 关系 ▼ 区域中的"约束"按钮（或在"装配"浏览器栏中右击选择 约束(C) 命令），系统弹出"放置约束"对话框。

② 添加"配合"约束 1。在"放置约束"对话框 部件 选项卡中的 类型 区域中选中"配合"约束 ，分别选取图 18.5 所示的两个柱面作为约束面，并确认 按钮被选中，在"放置约束"对话框中单击 应用 按钮，完成第一个装配约束。

③ 添加"配合"约束 2。在"放置约束"对话框 部件 选项卡中的 类型 区域中选中"配合"约束 ，分别选取图 18.5 所示的两个平面作为约束面，并确认 按钮被选中，在"放置约束"对话框中单击 应用 按钮，完成第二个装配约束。

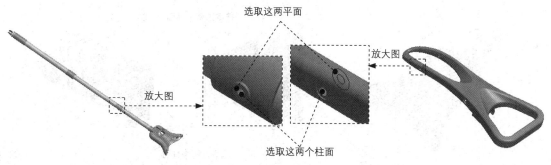

图 18.5　选取配合面

④ 单击"放置约束"对话框的 取消 按钮，完成图 18.6 所示的 HANDLE.ipt 零件的定位。

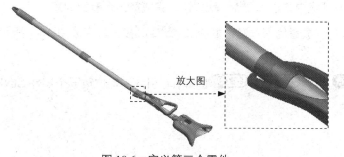

图 18.6　定义第三个零件

步骤 06 引入第四个零部件 LINK_PART.ipt 并将其调整到合适的位置。

① 在 装配 选项卡 零部件 区域单击 按钮，系统弹出"装入零部件"对话框。

② 在 D:\inv19\work\ch18 下选取文件 LINK_PART.ipt，再单击 打开(O) 按钮。

③ 在图形区合适的位置处单击，即可把零件放置到当前位置，放置完成后按键盘上的 Esc 键。

④ 通过旋转与移动命令调整零件方位以便于装配。

步骤 07 创建 LINK_PART.ipt 和 SWABBER_COVER.ipt 之间的装配约束。

① 选择命令。单击"装配"选项卡 关系 ▼ 区域中的"约束"按钮（或在"装配"浏览器栏中右击选择 约束(C) 命令），系统弹出"放置约束"对话框。

② 添加"配合"约束 1。在"放置约束"对话框 部件 选项卡中的 类型 区域中选中"配合"约束，分别选取图 18.7 所示的两个柱面作为约束面，并确认 按钮被选中，在"放置约束"对话框中单击 应用 按钮，完成第一个装配约束。

③ 添加"配合"约束 2。在"放置约束"对话框 部件 选项卡中的 类型 区域中选中"配合"约束，分别选取图 18.7 所示的两个平面作为约束面，并确认 按钮被选中，在"放置约束"对话框中单击 应用 按钮，完成第二个装配约束。

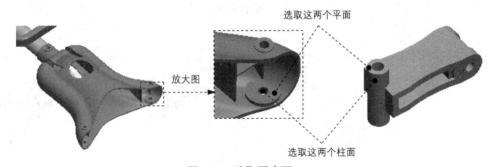

图 18.7 选取配合面

④ 添加"角度"约束 1。在"放置约束"对话框 部件 选项卡中的 类型 区域中选中"角度"约束，分别选取图 18.8 所示的两个平面作为约束面，并确认 按钮被选中，在"放置约束"对话框中单击 应用 按钮，完成第三个装配约束。

⑤ 单击"放置约束"对话框的 取消 按钮，完成图 18.9 所示的 LINK_PART.ipt 零件的定位。

步骤 08 参照 **步骤 06** 与 **步骤 07** 的操作，引入并定位第五个零件 LINK_PART.ipt，结果如图 18.10 所示。

第18章 Inventor 机构运动仿真实际综合应用

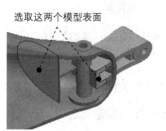

图 18.8　选取配合面　　　图 18.9　定义第四个零部件　　　图 18.10　定义第五个零部件

步骤 09　引入第六个零部件 CONNECTOR.ipt 并将其调整到合适的位置。

① 在 装配 选项卡 零部件 区域单击 按钮，系统弹出"装入零部件"对话框。

② 在 D:\inv19\work\ch18 下选取文件 CONNECTOR.ipt，再单击 打开(O) 按钮。

③ 在图形区合适的位置处单击，即可把零件放置到当前位置，放置完成后按键盘上的 Esc 键。

④ 通过旋转与移动命令调整零件方位以便于装配。

步骤 10　引入第七个零部件 CLIP_BOARD.ipt 并将其调整到合适的位置。

① 在 装配 选项卡 零部件 区域单击 按钮，系统弹出"装入零部件"对话框。

② 在 D:\inv19\work\ch18 下选取文件 CLIP_BOARD.ipt，再单击 打开(O) 按钮。

③ 在图形区合适的位置处单击，即可把零件放置到当前位置，放置完成后按键盘上的 Esc 键。

④ 通过旋转与移动命令调整零件方位以便于装配。

步骤 11　创建 CLIP_BOARD.ipt 和 CONNECTOR.ipt 之间的装配约束。

① 选择命令。单击"装配"选项卡 关系 区域中的"约束"按钮 （或在"装配"浏览器栏中右击选择 约束(C) 命令），系统弹出"放置约束"对话框。

② 添加"配合"约束 1。在"放置约束"对话框 部件 选项卡中的 类型 区域中选中"配合"约束 ，分别选取图 18.11 所示的两个柱面作为约束面，并确认 按钮被选中，在"放置约束"对话框中单击 应用 按钮，完成第一个装配约束。

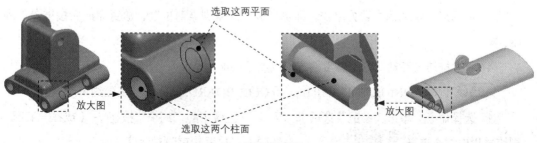

图 18.11　选取配合面

③ 添加"配合"约束 2。在"放置约束"对话框 部件 选项卡中的 类型 区域中选中"配合"约束，分别选取图 18.11 所示的两个平面作为约束面，并确认 按钮被选中，在"放置约束"对话框中单击 应用 按钮，完成第二个装配约束。

④ 添加"角度"约束 1。在"放置约束"对话框 部件 选项卡中的 类型 区域中选中"角度"约束，分别选取图 18.12 所示的两个平面作为约束面，并确认 按钮被选中，在"放置约束"对话框中单击 应用 按钮，完成第三个装配约束。

⑤ 单击"放置约束"对话框的 取消 按钮，完成图 18.13 所示的 CLIP_BOARD.ipt 零件的初步定位。

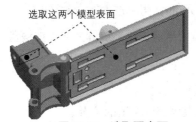

图 18.12 选取配合面

图 18.13 定义第七个零部件

步骤 12 参照 **步骤 10** 与 **步骤 11** 的操作，引入并定位第八个零件 CLIP_BOARD.ipt，结果如图 18.14 所示。

图 18.14 定位第八个零部件

步骤 13 引入第九个零部件 CONNECTOR_PART.ipt 并将其调整到合适的位置。

① 在 装配 选项卡 零部件 区域单击 按钮，系统弹出"装入零部件"对话框。

② 在 D:\inv19\work\ch18 下选取文件 CONNECTOR_PART.ipt，再单击 打开(O) 按钮。

③ 在图形区合适的位置处单击，即可把零件放置到当前位置，放置完成后按键盘上的 Esc 键。

④ 通过旋转与移动命令调整零件方位以便于装配。

步骤 14 创建 CONNECTOR_PART.ipt 和 CLIP_BOARD.ipt 之间的装配约束。

① 选择命令。单击"装配"选项卡 关系 ▼ 区域中的"约束"按钮（或在"装配"浏览器栏中右击选择 约束(C) 命令），系统弹出"放置约束"对话框。

② 添加"配合"约束 1。在"放置约束"对话框 部件 选项卡中的 类型 区域中选中"配合"约束，分别选取图 18.15 所示的两个柱面作为约束面，并确认 按钮被选中，在"放置约束"对话框中单击 应用 按钮，完成第一个装配约束。

③ 添加"配合"约束 2。在"放置约束"对话框 部件 选项卡中的 类型 区域中选中"配合"约束，分别选取图 18.15 所示的两个平面作为约束面，并确认 按钮被选中，在"放置约束"对话框中单击 应用 按钮，完成第二个装配约束。

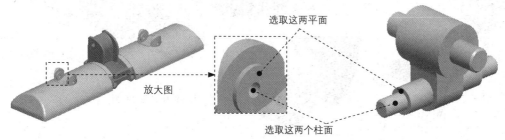

图 18.15 选取配合面

④ 单击"放置约束"对话框的 取消 按钮，完成图 18.16 所示的 CONNECTOR_PART.ipt 零件的初步定位。

(步骤 15) 参照 (步骤 10) 与 (步骤 11) 的操作，引入并定位第 10 个零件 CLIP_BOARD.ipt，结果如图 18.17 所示。

图 18.16 定位第九个零部件

图 18.17 定位第十个零部件

(步骤 16) 创建 CONNECTOR_PART.ipt 和 LINK_PART.ipt 之间的装配约束。

① 选择命令。单击"装配"选项卡 关系 ▼ 区域中的"约束"按钮（或在"装配"浏览器栏中右击选择 约束(C) 命令），系统弹出"放置约束"对话框。

② 添加"配合"约束 1。在"放置约束"对话框 部件 选项卡中的 类型 区域中选中"配合"约束，分别选取图 18.18 所示的两个柱面作为约束面，并确认 按钮被选中，在"放置约束"对话框中单击 应用 按钮，完成第一个装配约束。

③ 添加"配合"约束 2。在"放置约束"对话框 部件 选项卡中的 类型 区域中选中"配合"约束，分别选取图 18.18 所示的两个平面作为约束面，并确认 按钮被选中，在

"放置约束"对话框中单击 应用 按钮,完成第二个装配约束。

④ 单击"放置约束"对话框的 取消 按钮,完成 CONNECTOR_PART.ipt 零件的定位。

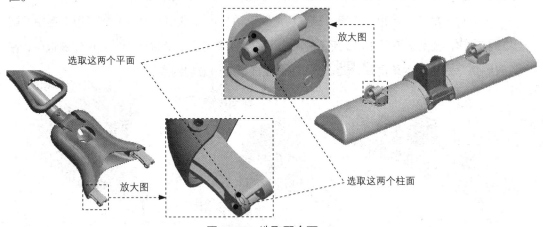

图 18.18 选取配合面

(步骤 17) 在装配浏览器中分别右击 关系 节点下的 角度:1 (0.00 deg) 与 角度:2 (0.00 deg),在系统弹出的快捷菜单中选择 抑制(S) 命令。

(步骤 18) 参照 步骤 16 操作,创建第二个 CONNECTOR_PART.ipt 零件与第二个 LINK_PART.ipt 之间的装配约束;结果如图 18.19 所示。

(步骤 19) 在装配浏览器中分别右击 关系 节点下的 角度:3 (0.00 deg) 与 角度:4 (0.00 deg),在系统弹出的快捷菜单中选择 抑制(S) 命令。

图 18.19 定义零部件

(步骤 20) 引入第 11 个零部件 PUSH_ROD_ASM.iam 并将其调整到合适的位置。

① 在 装配 选项卡 零部件 区域单击 按钮,系统弹出"装入零部件"对话框。

② 在 D:\inv19\work\ch18 下选取文件 PUSH_ROD_ASM.iam,再单击 打开(O) 按钮。

③ 在图形区合适的位置处单击,即可把零件放置到当前位置,放置完成后按键盘上的

第 18 章　Inventor 机构运动仿真实际综合应用

Esc 键。

④ 通过旋转与移动命令调整零件方位以便于装配。

步骤 21　创建 PUSH_ROD_ASM.iam 与 HANDLE.ipt 和 CONNECTOR.ipt 之间的装配约束。

① 选择命令。单击"装配"选项卡 关系▼ 区域中的"约束"按钮（或在"装配"浏览器栏中右击选择 约束(C) 命令），系统弹出"放置约束"对话框。

② 添加"配合"约束 1。在"放置约束"对话框 部件 选项卡中的 类型 区域中选中"配合"约束，分别选取图 18.20 所示的两个柱面作为约束面，并确认 按钮被选中，在"放置约束"对话框中单击 应用 按钮，完成第一个装配约束。

③ 添加"配合"约束 2。在"放置约束"对话框 部件 选项卡中的 类型 区域中选中"配合"约束，分别选取图 18.20 所示的两个平面作为约束面，并确认 按钮被选中，在"放置约束"对话框中单击 应用 按钮，完成第二个装配约束。

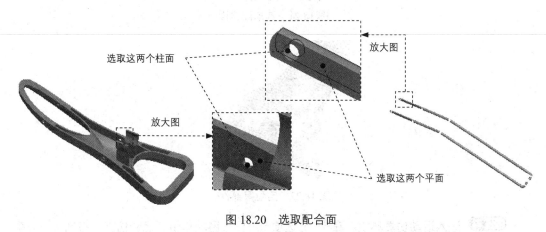

图 18.20　选取配合面

④ 添加"配合"约束 3。在"放置约束"对话框 部件 选项卡中的 类型 区域中选中"配合"约束，分别选取图 18.21 所示的两个柱面作为约束面，并确认 按钮被选中，在"放置约束"对话框中单击 应用 按钮，完成第三个装配约束。

⑤ 单击"放置约束"对话框中的 取消 按钮，完成 PUSH_ROD_ASM.iam 零件的定位。

步骤 22　定义零件 CONNECTOR.ipt 在装配中的位置。

① 选择命令。单击"装配"选项卡 关系▼ 区域中的"约束"按钮（或在"装配"浏览器栏中右击选择 约束(C) 命令），系统弹出"放置约束"对话框。

② 添加"配合"约束 1。在"放置约束"对话框 部件 选项卡中的 类型 区域中选中"配

合"约束 ![]，并确认 ![] 按钮被选中，分别选取 CONNECTOR.ipt 零件的 XZ 平面与装配体的 XY 平面作为约束面，在"放置约束"对话框中单击 应用 按钮，完成装配约束。

③ 单击"放置约束"对话框的 取消 按钮，完成图 18.22 所示的 CONNECTOR.ipt 零件的初步定位。

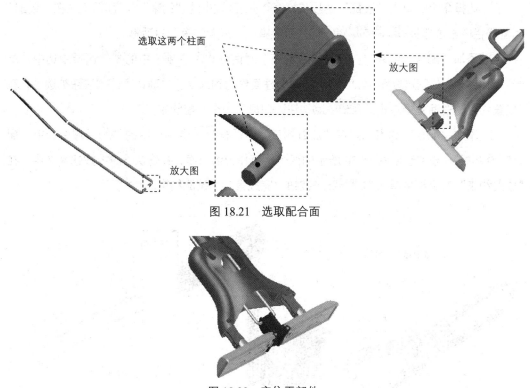

图 18.21 选取配合面

图 18.22 定位零部件

步骤 23 进入运动仿真环境。在 环境 选项卡 开始 区域单击"运动仿真"按钮 ![]，系统进入到运动仿真环境中。

步骤 24 添加驱动。

① 在运动仿真浏览器中右击 铰链(旋转)运动:1 (SWABBER_ROD_ASM:1, HANDLE:1)，在系统弹出的快捷菜单中选择 特性(P) 选项。

② 系统弹出"铰链（旋转）运动"对话框，在 常规 选项卡中采用系统默认的参数。

③ 单击"铰链（旋转）运动"对话框中的 自由度 1 (R) 选项卡，单击"编辑驱动条件"按钮 ![]，选中该对话框中的 ☑ 启用驱动条件 按钮，设置如图 18.23 所示的参数。

④ 单击 确定 按钮，完成驱动的添加。

步骤 25 在"仿真播放器"对话框中设置图 18.24 所示的参数。在"仿真播放器"对话框

中单击 ▶ 按钮参看动画效果。

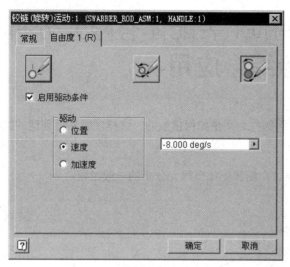

图 18.23 "铰链（旋转）运动"对话框

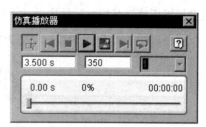

图 18.24 "仿真播放器"对话框

学习拓展：扫码学习更多视频讲解。

讲解内容：装配设计实例精选。讲解了一些典型的装配设计案例，着重介绍了装配设计的方法流程以及一些快速操作技巧。

第 19 章 Inventor 装配体有限元分析实际综合应用

当分析一个装配体时，需要考虑各零部件之间是如何接触的，这样才能保证创建的数学模型能够正确计算接触时的应力和变形。

下面以图 19.1 所示的装配模型为例，介绍装配体有限元分析的一般过程。

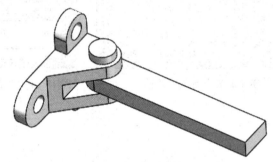

图 19.1 装配体分析

图 19.1 所示是一简单机构装置的简化装配模型，机构左端面固定，当 20000N 的拉力作用在连杆右端面时，分析连杆上的应力分布，设计强度为 150MPa。

任务 01 打开模型文件，新建分析

步骤 01 打开文件 D:\inv19\work\ch19\asm-analysis.iam。

步骤 02 指定材料。在装配浏览器中选中 asm-analysis.iam，选择 工具 选项卡 材料和外观 区域中的"材料"命令，系统弹出图 19.2 所示的"材料浏览器"对话框；在 Inventor 材料库 区域中单击图 19.2 所示的"将材料添加到文档中"按钮 或者双击材料，将材料应用到模型，然后关闭此对话框。

步骤 03 进入有限元分析环境。在 环境 选项卡 开始 区域单击"应力分析"按钮 ，系统进入到有限元分析环境中。

步骤 04 新建一个分析。选择 分析 选项卡 管理 区域的"创建案例"命令 ，系统弹出"新建分析"对话框。

步骤 05 定义分析类型。采用系统默认的分析名称，在"新建分析"对话框的 分析类型 区

第19章 Inventor装配体有限元分析实际综合应用

域中选中 ⊙ 静态分析 单选项。

步骤06 单击对话框中的 确定 按钮，完成新建分析的操作。

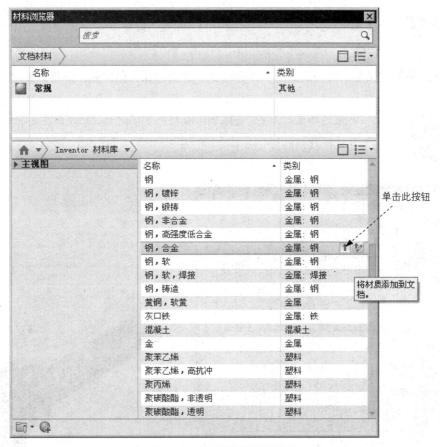

图19.2 "材料浏览器"对话框

任务02 指定材料

步骤01 选择 分析 选项卡 材料 区域的"指定"命令，系统弹出图19.3所示的"指定材料"对话框。

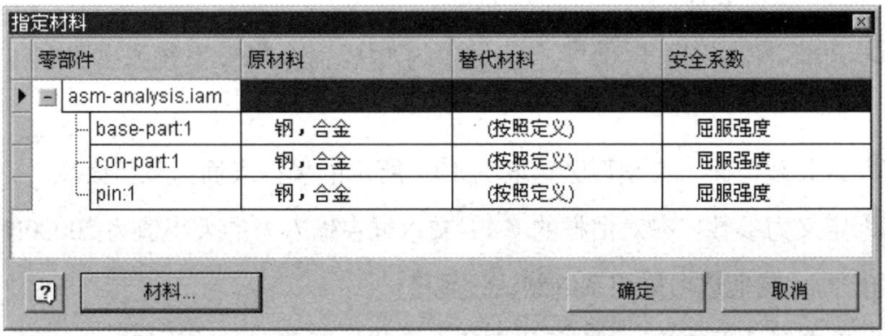

图19.3 "指定材料"对话框

步骤02 单击 确定 按钮，完成指定材料的操作。

任务03 添加约束

步骤01 选择 分析 选项卡 约束 区域中的"固定"命令 ，系统弹出图19.4所示的"固定约束"对话框。

步骤02 定义固定面。选取图19.5所示的3个圆柱面为固定面，即将该面完全固定。

> **说明** 添固定约束后，就完全限制了模型的空间运动，此模型在没有弹性变形的情况下是无法移动的。

图19.4 "固定约束"对话框

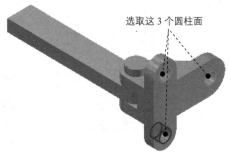

图19.5 定义固定面

步骤03 单击 确定 按钮，完成约束的添加。

任务04 添加外部载荷

步骤01 选择 分析 选项卡 载荷 区域中的"力"命令 ，系统弹出图19.6所示的"力"对话框。

步骤02 定义载荷面。在图形区选取图19.7所示的模型表面为载荷面。

步骤03 定义力参数。在对话框的 大小 文本框中输入力的大小值为20000N，单击 按钮调整力的方向，其他选项采用系统默认设置值。

步骤04 单击对话框中的 确定 按钮，完成外部载荷力的添加。

第19章 Inventor装配体有限元分析实际综合应用

图19.6 "力"对话框

图19.7 定义载荷面

任务 05 设置接触

对于装配体的有限元分析，必须考虑的就是各零部件之间的装配接触关系，只有正确添加了接触关系，才能够保证最后分析的可靠性。该实例中底座和连杆之间是用一销钉连接的，三个零件之间两两接触，所以要考虑接触关系。

在应力分析浏览器中右击 ■接触 ，在系统弹出的快捷菜单中选择 自动接触(A) 命令，系统自动创建黏合接触。

任务 06 划分网格

模型在开始分析之前的最后一步就是网格划分，模型将被自动划分成有限个单元。网格密度直接影响分析结果精度。单元越小，离散误差越低，但相应的网格划分和解算时间也越长。

步骤 01 设置网格参数。

（1）选择 分析 选项卡 网格 区域中的"网格设置"命令 ，系统弹出图19.8所示的"网格设置"对话框。

（2）在"网格设置"对话框 平均元素大小 文本框中输入数值0.05，其余参数接受系统默认设置。

（3）单击 确定 按钮，完成网格参数的设置。

步骤 02 划分网格。选择 分析 选项卡 网格 区域中的"网格视图"命令 ，系统自动

473

划分网格，结果如图 19.9 所示。

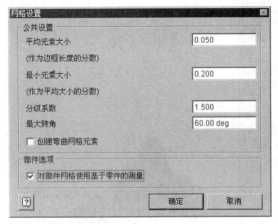

图 19.8 "网格设置"对话框

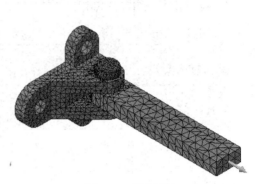

图 19.9 划分网格

任务 07 求解分析

网格划分完成后就可以进行求解了。

步骤 01 选择 分析 选项卡 求解 区域中的"分析"命令 ，系统弹出图 19.10 所示的"分析"对话框。

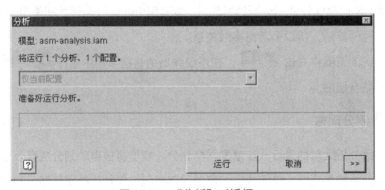

图 19.10 "分析"对话框

步骤 02 单击 运行 按钮进行求解，求解结束之后，在浏览器的结果下面生成应力、位移和应变等图解，如图 19.11 所示。

任务 08 查看分析结果

求解完成后，就可以查看结果图解，并对结果进行评估。

步骤 01 在浏览器中右击 ☑ ▋ Mises 等效应力 ，系统弹出图 19.12 所示的快捷菜单，在弹出的快捷菜单中确认 ☑ 激活(A) 被选中，系统显示图 19.13 所示的 Mises 等效应力图解。

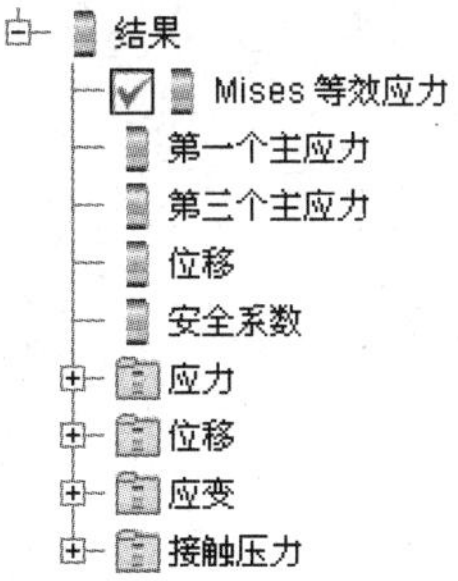

第19章 Inventor装配体有限元分析实际综合应用

图 19.11 浏览器

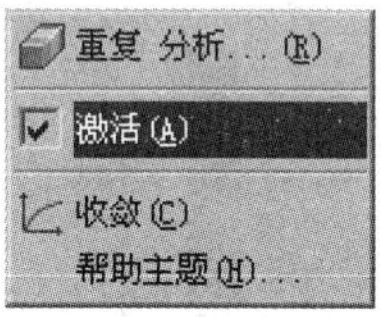

图 19.12 快捷菜单

 等效应力图解一般为默认显示图解，即解算结束之后显示出来的就是该图解，所以，一般情况下，该步操作可以省略。

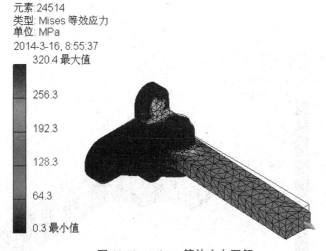

图 19.13 Mises 等效应力图解

步骤 02 在浏览器中右击 第一个主应力，在弹出的快捷菜单中选中 激活(A)，系统显示图 19.14 所示的第一个主应力图解。

步骤 03 在浏览器中右击 第三个主应力，在弹出的快捷菜单中选中 激活(A)，系统显示图 19.15 所示的第三个主应力图解。

步骤 04 在浏览器中右击 位移，在弹出的快捷菜单中选中 激活(A)，系统显示图 19.16 所示的位移图解。

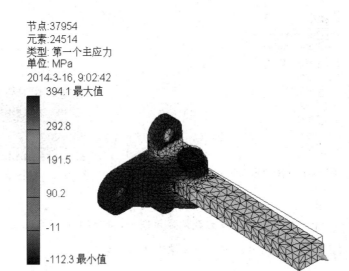

图 19.14　第一个主应力图解

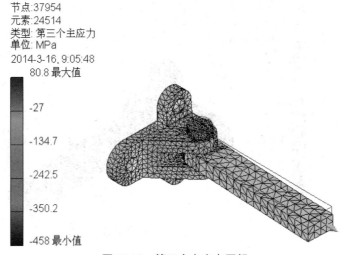

图 19.15　第三个主应力图解

　　位移（合位移）图解反映零件在该种工况下发生变形的趋势，从图解中可以看出，在该种工况下，零件发生变形的最大位移是 0.08mm，变形位移是非常小的，这种变形在实际中也是观察不到的，在图解中看到的变形实际上是放大后的效果。

第19章 Inventor装配体有限元分析实际综合应用

步骤05 在浏览器中右击 应变 选项卡下的 等效应变，在弹出的快捷菜单中选中 激活(A)，系统显示图19.17所示的等效应变图解。

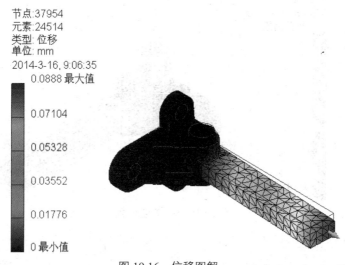

图19.16 位移图解

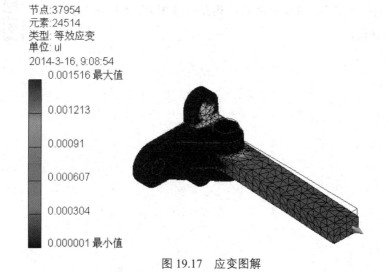

图19.17 应变图解

本案例中希望了解是否有超过设计许用应力150MPa的Mises应力存在，为了判断Mises应力是否超过最大值，可以通过查看安全系数进行判断。

在浏览器中右击 安全系数，在弹出的快捷菜单中选中 激活(A)，系统显示图19.18所示的安全系数图解。从应力图解中可以看出，没有超出许用应力的地方，表示设计是合理的。

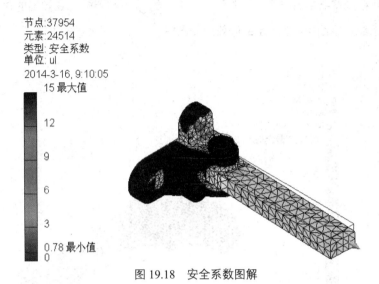

图 19.18　安全系数图解

学习拓展：扫码学习更多视频讲解。

讲解内容：主要包含结构分析的基础理论，结构分析的类型，结构分析的一般流程，典型产品的结构分析案例等。结构分析是产品研发中的重要阶段。

读者意见反馈卡

尊敬的读者：

感谢您购买电子工业出版社出版的图书！

我们一直致力于 CAD、CAPP、PDM、CAM 和 CAE 等相关技术的跟踪，希望能将更多优秀作者的宝贵经验与技巧介绍给您。当然，我们的工作离不开您的支持。如果您在看完本书之后，有好的意见和建议，或是有一些感兴趣的技术话题，都可以直接与我联系。

策划编辑：管晓伟

读者购书回馈活动：

为了感谢广大读者对兆迪科技图书的信任与支持，兆迪科技面向读者推出"免费送课"活动，即日起，读者凭有效购书证明，可领取价值 100 元的在线课程代金券 1 张，此券可在兆迪科技网校（http://www.zalldy.com/）免费换购在线课程 1 门，活动详情可以登录兆迪网校或者关注兆迪公众号查看。

兆迪网校

兆迪公众号

云盘下载二维码

书名：《Autodesk Inventor 2019 快速入门、进阶与精通（升级版）》

1. 读者个人资料：

   姓名：_____ 性别：____ 年龄：_____ 职业：_____ 职务：_____ 学历：___
   专业：_____ 单位名称：_____ 电话：_____ 手机：_____
   邮寄地址：_____ 邮编：_____ E-mail：_____

2. 影响您购买本书的因素（可以选择多项）：
   - □ 内容
   - □ 作者
   - □ 价格
   - □ 朋友推荐
   - □ 出版社品牌
   - □ 书评广告
   - □ 工作单位（就读学校）指定
   - □ 内容提要、前言或目录
   - □ 封面封底
   - □ 购买了本书所属丛书中的其他图书
   - □ 其他

3. 您对本书的总体感觉：
   - □ 很好
   - □ 一般
   - □ 不好

4. 您认为本书的语言文字水平：
   - □ 很好
   - □ 一般
   - □ 不好

5. 您认为本书的版式编排：
   - □ 很好
   - □ 一般
   - □ 不好

6. 您认为 Inventor 其他哪些方面的内容是您所迫切需要的？

7. 其他哪些 CAD/CAM/CAE 方面的图书是您所需要的？

8. 认为我们的图书在叙述方式、内容选择等方面还有哪些需要改进的？

读者朋友可以通过微信扫描图书封面的二维码下载本书视频教程，也可以联系本书编辑 QQ 197238283，获取下载链接。